高等学校“十二五”规划教材

AutoCAD 2008 绘图教程

主　编　王春义　宋　鸣
副主编　焦　波　刘丽芳　赵金涛
主　审　吴佩年

哈爾濱工業大學出版社
HARBIN INSTITUTE OF TECHNOLOGY PRESS

内容简介

本书全面、系统地介绍了用 AutoCAD 2008 进行计算机绘制工程图样的方法，以大量的实例、通俗的语言，由浅入深、循序渐进地介绍了 AutoCAD 2008 关于绘制工程图的基本功能及相关技术。全书按教学单元编写，共分 15 章。其内容主要包括：AutoCAD 2008 绘图基础、绘制工程图环境的设置、常用的绘图和编辑命令、绘制组合体视图及标注尺寸的相关技术与方法、绘制剖视图和断面图的相关技术与方法、绘制专业图的相关技术与方法、绘制和动态观察三维实体的相关技术与方法、输出工程图。每章后都有上机练习内容，并有详细的上机练习指导。

本书可作为普通高校工科各专业的计算机绘图教材，也可作为从事计算机辅助设计的工程技术人员“计算机绘图”培训的教材和参考书。

图书在版编目(CIP)数据

AutoCAD 2008 绘图教程/王春义，宋鸣主编. —哈尔滨：哈尔滨工业大学出版社，2014.6

ISBN 978-7-5603-4674-8

Ⅰ.①A… Ⅱ.①王…②宋… Ⅲ.①AutoCAD 软件-高等学校-教材 Ⅳ.①TP391.41

中国版本图书馆 CIP 数据核字(2014)第 083251 号

策划编辑 王桂芝
责任编辑 张 瑞
出版发行 哈尔滨工业大学出版社
社 址 哈尔滨市南岗区复华四道街 10 号 邮编 150006
传 真 0451-86414749
网 址 http://hitpress.hit.edu.cn
印 刷 哈尔滨工业大学印刷厂
开 本 787mm×1092mm 1/16 印张 19 字数 460 千字
版 次 2014 年 6 月第 1 版 2014 年 6 月第 1 次印刷
书 号 ISBN 978-7-5603-4674-8
定 价 38.00 元

前　　言

近年来,计算机辅助设计(Computer Aided Design ,简称 CAD)技术随着计算机技术的迅猛发展而得到了充分的发展和应用,CAD 技术已广泛地应用到越来越多的行业和领域,CAD 技术的发展和应用水平已成为衡量一个国家科技和工业现代化水平的一个重要标志,已经成为提高产品与工程设计水平、缩短产品开发周期、增强产品竞争力、提高劳动生产率的重要手段。

本书依据普通高等学校工科计算机绘图课程应达到的要求和最新颁布的《技术制图》国家标准,讲述如何使用 AutoCAD 2008 绘制工程图样,是作者多年使用 AutoCAD 绘图和从事计算机绘图、建筑制图、机械制图等教学经验的结晶。

本书的主要特点是:

(1)按教学顺序编写,相当于一本详细的讲稿,既便于教师备课,又便于学生自学。

(2)以绘制工程图为主线,用通俗易懂的语言,由浅入深、循序渐进地介绍 AutoCAD 2008 关于绘制工程图的基本功能及相关技术。特别对如何使图样的各方面符合制图标准的相关技术,在各相应章节做了详细介绍。

(3)每个教学单元后都配有相应的"上机指导"。上机指导的内容包括:基本命令上机练习的操作步骤和注意事项;实战练习的作业与要求;完成作业的具体步骤及相关技术。通过练习使所学内容与绘制工程图的实际应用达到融会贯通。

(4)本书插图以工程图的内容作为实例,插图中的图线粗细、虚线和点画线的长短间隔、字体、剖面线、尺寸标注、表达方法等各项内容均符合最新制图标准。

(5)本书所举实例内容涉及机械工程专业,对机械专业制图标准中不同之处的设置方法和专业图样的绘图方法与绘图技巧分别进行了叙述。通过学习本书可使初学 AutoCAD 者在短时间内能较顺利地掌握绘制工程图的基本方法和基础技巧,能独立绘制各种工程图;同时也可以使有经验的读者更深入地了解 AutoCAD 2008 绘制工程图的主要功能和技巧,从而能快速绘制出符合制图标准的工程图样。

本书由哈尔滨理工大学王春义(第 2 章、第 3 章)、宋鸣(第 5 章、第 6 章、第 7 章)、焦波(第 8 章、第 10 章)、刘丽芳(第 1 章、第 4 章、第 9 章、第 11 章、第 12 章)、赵金涛(第 13 章、第 14 章、第 15 章)编写,由王春义、宋鸣任主编,焦波、刘丽芳、赵金涛任副主编,哈尔滨工业大学吴佩年教授主审。

由于编者水平有限,书中的疏漏和不妥之处,恳请读者批评指正。

编　者

2014 年 1 月

目　　录

第 1 章　AutoCAD 2008 绘图基础

1.1　AutoCAD 概述

AutoCAD 是由美国 Autodesk 公司于 1982 年首次开发的通用计算机辅助设计(Computer Aided Design,CAD)软件,是用于二维及三维设计、绘图的系统工具,广泛应用于机械、建筑、测绘、电子以及航空航天等领域。

在 30 多年的发展历程中,该企业不断丰富和完善 AutoCAD 系统,并连续推出各个新版本。AutoCAD 2008 是 Autodesk 公司于 2007 年推出的 AutoCAD 的新版本,其在图层、文字、尺寸标注、表格处理、用户界面及绘图效率等方面均有所改进,方便用户的使用。

1.2　安装和启动 AutoCAD 2008

1.2.1　AutoCAD 2008 的系统要求

AutoCAD 2008 对用户的计算机系统有以下最低要求(非网络用户)。

1. 软件环境

①操作系统:Microsoft Windows XP、Microsoft Windows Vista 以及 Microsoft Windows 7 系统等。

②浏览器:Microsoft Internet Explorer 6.0 Service Pack 1 或更高版本。

2. 硬件环境

①处理器:Pentium Ⅲ或更高主频。

②内存:512 MB。

③硬盘:750 MB。

④彩色显示器:显示分辨率为 1 024×768。

⑤图形卡:1 024×768 VGA 真彩色。

⑥定点设备:鼠标、跟踪球或其他设备。

⑦其他硬件设备。

1.2.2　AutoCAD 2008 的安装和启动

1. 安装 AutoCAD 2008

将 AutoCAD 2008 安装盘放入 CD-ROM,电脑识别后,双击名为"SETUP. EXE"的应用程序文件,会弹出如图 1.1 所示的安装向导主界面。单击"安装产品"项,然后像安装普通程序那样按照安装要求与提示,逐步进行安装,如图 1.2 所示,直至安装完毕。

安装完毕后,系统会自动在桌面上添加快捷方式,如图 1.3 所示。此时,还应进行相应的注册，这样程序就可以正常使用了。

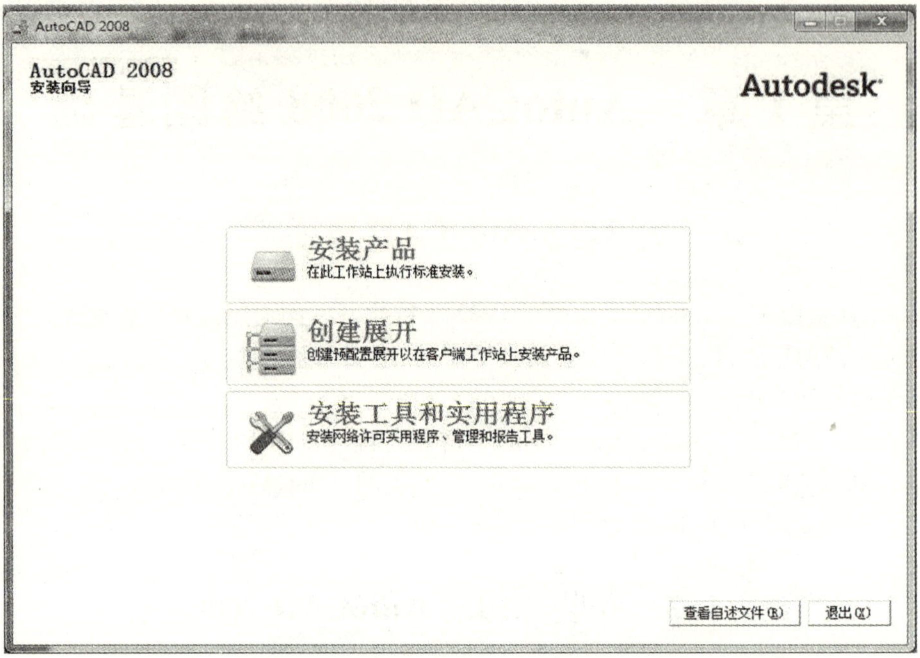

图 1.1　AutoCAD 2008 安装向导主界面

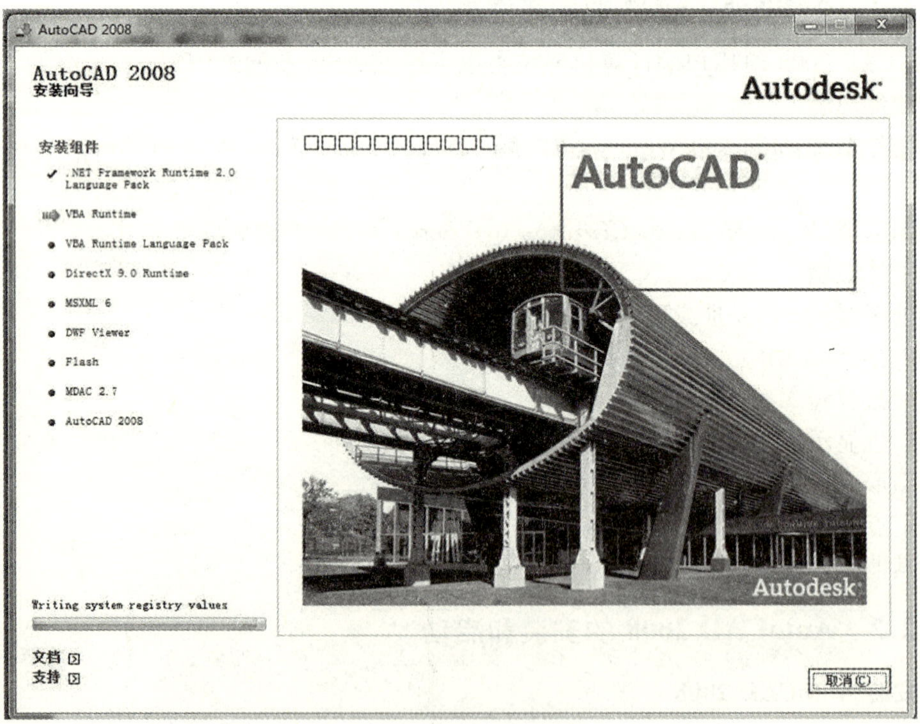

图 1.2　AutoCAD 2008 安装界面

图 1.3　AutoCAD 2008 快捷方式

2. 启动 AutoCAD 2008

与启动其他应用程序一样，可以双击桌面上的 AutoCAD 2008 快捷方式或者单击“开始”→“程序”→“Autodesk”→“AutoCAD 2008-Simpled Chinese”→“AutoCAD 2008”即可启动。

1.3　AutoCAD 2008 经典工作界面介绍

AutoCAD 2008 的工作空间有 AutoCAD 经典、二维草图与注释以及三维建模经典工作界面。本书 13.1 节将介绍 AutoCAD 2008 的三维建模工作空间，本节主要介绍 AutoCAD 2008 经典工作界面，如图 1.4 所示，AutoCAD 2008 经典工作界面由标题栏、下拉菜单栏、工具栏、绘图窗口、光标、坐标系统、命令窗口、状态栏等组成。

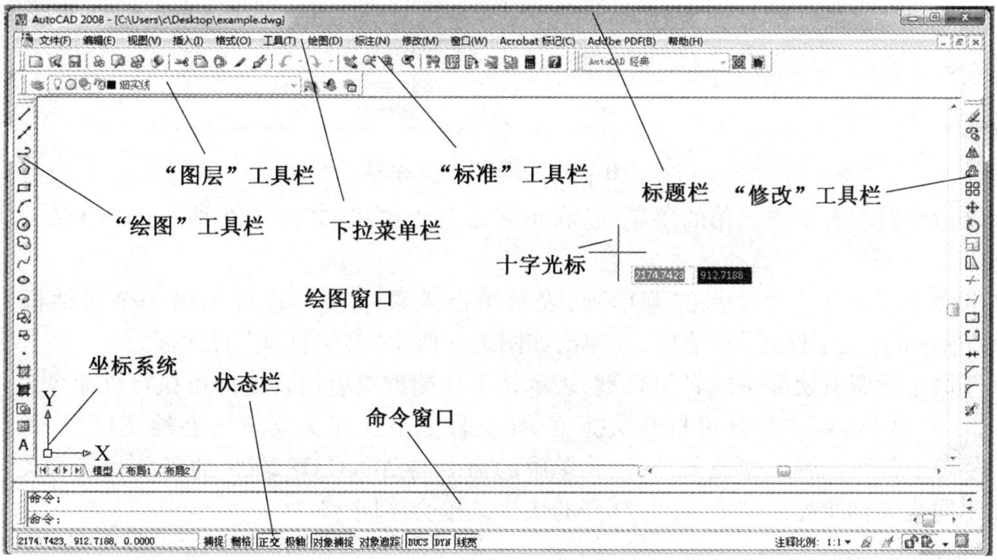

图 1.4　AutoCAD 2008 经典工作界面

1.3.1　标题栏

标题栏位于工作界面的最上方，与其他应用程序类似，用于显示 AutoCAD 2008 的程序图标以及当前所操作图形文件的名称，单击位于标题栏右侧的各个按钮，可以分别实现 AutoCAD 2008窗口的最小化、还原(或者最大化)以及关闭 AutoCAD 2008 的操作。

1.3.2 下拉菜单栏

下拉菜单栏是 AutoCAD 提供的一种命令输入方式,包含了通常情况下控制AutoCAD运行的功能和命令。

使用菜单命令应注意以下几点:

①命令呈现灰色,表示该命令在当前状态下不可使用,如图 1.5 所示"打印样式"菜单项。

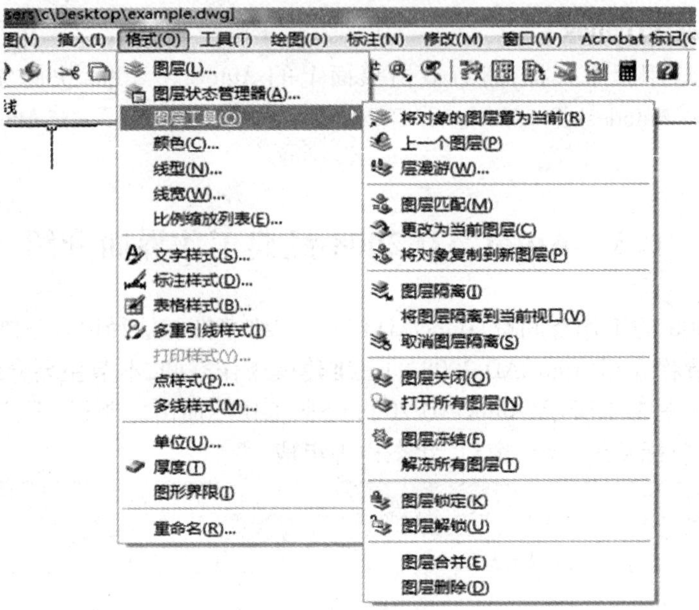

图 1.5 "格式"下拉菜单

②命令右面有小黑三角的菜单项,表示它还有子菜单,如图 1.5 所示的"图层工具"菜单项。

③命令右面有三个小点的菜单项,表示单击该菜单项后将显示出一个对话框,点击图 1.5所示的"文字样式"菜单项,会弹出如图 1.6 所示"文字样式"对话框。

④命令后跟有快捷键或者组合键,表示按下快捷键或者组合键即可执行该命令。

此外,单击鼠标右键还可打开快捷菜单(又称上下文相关菜单),在绘图区域、工具栏、菜单栏等上都可以弹出快捷菜单,该菜单中的命令与 AutoCAD 2008 的当前状态有关,当前操作不同或光标所处的位置不同,打开的快捷菜单会不同。

1.3.3 工具栏

工具栏是应用程序调用命令的另一种方式,AutoCAD 2008 提供了近 40 个工具栏,每个工具栏上有一些形象化的图标,初学者可以将光标移到某个图标上,稍停片刻会在图标的右下角弹出相应的文字提示,说明该图标的功能,如图 1.7 所示。

用户可以根据需要单击菜单项来打开或者关闭相应的工具栏,以方便用户使用并且节省工具栏对绘图区域的占用。调用方法:可以将光标放在任意工具栏处并单击鼠标右键,此时系统会弹出一个快捷菜单,如图 1.7 所示,有"√"图标的菜单项表示该工具栏已打开,否则该工具栏没有被打开。工具栏是浮动的,用户可以根据需要将其放置在绘图窗口的适当位置。

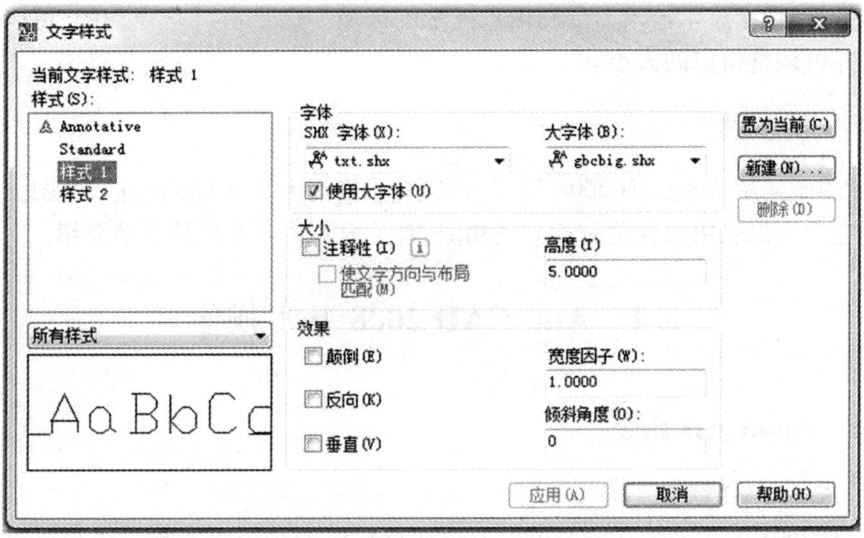

图 1.6　“文字样式”对话框

图 1.7　“标准”工具栏及“复制”按钮与文字提示标签

1.3.4　绘图窗口

绘图窗口是用户绘图的工作区域,显示、绘制和编辑图形都在此区域内完成,绘图窗口的下方有“模型/布局”选项卡,单击它们可以实现模型空间与布局空间之间的切换。

1.3.5　光标

光标用于选择对象、绘图等操作。当光标位于 AutoCAD 的标题栏、下拉菜单栏、工具栏、状态栏等区域时显示为箭头,当处在绘图窗口时显示为十字形状,十字线的交点为光标的当前位置。

1.3.6　坐标系统

坐标系图标用于表示当前绘图使用的坐标系形式以及坐标方向等。AutoCAD 2008 提供世界坐标系(World Coordinate System)和用户坐标系(User Coordinate System)两种坐标系。世界坐标系为默认坐标系,且默认时水平向右方向为 X 轴正方向,垂直向上方向为 Y 轴正方向。

1.3.7 命令窗口

命令窗口是用于显示输入命令和信息提示的区域。命令窗口是浮动的,可以放置到适当的位置,并可调整窗口的大小。

1.3.8 状态栏

状态栏用于显示 AutoCAD 2008 的当前状态,如当前十字光标的坐标,绘图工具的设置状态,单击它们可以启用或者关闭相应的功能,有关内容将会在后续章节介绍。

1.4 AutoCAD 2008 基本操作

1.4.1 AutoCAD 命令

1. 执行 AutoCAD 命令

AutoCAD 2008 的大多数功能都可以通过执行相应的命令来实现。用户可以通过多种方式执行 AutoCAD 的命令,下面介绍常用的命令执行方式。

(1)通过键盘执行命令

通过键盘执行命令的方法为:当命令窗口中的提示为“命令:”时,通过键盘输入要执行的命令(如输入 CIRCLE 命令绘制圆),然后按 Enter 键、空格键或者单击鼠标右键,即可开始执行命令。然后,AutoCAD 会给出提示或弹出对话框,要求用户进行后续的相应操作。通过键盘执行命令的缺点是用户需要记住 AutoCAD 的各个命令,AutoCAD 命令是一些英文单词或者它们的简写,如圆命令可直接键入“C”。

AutoCAD 的命令可以大写,可以小写,也可以大小写混用。

(2)通过下拉菜单执行命令

单击下拉菜单中的菜单项,可执行 AutoCAD 的相应命令。这种命令执行方式操作简单,且不需要用户去记忆命令。此时命令行显示的命令与通过键盘输入的命令一样,但其前面有下画线。

(3)通过工具栏执行命令

单击工具栏上的按钮,也可以执行 AutoCAD 的相应命令,此时命令行显示的命令与通过下拉菜单执行的命令一样。AutoCAD 提供的工具栏很多,“标准”工具栏、“绘图”工具栏、“修改”工具栏、“图层”工具栏等属于经常使用的,将其放置在固定地方,方便用户使用。而像只在短时间内频繁使用的工具栏(如“尺寸标注”工具栏和“样式”工具栏),可以暂时打开对应的工具栏,当不需要执行这些操作时,将它们关闭,以保证有足够的绘图区域。

用户将鼠标放置到工具栏图标任意位置,单击鼠标右键,从弹出的菜单中选择调用或者关闭某项工具栏。

(4)通过快捷菜单输入

在不同的区域单击鼠标右键,会弹出相应的快捷菜单,用户可从菜单中选择执行命令。

当然,具体采用哪种方式执行 AutoCAD 命令,主要取决于用户的绘图习惯。

2. 重复执行命令

完成某一命令的执行后,如果需要重复执行该命令,除可以通过上述几种方式重复执行该命令外,还可以通过按 Enter 键或者空格键重复执行该命令,也可以通过单击鼠标右键,此时快捷菜单第一行会显示可重复执行前一个命令的菜单项。单击该菜单项,即可重复执行该命令。

3. 终止命令的执行

在命令的执行过程中,可以通过按 Esc 键或单击鼠标右键,从弹出的快捷菜单中选择"取消"菜单项的方式终止命令的执行。

4. 撤销命令

用户可以通过键盘输入"UNDO"或者单击下拉菜单"编辑" →"放弃"撤销前面的操作,当然也可以多次执行相同的命令撤销之前进行的多步操作。

5. 重做命令

如果要重做之前撤销的操作,可以通过键盘输入"REDO"或者单击下拉菜单"编辑" →"重做",当然也可以多次执行相同的命令恢复之前所撤销的多步操作。

6. 透明命令

透明命令(或称镶嵌命令)是指在执行其他命令过程中可以执行的命令,执行完透明命令后会回到原命令的执行状态,不影响原命令继续执行。透明命令多为控制图形显示、修改图形位置或者打开或关闭精确绘图工具的命令。

本书将在后续章节分别介绍这些透明命令。

1.4.2　系统变量

AutoCAD 系统将一些操作环境设置的参数值存放在相应的变量中,这些变量称之为系统变量。AutoCAD 的每一个系统变量均有对应的数据类型,如整数、实数、字符串及开关型(开关型变量有 On 和 Off 两个值,这两个值也可以分别用 1 和 0 表示)等。用户可以在命令行输入变量名后按 Enter 键,然后根据需要浏览或者修改变量值等操作。

例如:

命令:ORTHOMODE↙

输入 ORTHOMODE 的新值<0>:

尖括号内的 0 表示系统变量的当前默认值。如果直接按 Enter 键,变量值保持不变;如果输入新值后按 Enter 键,则变量值设置为新值。

本例中,系统变量 ORTHOMODE=1 表示打开正交绘图命令,状态栏上的"正交"按钮陷下,系统变量 ORTHOMODE=0 关闭正交绘图命令,状态栏上的"正交"按钮浮上。

此外,利用 AutoCAD 提供的"选项"对话框,也可以设置 AutoCAD 的大部分系统变量。

1.4.3　绘图窗口与文本窗口的切换

用 AutoCAD 绘图时,有时需要切换到文本窗口,以查看有关的文字信息。利用功能键 F2 可以实现绘图窗口与文本窗口之间的相互切换。如果当前显示的是绘图窗口,按 F2 键,AutoCAD 会切换到文本窗口。同样,如果当前显示的是文本窗口,按 F2 键,AutoCAD 会切换到绘图窗口。

其他功能键的作用会在后面的章节介绍。

1.4.4 创建新图形

当用 AutoCAD 2008 开始绘制一幅新图形时，一般需要先创建新图形。用于创建新图形的命令是 NEW，可以直接从命令行输入该命令，也可通过下拉菜单项“文件”→“新建”或“标准”工具栏上的按钮执行该命令。

执行创建新图形命令后，AutoCAD 弹出“选择样板”对话框，如图 1.8 所示。用户可以从该对话框的列表中选择一个样板文件后，单击“打开”按钮，即可创建新图形。默认的公制样板文件为“acadiso. dwt”，初学者可以将其作为样板文件，建立新图形，也可以由用户自己建立样板文件，根据需要进行与绘图有关的一些通用设置，避免重复劳动，提高工作效率，并且可以保证图形的一致性。通用设置一般包括单位类型、精度、图层、线型、标注样式、文字样式、对象捕捉以及图框和标题栏等。

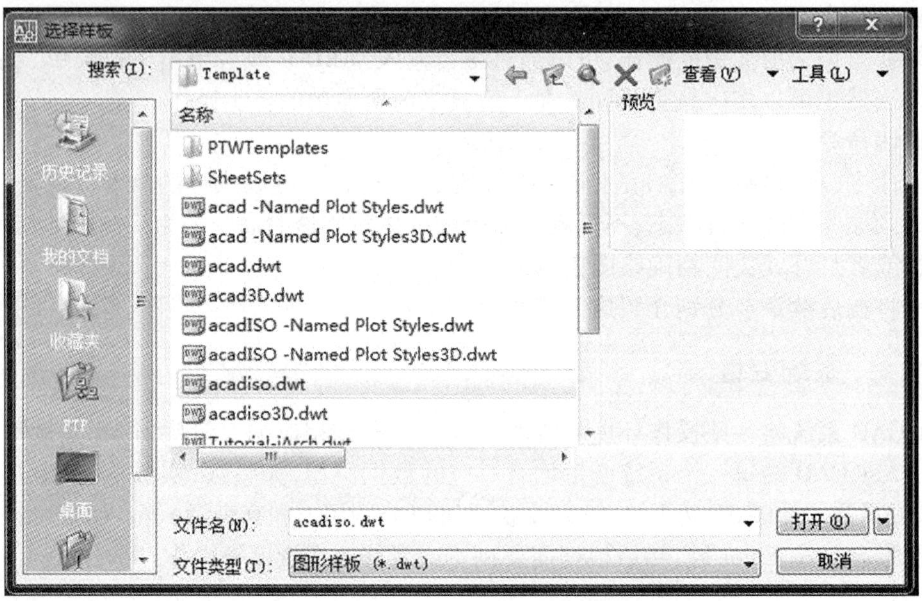

图 1.8 “选择样板”对话框

1.4.5 打开图形文件

用于打开已有图形文件的命令是 OPEN，可以直接从命令行输入该命令，也可通过单击下拉菜单“文件”→“打开”或“标准”工具栏按钮执行该命令。

执行命令后，AutoCAD 弹出“选择文件”对话框，如图 1.9 所示。

用户在对话框中的列表中选择图形文件时，单击“打开”按钮，即可打开对应的图形文件。AutoCAD 图形样板文件类型为“. dwt”，而图形文件类型为“. dwg”。

1.4.6 保存图形

将当前图形保存到文件的命令是 QSAVE，可通过命令行输入该命令，或者单击下拉菜单“文件”→“保存”，也可以单击“标准”工具栏上的按钮。

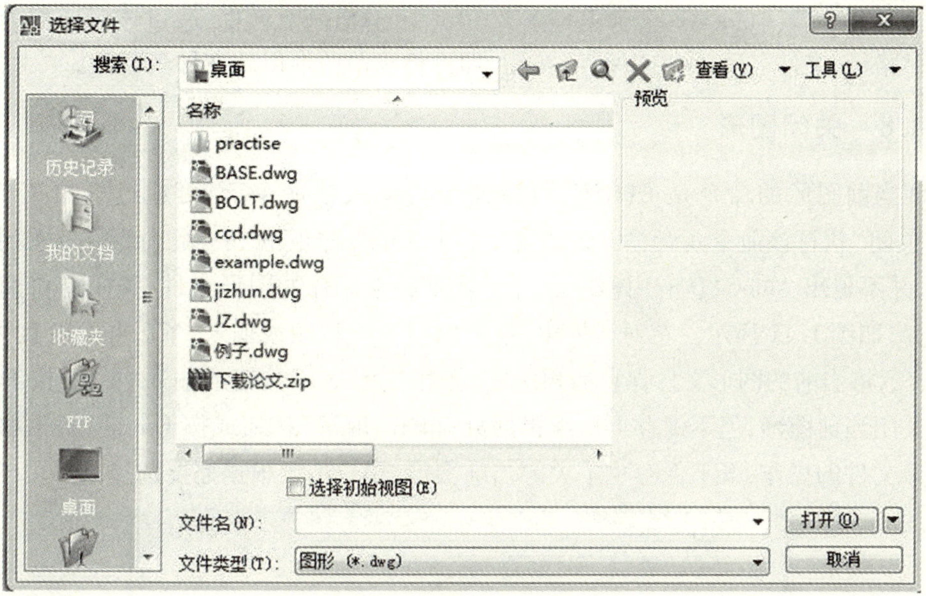

图 1.9　“选择文件”对话框

执行保存图形命令后，AutoCAD 会把当前编辑的已命名的图形直接以原文件名存入磁盘。如果文件尚未命名，会弹出“图形另存为”对话框，如图 1.10 所示，AutoCAD 按用户指定的路径、文件名和文件类型存盘。

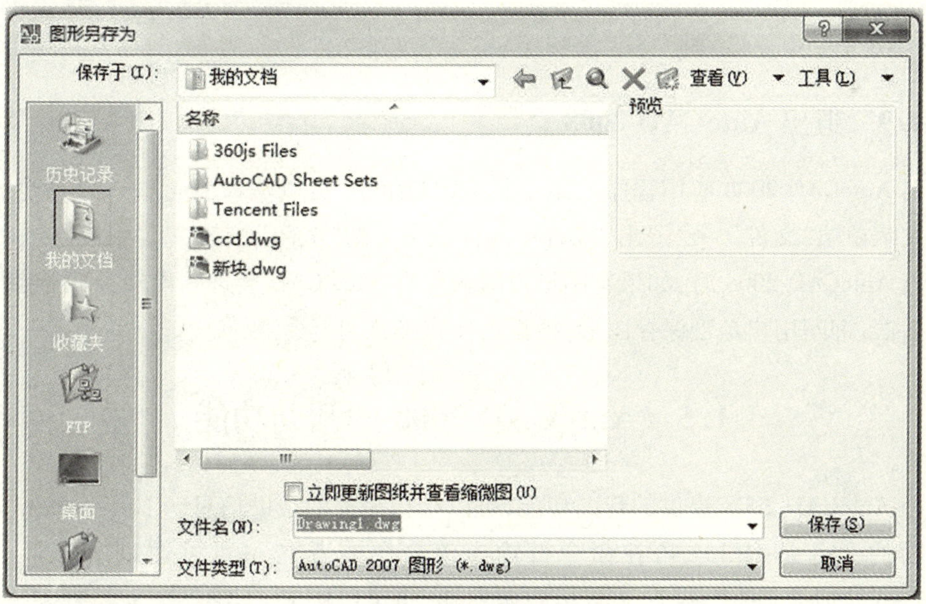

图 1.10　“图形另存为”对话框

1.4.7　换名保存图形

将当前图形以新文件名保存而不改变原图形文件内容的命令是 SAVEAS，可在命令行输入该命令，也可通过下拉菜单项“文件” →“另存为”执行该命令。

执行该命令后，AutoCAD 会弹出与图 1.10 所示类似的对话框，通过该对话框确定图形的新保存路径、文件名后，单击“保存”按钮，即可将当前图形以新文件名存盘。

1.4.8 关闭图形

关闭当前图形的命令是 CLOSE，可在命令行输入该命令，也可通过下拉菜单项“文件”→“关闭”执行该命令或者单击绘图窗口右上角的“关闭”按钮。此命令仅仅关闭当前图形文件，并不退出 AutoCAD 应用程序。对于修改后未保存的图形文件，关闭前将询问用户是否保存，如图 1.11 所示。在对话框中，单击“是(Y)”按钮或输入“Y”，也可以直接按 Enter 键，表示将当前的图形文件保存后再关闭；单击“否(N)”按钮或输入“N”后按 Enter 键，则表示关闭当前图形，但不保存再次编辑部分；单击“取消”按钮或按 Esc 键，表示取消关闭当前图形文件的操作，既不保存也不关闭当前图形，用户可以根据需要选择单击。

图 1.11 存盘提示

1.4.9 退出 AutoCAD 2008

退出 AutoCAD 2008 应用程序的命令是 QUIT 命令，可以从命令行输入该命令，也可以单击下拉菜单项“文件”→“退出”或者单击标题栏上的“关闭”按钮。

退出 AutoCAD 2008 时，如果有图形没有被保存，AutoCAD 会逐一出现类似于图 1.11 所示的对话框，询问用户是否保存图形，根据需要操作即可。

1.5 AutoCAD 2008 的帮助功能

使用 AutoCAD 2008 提供的帮助功能，可以查找相关的帮助信息。

帮助的命令是 HELP，可在命令行输入该命令或者“?”，也可通过下拉菜单项“帮助”→“帮助”或者单击“标准”工具栏的 按钮，也可以按下 F1 键。

执行帮助命令后，会弹出如图 1.12 所示的对话框。

在命令对话过程中执行帮助命令可以激活与当前使用命令相关的帮助文件。例如，在绘制直线过程中执行帮助命令，弹出如图 1.13 所示的对话框，用户可以查看相关的信息，非常方便。

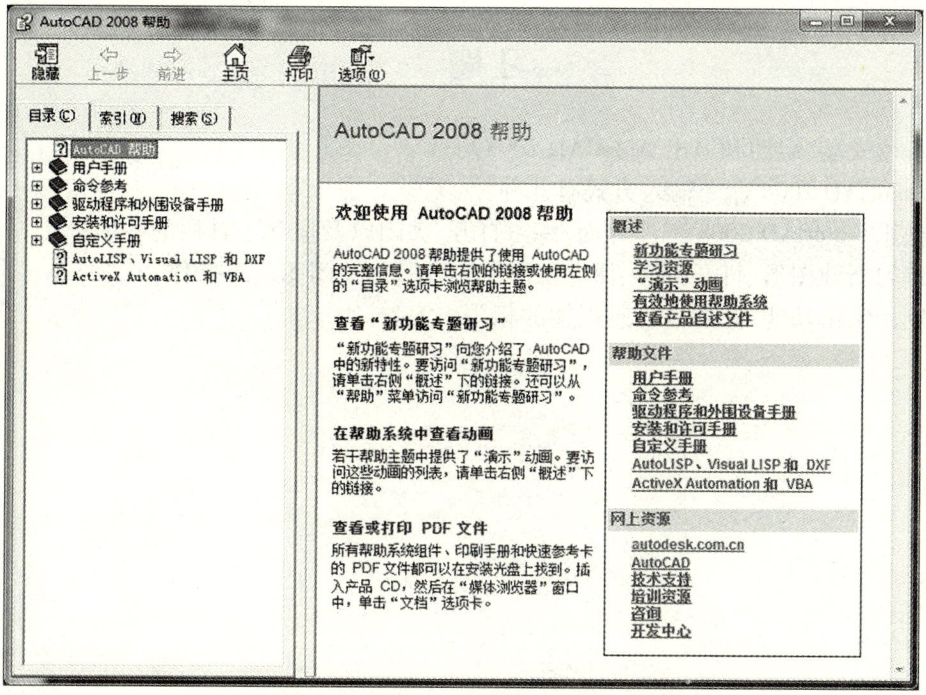

图 1.12　联机帮助

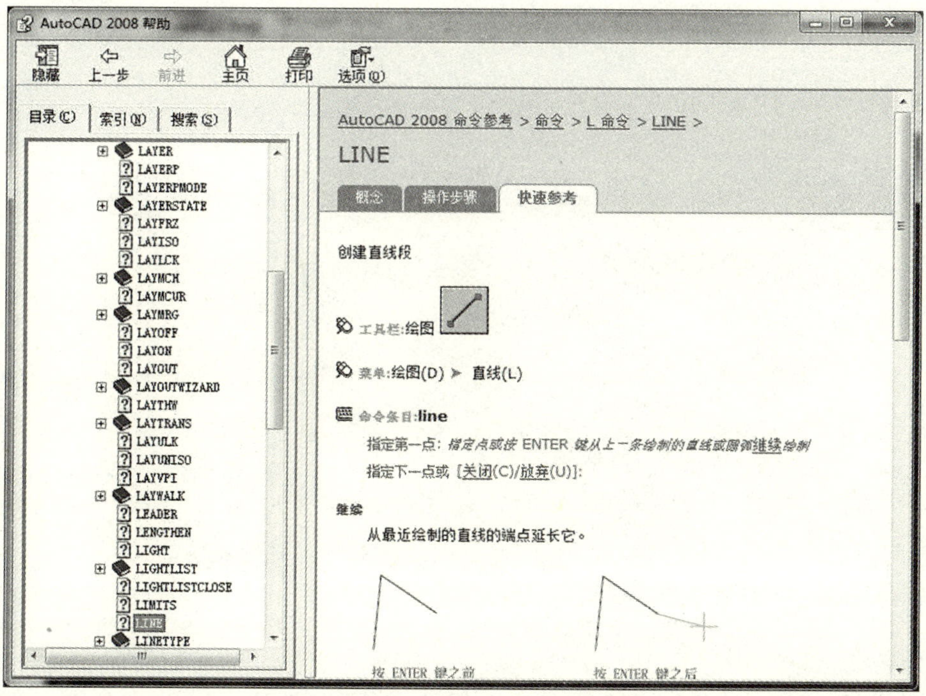

图 1.13　直线命令说明

习 题 一

1. 练习安装、启动和退出 AutoCAD 2008。
2. AutoCAD 2008 命令输入方式有几种?
3. 熟悉 AutoCAD 2008 工作界面,练习打开、关闭以及拖动工具栏的各项操作。
4. 练习新建图形、打开图形、保存图形、另存图形、关闭图形等操作。
5. 利用帮助功能,查看自己感兴趣的相关内容。

第 2 章　绘制二维图形

本章将介绍 AutoCAD 2008 的常用二维图形绘制命令。AutoCAD 2008 提供了丰富的绘制二维图形对象的功能,利用其可以绘制出直线、射线、构造线、圆、圆弧、椭圆、矩形、等边多边形、点、多段线及样条曲线等基本图形对象。这些基本图形对象是构成各种二维图形的基本元素,需要读者熟练掌握。

2.1　命令输入

利用 AutoCAD 2008 提供的“绘图”下拉菜单(如图 2.1 所示,为部分菜单)和“绘图”工具栏(如图 2.2 所示),可以执行 AutoCAD 的绘图命令。

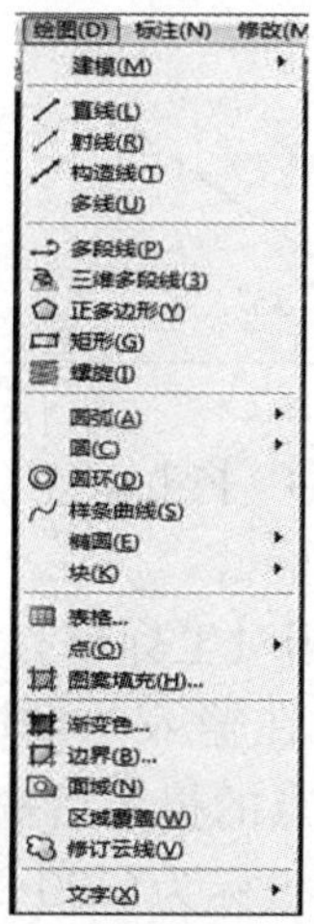

图 2.1　“绘图”下拉菜单

图 2.2　“绘图”工具栏

用 AutoCAD 2008 绘制二维图形时,经常需要操作者指定点的位置,如指定圆的圆心、线段的端点等。一般可以通过以下方式确定点的位置:

(1)用鼠标在屏幕上拾取点

具体过程为:移动鼠标,使光标位于要指定点的位置(AutoCAD 通常会在状态栏上动态地显示出当前光标的坐标值),然后单击鼠标左键。

(2)用对象捕捉方式捕捉特殊点

利用 AutoCAD 的对象捕捉功能,可以方便、准确地确定一些特殊点,如圆心、切点、中点、垂足等。5.3 节将介绍 AutoCAD 2008 的对象捕捉功能。

(3)通过键盘输入点的坐标

当 AutoCAD 提示指定点的位置时,可以直接通过键盘输入点的坐标。AutoCAD 的坐标有绝对坐标和相对坐标之分,而且在每一种坐标形式中,又分直角坐标、极坐标等。下面介绍如何通过键盘输入不同坐标形式的点。

1. 绝对坐标

绝对坐标指相对于当前坐标系坐标原点的坐标。

(1)直角坐标

对于二维绘图而言,某点的直角坐标用它的 X 和 Y 坐标值表示,坐标值之间要用逗号隔开。例如,如果要输入一个点,其 X 坐标为 90,Y 坐标为 60,那么在要求输入点的提示后输入"90,60"(不输入双引号)后按 Enter 键即可。

图 2.3 表示了该直角坐标的几何意义。

(2)极坐标

一个点的极坐标用坐标原点与该点的距离和这两点之间的连线与坐标系 X 轴正方向的夹角来表示,其表示方法为"距离<角度"。在默认设置下,AutoCAD 的 X 轴正方向(即水平向右方向)为 0°方向、Y 轴正方向(即垂直向上方向)为 90°方向。例如,某二维点距坐标原点的距离为 100,坐标系原点与该点的连线相对于坐标系 X 轴正方向的夹角为 35°,那么该点的极坐标为:100<35 。

图 2.4 表示了该极坐标的几何意义。

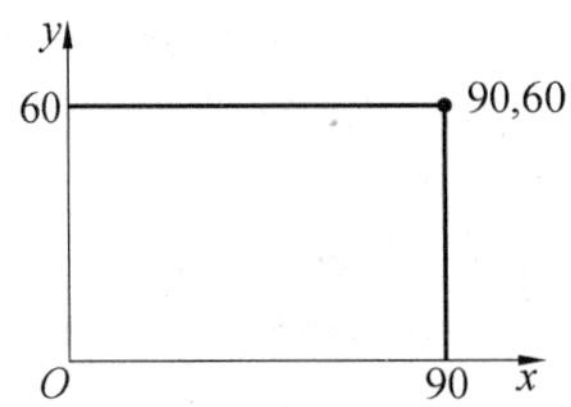

图 2.3　直角坐标

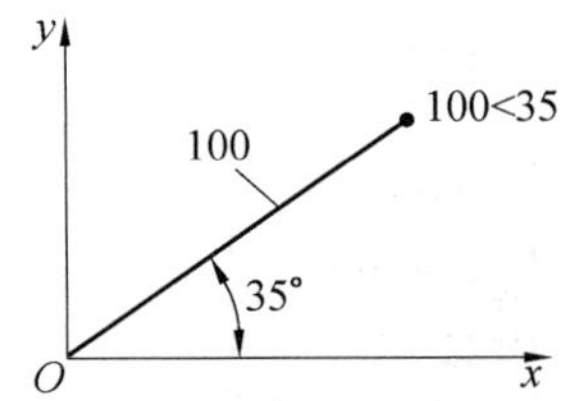

图 2.4　极坐标

2. 相对坐标

相对坐标指相对于前一点的坐标。对于二维绘图而言,相对坐标也有直角坐标和极坐标两种形式,其输入格式与绝对坐标的输入格式类似,但要在输入的坐标前面加上符号"@"。例如,已知前一点的直角坐标为(80,55),如果在输入点的提示后输入"@40,-35",则表示新点相对于前一点的坐标为(40,-35),即新点的绝对坐标为(120,20)。注意,在用相对坐标表示的极坐标中,角度也是相对于 X 轴正方向度量的。

【说明】

AutoCAD 还提供了主要用于三维绘图的球坐标和柱坐标,本书 13.5 节将介绍这两种坐标。

2.2　绘制直线段

用于绘制直线段(简称直线)的命令是 LINE,可通过下拉菜单项"绘图"→"直线"或"绘图"工具栏上的(直线)按钮执行该命令。

绘制直线步骤如下:

执行 LINE 命令,AutoCAD 提示:

指定第一点:(指定直线段的起点位置)

指定下一点或[放弃(U)]:(指定直线段的另一端点位置)

指定下一点或［放弃(U)］:(指定直线段的另一端点位置)

指定下一点或［闭合(C)/放弃(U)］:(指定直线段的另一端点位置)

执行结果:AutoCAD 绘制出连接相邻点的一系列直线段。

【说明】

①当 AutoCAD 给出的提示中有多个选择项(简称选项)时,通常有一个选项是默认项,其他选项则为非默认项。用户可以直接采用默认项。执行非默认项的方法为:通过键盘输入对应选项的关键字母(即位于选项对应括号内的字母,输入字母时不区分大小写)后按 Enter 键;或单击鼠标右键,从弹出的快捷菜单中选择对应的项。

②用 LINE 命令绘制出的一系列直线段中的每一条线段均是独立的对象,即用户可以对每一条直线段进行单独的编辑操作。

③当 AutoCAD 提示"指定下一点或［放弃(U)］:"或提示"指定下一点或［闭合(C)/放弃(U)］:"时,如果拖动鼠标,AutoCAD 会从前一点引出一条随鼠标动态变化的直线,通常称这样的直线为橡皮筋线。如果将光标移到某一位置后单击鼠标左键,即确定了点的位置,AutoCAD 会把橡皮筋线转化成实际的直线。

④在给出的提示中,"放弃(U)"选项用于放弃前一次操作。用户可以连续执行"放弃(U)"选项,按与绘图顺序相反的顺序依次取消已绘制出的线段,直到重新确定直线的起点;"闭合(C)"选项用于在最后一条直线的终点与第一条直线的起点之间绘制直线,从而构成封闭多边形,并结束 LINE 命令。

⑤动态输入。读者可能已经注意到,执行 LINE 命令后,AutoCAD 一方面在命令窗口提示"指定第一点:",同时可能会在光标附近显示出一个提示框(称之为"工具栏提示"),工具栏提示中显示出对应的 AutoCAD 提示"指定第一点:"和光标的当前坐标值,如图 2.5 所示(如果读者执行 LINE 命令后绘图屏幕上没有显示出工具栏提示,单击状态栏上的"DYN"按钮,使其按下即可。如果工具栏提示中显示的内容与图 2.5 所示不一致也没有关系,通过稍后介绍的动态输入设置可确定 AutoCAD 的显示内容)。

当给出如图 2.5 所示的提示时,如果移动光标,工具栏提示也会随光标移动,且显示出的坐标值会动态变化,以反映光标的当前坐标值。

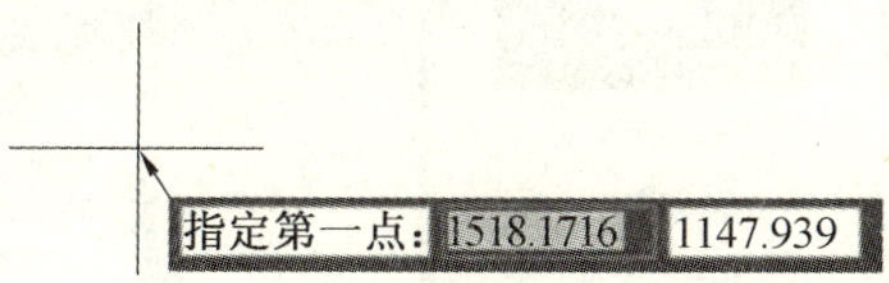

图 2.5　动态显示工具栏提示

在如图 2.5 所示状态下,用户可以在工具栏提示中输入点的坐标值,而不必切换到命令窗口进行输入(切换方式:在命令窗口中,将光标放到"命令:"提示之后单击鼠标左键)。

当在"指定第一点:"提示下指定了直线第一点,AutoCAD 又会显示出对应的工具栏提示,如图 2.6 所示。

此时用户可以直接通过工具栏提示输入对应的坐标来确定新端点。注意,在工具栏提示中,在"指定下一点或"之后有一个向下的小箭头,如果在键盘上按一下指向下方的箭头键,就会显示出与当前操作相关的选项(图 2.7),此时可通过单击某一选项的方式执行该选项。

图 2.6 动态提示

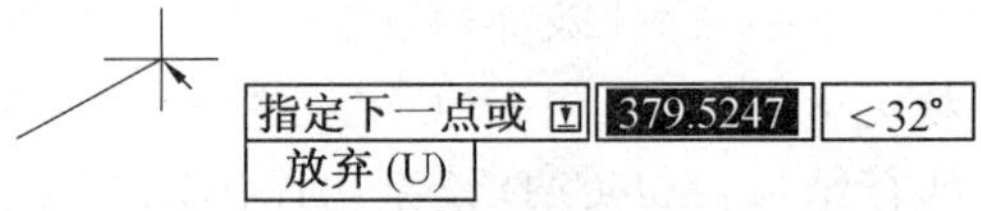

图 2.7　显示操作选项

当显示出工具栏提示时,可以通过 Tab 键在显示的坐标值之间切换。

用户可以根据需要启用或关闭动态输入功能。如果单击状态栏上的“DYN”按钮,使该按钮压下,启用动态输入功能;启用动态输入功能后,如果在状态栏上单击“DYN”按钮,使其弹起,则会取消动态输入功能。

本书一般采用通过命令行输入的方式来介绍 AutoCAD 的各个命令的使用方法。

⑥动态输入设置。

用户可以对动态输入的行为进行设置,具体方法如下:

单击下拉菜单项“工具”→“草图设置”,AutoCAD 弹出“草图设置”对话框,对话框中的“动态输入”选项卡用于动态输入方面的设置,如图 2.8 所示。

对话框中,“启用指针输入”复选框用于确定是否启用指针输入。启用指针输入后,在工具栏提示中会动态地显示出光标坐标值(图 2.5 ~ 2.7),当 AutoCAD 提示输入点时,用户可以在工具栏提示中输入坐标值,可以不通过命令行输入。

单击“指针输入”选项组中的“设置”按钮,AutoCAD 弹出“指针输入设置”对话框,如图 2.9 所示。用户可通过此对话框设置工具栏提示中点的显示格式以及何时显示工具栏提示(通过“可见性”选项组设置)。

“动态输入”选项卡中,“可能时启用标注输入”复选框用于确定是否启用标注输入。启用标注输入后,当 AutoCAD 提示输入第二个点或距离时,会分别动态显示出标注提示、距离值与角度值的工具栏提示,如图 2.10 所示。

同样,此时可以在工具栏提示中输入对应的值,而不必通过命令行输入值。

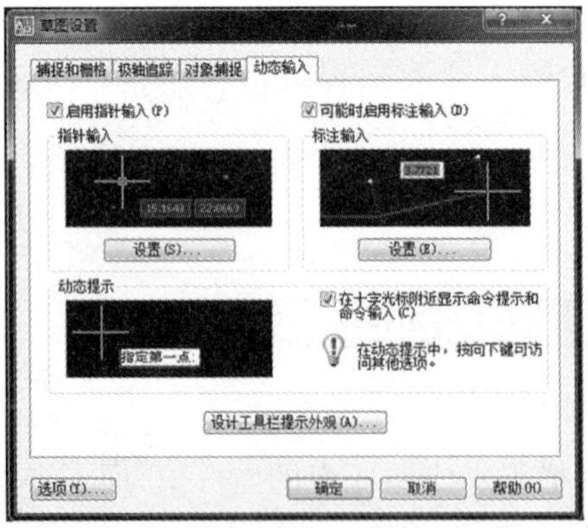

图 2.8　“动态输入”选项卡

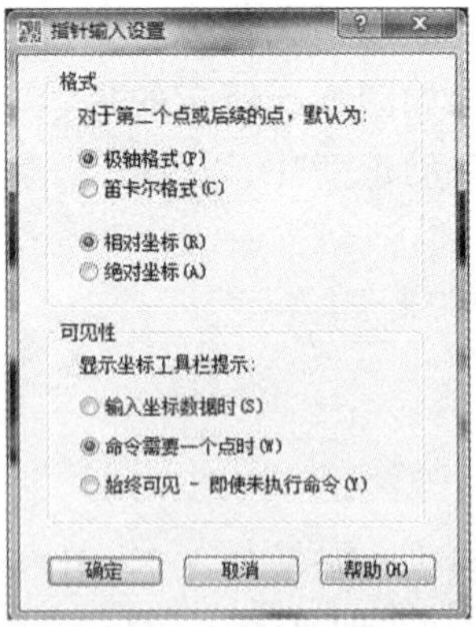

图 2.9　“指针输入设置”对话框

需要说明的是,如果同时打开指针输入和标注输入,则标注输入在有效时会取代指针输入。

单击“标注输入”选项组中的“设置”按钮,AutoCAD 弹出“标注输入的设置”对话框,如图 2.11 所示。用户可通过此对话框进行相关设置。

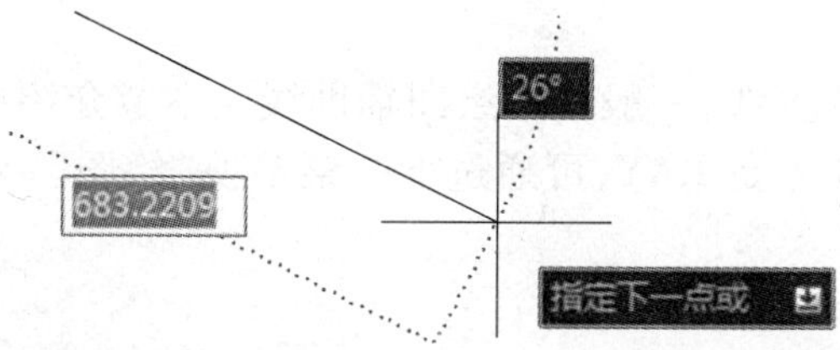

图2.10　启用标注输入后的工具栏提示

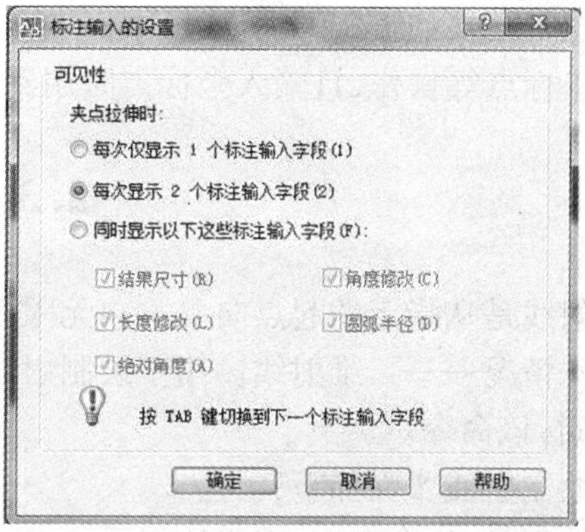

图2.11　“标注输入的设置”对话框

“动态输入”选项卡中,“设计工具栏提示外观”按钮用于设计工具栏提示的外观。

例2.1　用LINE命令绘制边长为100的等边三角形。

绘图步骤如下:

执行LINE命令,AutoCAD提示:

指定第一点:(在绘图屏幕适当位置拾取一点作为三角形的左下顶点)

指定下一点或[放弃(U)]:@100,0↙(相对坐标,确定三角形的右下顶点)

指定下一点或[放弃(U)]:@100<120↙

指定下一点或[闭合(C)/放弃(U)]:C↙(封闭图形)

例2.2　用LINE命令绘制如图2.12所示的多边形。

绘图步骤如下:

执行LINE命令,AutoCAD提示:

指定第一点:(在绘图窗口适当位置拾取一点作为多边形的右下顶点)

指定下一点或[放弃(U)]:@-150,0↙(相对坐标,确定多边形的左下顶点)

指定下一点或[放弃(U)]:@0,30↙

指定下一点或[闭合(C)/放弃(U)]:@30,0↙

指定下一点或[闭合(C)/放弃(U)]:@0,40↙

指定下一点或[闭合(C)/放弃(U)]:@-30,0↙

指定下一点或[闭合(C)/放弃(U)]:@0,20↙

指定下一点或[闭合(C)/放弃(U)]:@90,0↙

指定下一点或[闭合(C)/放弃(U)]:@65<-40↙(相对极坐标)

指定下一点或[闭合(C)/放弃(U)]:C↙(封闭图形)

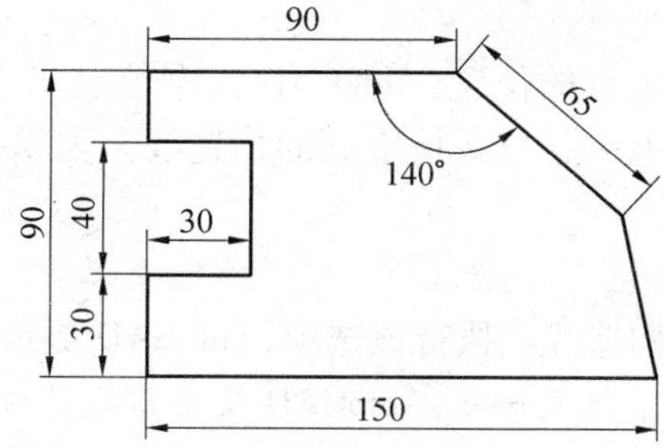

图2.12　多边形

执行结果如图 2.12 所示。本例中,绘制直线时用到了直接通过鼠标在屏幕上拾取点、输入坐标点等操作,且输入坐标点时用到了相对坐标形式的直角坐标和极坐标。

2.3 绘制射线

射线是从指定的起点向单方向无限延长的直线,一般用作绘图辅助线。本节介绍射线的特殊情况——二维射线。用于绘制射线的命令是 RAY,可通过下拉菜单项“绘图”→“射线”执行该命令。

绘制射线步骤如下:

执行 RAY 命令,AutoCAD 提示:

指定起点:(指定射线的起点位置)

指定通过点:(指定射线所通过的任意一点。指定该点后,AutoCAD 绘出过起点与该点的射线)

指定通过点:

如果在此提示下按 Enter 键,AutoCAD 结束 RAY 命令的执行,但也可以继续指定通过点,绘制过同一起点的一系列射线。

2.4 绘制构造线

构造线是向两个方向无限延长的直线,一般也用作绘图辅助线。本节介绍构造线的特殊情况——二维构造线。用于绘制构造线的命令是 XLINE,可通过下拉菜单项“绘图”→“构造线”或“绘图”工具栏上(构造线)按钮执行该命令。

绘制构造线步骤如下:

执行 XLINE 命令,AutoCAD 提示:

指定点或[水平(H)/垂直(V)/角度(A)/二等分(B)/偏移(O)]:

此提示中有较多的选项,下面分别给予介绍。

(1)指定点

绘制通过指定两点的构造线,为默认项。如果在“指定点或[水平(H)/垂直(V)/角度(A)/二等分(B)/偏移(O)]:”提示下指定一点,即执行默认项,AutoCAD 提示:

指定通过点:(在此提示下再指定一点,AutoCAD 绘制出过指定两点的构造线)

指定通过点:

在此提示下如果继续指定点的位置,AutoCAD 又会绘制出过第一点与该点的构造线。按此方式可以绘出一系列过第一点与新指定点的构造线。如果按 Enter 键,结束 XLINE 命令的执行。

(2)水平(H)

绘制通过指定点的水平构造线。执行该选项,AutoCAD 提示:

指定通过点:(在此提示下指定一点,AutoCAD 绘制出通过该点的水平构造线)

指定通过点:↙(或继续指定点,绘制通过指定点的其他水平构造线)

(3)垂直(V)

绘制通过指定点的垂直构造线。执行该选项,AutoCAD 提示:

指定通过点:(在此提示下指定一点,AutoCAD 绘出通过该点的垂直构造线)

指定通过点:↙(或继续指定点,绘制通过指定点的其他垂直构造线)

(4)角度(A)

绘制沿指定方向的构造线。执行该选项,AutoCAD 提示:

输入构造线的角度(O)或[参照(R)]:

如果在该提示下直接输入角度值,即响应默认项"输入构造线的角度",AutoCAD 提示:

指定通过点:

在此提示下确定点的位置后,AutoCAD 绘制出通过该点且与 X 轴正方向的夹角为给定角度的构造线,而后 AutoCAD 会继续提示"指定通过点:",用户可以在这样的提示下绘出多条与 X 轴正方向成指定角度的平行构造线。

如果在"输入构造线的角度(O)或[参照(R)]:"提示下执行"参照(R)"选项,表示将绘制与已有直线成指定角度的构造线,此时 AutoCAD 提示:

选择直线对象:(选择已有的直线。选择方法,将拾取框压住直线对象,单击鼠标左键)

输入构造线的角度:(输入角度值后按 Enter 键)

指定通过点:

在该提示下确定一点,AutoCAD 绘制出过该点且与指定直线成指定角度的构造线。同样,绘制出构造线后 AutoCAD 会继续提示"指定通过点:"。如果在后续"指定通过点:"提示下继续指定新点的位置,AutoCAD 绘出过这些点且与指定直线成指定角度的多条平行构造线;如果按 Enter 键,结束 XLINE 命令的执行。

(5)二等分(B)

绘制平分由指定三点所确定的角的构造线。执行该选项,AutoCAD 提示:

指定角的顶点:(指定角的顶点位置)

指定角的起点:(指定角的起点位置)

指定角的端点:

在该提示下确定一点,AutoCAD 绘制出过顶点且平分由指定三点所确定的角的构造线。绘制出构造线后,AutoCAD 会继续提示"指定角的端点:"。如果在后续"指定角的端点:"提示下继续指定新点的位置,AutoCAD 会绘制出由对应三点形成的构造线;如果按 Enter 键,结束 XLINE 命令的执行。

(6)偏移(O)

绘制与指定直线平行的构造线。执行该选项,AutoCAD 提示:

指定偏移距离或[通过(T)]<通过>:

此时可以用两种方法绘制构造线。如果执行"通过(T)"选项,表示将绘制通过指定点且与指定直线平行的构造线,此时 AutoCAD 提示:

选择直线对象:(选择被平行的直线)

指定通过点:(指定构造线所通过的点位置)

执行结果:AutoCAD 绘制出对应的构造线,同时继续提示:

选择直线对象:

可以继续选择直线对象来绘制与其平行且通过指定点的构造线，也可以按 Enter 键结束 XLINE 命令的执行。

如果在“指定偏移距离或[通过(T)]:”提示下输入一数值，表示所绘构造线将与指定的直线平行，且两线之间的距离为此输入的值，此时 AutoCAD 会提示：

选择直线对象:(选择被平行的直线)

指定向哪侧偏移:(相对于所选择直线，在构造线偏移一侧的任意位置单击鼠标左键)

执行结果：AutoCAD 绘制出对应的构造线，同时继续提示：

选择直线对象:

可以继续选择直线对象绘制与其平行且相距为已指定值的构造线，也可以按 Enter 键结束 XLINE 命令的执行。

【说明】

AutoCAD 某些命令的默认选项与前一次执行方式有关。例如，对于 XLINE 命令的“偏移(O)”选项，第一次执行“偏移(O)”选项时，对应提示的默认选项为“<通过>”，如果在“指定偏移距离或[通过(T)]<通过>:”提示下输入距离值，即执行“指定偏移距离”，并进行后续操作绘制出了构造线，那么当下一次再执行 XLINE 命令的“偏移(O)”选项时，对应提示的默认选项变为前一次执行该选项时输入的距离值。即操作不同，对应默认选项的方式(或提示)也不同。为避免读者学习本书时出现混乱，对于这样的提示，一般不再写出默认选项。

2.5 绘制圆弧

用于绘制圆弧的命令是 ARC，可通过下拉菜单“绘图”→“圆弧”的子菜单(图 2.13)或“绘图”工具栏上的(圆弧)按钮执行该命令。

本节将通过“圆弧”子菜单介绍圆弧的绘制过程。

(1)根据圆弧上的三点绘制圆弧

根据三点绘制圆弧是指根据圆弧的起点、圆弧上任意一点以及圆弧的终点来绘制圆弧。单击下拉菜单项“绘图”→“圆弧”→“三点”，AutoCAD 提示：

指定圆弧的起点或[圆心(C)]:(指定圆弧的起点位置)

指定圆弧的第二个点或[圆心(C)/端点(E)]:(指定圆弧上任意一点)

指定圆弧的端点:(指定圆弧的终点位置)

依次响应后，AutoCAD 绘出指定条件的圆弧。

(2)根据圆弧的起点、圆心和端点绘制圆弧

单击下拉菜单项“绘图”→“圆弧”→“起点、圆心、端点”，AutoCAD 提示：

指定圆弧的起点或[圆心(C)]:(指定圆弧的起点位置)

指定圆弧的第二个点或[圆心(C)/端点(E)]:_c 指定圆弧的圆心:(指定圆弧的圆心位置。注意，AutoCAD 给出的提示中，“_c 指定圆弧的圆心:”表示 AutoCAD 自动执行对应的选项并显示出对应的提示)

指定圆弧的端点或[角度(A)/弦长(L)]:(指定圆弧的另一端点位置)

依次响应后，AutoCAD 绘出指定条件的圆弧。

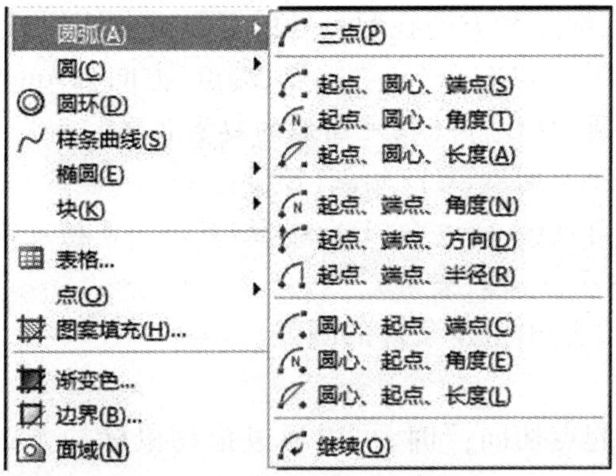

图 2.13　绘制圆弧子菜单

(3)根据圆弧的起点、圆心和角度(即圆心角)绘制圆弧

单击下拉菜单项“绘图”→“圆弧”→“起点、圆心、角度”,AutoCAD 提示:

指定圆弧的起点或[圆心(C)]:(指定圆弧的起点位置)

指定圆弧的第二个点或[圆心(C)/端点(E)]:_c 指定圆弧的圆心:(指定圆弧的圆心位置)

指定圆弧的端点或[角度(A)/弦长(L)]:_a 指定包含角:(输入圆弧的包含角)

依次响应后,AutoCAD 绘出指定条件的圆弧。

【说明】

在默认角度方向设置下,当提示“指定包含角:”时,若输入正角度值(加或不加“+”号),AutoCAD 从起点绕圆心沿逆时针方向绘制圆弧;如果输入负角度值(即以符号“-”为前缀),则沿顺时针方向绘制圆弧。后面介绍的其他绘圆弧方法中,在该提示下有相同的规则。

(4)根据圆弧的起点、圆心和长度绘制圆弧

单击下拉菜单项“绘图”→“圆弧”→“起点、圆心、长度”,AutoCAD 提示:

指定圆弧的起点或[圆心(C)]:(指定圆弧的起点位置)

指定圆弧的第二个点或[圆心(C)/端点(E)]:_c 指定圆弧的圆心:(指定圆弧的圆心位置)

指定圆弧的端点或[角度(A)/弦长(L)]:_l 指定弦长:(输入圆弧的弦长)

依次响应后,AutoCAD 绘制出指定条件的圆弧。

(5)根据圆弧的起点、端点和角度绘制圆弧

单击下拉菜单项“绘图”→“圆弧” →“起点、端点、角度”,AutoCAD 提示:

指定圆弧的起点或[圆心(C)]:(指定圆弧的起点位置)

指定圆弧的第二个点或[圆心(C)/端点(E)]:_e

指定圆弧的端点:(指定圆弧的终点位置)

指定圆弧的圆心或[角度(A)/方向(D)/半径(R)]:_a 指定包含角:(输入圆弧的包含角)

依次响应后,AutoCAD 绘出指定条件的圆弧。

(6)根据圆弧的起点、端点和方向在起点处的切线方向绘制圆弧

单击下拉菜单项“绘图”→“圆弧” →“起点、端点、方向”,AutoCAD 提示:

指定圆弧的起点或[圆心(C)]:(指定圆弧的起点位置)

指定圆弧的第二个点或[圆心(C)/端点(E)]:_ e

指定圆弧的圆心或[角度(A)/方向(D)/半径(R)]:_d 指定圆弧的起点切向:(输入圆弧起点处的切线方向与水平方向的夹角)

依次响应后,AutoCAD 绘出指定条件的圆弧。

【说明】

当提示“指定圆弧的起点切向:”时,可以通过拖动鼠标的方式动态确定圆弧起点处的切线方向。

(7)根据圆弧的起点、端点和半径绘制圆弧

单击下拉菜单项“绘图”→“圆弧”→“起点、端点、半径”,AutoCAD 提示:

指定圆弧的起点或[圆心(C)]:(指定圆弧的起点位置)

指定圆弧的第二个点或[圆心(C)/端点(E)]:_e

指定圆弧的端点:(指定圆弧的终点位置)

指定圆弧的圆心或[角度(A)/方向(D)/半径(R)]:_r 指定圆弧的半径:(输入圆弧的半径)

依次响应后,AutoCAD 绘出指定条件的圆弧。

(8)根据圆弧的圆心、起点和端点位置绘制圆弧

单击下拉菜单项“绘图”→“圆弧”→“圆心、起点、端点”,AutoCAD 提示:

指定圆弧的起点或[圆心(C)]:_c 指定圆弧的圆心:(确定圆弧的圆心位置)

指定圆弧的起点:(确定圆弧的起点位置)

指定圆弧的端点或[角度(A)/弦长(L)]:(确定圆弧的终点位置)

依次响应后,AutoCAD 绘出指定条件的圆弧。

(9)根据圆弧的圆心、起点和角度绘制圆弧

单击下拉菜单项“绘图”→“圆弧” →“圆心、起点、角度”,AutoCAD 提示:

指定圆弧的起点或[圆心(C)]:_c 指定圆弧的圆心:(指定圆弧的圆心位置)

指定圆弧的起点:(指定圆弧的起点位置)

指定圆弧的端点或[角度(A)/弦长(L)]:_a 指定包含角:(输入圆弧的包含角)

依次响应后,AutoCAD 绘制出指定条件的圆弧。

(10)根据圆弧的圆心、起点和长度绘制圆弧

单击下拉菜单项“绘图”→“圆弧”→“圆心、起点、长度”,AutoCAD 提示:

指定圆弧的起点或[圆心(C)]:_c 指定圆弧的圆心:(指定圆弧的圆心位置)

指定圆弧的起点:(指定圆弧的起点位置)

指定圆弧的端点或[角度(A)/弦长(L)]:_l 指定弦长:(输入圆弧的弦长)

依次响应后,AutoCAD 绘出指定条件的圆弧。

(11)绘制连续圆弧

如果单击下拉菜单项“绘图” →“圆弧” →“继续”,AutoCAD 会以最后一次绘制直线或圆弧时确定的终点作为新圆弧的起点,并以最后所绘制直线的方向或以所绘制圆弧在终点

处的切线方向为新圆弧在起点处的切线方向开始绘制圆弧，同时提示：

指定圆弧的端点：

在此提示下确定相应点，则可绘制出对应的圆弧。

例 2.3　绘制如图 2.14 所示的各圆弧。

绘图步骤如下：

(1)绘制圆弧 1

可以根据已知的三点来绘制圆弧 1。单击下拉菜单项“绘图”→“圆弧”→“三点”，AutoCAD 提示：

指定圆弧的起点或[圆心(C)]:90,100↙

指定圆弧的第二个点或[圆心(C)/端点(E)]:60,160↙

指定圆弧的端点:80,200↙

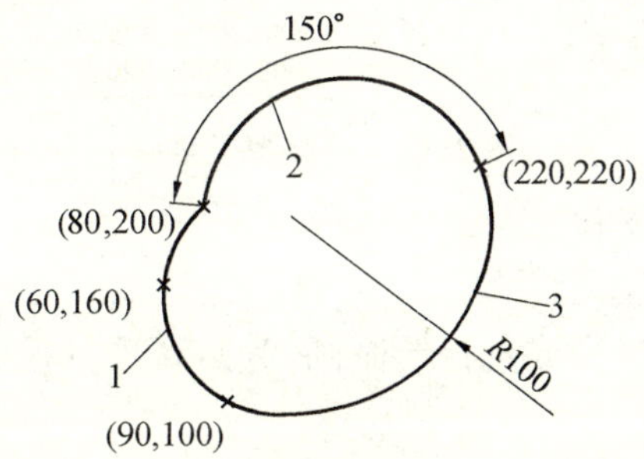

图 2.14　绘制圆弧练习

(2)绘制圆弧 2

可以根据圆弧的起点、端点和角度绘制此圆弧。单击下拉菜单项“绘图”→“圆弧”→“起点、端点、角度”，AutoCAD 提示：

指定圆弧的起点或[圆心(C)]:80,200↙

指定圆弧的第二个点或[圆心(C)/端点(E)]:_e

指定圆弧的端点:220,220↙

指定圆弧的圆心或[角度(A)/方向(D)/半径(R)]:_a 指定包含角:-150↙(注意：要输入负角度)

(3)绘制圆弧 3

根据圆弧的起点、端点和半径绘制此圆弧。单击下拉菜单项“绘图”→“圆弧”→“起点、端点、半径”，AutoCAD 提示：

指定圆弧的起点或[圆心(C)]:90,100↙

指定圆弧的第二个点或[圆心(C)/端点(E)]:_e

指定圆弧的端点:220,220↙

指定圆弧的圆心或[角度(A)/方向(D)/半径(R)]:_r 指定圆弧的半径:100↙

最后的执行结果如图 2.14 所示。

2.6 绘 制 圆

用于绘制圆的命令是 CIRCLE。可通过下拉菜单“绘图”→“圆”的子菜单(图 2.15)或“绘图”工具栏上的(圆)按钮执行该命令。

绘制圆步骤如下:

执行 CIRCLE 命令,AutoCAD 提示:

指定圆的圆心或[三点(3P)/两点(2P)/相切、相切、半径(T)]:

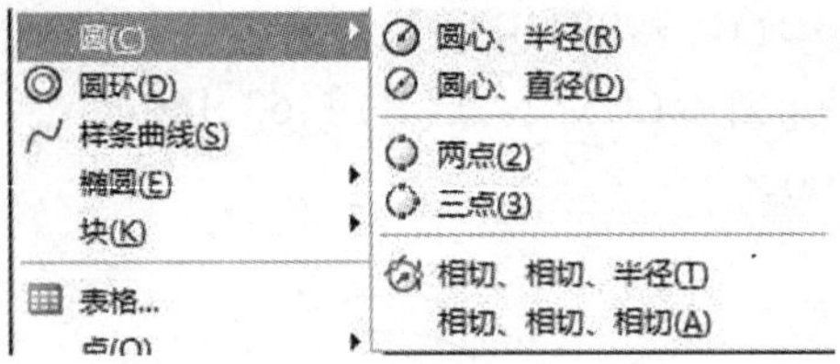

图 2.15 绘制圆子菜单

下面分别介绍各选项的操作。

(1)指定圆的圆心

根据指定的圆心位置和半径或直径绘制圆,为默认项。接受该默认项,即直接确定圆的圆心位置,AutoCAD 提示:

指定圆的半径或[直径(D)]:

此时用户可以直接输入半径值来绘出圆,也可以执行“直径(D)”选项,通过输入圆的直径值来绘圆。

在如图 2.15 所示的绘制圆子菜单中,“圆心、半径”和“圆心、直径”菜单项用于根据圆的圆心和半径或直径绘制圆。

(2)两点(2P)

根据指定的两点绘制圆,即绘制过指定的两点,且以这两点之间的距离为直径的圆。执行该选项,AutoCAD 依次提示:

指定圆直径的第一个端点:

指定圆直径的第二个端点:

依次指定两点后,AutoCAD 绘制出对应的圆。也可以通过如图 2.15 所示绘制圆子菜单中的“两点”项执行此操作。

(3)三点(3P)

根据指定的三点绘圆,即绘制过指定的三点的圆。执行该选项,AutoCAD 依次提示:

指定圆上的第一个点:

指定圆上的第二个点:

指定圆上的第三个点:

依次指定三个点后,AutoCAD 绘出过这三点的圆。也可以通过如图 2.15 所示绘制圆子菜单中的“三点”项执行此操作。

(4)相切、相切、半径(T)

绘制与已有两对象相切,半径为指定值的圆。执行该选项,AutoCAD 依次提示:

指定第一个与圆相切的对象：

指定第二个与圆相切的对象：

指定圆的半径：

根据提示依次选择相切对象并输入圆的半径值后，AutoCAD 绘制出相应的圆。也可以通过如图 2.15 所示绘制圆子菜单中的“相切、相切、半径”项执行此操作。

【说明】

①用“相切、相切、半径(T)”选项绘制圆时，如果在“指定圆的半径:”提示下给出的圆半径太小，不能绘出圆，AutoCAD 会结束命令的执行，并提示“圆不存在”。

②可以通过如图 2.15 所示绘制圆子菜单中的“相切、相切、相切”选项绘制与已有三个图形对象相切的圆。

例 2.4　绘制如图 2.16 所示的各圆。

绘图步骤如下：

(1)绘制已知圆心位置和直径的圆

执行 CIRCLE 命令，AutoCAD 提示：

指定圆的圆心或[三点(3P)/两点(2P)/相切、相切、半径(T)]:150,210↙(确定圆心)

指定圆的半径或[直径(D)]:D↙

指定圆的直径:120↙

(2)绘制通过已知三点的圆

单击下拉菜单项“绘图”→“圆” →“三点”，AutoCAD 提示：

指定圆上的第一个点:220,110↙

指定圆上的第二个点:320,120↙

指定圆上的第三个点:250,70↙

(3)根据两点绘制圆

单击下拉菜单项“绘图”→“圆” →“两点”，AutoCAD 提示：

指定圆直径的第一个端点:150,80↙

指定圆直径的第二个端点:90,30↙

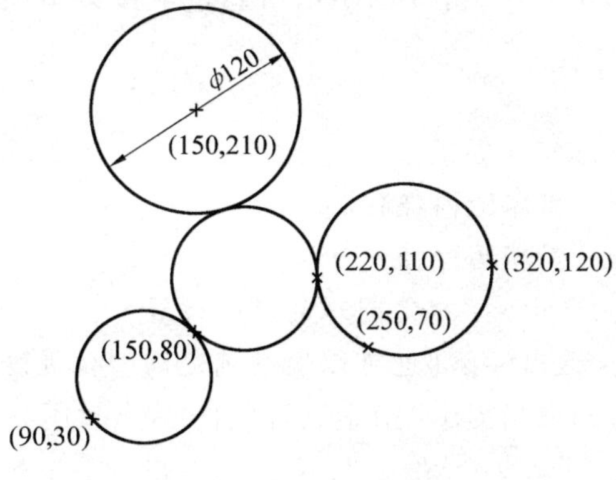

图 2.16　绘制圆练习

(4)绘制相切圆

单击下拉菜单项“绘图”→“圆”→“相切、相切、相切”,AutoCAD 提示:

指定圆上的第一个点:_tan 到(拾取已绘出的一个圆)

指定圆上的第二个点:_tan 到(拾取已绘出的另一个圆)

指定圆上的第三个点:_tan 到(拾取已绘出的第三个圆)

执行结果如图 2.16 所示。

【说明】

通过下拉菜单项“绘图”→“圆”→“相切、相切、相切”绘制相切圆时,当拾取被切对象时,应在对应的切点附近拾取已有对象。如果拾取对象时的拾取点离切点位置较远,可能会得到其他结果,如图 2.17 所示。有小十字的位置表示拾取对象时的选择位置(近似位置)。

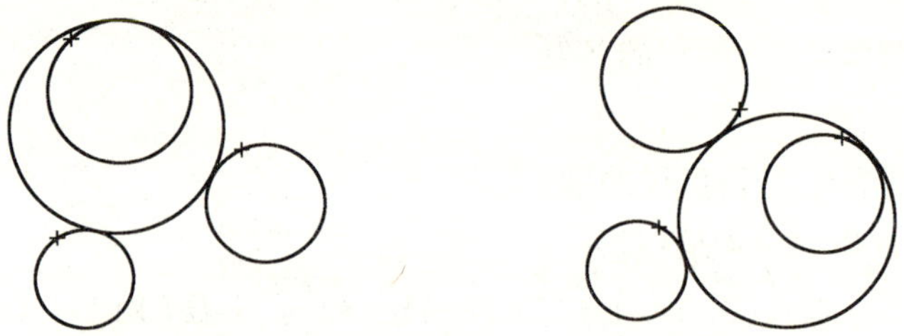

图 2.17　在不同位置选择被切对象得到的相切圆

2.7　绘制圆环或填充圆

利用 AutoCAD 2008,可以绘制出如图 2.18 所示的圆环或填充圆。可以看出,填充圆实际上是特殊的圆环,即内径为 0 的圆环。

(a) 圆环　　(b) 填充圆

图 2.18　圆环和填充圆

用于绘制圆环或填充圆的命令是 DONUT,可通过下拉菜单项“绘图”→“圆环”执行该命令。

绘圆环步骤如下:

执行 DONUT 命令,AutoCAD 提示:

指定圆环的内径:(输入圆环的内径)

指定圆环的外径:(输入圆环的外径)

指定圆环的中心点或<退出>:(确定圆环的圆心位置)

指定圆环的中心点或<退出>:↙(也可以继续确定圆心位置绘制圆环)

执行 DONUT 命令后,如果当提示“指定圆环的内径:”时用 0 响应,即将圆环的内径设为 0,则可以绘出填充圆。

【说明】

利用 AutoCAD 的 FILL 命令或系统变量 FILLMODE,可以设置是否填充圆环。例如,执行 FILL 命令,AutoCAD 提示:

输入模式[开(ON)/关(OFF)]:

提示中,“开(ON)”选项将使圆环按填充方式显示,“关(OFF)”选项则使圆环按未填充方式显示。图 2.18 显示的是填充圆环,图 2.19 则是未填充的圆。

另外,用 FILL 命令和用系统变量 FILLMODE 更改填充设置后,应执行 REGEN 命令(单击下拉菜单“视图”→“重生成”)来观看设置后的结果。

(a) 圆环　　(b) 圆

图 2.19　未填充的圆环和圆

2.8　绘制椭圆和椭圆弧

用于绘制椭圆和椭圆弧的命令是 ELLIPSE,可通过下拉菜单“绘图”→“椭圆”的子菜单(图 2.20)或“绘图”工具栏上的(椭圆)按钮或(椭圆弧)按钮执行此命令。下面分别介绍椭圆和椭圆弧的绘制过程。

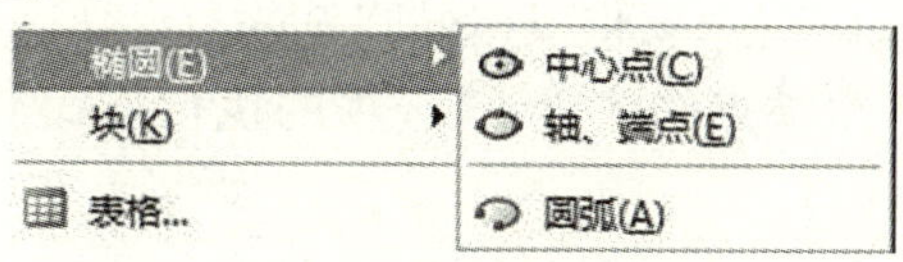

图 2.20　绘制椭圆和椭圆弧子菜单

2.8.1　绘制椭圆

AutoCAD 2008 提供了两种绘制椭圆的方法,下面分别给予介绍。

(1)根据椭圆的中心点位置绘制椭圆

单击下拉菜单项“绘图”→“椭圆” →“中心点”,AutoCAD 提示:

指定椭圆的中心点:(指定椭圆的中心点位置)

指定轴的端点:(确定椭圆某一轴的任一端点位置)

指定另一条半轴长度或[旋转(R)]:

在此提示下直接输入另一轴的半长值,即执行默认项,AutoCAD 绘出指定条件的椭圆。如果执行“旋转(R)”选项,AutoCAD 提示:

指定绕长轴旋转的角度:

在此提示下输入一角度值,AutoCAD 绘制出椭圆,该椭圆是过已确定两点且以这两点之间的距离为直径的圆、以这两点的连线为轴旋转所输入角度后得到的投影椭圆。

(2)根据椭圆某一轴上的两个端点位置绘制椭圆

单击下拉菜单项“绘图”→“椭圆”→“轴、端点”,AutoCAD 提示:

指定椭圆的轴端点或[圆弧(A)/中心点(C)]:(指定椭圆某一轴上的某一端点位置)

指定轴的另一个端点:(指定同一轴上的另一端点位置)

指定另一条半轴长度或[旋转(R)]:(确定椭圆另一轴的半长,或通过“旋转(R)”选项输入角度)

执行结果,AutoCAD 绘出指定条件的椭圆。

2.8.2 绘制椭圆弧

单击下拉菜单项“绘图”→“椭圆” →“圆弧”或单击“绘图”工具栏上的(椭圆弧)按钮,AutoCAD 提示:

指定椭圆弧的轴端点或[中心点(C)]:

在此提示下的操作与前面介绍的绘制椭圆的过程完全相同(因为椭圆弧就是椭圆上的一段弧),以确定出对应的椭圆。根据提示确定了椭圆的形状后,AutoCAD 继续提示:

指定起始角度或[参数(P)]:

上面两选项的含义如下:

(1)指定起始角度

通过确定椭圆弧的起始角(椭圆第 1 条轴的方向为 0°方向)来绘制椭圆弧,为默认项。接受该选项,即输入椭圆弧的起始角,AutoCAD 提示:

指定终止角度或[参数(P)/包含角度(I)]:

此提示的三个选项中,“指定终止角度”选项要求用户根据椭圆弧的终止角确定椭圆弧另一端点的位置;“包含角度(I)”选项将根据椭圆弧的包含角确定椭圆弧;“参数(P)”选项将通过参数确定椭圆弧另一个端点的位置,该选项的执行方式与执行选项“参数(P)”后的操作相同。

(2)参数(P)

此选项允许用户通过指定的参数绘椭圆弧。执行该选项,AutoCAD 提示:

指定起始参数或[角度(A)]:

“角度(A)”选项可切换到前面介绍的利用角度确定椭圆弧的方式。如果在该提示下输入参数,即执行默认项,AutoCAD 将按下面的公式确定椭圆弧的起始角 $P(n)$:

$$P(n)=c+a\times\cos(n)+b\times\sin(n)$$

式中,n 是用户输入的参数;c 是椭圆弧的半焦距;a 和 b 分别是椭圆长轴与短轴的半轴长。

输入起始参数后,AutoCAD 提示:

指定终止参数或[角度(A)/包含角度(I)]:

在此提示下可通过“角度(A)”选项确定椭圆弧另一端点位置;通过“包含角度(I)”选项确定椭圆弧的包含角;如果利用“指定终止参数”默认项给出椭圆弧的另一参数,AutoCAD 仍用前面给出的公式确定椭圆弧的另一端点位置。

2.9 绘制矩形

利用 AutoCAD 2008 可以绘制出多种形式的矩形,如图 2.21 所示。

用于绘制矩形的命令是 RECTANG,可通过下拉菜单项“绘图”→“矩形”或“绘图”工具栏上的口(矩形)按钮执行该命令。

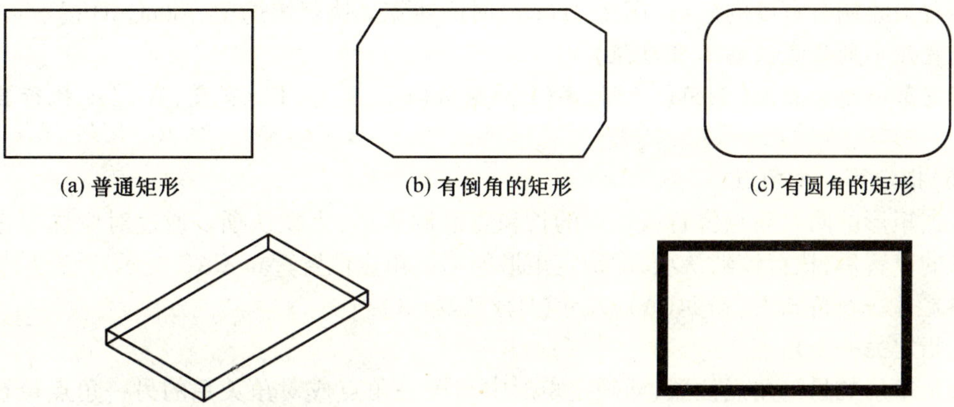

(a) 普通矩形　(b) 有倒角的矩形　(c) 有圆角的矩形

(d) 有厚度的矩形　(e) 有宽度的矩形

图2.21　可用AutoCAD绘制的矩形

绘制矩形步骤如下:

执行RECTANG命令,AutoCAD,提示:

指定第一个角点或[倒角(C)/标高(E)/圆角(F)/厚度(T)/宽度(W)]:

各选项功能如下:

(1)倒角(C)

设置当绘制有倒角的矩形(图2.21(b))时的倒角尺寸。执行该选项,AutoCAD提示:

指定矩形的第一个倒角距离:(输入矩形的第一倒角距离)

指定矩形的第二个倒角距离:(输入矩形的第二倒角距离)

指定第一个角点或[倒角(C)/标高(E)/圆角(F)/厚度(T)/宽度(W)]:(执行其他选项)

(2)标高(E)

确定矩形的绘图标高,即绘图面与XY面之间的距离,此功能一般用于三维绘图。执行该选项,AutoCAD提示:

指定矩形的标高:(输入标高值)

指定第一个角点或[倒角(C)/标高(E)/圆角(F)/厚度(T)/宽度(W)]:(执行其他选项)

(3)圆角(F)

设置当绘制有圆角的矩形(图2.21(c))时的圆角半径。执行该选项,AutoCAD提示:

指定矩形的圆角半径:(输入圆角半径)

指定第一个角点或[倒角(C)/标高(E)/圆角(F)/厚度(T)/宽度(W)]:(执行其他选项)

(4)厚度(T)

设置当绘制有厚度的矩形(图2.21(d))时的厚度值,此功能一般用于三维绘图。执行该选项,AutoCAD提示:

指定矩形的厚度:(输入厚度值)

指定第一个角点或[倒角(C)/标高(E)/圆角(F)/厚度(T)/宽度(W)]:(执行其他选项)

(5)宽度(W)

设置当绘制有宽度的矩形(图 2.21(e))时的线宽。执行该选项,AutoCAD 提示:

指定矩形的线宽:(输入宽度值)

指定第一个角点或[倒角(C)/标高(E)/圆角(F)/厚度(T)/宽度(W)]:(执行其他选项)

(6)指定第一个角点

根据矩形的两对角点位置或矩形的长和宽绘制矩形,为默认项。通过对应选项完成所绘矩形的设置后,执行该默认项,即确定矩形的第一角点位置,AutoCAD 提示:

指定另一个角点或[面积(A)/尺寸(D)/旋转(R)]:

①指定另一个角点。

指定矩形的另一角点位置,即确定矩形中与第一角点成对角关系的另一角点位置。确定该点后,AutoCAD 绘制出对应的矩形。

②面积(A)。

根据面积绘制矩形。执行该选项,AutoCAD 提示:

输入以当前单位计算的矩形面积:(输入所绘矩形的面积)

计算矩形标注时依据[长度(L)/宽度(W)]<长度>:(利用"长度(L)"或"宽度(W)"选项输入矩形的长或宽,AutoCAD 按指定的面积和对应的尺寸绘出矩形)

③尺寸(D)。

根据矩形的长和宽绘制矩形。执行该选项,AutoCAD 提示:

指定矩形的长度:(输入矩形的长度)

指定矩形的宽度:(输入矩形的宽度)

指定另一个角点或[面积(A)/尺寸(D)/旋转(R)]:(拖动鼠标确定所绘矩形对角点相对于第一角点的位置,确定后单击鼠标左键,AutoCAD 按指定的长和宽绘出矩形)

④旋转(R)。

绘制按指定角度放置的矩形。执行该选项,AutoCAD 提示:

指定旋转角度或[拾取点(P)]:(输入旋转角度,或通过拾取点的方式确定角度)

指定另一个角点或[面积(A)/尺寸(D)/旋转(R)]:

在此提示下执行其他选项绘制矩形即可。

例 2.5 绘制长和宽分别为 100 和 50,且圆角半径为 5 的长方形。

绘图步骤如下:

执行 RECTANG 命令,AutoCAD 提示:

指定第一个角点或[倒角(C)/标高(E)/圆角(F)/厚度(T)/宽度(W)]:F↙

指定矩形的圆角半径:5↙

指定第一个角点或[倒角(C)/标高(E)/圆角(F)/厚度(T)/宽度(W)]:(在绘图屏幕适当位置任意拾取一点)

指定另一个角点或[尺寸(D)]:@100,50↙

2.10　绘制正多边形

利用 AutoCAD 2008，可以绘制出最多有 1 024 条边的正多边形（即等边多边形）。用于绘制正多边形的命令是 POLYGON，可通过下拉菜单项“绘图”→“正多边形”或“绘图”工具栏上的⬠（正多边形）按钮执行该命令。

绘制正多边形步骤如下：

执行 POLYGON 命令，AutoCAD 提示：

输入边的数目：（输入正多边形的边数，允许值为 3 ~ 1 024）

指定正多边形的中心点或［边(E)］：

各选项的含义如下：

（1）指定正多边形的中心点

此提示要求确定正多边形的中心点，而后根据正多边形的假想外接圆或内切圆绘制正多边形。执行该选项，即指定正多边形的中心点后，AutoCAD 提示：

输入选项［内接于圆(I)/外切于圆(C)］<I>：

①内接于圆(I)。

此选项表示所绘正多边形内接于假想的圆（图 2.22）。执行该选项，AutoCAD 提示：

圆的半径：

输入圆的半径后，AutoCAD 会假设有一半径为输入值、圆心位于正多边形中心的圆，并按指定的边数绘出与该圆内接的正多边形。

②外切于圆(C)。

此提示表示所绘正多边形外切于假想的圆（图 2.23）。执行该选项，AutoCAD 提示：

指定圆的半径：

输入圆的半径后，AutoCAD 会假设有一半径为输入值、圆心位于正多边形中心的圆，并按指定的边数绘出与该圆外切的正多边形。

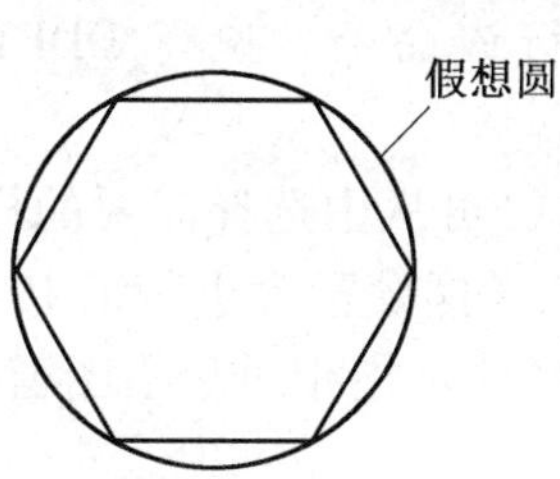

图 2.22　根据假想的圆绘内接正多边形

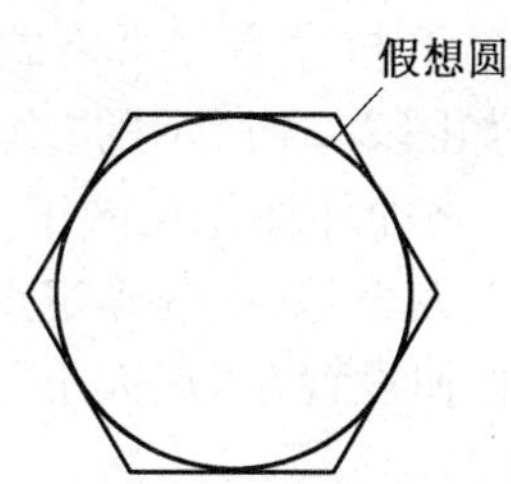

图 2.23　根据假想的圆绘外切正多边形

（2）边(E)

根据正多边形上某一条边的两个端点绘制正多边形。执行该选项，AutoCAD 提示：

指定边的第一个端点：

指定边的第二个端点：

依次确定边的两端点后，AutoCAD 以这两个点作为正多边形上一条边的两个端点，且按照指定的边数绘出正多边形。

【说明】

通过“边(E)”选项绘正多边形时，AutoCAD 总是从指定的第一端点到第二端点沿逆时针方向绘出正多边形。

例 2.6 绘制边长为 100 的正六边形。

绘图步骤如下：

执行 POLYGON 命令，AutoCAD 提示：

输入边的数目:6↙

指定正多边形的中心点或[边(E)]:(在绘图屏幕适当位置任意拾取一点)

输入选项[内接于圆(I)/外切于圆(C)]<I>:I↙

指定圆的半径:100↙(对于正六边形，其外接圆的半径与边长相等)

2.11 绘 制 点

点是最基本的图形对象之一。利用 AutoCAD 2008，可以方便地绘制出多种样式的点。

2.11.1 绘制单点

绘制单点是指在指定的位置绘制出一个点。用于绘制单点的命令是 POINT，通过下拉菜单项“绘图”→“点”→“单点”可执行该命令。

绘制单点步骤如下：

执行 POINT 命令，AutoCAD 提示：

当前点模式： PDMODE=0 PDSIZE=0.0000

指定点：

在该提示下确定点的位置后，AutoCAD 在对应位置绘出相应的点。

读者完成此操作后也许会发现，用 POINT 命令绘出的点很小，有时甚至看不清楚。为解决此问题，AutoCAD 允许用户设置点的样式与大小。用于设置点样式的命令是 DDPTYPE，通过下拉菜单项“格式”→“点样式”可执行该命令。执行 DDPTYPE 命令，AutoCAD弹出如图 2.24 所示的“点样式”对话框。

对话框中，各个小图像反映了 AutoCAD 提供的点样式，可从中选择需要的样式。此外，还可以通过“点大小”文本框确定点的大小；通过“相对于屏幕设置大小”和“按绝对单位设置大小”单选按钮设置在“点大小”文本框中所确定的点尺寸是指相对于绘图窗口的百分比还是绝对尺寸。

2.11.2 绘制多点

通过下拉菜单项“绘图”→“点”→“多点”或“绘图”工具栏上的 (点)按钮，可以同时在多个位置绘制点对象。

绘多点步骤如下：

单击下拉菜单项“绘图”→“点”→“多点”或单击“绘图”工具栏上的 (点)按钮，AutoCAD 提示：

当前点模式： PDMODE=0 PDSIZE=0.0000

指定点：

在此提示下确定点的位置后，AutoCAD 绘出相应的点，而后继续提示“指定点：”，即要求用户继续确定点的位置。在这样的提示下可以绘出一系列的点，直到按 Esc 键结束命令的执行为止。

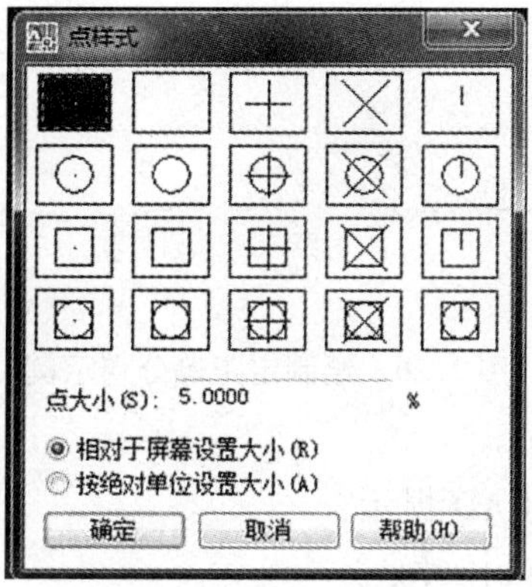

图 2.24　“点样式”对话框

2.11.3　绘制等分点

绘制等分点是指在指定的对象上绘出等分点（也可以在等分点处插入块），如图 2.25 所示。

(a) 已有对象　　(b) 等分五份

图 2.25　绘制等分点示例

用于绘制等分点的命令是 DIVIDE，可通过下拉菜单项“绘图”→“点”→“定数等分”执行该命令。

绘制等分点步骤如下：

执行 DIVIDE 命令，AutoCAD 提示：

选择要定数等分的对象：（选择要等分的对象）

输入线段数目或[块(B)]：

在此提示下直接输入等分数，即响应默认项“输入线段数目”，AutoCAD 在指定的对象上绘出等分点。提示中的“块(B)”选项用于在等分点处插入块，有关块的概念见 9.1 节。

【说明】

用 DIVIDE 命令绘出等分点后，所操作的对象上也许并没有明显的变化，其原因是当前的点样式为一个普通小点，使所绘点与所操作对象正好重合。可通过如图 2.24 所示的“点样式”对话框设置点的样式。

2.11.4 按指定的距离绘制点

按指定的距离绘制点是指在指定的对象上按指定的长度绘点（简称绘制定距等分点），如图 2.26 所示。

用于实现此操作的命令是 MEASURE，通过下拉菜单项“绘图”→“点”→“定距等分”可执行该命令。

(a) 已有对象　　(b) 按指定的长度绘点

图 2.26　绘制定距等分点示例

绘制定距等分点步骤如下：

执行 MEASURE 命令，AutoCAD 提示：

选择要定距等分的对象：(选择对象)

指定线段长度或[块(B)]：

在此提示下直接输入长度值，即执行默认项“指定线段长度”，AutoCAD 在对象上的各相应位置绘出点（同样，可以利用“点样式”对话框设置点的样式）。“块(B)”选项用于在对应的点位置插入块。

【说明】

用 MEASURE 命令绘制点时，在“选择要定距等分的对象：”提示下选择对应的对象后，AutoCAD 总是从离选择点近的一端开始绘点。用 MEASURE 命令绘制出的点一般并不等分图形对象。

2.12 绘制二维多段线

二维多段线是由直线段和圆弧段构成的，且可以有宽度的图形对象，如图 2.27 所示。

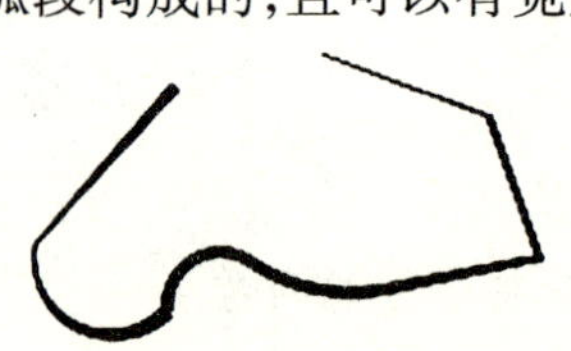

图 2.27　多段线

【说明】

用 RECTANG 命令绘制的矩形以及用 POLYGON 命令绘制的正多边形均属于多段线对象。

用于绘制二维多段线的命令是 PLINE，可通过下拉菜单项“绘图”→“多段线”或“绘图”工具栏上的（多段线）按钮执行该命令。

绘制二维多段线步骤如下：

执行 PLINE 命令，AutoCAD 提示：

指定起点：(指定多段线的起点)

当前线宽为 nn(此提示说明当前的绘图线宽,其中 nn 是数字)

指定下一个点或[圆弧(A)/半宽(H)/长度(L)/放弃(U)/宽度(W)]:

选项含义如下:

(1)指定下一个点

确定多段线的另一端点位置,为默认项。用户响应后,即确定端点位置后,AutoCAD 以当前的多段线设置(如线宽设置等)从起点向该点绘制出一段多段线直线段,而后继续提示"指定下一个点或[圆弧(A)/半宽(H)/长度(L)/放弃(U)/宽度(W)]:"。

(2)圆弧(A)

PLINE 命令由绘制直线段方式改为绘制圆弧段方式,同时以最后所绘直线段的端点作为新绘圆弧的起点。执行该选项,AutoCAD 提示:

指定圆弧的端点或[角度(A)/圆心(CE)/闭合(CL)/方向(D)/半宽(H)/直线(L)/半径(R)/第二个点(S)/放弃(U)/宽度(W)]:

如果在该提示下直接确定圆弧的端点位置,即执行默认项"指定圆弧的端点",AutoCAD 绘出以前面一点和该点为两端点,以上一次所绘直线方向或所绘圆弧的终点切线方向作为新绘制圆弧在起点的切线方向的圆弧。执行该默认项后,AutoCAD 仍然给出"指定圆弧的端点或[角度(A)/圆心(CE)/闭合(CL)/方向(D)/半宽(H)/直线(L)/半径(R)/第二个点(S)/放弃(U)/宽度(W)]:"提示。

绘制圆弧提示中其余各选项的含义如下:

①角度(A)。

根据圆弧的包含角(圆心角)绘制圆弧。执行该选项,AutoCAD 提示:

指定包含角:

在该提示下应输入圆弧的包含角。在默认角度方向设置下,正角度值使 AutoCAD 沿逆时针方向绘制圆弧,否则沿顺时针方向绘制圆弧。确定包含角度之后,AutoCAD 提示:

指定圆弧的端点或[圆心(CE)/半径(R)]:

此时可根据提示指定圆弧的终点位置、圆心位置或半径来绘出圆弧。

②圆心(CE)。

根据圆弧的圆心位置绘制圆弧。执行该选项(注意,应输入 CE 来执行此选项),AutoCAD 提示:

指定圆弧的圆心:(指定圆弧的圆心位置)

指定圆弧的端点或[角度(A)/长度(L)]:

此时可以根据提示指定圆弧的终点位置、包含角或弦长来绘制圆弧。

③闭合(CL)。

用圆弧封闭多段线。通过该选项闭合多段线后,AutoCAD 结束 PLINE 命令的执行。

④方向(D)。

确定所绘圆弧在起点处的切线方向。执行该选项,AutoCAD 提示:

指定圆弧的起点切向:

此时可以通过输入起点处的切线方向与水平方向夹角的角度值来确定圆弧的起点切向。如果在上面的提示下直接指定一点,AutoCAD 则把圆弧起点与该点的连线作为圆弧的起始方向。确定起始方向后,AutoCAD 提示:

指定圆弧的端点:

在该提示下确定圆弧的另一端点位置,即可绘制出圆弧。

⑤半宽(H)。

确定圆弧的起点半宽与终点半宽。执行该选项,AutoCAD 依次提示:

指定起点半宽:(输入起点半宽)

指定端点半宽:(输入终点半宽)

用户依次响应后,在此之后绘制出的一条圆弧段将按此半宽设置显示。

⑥直线(L)。

将绘圆弧方式改为绘直线方式。执行该选项,AutoCAD 返回到"指定下一点或[圆弧(A)/闭合(C)/半宽(H)/长度(L)/放弃(U)/宽度(W)]:"提示。

⑦半径(R)。

指定半径绘制圆弧。执行该选项,AutoCAD 提示:

指定圆弧的半径:(输入圆弧的半径值)

指定圆弧的端点或[角度(A)]:

此时可根据提示指定圆弧的终点位置或包含角来绘出圆弧。

⑧第二个点(S)。

根据三点绘制圆弧。执行该选项,AutoCAD 会将前一个点作为圆弧的第一点,而后依次提示:

指定圆弧上的第二个点:(指定圆弧上的第二点)

指定圆弧的端点:(指定圆弧上的第三点)

确定各对应点之后,AutoCAD 绘制出对应的圆弧。

⑨放弃(U)。

删除上一次绘出的圆弧段。利用该选项,可以连续删除已绘出的圆弧段。

⑩宽度(W)。

确定所绘圆弧的起始宽度与终止宽度。执行该选项,AutoCAD 依次提示:

指定起点宽度<15.0000>:(输入起点宽度。尖括号中的值是默认值,即上次使用的值)

指定端点宽度<15.0000>:(输入终点宽度)

根据提示依次响应即可。

【说明】

通过与"圆弧(A)"选项对应的子选项完成绘图设置或绘出圆弧后,除执行"长度(L)"选项要切换到绘直线段模式外,执行其余绘圆弧子选项后一般均会给出提示"指定圆弧的端点或[角度(A)/圆心(CE)/闭合(CL)/方向(D)/半宽(H)/直线(L)/半径(R)/第二个点(S)/放弃(U)/宽度(W)]:"。

(3)闭合(C)

请注意:执行 PLINE 命令并在"指定下一个点或[圆弧(A)/半宽(H)/长度(L)/放弃(U)/宽度(W)]:"提示下指定另一端点位置后,AutoCAD 在后续给出的提示中会增加"闭合(C)"选项,即后续提示变为:

指定下一点或[圆弧(A)/闭合(C)/半宽(H)/长度(L)/放弃(U)/宽度(W)]:

如果用户执行"闭合(C)"选项,AutoCAD 从当前点向多段线的起点以当前线宽绘直线多段线,即封闭所绘多段线,然后结束 PLINE 命令的执行。

(4)半宽(H)

确定所绘多段线的半宽度,即输入值是所绘多段线宽度的一半。选取该选项,AutoCAD 依次提示:

指定起点半宽:(输入起点半宽)

指定端点半宽:(输入终点半宽)

用户给予响应后,在此之后绘出的圆弧将按此半宽设置显示。同时 AutoCAD 返回到"指定下一点或[圆弧(A)/闭合(C)/半宽(H)/长度(L)/放弃(U)/宽度(W)]:"提示。

(5)长度(L)

从当前点绘制指定长度的直线多段线。执行该选项,AutoCAD 提示:

指定直线的长度:

在此提示下输入长度值,AutoCAD 一般会沿上一次所绘直线段的方向绘制长度为输入值的直线。如果前一对象是圆弧段,所绘直线的方向为该圆弧终点的切线方向。绘出多段线后,AutoCAD 返回到"指定下一点或[圆弧(A)/闭合(C)/半宽(H)/长度(L)/放弃(U)/宽度(W)]:"提示。

(6)放弃(U)

删除最后所绘的直线段或圆弧段。利用该选项,可以及时修改在绘多段线过程中出现的错误。执行"放弃(U)"选项后,AutoCAD 继续给出"指定下一点或[圆弧(A)/闭合(C)/半宽(H)/长度(L)/放弃(U)/宽度(W)]:"提示。

(7)宽度(W)

确定多段线的宽度。执行该选项,AutoCAD 依次提示:

指定起点宽度:(输入起点宽度)

指定端点宽度:(输入终点宽度)

用户根据提示依次响应后,AutoCAD 返回到"指定下一点或[圆弧(A)/闭合(C)/半宽(H)/长度(L)/放弃(U)/宽度(W)]:"提示。

例 2.7　绘制如图 2.28 所示的多段线。

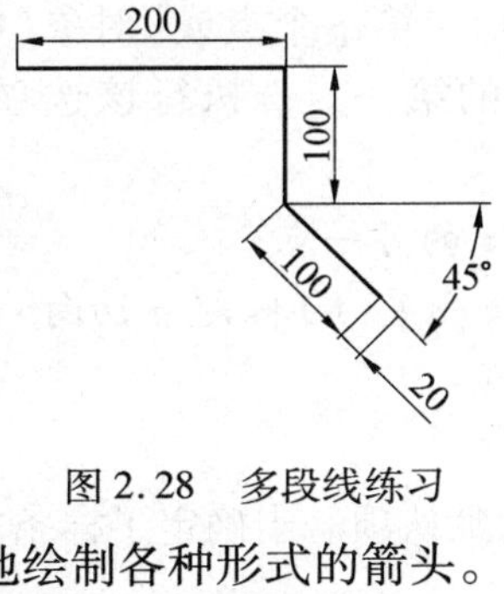

图 2.28　多段线练习

利用 PLINE 命令,可以方便地绘制各种形式的箭头。绘图步骤如下:

执行 PLINE 命令,AutoCAD 提示:

指定起点:(在屏幕适当位置拾取一点)

指定下一个点或[圆弧(A)/半宽(H)/长度(L)/放弃(U)/宽度(W)]:@200,0↙

指定下一点或[圆弧(A)/闭合(C)/半宽(H)/长度(L)/放弃(U)/宽度(W)]:@0,-100↙

指定下一点或[圆弧(A)/闭合(C)/半宽(H)/长度(L)/放弃(U)/宽度(W)]:@100<-45↙

指定下一点或[圆弧(A)/闭合(C)/半宽(H)/长度(L)/放弃(U)/宽度(W)]:W↙(设置宽度)

指定起点宽度:10↙

指定端点宽度<10.0000>: 0↙

指定下一点或[圆弧(A)/闭合(C)/半宽(H)/长度(L)/放弃(U)/宽度(W)]:L↙

指定直线的长度:20↙

指定下一点或[圆弧(A)/闭合(C)/半宽(H)/长度(L)/放弃(U)/宽度(W)]:↙

执行结果如图 2.28 所示(读者完成本绘图练习时,可以采用不同的绘图参数,如不同的线长以及不同的线起点宽度和终点宽度)。

2.13 绘制样条曲线

利用 AutoCAD 2008,可以绘制非一致有理样条(NURBS)曲线。用于绘制样条曲线的命令是 SPLINE。可通过下拉菜单项"绘图"→"样条曲线"或"绘图"工具栏上的(样条曲线)按钮执行该命令。

绘制样条曲线步骤如下:

执行 SPLINE 命令,AutoCAD 提示:

指定第一个点或[对象(O)]:

提示中,"对象(O)"选项用于将用 PEDIT 命令得到的二次或三次拟合样条曲线(见 3.17节)转换成等价的样条曲线。执行该选项,AutoCAD 提示:

选择要转换为样条曲线的对象…

选择对象:(选择要转换的对象)

选择对象:↙(也可以继续选择对象)

执行结果:实现对原拟合样条曲线的转换。

执行 SPLINE 命令后,提示"指定第一个点或[对象(O)]:"中的"指定第一个点"提示为默认项,要求确定样条曲线上的第一点。执行该选项,即指定样条曲线上的第一点,AutoCAD 提示:

指定下一点:(指定样条曲线上的另一点)

指定下一点或[闭合(C)/拟合公差(F)]<起点切向>:

下面介绍提示中各选项的含义:

(1)指定下一点

继续确定点绘制样条曲线,为默认项。当确定了样条曲线上的另一点后,AutoCAD 继续提示:

指定下一点或[闭合(C)/拟合公差(F)]<起点切向>:

用户可以在这样的提示下确定样条曲线上的一系列点。确定后在"指定下一点或[闭合(C)/拟合公差(F)]<起点切向>:"提示下按 Enter 键,即执行"起点切向"选项,AutoCAD 提示:

指定起点切向：

此提示要求用户确定样条曲线在起点处的切线方向，用户响应后，AutoCAD 提示：

指定端点切向：

此提示要求用户确定样条曲线在终点处的切线方向，确定对应的切线方向后，AutoCAD 绘制出样条曲线，并结束命令的执行。

(2)闭合(C)

闭合样条曲线。执行该选项，表示将使样条曲线封闭，而后 AutoCAD 会提示：

指定切向：

此提示要求确定样条曲线在起点(也是终点)处的切线方向。因样条曲线的起点与终点重合，故只需要确定一个方向。

确定切线方向后，即可绘出指定条件的封闭样条曲线，并结束 SPLINE 命令的执行。

(3)拟合公差(F)

根据给定的拟合公差绘样条曲线。

拟合公差是指样条曲线与拟合点之间所允许偏移距离的最大值。如果拟合公差为 0，绘出的样条曲线均通过各拟合点；如果给出了拟合公差，绘出的样条曲线则不通过各拟合点(但总是通过起点和终点)。后一种方法特别适用于拟合点为大量的点的情况。例如，设有如图 2.29(a)所示的多个点需要进行曲线拟合，如果拟合公差为 0，会得到如图 2.29(b)所示的样条曲线。如果设定拟合公差为 1.0，则会得到如图 2.29(c)所示的样条曲线。

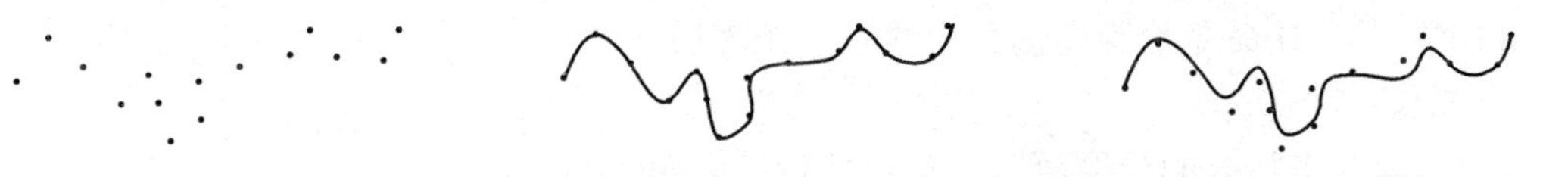

(a) 数据点　　(b) 拟合公差为 0 时的样条曲线　　(c) 拟合公差为 1.0 时的样条曲线

图 2.29　拟合公差为不同值时的样条曲线

根据拟合公差绘制样条曲线的过程为：在“指定下一点或[闭合(C)/拟合公差(F)]<起点切向>：”提示下执行“拟合公差(F)”选项，AutoCAD 提示：

指定拟合公差：

在此提示下输入拟合公差值后，AutoCAD 继续提示：

指定下一点或[闭合(C)/拟合公差(F)]<起点切向>：

在该提示下进行对应的绘样条曲线操作，即可绘制出样条曲线。

2.14　绘制云形线

利用 AutoCAD 2008，可以绘制由连续圆弧多段线构成的云形线，如图 2.30 所示。

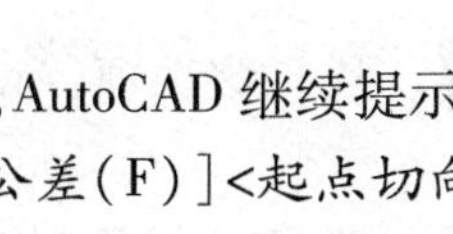

图 2.30　云形线

用于绘制云形线的命令是 REVCLOUD。可通过下拉菜单项“绘图”→“修订云线”或“绘图”工具栏上的(修订云线)按钮执行该命令。

绘制云形线步骤如下:

执行 REVCLOUD 命令,AutoCAD 提示:

最小弧长:15　最大弧长:15　样式:普通

指定起点或[弧长(A)/对象(O)/样式(S)]<对象>:

各选项的含义如下:

(1)指定起点

确定云形线的起点,为默认项。确定起点后,AutoCAD 提示:

沿云形线路径引导十字光标…

在此提示下拖动鼠标,AutoCAD 会沿着光标的移动轨迹绘出一条由一系列圆弧组成的云形线,而且每一个圆弧的长度是在所设范围内随机生成的。

通过拖动鼠标绘制云形线的过程中,如果使光标与起点位置重合,AutoCAD 自动绘出封闭云形线,并结束命令的执行;如果当光标在某一位置时单击鼠标右键,AutoCAD 提示:

反转方向[是(Y)/否(N)]<否>:

此提示询问是否反转所显示的非封闭云形线,根据提示响应后,AutoCAD 绘出云形线,并结束 REVCLOUD 命令的执行。

【说明】

用 REVCLOUD 命令绘制出的云形线是一条多段线。

(2)弧长(A)

设置云形线中弧线的长度范围。执行该选项,AutoCAD 提示:

指定最小弧长:(输入圆弧的最小长度)

指定最大弧长:(输入圆弧的最大长度)

设置完毕后,AutoCAD 返回到“指定起点或[弧长(A)/对象(O)/样式(S)]:”提示,并将按此设置绘云形线。

(3)对象(O)

将指定的图形对象转变成云形线。执行该选项,AutoCAD 提示:

选择对象:

在该提示下选择对象后(此选项一般只对封闭对象有效,如圆、椭圆、矩形、等边多边形、封闭多段线、封闭样条曲线等),AutoCAD 将对应对象转变成云形线,并提示:

反转方向[是(Y)/否(N)]<否>:

AutoCAD 将封闭图形对象转换成云形线后,默认时云形线中的各圆弧一般均向外凸出,此提示询问是否改变云形线上圆弧的凸出方向,“否(N)”选项表示不改变,“是(Y)”选项表示改变,即使云形线上圆弧向内凸出,如图 2.31 所示。

(4)样式(S)

设置云形线的样式。执行该选项,AutoCAD 提示:

选择圆弧样式[普通(N)/手绘(C)]<普通>:

用户从中选择即可。

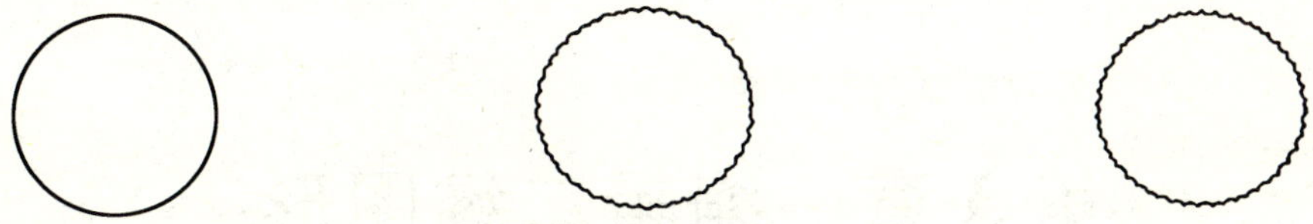

(a) 要改变成云形线的圆　(b) 不改变圆弧凸出方向的云形线　(c) 改变圆弧凸出方向的云形线

图 2.31　将对象转变成云形线

习 题 二

1. 用 LINE 命令绘制如图 2.32 所示的各图形。

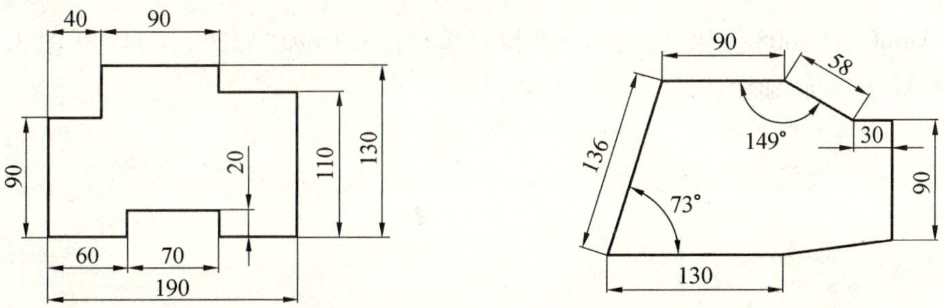

(a)　(b)

图 2.32　绘直线练习

2. 绘制如图 2.33 所示的各图形(由读者确定图形的尺寸)。

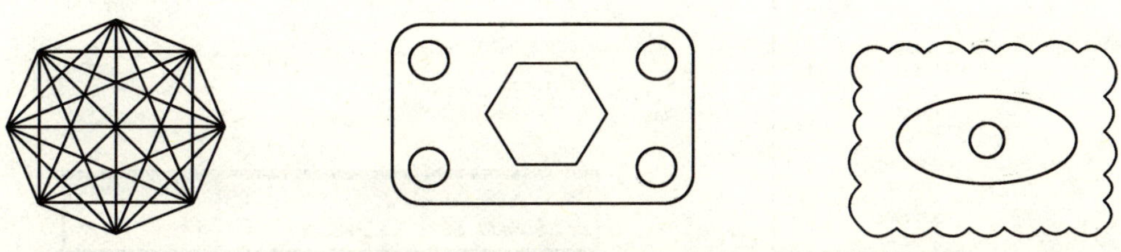

图 2.33　绘图练习

第 3 章　编辑二维图形

第 2 章介绍了 AutoCAD 2008 提供的基本绘图功能，但读者用这些基本绘图命令绘制各种实际工程图时可能会发现，只靠这些命令很难快速、准确地绘出复杂图形。为解决这一问题，AutoCAD 2008 提供了大量的图形编辑命令，其中包括删除、复制、移动、镜像、阵列、旋转、缩放、延伸、拉伸、修剪、打断、倒角、创建圆角、编辑多段线和编辑样条曲线等命令。利用这些编辑命令，可以对用基本绘图命令绘制的图形进行各种编辑，从而能够方便地得到各种复杂图形。

利用 AutoCAD 2008 提供的“修改”下拉菜单（图 3.1）和“修改”工具栏（图 3.2），可以执行 AutoCAD 的编辑命令。

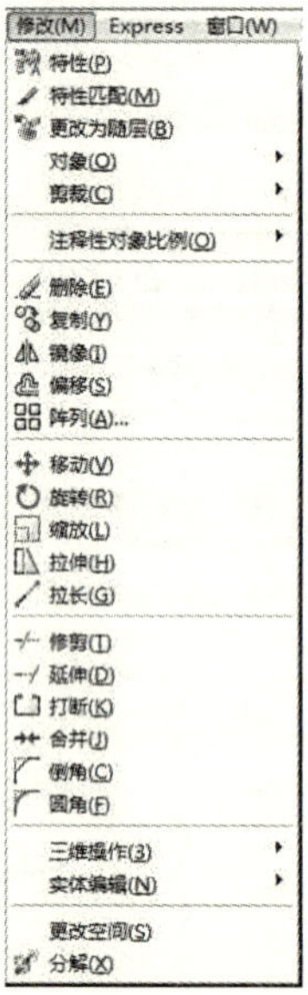

图 3.1　“修改”下拉菜单

图 3.2　“修改”工具栏

3.1　预备知识

当执行 AutoCAD 的大部分编辑命令或执行某些其他命令时，AutoCAD 通常会提示：

选择对象：

此提示要求用户选择将要进行编辑操作的对象，同时 AutoCAD 将十字光标改变成一个小方框（称之为拾取框）。AutoCAD 2008 提供了多种选择对象的方法，本节介绍其中的一些常用方法。

【说明】

当用户在“选择对象：”提示下选择了对应的操作对象后，AutoCAD 将选中的对象以虚线形式显示（又称其为高亮度显示）。

(1)直接拾取方式

这是 AutoCAD 默认选择对象的方法,选择过程为:在“选择对象:”提示下移动拾取框,使其压住希望选择的对象,单击鼠标左键,那么该对象会以虚线形式显示,表示已被选中。

(2)全部方式

在“选择对象:”提示下输入 ALL 后按 Enter 键,AutoCAD 自动选中已绘出的所有对象。

(3)默认矩形窗口(即隐含窗口)方式

当 AutoCAD 提示“选择对象:”时,如果将拾取框移到屏幕的空白地方单击鼠标左键,AutoCAD 提示:

指定对角点:

在该提示下,将光标移到另一个位置后再单击鼠标左键,AutoCAD 自动以这两个拾取点为对角点确定一个矩形选择窗口。如果矩形窗口是从左向右定义的(即确定窗口角点的第二点位于第一点的右侧),那么位于选择窗口内部的对象均被选中,而位于窗口外部以及与窗口边界相交的对象不被选中。如果选择窗口是从右向左定义的,那么不仅位于窗口内部的对象被选中,而且与窗口边界相交的那些对象也均被选中。

(4)矩形窗口方式

该拾取方式会选中位于矩形选择窗口内的所有对象。在“选择对象:”提示下输入 W 后按 Enter 键,AutoCAD 提示用户指定矩形窗口的两个对角点:

指定第一个角点:(指定矩形窗口的第一角点位置)

指定对角点:(指定矩形窗口的另一角点位置)

用户依次响应后,位于由两点确定的矩形窗口内的所有对象被选中。

以这种方式确定矩形窗口时,与窗口的定义方向无关,即无论是从左向右、还是从右向左定义矩形窗口,最后均会将位于窗口之内的对象选中。

(5)交叉窗口方式

在“选择对象:”提示下输入 C 后按 Enter 键,AutoCAD 会提示用户指定矩形窗口的两个对角点:

指定第一个角点:(指定矩形窗口的第一角点位置)

指定对角点:(指定矩形窗口的另一角点位置)

用户依次做出响应后,所选中的对象不仅包含位于矩形窗口内的对象,而且也包括与窗口边界相交的所有对象。同样,以这种方式确定选择窗口时,与窗口的定义方向无关。

(6)不规则窗口方式

在“选择对象:”提示下输入 WP 后按 Enter 键,AutoCAD 提示:

第一圈围点:(确定不规则选择窗口的第一个角点位置)

指定直线的端点或[放弃(U)]:

在此提示下依次确定不规则选择窗口边界的其他各角点位置之后按 Enter 键,AutoCAD 全选中由这些点确定的不规则窗口内的所有对象。

(7)不规则交叉窗口方式

在“选择对象:”提示下输入 CP 后按 Enter 键,后续操作与不规则窗口方式的操作相同,但执行的结果是:位于不规则窗口内以及与该窗口边界相交的对象均被选中。

(8)前一个方式

在“选择对象:”提示下输入 P 后按 Enter 键,AutoCAD 选中在当前操作之前的操作中选中的对象。

(9)最后一个方式

在“选择对象:”提示下输入 L 后按 Enter 键,AutoCAD 选中最后绘制的对象。

(10)取消方式

在“选择对象:”提示下输入 U 后按 Enter 键,则可以取消最后选择的对象。

(11)栏选方式

在“选择对象:”提示下输入 F 后按 Enter 键,AutoCAD 提示:

指定第一个栏选点:(确定第一点)

指定下一个栏选点或[放弃(U)]:

在这样的提示下依次确定栏选点后,与连接这些点所构成围线相交的对象均被选中。

(12)扣除模式

AutoCAD 的选择对象操作有加入和扣除两种模式。加入模式指将选中的对象加入选择集中;扣除模式则表示将选中的对象移出选择集,该模式在画面上体现为:原来以虚线形式显示的被选中对象又恢复成正常显示方式,即退出了选择集。当 AutoCAD 提示“选择对象:”时,表示当前位于加入模式。从加入模式切换到扣除模式的方法是:在“选择对象:”提示下输入 R 后按 Enter 键,AutoCAD 的提示会变为:

删除对象:

此提示表示已进入扣除模式。在该提示下,可以用前面介绍的各种对象选择方式来选择扣除对象。

(13)返回到加入模式

在扣除模式(即“删除对象:”提示下)下输入 A 后按 Enter 键,AutoCAD 的提示变为“选择对象:”,即又返回到了加入模式。

3.2 删除对象

删除图形对象与用橡皮擦除图纸上的图形类似。用于删除图形对象的命令是 ERASE,可通过下拉菜单项“修改”→“删除”或“绘图”工具栏上的(删除)按钮执行该命令。

删除对象步骤如下:

执行 ERASE 命令,AutoCAD 提示:

选择对象:(选择要删除的对象)

选择对象:↙(也可以继续选择对象)

执行结果:AutoCAD 删除选中的对象。

【说明】

执行 AutoCAD 的各编辑命令以及其他命令时,凡是在提示“选择对象:”的地方,一般均可以用 3.1 节介绍的各种方法选择对象,其中大部分命令允许用户选择多个操作对象,但有些命令只允许用户一次选择一个操作对象,还有些命令要求用户以某一特殊选择方式来选择操作对象(如 STRETCH 命令,见 3.12 节)。当 AutoCAD 允许用户选择多个操作对象时,用户在“选择对象:”提示下选择对象后,AutoCAD 会继续提示“选择对象:”,即可以继续选择对象,直到在此提示下按空格键或 Enter 键,或单击鼠标右键,AutoCAD 结束选择对象的操作,同时给出后续提示,以进行其他操作。

3.3　移动对象

移动对象是指将选定的对象从一个位置移动到另一位置,如图 3.3 所示。

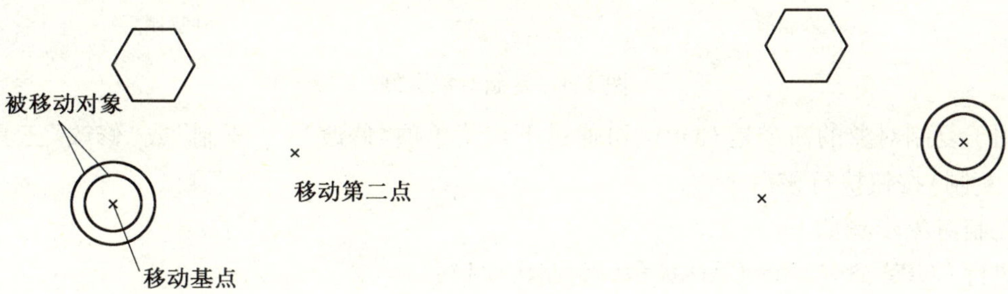

(a) 移动前　　(b) 移动后

图 3.3　移动对象示例

用于移动对象的命令是 MOVE,可通过下拉菜单项"修改"→"移动"或"修改"工具栏上的✥(移动)按钮执行该命令。

移动对象步骤如下(参见图 3.3):

执行 MOVE 命令,AutoCAD 提示:

选择对象:(选择要移动的对象)

选择对象:↙(也可以继续选择对象)

指定基点或[位移(D)]<位移>:

上面两选项的含义及其操作如下:

(1)指定基点

确定移动基点,为默认项。执行该默认项,即指定移动基点后,AutoCAD 提示:

指定第二个点或<使用第一个点作为位移>:

在此提示下再确定一点,即执行"指定第二个点"选项,AutoCAD 将选择的对象从当前位置按由给定两点确定的位移矢量移动;如果在此提示下直接按 Enter 键或空格键,AutoCAD则将所指定的第一点的各坐标分量作为移动位移量移动对象。

(2)位移(D)

根据位移量移动对象。执行该选项,AutoCAD 提示:

指定位移:

如果在此提示下输入坐标值(直角坐标或极坐标),AutoCAD 将所选择对象按与各坐标值对应的坐标分量作为位移量移动对象。

3.4　复制对象

复制对象是指将选定的对象复制到指定的位置,如图 3.4 所示。

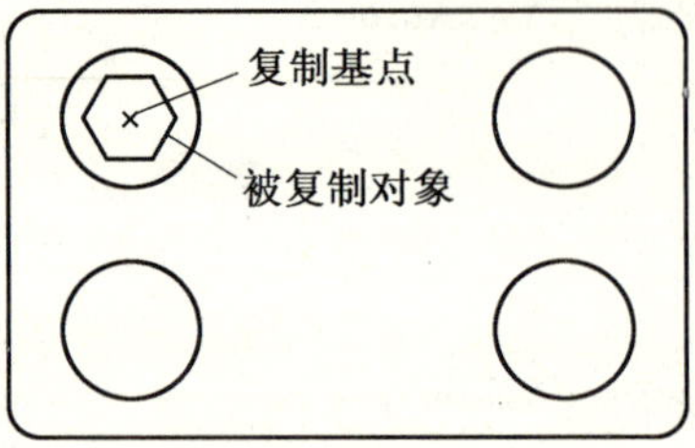

(a) 复制前

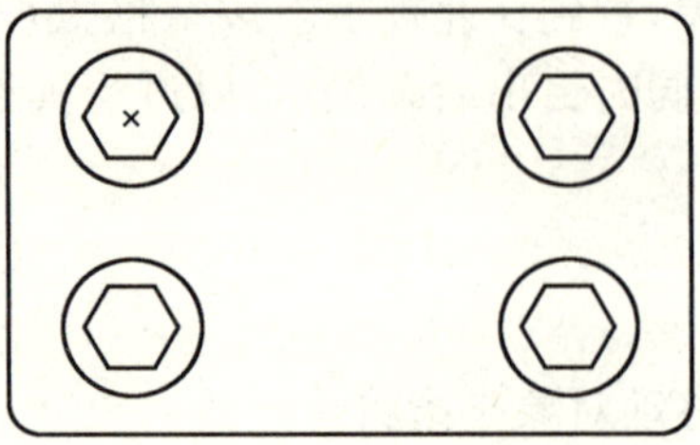

(a) 复制后

图 3.4　复制对象示例

用于复制对象的命令是 COPY,可通过下拉菜单项“修改”→“复制”或“修改”工具栏上的(复制)按钮执行该命令。

复制对象步骤如下:

执行 COPY 命令,AutoCAD 提示(参见图 3.4):

选择对象:(选择要复制的对象)

选择对象:↙(也可以继续选择对象)

指定基点或[位移(D)/模式(O)]<位移>:

上面三个选项的含义及其操作如下:

(1)指定基点

确定复制基点,为默认项。执行该默认项,即指定复制基点后,AutoCAD 提示:

指定第二个点或<使用第一个点作为位移>:

在此提示下再确定一点,AutoCAD 将所选择对象按由两点确定的位移矢量复制到指定位置;如果在该提示下直接按 Enter 键或空格键,AutoCAD 将第一点的各坐标分量作为位移量复制对象。完成复制后,AutoCAD 可能会继续提示:

指定第二个点或[退出(E)/放弃(U)]<退出>:

如果在该提示下再依次确定位移的第二点,AutoCAD 将所选择对象按基点与其他各点确定的各位移矢量关系进行多次复制;如果按 Enter 键、空格键或 Esc 键,AutoCAD 结束复制操作。

(2)位移(D)

根据位移量复制对象。执行该选项,AutoCAD 提示:

指定位移:

如果在此提示下输入坐标值(直角坐标或极坐标),AutoCAD 将所选择对象按与各坐标值对应的坐标分量作为位移量复制对象。

可以看出,复制对象与用 MOVE 命令移动对象的操作类似,还会保留原有对象。只不过执行复制对象操作后,还会保留原有对象。

(3)模式

确定复制的模式。执行该选项,AutoCAD 提示:

输入复制模式选项[单个(S)/多个(M)]<多个>:

其中,“单个(S)”选项表示执行 COPY 命令后只能对选择的对象执行一次复制,而“多个(M)”选项表示可以实现多次复制。AutoCAD 默认为“多个(M)”。

3.5　镜像对象

镜像对象是指将选定的对象相对于镜像线做镜像(即反射),如图3.5所示。该功能特别适合绘制对称图形。

图3.5　镜像对象示例

用于镜像对象的命令是MIRROR,可通过下拉菜单项"修改"→"镜像"或"修改"工具栏上的(镜像)按钮执行该命令。

镜像对象步骤如下:

执行MIRROR命令,AutoCAD提示(参见图3.5):

选择对象:(选择要镜像的对象)

选择对象:↙(也可以继续选择对象)

指定镜像线的第一点:(确定镜像线上的一点)

指定镜像线的第二点:(确定镜像线上的另一点)

是否删除源对象?[是(Y)/否(N)]<N>:

此提示询问镜像后是否删除源对象。若直接按Enter键,即执行默认项"否(N)",AutoCAD镜像复制对象,即镜像后保留源对象;如果执行"是(Y)"选项,AutoCAD执行镜像后要删除源对象。

【说明】

执行镜像操作时,不一定专门绘出镜像线。可以用已有直线作为镜像线,也可以直接通过指定两点来确定镜像线(镜像时的镜像线为假想的通过指定两点的直线)。

3.6　旋转对象

旋转对象是指将选定的对象绕基点旋转指定的角度,如图3.6所示。

用于旋转对象的命令是ROTATE,可通过下拉菜单项"修改"→"旋转"或"修改"工具栏上的(旋转)按钮执行该命令。

旋转对象步骤如下:

执行ROTATE命令,AutoCAD提示:

UCS当前的正角方向:ANGDIR=逆时针　ANGBASE=0

选择对象:(选择要旋转的对象)

选择对象:↙(也可以继续选择对象)

指定基点:(指定旋转基点)

指定旋转角度,或[复制(C)/参照(R)]<O>:

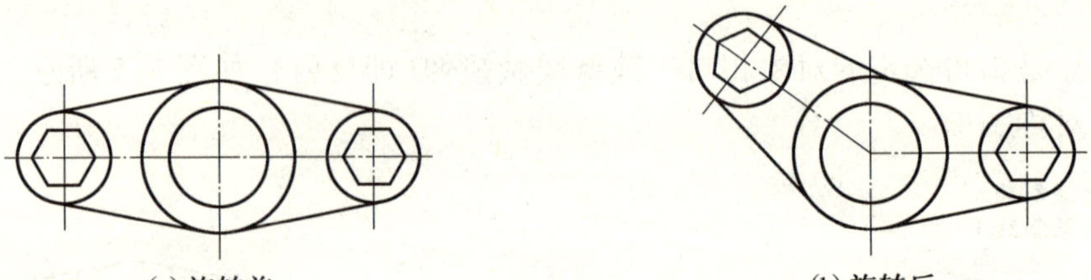

(a) 旋转前　　(b) 旋转后

图 3.6　旋转对象示例

最后一行三个选项的含义如下:

(1)指定旋转角度

确定旋转角度。如果直接在“指定旋转角度,或[复制(C)/参照(R)]”提示下输入角度值后按 Enter 键,即执行默认项,AutoCAD 将对象绕基点转动该角度,而且在默认设置下,角度为正时沿逆时针方向旋转,反之沿顺时针方向旋转。

(2)复制(C)

以复制形式旋转选定的对象,即创建出旋转对象后仍保留源对象。执行该选项后,根据提示指定旋转角度即可。

(3)参照(R)

以参照方式旋转对象。执行该选项,AutoCAD 提示:

定参照角:(输入参照方向的角度值)

新角度或[点(P)](输入相对于参照方向的新角度,或通过“点(P)”选项确定角度):

执行结果:AutoCAD 旋转对象,且实际的旋转角度为“新角度-参照角度”。

3.7　阵列对象

阵列对象是指按矩形或环形方式多重复制对象,如图 3.7 所示。

用于阵列对象的命令是 ARRAY。可通过下拉菜单项“修改”→“阵列”或“修改”工具栏上的器(阵列)按钮执行该命令。下面分别介绍矩形阵列或环形阵列的操作方式。

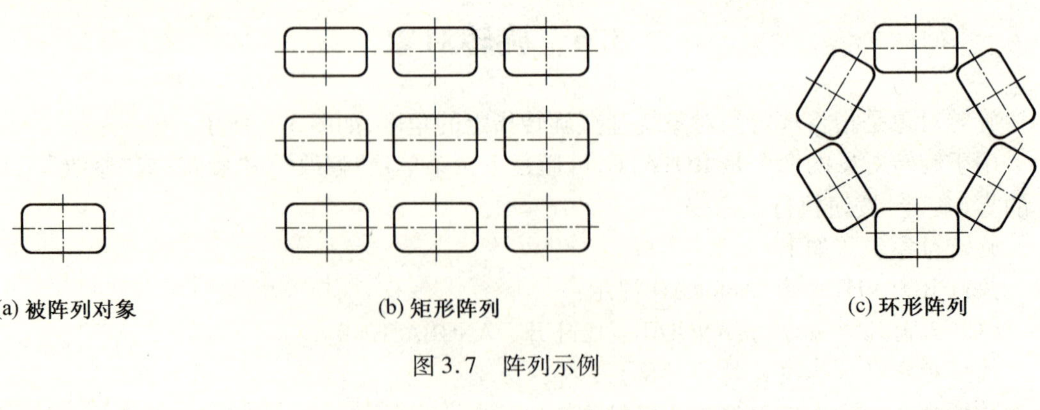

(a) 被阵列对象　　(b) 矩形阵列　　(c) 环形阵列

图 3.7　阵列示例

3.7.1　矩形阵列

执行 ARRAY 命令，AutoCAD 弹出“阵列”对话框，选中对话框中的“矩形阵列”单选按钮，如图 3.8 所示。

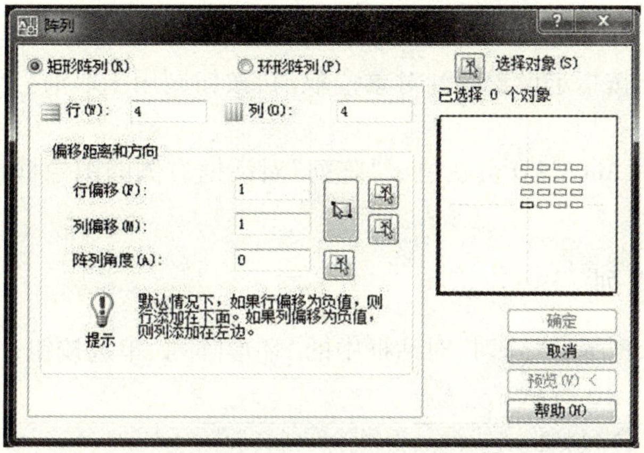

图 3.8　“阵列”对话框——矩形阵列

下面介绍对话框中主要项的功能：

(1)“行”、“列”文本框

“行”、“列”文本框分别用于确定矩形阵列的行数与列数。用户直接在对应的文本框中输入数值即可。

(2)“偏移距离和方向”选项组

此选项组用于确定矩形阵列的行间距、列间距以及整个阵列的旋转角度。用户可分别在“行偏移”、“列偏移”、“阵列角度”文本框中输入具体的数值，也可以单击对应的按钮，在绘图窗口拾取。

【说明】

设置“行偏移”和“列偏移”时，通过正、负号可以控制阵列的方向。在默认设置下，如果“行偏移”为负值，阵列后的行要添加在源对象的下方，否则添加在上方；如果“列偏移”为负值，阵列后的列要添加在源对象的左侧，否则添加在右侧。

(3)“选择对象”按钮

选择阵列对象，单击“选择对象”按钮，AutoCAD 临时切换到绘图窗口并提示：

选择对象：

在该提示下选择阵列对象后按 Enter 键或单击鼠标右键，AutoCAD 返回到如图 3.8 所示的“阵列”话框，并显示出“已选择 n 对象”。

(4)“预览”按钮

预览阵列效果。利用“阵列”对话框确定阵列参数并选择了阵列对象后，用户可以预览阵列效果。单击“预览”按钮，AutoCAD 切换到绘图窗口，并按当前阵列设置显示出阵列效果，同时给出如图 3.9 所示的提示对话框。

用户可以在“接受”、“修改”和“取消”之间做选择。“接受”按钮表示按当前设置阵列图形；“修改”按钮表示将返回到图 3.8 所示的对话框，以更改阵列设置；“取消”按钮则表示取消当前的阵列操作。

图 3.9　提示对话框

(5)“确定”、“取消”按钮

“确定”按钮用于按指定设置阵列对象;“取消”按钮则用于取消当前的阵列操作。

【说明】

设置阵列参数后,AutoCAD 会在位于“阵列”对话框右侧的图像框中显示出阵列模拟效果。

3.7.2　环形阵列

如果选中如图 3.8 所示“阵列”对话框中的“环形阵列”单选按钮,AutoCAD 切换到环形阵列设置界面,如图 3.10 所示。

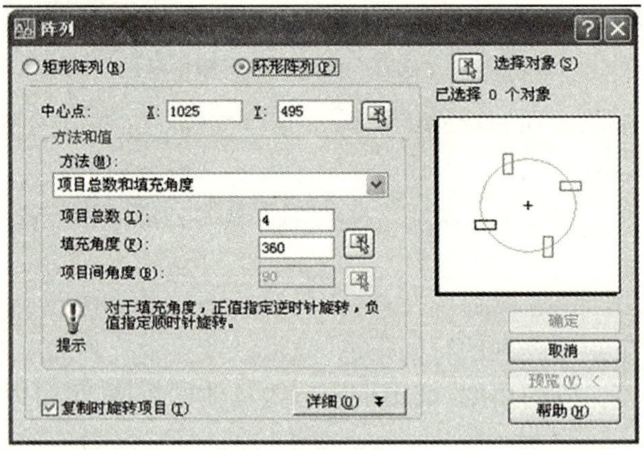

图 3.10　“阵列”对话框——环形阵列

该对话框中主要项的功能如下:

(1)“中心点”文本框

确定环形阵列的阵列中心位置。用户可以直接在文本框中输入坐标值,也可以单击对应的按钮,从屏幕上指定。

(2)“方法和值”选项组

确定环形阵列的具体方式和对应参数。

①“方法”下拉列表

确定环形阵列的阵列方式。可以通过下拉列表在“项目总数和填充角度”、“项目总数和项目间的角度”以及“填充角度和项目间的角度”之间选择。其中,项目总数表示环形阵列后的对象个数(包括源对象);填充角度表示环形阵列的填充角度;项目间的角度则表示阵列后相邻两对象间的角度。

②“项目总数”、“填充角度”和“项目间角度”文本框

根据在“方法”下拉列表中选择的阵列方法,分别用于确定阵列时项目总数、填充角度以及项目间角度的具体值。对于填充角度而言,在默认设置下,正值将沿逆时针方向环形阵

列对象，反之沿顺时针方向阵列对象。

(3)“复制时旋转项目”复选框

确定环形阵列对象时对象本身是否绕其基点旋转，其效果如图 3.11 所示。

(4)其他功能

与矩形阵列一样，“选择对象：”按钮用于确定要阵列的对象，“预览”按钮用于预览阵列效果，“确定”按钮用于确认阵列设置，即执行阵列。

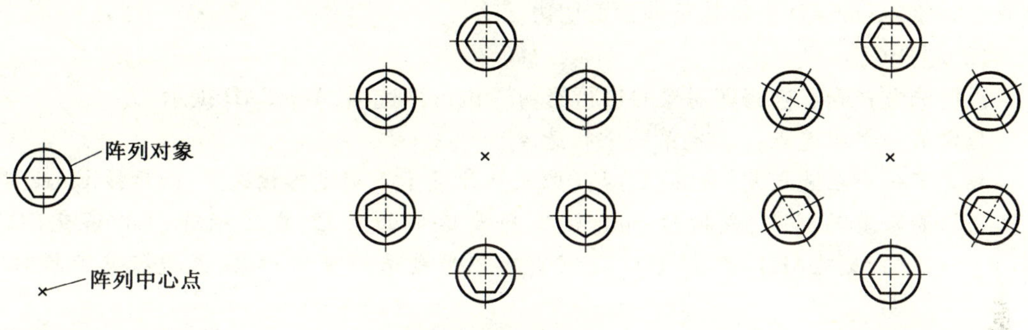

(a) 阵列对象与阵列中心点　　(b) 阵列时不旋转项目　　(c) 阵列时旋转项目

图 3.11　环形阵列示例

3.8　修剪对象

修剪对象是指用作为剪切边的对象修剪其他对象（称这样的对象为被修剪对象），即将被修剪对象沿剪切边断开，并删除位于剪切边一侧或位于两条剪切边之间的部分，如图3.12 所示。

(a) 修剪前　　(b) 修剪后

图 3.12　修剪示例

用于修剪操作的命令是 TRIM，可通过下拉菜单项“修改”→“修剪”或“修改”工具栏上的（修剪）按钮执行该命令。

修剪操作步骤如下：

执行 TRIM 命令，AutoCAD 提示：

选择剪切边…

选择对象或<全部选择>：（选择作为剪切边的对象，按 Enter 键则选择全部对象）

选择对象：↙（可以继续选择对象）

选择要修剪的对象，或按住 Shift 键选择要延伸的对象，或［栏选(F)/窗交(C)/投影

(P)/边(E)/删除(R)/放弃(U)]:

提示中各选项的含义如下:

(1)选择要修剪的对象,或按住 Shift 键选择要延伸的对象

选择对象进行修剪或将选择的对象延伸到剪切边对象,为默认项。如果用户在该提示下选择被修剪对象,AutoCAD 以剪切边为边界,将被修剪对象上位于选择对象时的拾取点一侧的对象修剪掉。如果被修剪对象没有与剪切边交叉,在该提示下按住 Shift 键,然后选择被修剪对象,AutoCAD 会将其延伸到剪切边。

(2)栏选(F)

以栏选方式确定被修剪对象并进行修剪。执行该选项,AutoCAD 提示:

指定第一个栏选点:(指定第一个栏选点)

指定下一个栏选点或[放弃(U)]:(依次在此提示下确定各栏选点,而后按 Enter 键)

选择要修剪的对象,或按住 Shift 键选择要延伸的对象,或 [栏选(F)/窗交(C)/投影(P)/边(E)/删除(R)/放弃(U)]:↙(也可以继续选择操作对象,或进行其他操作或设置)

执行结果:AutoCAD 用剪切边对由栏选方式(见 3.1 节)确定的被修剪对象进行修剪。

(3)窗交(C)

使与选择窗口边界相交的对象作为被修剪对象并进行修剪。执行该选项,AutoCAD 提示:

指定第一个角点:(确定窗口的第一角点)

指定对角点:(确定窗口的另一角点)

选择要修剪的对象,或按住 Shift 键选择要延伸的对象,或 [栏选(F)/窗交(C)/投影(P)/边(E)/删除(R)/放弃(U)]:↙(也可以继续选择操作对象,或进行其他操作或设置)

执行结果:AutoCAD 用剪切边对由窗交方式确定的被修剪对象进行修剪。

(4)投影(P)

确定执行修剪操作时的操作空间。执行该选项,AutoCAD 提示:

输入投影选项[无(N)/UCS(U)/视图(V)]<UCS>:

① 无(N)。

按实际三维空间的相互关系修剪,即只有在三维空间中实际能够相交的对象才能进行修剪或延伸,而不是按它们在平面上的投影是否相交来修剪(二维图形一般不存在此问题)。

②UCS(U)。

在当前 UCS(用户坐标系,有关 UCS 的概念详见 13.3 节。二维绘图时,用户可以将其看成是系统提供的默认坐标系,其坐标方向由坐标系图标表示)的 XY 面上修剪。选择该选项后,可以在当前 XY 面上按图形的投影关系修剪在三维空间中没有相交的对象。

③ 视图(V)。

在当前视图平面上(即计算机绘图窗口)按相交关系修剪。

【说明】

上面各设置对按住 Shift 键进行延伸时也有效。

(5)边(E)

确定剪切边的隐含延伸模式。执行该选项,AutoCAD 提示:

输入隐含边延伸模式[延伸(E)/不延伸(N)]<延伸>:

① 延伸(E)。

按延伸模式修剪,即如果剪切边太短、没有与被修剪对象相交,AutoCAD 会假想地将剪切边延长,然后进行修剪。

② 不延伸(N)。

只按各边的实际相交情况修剪,如果剪切边太短,没有与被修剪对象相交,则不进行修剪。

【说明】

上面各设置对按住 Shift 键进行延伸时也有效。

(6)删除(R)

删除指定的对象。执行该选项,AutoCAD 提示:

选择要删除的对象或<退出>:(选择要删除的对象)

选择要删除的对象:

选择要修剪的对象,或按住 Shift 键选择要延伸的对象,或[栏选(F)/窗交(C)/投影(P)/边(E)/删除(R)/放弃(U)](AutoCAD 删除指定的对象后给出此提示,用户可以继续进行其他操作)

(7)放弃(U)

取消上一次的操作。

【说明】

①AutoCAD 2008 允许用直线段、构造线、射线、圆、圆弧、椭圆或椭圆弧、多段线、样条曲线、云形线以及文字等对象作为剪切边来修剪对象。

②剪切边也可以同时作为被修剪对象。

例 3.1　利用绘圆、阵列和修剪等功能绘制如图 3.13 所示的图形。

绘图步骤如下:

(1)绘制圆

执行 CIRCLE 命令,根据如图 3.13 所示尺寸绘制三个圆,如图 3.14 所示。

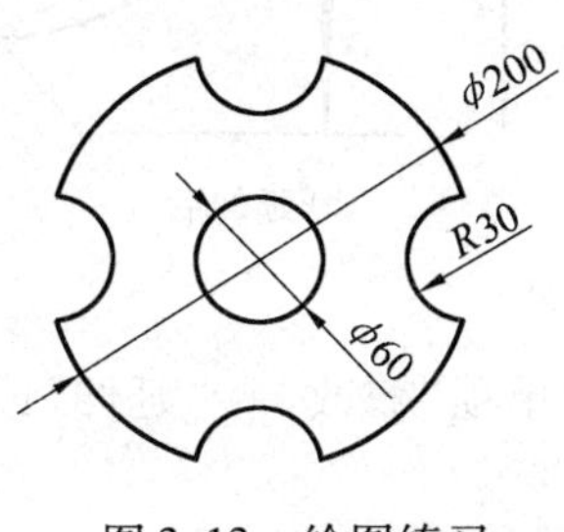

图 3.13　绘图练习

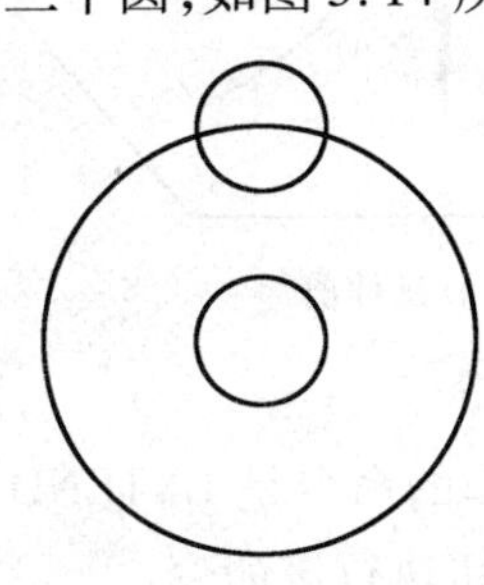

图 3.14　绘制圆

(2)阵列

执行 ARRAY 命令,在弹出的“阵列”对话框中进行环形阵列设置,如图 3.15 所示。

从对话框中可以看出,已通过“选择对象”按钮选择图 3.14 中位于上方的圆作为阵列对象,通过与“中心点”对应的按钮选择大圆圆心为阵列中心点,将阵列项目总数设为 4。

单击对话框中的“确定”按钮，完成阵列，得到如图 3.16 所示的结果。

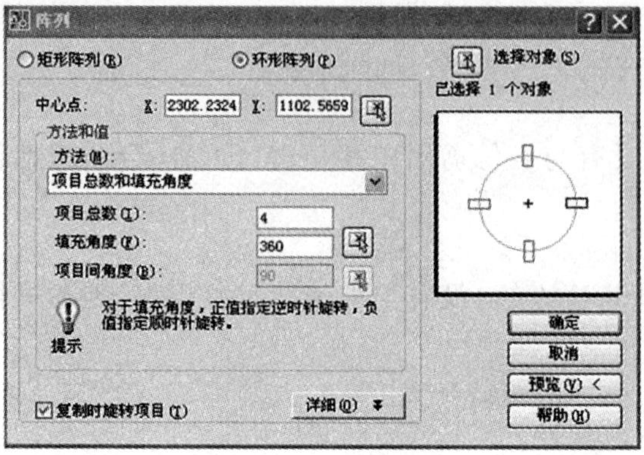

图 3.15　阵列设置

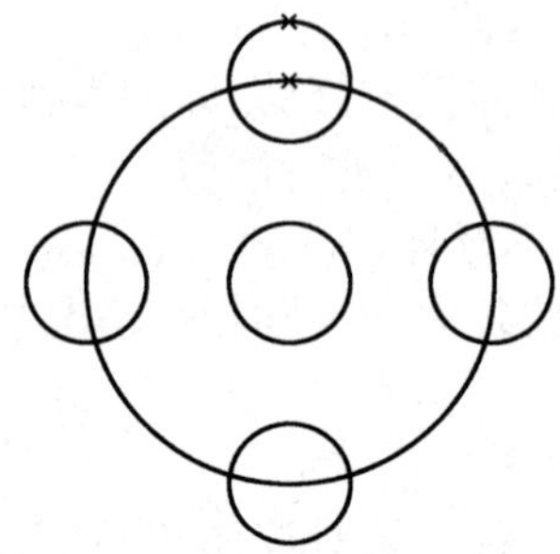

图 3.16　阵列结果

(3)修剪

执行 TRIM 命令，AutoCAD 提示：

选择剪切边…

选择对象或<全部选择>：↙（选择全部对象作为剪切边，因为大部分对象要用作剪切边，这样可节省操作时间）

选择要修剪的对象，或按住 Shift 键选择要延伸的对象，或［栏选(F)/窗交(C)/投影(P)/边(E)/删除(R)/放弃(U)］：（依次在对象的修剪部位拾取对应的对象，即在图3.16中有小叉的位置拾取对应的对象）

选择要修剪的对象，或按住 Shift 键选择要延伸的对象，或［栏选(F)/窗交(C)/投影(P)/边(E)/删除(R)/放弃(U)］：↙

执行结果如图 3.13 所示。

3.9　延伸对象

延伸对象是指将指定的对象延长到指定的边界（称其为边界边），如图 3.17 所示。

(a) 延伸前　　(b) 延伸后

图 3.17　延伸示例

用于延伸操作的命令是 EXTEND，可通过下拉菜单项“修改”→“延伸”或“修改”工具栏上的（延伸）按钮执行该命令。

延伸操作步骤如下：

执行 EXTEND 命令，AutoCAD 提示：

选择边界的边…

选择对象或<全部选择>：（选择作为边界边的对象，按 Enter 键选择全部对象）

选择对象：↙

选择要延伸的对象,或按住 Shift 键选择要修剪的对象,或[栏选(F)/窗交(C)/投影(P)/边(E)/放弃(U)]:

提示中各选项的含义如下:

(1)选择要延伸的对象,或按住 Shift 键选择要修剪的对象

选择对象进行延伸或修剪,为默认项。如果用户在该提示下选择要延伸的对象,AutoCAD把该对象延长到指定的边界边。如果延伸对象与边界边交叉,在该提示下按下Shift 键后选择对象,AutoCAD 则会以边界边为剪切边,将选择对象时所选择一侧的对象修剪掉。

(2)栏选(F)

以栏选方式确定被延伸对象并实现延伸。执行该选项,AutoCAD 提示:

指定第一个栏选点:(指定第一个栏选点)

指定下一个栏选点或[放弃(U)]:(依次在此提示下确定各栏选点)

选择要延伸的对象,或按住 Shift 键选择要修剪的对象,或[栏选(F)/窗交(C)/投影(P)/边(E)/放弃(U)]:↙(也可以继续选择操作对象,或进行其他操作或设置)

执行结果:AutoCAD 对指定的对象给予延伸。

(3)窗交(C)

使与选择窗口边界相交的对象作为被延伸对象并实现延伸。执行该选项,AutoCAD 提示:

指定第一个角点:(确定窗口的第一角点)

指定对角点:(确定窗口的另一角点)

选择要延伸的对象,或按住 Shift 键选择要修剪的对象,或[栏选(F)/窗交(C)/投影(P)/边(E)/放弃(U)]:↙(也可以继续选择操作对象,或进行其他操作或设置)

执行结果:AutoCAD 对指定的对象给予延伸。

(4)投影(P)

确定执行延伸操作的空间。执行该选项,AutoCAD 提示:

输入投影选项[无(N)/UCS(U)/视图(V)]<UCS>:

①无(N)。

按实际三维关系(而不是投影关系)延伸,即只有在三维空间中实际能够相交的对象才能够延伸(二维图形延伸一般不存在此问题)。

②UCS(U)。

在当前 UCS 的 XY 面上延伸。此时可以在 XY 面上按投影关系延伸在三维空间中并不相交的对象。

③视图(V)。

在当前视图平面上(即计算机屏幕)延伸。

【说明】

上面各设置对按住 Shift 键进行修剪时也有效。

(5)边(E)

确定延伸模式。执行该选项,AutoCAD 提示:

输入隐含边延伸模式[延伸(E)/不延伸(N)]<延伸>:

①延伸(E)。

如果边界边太短,延伸对象延伸后不能与其相交,AutoCAD 会假想地将边界边延长,使延伸对象伸长到与其相交的位置(例如,图 3.17 中对位于最左侧的直线的延伸就属于这种情况)。

②不延伸(N)。

表示按边的实际位置进行延伸,不对边界边进行延长假设。

【说明】

上面各设置对按住 Shift 键进行修剪时也有效。

(6)放弃(U)

取消上一次的操作。

【说明】

AutoCAD 2008 允许用直线段、构造线、射线、圆、圆弧、椭圆或椭圆弧、多段线、样条曲线、云形线以及文字等对象作为边界边。

3.10 缩放对象

缩放对象是指将选定的对象相对于指定的基点按比例放大或缩小,如图 3.18 所示。

(a) 缩放前　　(b) 缩放后

图 3.18 缩放示例

用于缩放对象的命令是 SCALE,通过下拉菜单项“修改”→“缩放”或“修改”工具栏上的(缩放)按钮执行该命令。

缩放对象步骤如下:

执行 SCALE 命令,AutoCAD 提示:

选择对象:(选择要缩放的对象)

选择对象:↙(也可以继续选择对象)

指定基点:(指定基点)

指定比例因子或[复制(C)/参照(R)]:

最后一行的三个选项的含义如下:

(1)指定比例因子

确定缩放比例因子,为默认项。若执行该默认项,即输入比例因子后按 Enter 键,AutoCAD将选择的对象按该比例因子相对于基点缩放,且 0<比例因子<1 时缩小对象,比例因子>1 时放大对象。

(2)复制(C)

以复制的形式进行缩放,即创建出缩小或放大的对象后仍保留源对象。执行该选项后,根据提示指定缩放比例因子即可。

(3)参照(R)

将对象以参考方式缩放。执行该选项,AutoCAD 提示:

指定参照长度:(输入参考长度的值)

指定新的长度或[点(P)]:(输入新长度值或利用“点(P)”选项确定新值)

执行结果:AutoCAD 根据参考长度与新长度的值自动计算比例因子(比例因子=新长度值÷参考长度值),然后按该比例缩放对应的对象。

3.11　偏移对象

偏移对象是指对指定的直线、圆弧、圆等源图形对象做同心偏移复制,如图 3.19 所示。对直线而言,因其圆心为无穷远,因此偏移复制为平行复制。

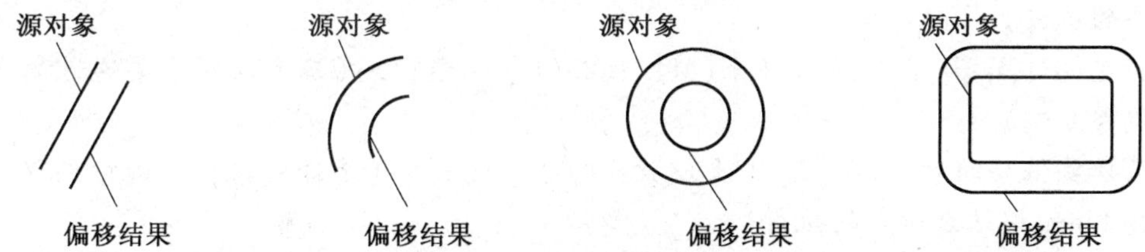

图 3.19　偏移示例

用于偏移对象的命令是 OFFSET,可通过下拉菜单项“修改”→“偏移”或“修改”工具栏上的(偏移)按钮执行该命令。

偏移对象步骤如下:

执行 OFFSET 命令,AutoCAD 提示:

当前设置:删除源=否　图层=源　OFFSETGAPTYPE=0

指定偏移距离或[通过(T)/删除(E)/图层(L)]<通过>:

提示中各选项的含义如下:

(1)指定偏移距离

根据偏移距离偏移复制对象。在“指定偏移距离或[通过(T)/删除(E)/图层(L)]:”提示下输入距离值后按 Enter 键,AutoCAD 提示:

选择要偏移的对象,或[退出(E)/放弃(U)]<退出>:(选择要偏移复制的对象。注意,此时只能选择一个操作对象。也可以按 Enter 键,即执行“<退出>”选项结束命令的执行)

指定要偏移的那一侧上的点,或[退出(E)/多个(M)/放弃(U)]<退出>:

①指定要偏移的那一侧上的点。

相对于源对象,在要偏移复制到的一侧任意拾取一点,即可实现偏移复制,而后AutoCAD继续提示:

选择要偏移的对象,或[退出(E)/放弃(U)]<退出>:↙(也可以继续选择对象进行偏移复制)

②退出(E)。

退出 OFFSET 命令的执行。

③多个(M)。

利用当前设置的偏移距离重复进行偏移操作。执行该选项,AutoCAD 提示:

指定要偏移的那一侧上的点,或[退出(E)/放弃(U)]<下一个对象>:(相对于源对象,在要复制到的一侧任意拾取一点,即可实现对应的偏移复制)

指定要偏移的那一侧上的点,或[退出(E)/放弃(U)]<下一个对象>:E↙(也可以继续指定偏移位置实现偏移复制操作)

④放弃(U)。

取消前一次操作。

(2)通过(T)

使对象偏移复制后通过指定的点。执行该选项,即输入 T 后按 Enter 键,AutoCAD 提示:

选择要偏移的对象,或[退出(E)/放弃(U)]<退出>:(选择对象,也可以按 Enter 键结束命令的执行)

指定通过点或[退出(E)/多个(M)/放弃(U)]<退出>:(确定新对象要通过的点,即可实现偏移复制)

选择要偏移的对象,或[退出(E)/放弃(U)]<退出>:(选择对象继续进行偏移复制,也可以按 Enter 键结束命令的执行)

(3)删除(E)

可用于实现偏移源对象后删除源对象。执行该选项,AutoCAD 提示:

要在偏移后删除源对象吗?[是(Y)/否(N)]<否>:

用户作出对应的选择后,AutoCAD 提示:

指定偏移距离或[通过(T)/删除(E)/图层(L)]<通过>:

此时根据提示操作即可。

(4)图层(L)

确定将偏移对象创建在当前图层上还是源对象所在图层上。执行该选项,AutoCAD 提示:

输入偏移对象的图层选项[当前(C)/源(S)]<源>:

此时可以通过"当前(C)"选项将偏移对象创建在当前图层,或通过"源(S)"选项将偏移对象创建在源对象所在的图层上。用户作出选择后,AutoCAD 提示:

指定偏移距离或[通过(T)/删除(E)/图层(L)]<通过>:

此时根据提示操作即可。

【说明】

①执行 OFFSET 命令时,只能以直接拾取的方式选择一个操作对象。

②如果用给定偏移距离的方式复制对象,距离值必须大于零。

③对不同的对象执行 OFFSET 命令后有不同的结果。对线段、构造线、射线做偏移复制,实际上是平行复制;对圆弧做偏移复制后,新圆弧与旧圆弧有同样的包含角,但新圆弧的长度要发生改变;对圆或椭圆做偏移复制后,新圆、新椭圆与旧圆、旧椭圆有同样的圆心,但新圆半径或新椭圆的轴长要发生相应变化(参见图 3.19)。

3.12　拉伸对象

利用 AutoCAD 2008 提供的 STRETCH 命令，可以移动或拉伸对象，如图 3.20 所示。可以看出，对图 3.20(a)中位于选择矩形内的对象执行拉伸操作后，位于右边的小圆和垂直线只是改变了位置(即移动)，而其他对象则被拉长。

可通过下拉菜单项"修改"→"拉伸"或"修改"工具栏上的(拉伸)按钮执行 STRETCH 命令。

图 3.20　拉伸示例

拉伸对象步骤如下：

执行 STRETCH 命令，AutoCAD 提示：

以交叉窗口或交叉多边形选择要拉伸的对象…

选择对象：

提示中第一行说明此时只能以交叉窗口方式或交叉多边形方式(即不规则交叉窗口方式)选择对象(它们的含义见 3.1 节)。所以，此时应在"选择对象："提示下输入 C(交叉窗口方式)或 CP(不规则交叉窗口方式)后按 Enter 键的方式响应(如果以默认矩形窗口方式选择对象，用于确定选择窗口的第二角点应位于第一角点的左侧)，然后根据提示选择对象。例如，输入 C 后按 Enter 键，AutoCAD 提示：

指定第一个角点：(指定选择窗口的一角点)

指定对角点：(指定选择窗口的另一角点)

选择对象：↙

指定基点或[位移(D)]<位移>：(确定拉伸基点或位移)

指定第二个点或<使用第一个点作为位移>：(确定拉伸第二点或直接按 Enter 键)

执行结果：AutoCAD 将位于选择窗口之内的对象移动，将与窗口边界相交的对象按规则拉伸(或压缩)、移动。

【说明】

在"选择对象："提示下以交叉窗口或不规则交叉窗口方式选择对象时，对于由LINE(直线)、ARC(圆弧)和 PLINE(多段线)等命令绘制的直线或圆弧，若整个图形位于选择窗口内，执行的结果是对这些图形进行移动。若图形的一端在选择窗口内，另一端在选择窗口外，即对象与选择窗口的边界相交，则有以下拉伸规则。

①线(LINE)：位于窗口外的端点不动而位于窗口内的端点移动，直线由此改变。

②圆弧(ARC):与直线的改变规则类似,但在圆弧改变的过程中,圆弧的弦高保持不变,同时由此来调整圆心的位置等。

③多段线(PLINE):与直线或圆弧相似,但多段线两端的宽度、切线方向以及曲线拟合信息均不改变。

④其他对象:如果对象的定义点位于选择窗口内,对象发生移动,否则不移动。其中,圆的定义点为圆心、块的定义点为插入点、文字和属性定义的定义点为文字串的左下端点。

3.13 改变长度

改变长度功能用于改变线段或圆弧的长度。实现此操作的命令是 LENGTHEN,可通过下拉菜单项"修改"→"拉长"执行该命令。

改变长度步骤如下:

执行 LENGTHEN 命令,AutoCAD 提示:

选择对象或[增量(DE)/百分数(P)/全部(T)/动态(DY)]:

提示中各选项的含义如下:

(1)选择对象

用于显示所指定直线或圆弧的现有长度和包含角(对于圆弧而言),为默认项。选择对象后,AutoCAD 显示出对应的值,而后继续提示:

选择对象或[增量(DE)/百分数(P)/全部(T)/动态(DY)]:

(2)增量(DE)

根据长度增量或圆弧的包含角增量改变长度。执行此选项,AutoCAD 提示:

输入长度增量或[角度(A)]:

①输入长度增量。

确定长度增量,为默认项。用户输入增量值后,AutoCAD 提示:

选择要修改的对象或[放弃(U)]:

在该提示下拾取直线或圆弧,所拾取对象在离拾取点近的一端按给定的增量改变长度,且增量值为正时对象增长,反之缩短。

②角度(A)。

确定圆弧的包含角增量。执行该选项,AutoCAD 提示:

输入角度增量:

在该提示下输入圆弧的角度增量后,AutoCAD 提示:

选择要修改的对象或[放弃(U)]:

在该提示下拾取圆弧,所选择圆弧按指定的角度增量在离拾取点近的一端变长或变短,且角度增量为正值时圆弧变长,反之缩短。

(3)百分数(P)

根据百分比改变直线或圆弧的长度。执行该选项,AutoCAD 提示:

输入长度百分数:(输入百分比值。当输入的值大于 100 时(相当于大于 100%)变长,反之变短。当输入的值等于 100 时,对象的长度保持不变)

选择要修改的对象或[放弃(U)]:(选择对象或执行"放弃(U)"选项取消上次操作)

执行结果:所选择圆弧或直线在离拾取点近的一端改变长度,且新长度相对于原长度的比值就是输入的比例值。

(4)全部(T)

通过输入直线或圆弧的新长度或输入圆弧的新包含角改变长度。执行该选项,AutoCAD提示:

指定总长度或[角度(A)]:

根据此提示输入新长度值或通过“角度(A)”选项确定新角度后,AutoCAD 提示:

选择要修改的对象或[放弃(U)]:(选择对象改变或执行“放弃(U)”选项取消上次操作)

执行结果:所选择对象在离拾取点近的一端按指定的新长度或新包含角变长或变短。

(5)动态(DY)

动态改变直线或圆弧的长度。执行该项,AutoCAD 提示:

选择要修改的对象或[放弃(U)]:

在该提示下选择对象后,AutoCAD 提示:

指定新端点:

此时可通过拖动鼠标的方式动态更改圆弧或直线的端点位置,即改变圆弧或直线的长度。确定端点的新位置后,单击鼠标左键,完成长度的更改,AutoCAD 继续提示:

选择要修改的对象或[放弃(U)]:

此时可以继续选择对象来动态地改变长度,也可以按 Enter 键结束操作。

3.14　创建倒角

用于在两条直线之间倒角的命令是 CHAMFER(参见图 3.21),可通过下拉菜单项“修改”→“倒角”或“修改”工具栏上的(倒角)按钮执行该命令。

(a) 倒角前　　(a) 倒角后

图 3.21　倒角示例

倒角步骤如下:

执行 CHAMFER 命令,AutoCAD 提示:

(“修剪”模式)当前倒角距离 1=0.0000,距离 2=0.0000

选择第一条直线或[放弃(U)/多段线(P)/距离(D)/角度(A)/修剪(T)/方式(E)/多个(M)]:

提示中的第一行说明当前的倒角操作采用的是“修剪”模式,且两个倒角距离均为 0。第二行提示中的各选项含义如下:

(1)选择第一条直线

选择进行倒角的第一条直线,为默认项。选择某一直线,即执行默认项后,AutoCAD 提示:

选择第二条直线，或按住 Shift 键选择要应用角点的直线：

在该提示下选择相邻的另一条直线，AutoCAD 按当前的倒角设置对这两条直线倒角。如果按住 Shift 键选择相邻的另一条线段，AutoCAD 则创建零距离的倒角，使两条直线准确相交。

(2)放弃(U)

放弃前一次操作。

【说明】

①如果因两条直线平行等原因不能倒角，AutoCAD 会给出对应的提示。

②对相互交叉的两条边倒角且倒角后要修剪倒角边时，执行倒角操作后，AutoCAD 总是保留选择倒角对象时所拾取的那一部分对象。例如，对如图 3.23(a)所示的两条直线创建倒角时，如果在有小叉标记的位置(近似位置即可)选择倒角直线，会得到如图 3.23(b)所示的倒角结果。

(3)多段线(P)

对整条多段线倒角。执行该项，AutoCAD 提示：

选择二维多段线：

在该提示下选择多段线后，AutoCAD 在多段线的各顶点处按当前倒角设置进行倒角。

(4)距离(D)

确定倒角距离。执行该选项，AutoCAD 依次提示：

指定第一个倒角距离：(输入第一倒角距离)

指定第二个倒角距离：(输入第二倒角距离)

依次确定距离值后，AutoCAD 会继续给出下面的提示：

选择第一条直线或[放弃(U)/多段线(P)/距离(D)/角度(A)/修剪(T)/方式(E)/多个(M)]：

【说明】

如果将两个倒角距离设置成不同的值，那么当根据提示依次选择两个倒角直线时，选择的第一条直线按第一倒角距离倒角，第二条直线按第二倒角距离倒角。如果将两个倒角距离均设为 0(默认值)，则利用 CHAMFER 命令可以延伸或修剪两条直线，使它们准确相交(如果能相交的话)。

(5)角度(A)

用于根据一倒角距离和一倒角角度进行倒角时的倒角设置。执行该选项，AutoCAD 依次提示：

指定第一条直线的倒角长度：(指定第一条直线的倒角长度)

指定第一条直线的倒角角度：(指定第一条直线的倒角角度)

倒角长度与倒角角度的含义如图 3.22 所示。

用户依次输入倒角长度与倒角角度后，AutoCAD 继续给出下面的提示：

选择第一条直线或[放弃(U)/多段线(P)/距离(D)/角度(A)/修剪(T)/方式(E)/多个(M)]：

(6)修剪(T)

设置倒角时的修剪模式，即倒角后是否对相应的倒角边进行修剪。执行该选项，

AutoCAD提示：

输入修剪模式选项[修剪(T)/不修剪(N)]<修剪>：

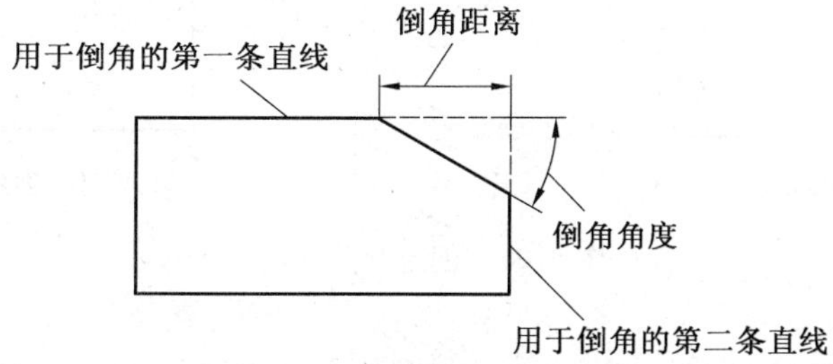

图 3.22　倒角长度与倒角角度的含义

其中，“修剪(T)”选项表示倒角后对倒角边进行修剪；“不修剪(N)”选项则表示不进行修剪，具体效果如图 3.23 所示。

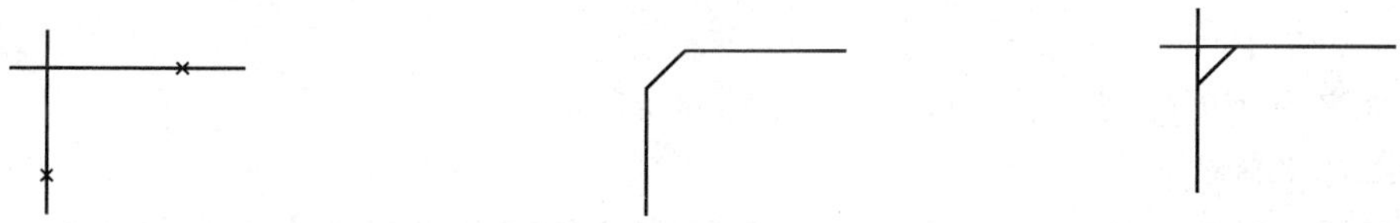

(a) 倒角对象　　(b) 倒角后修剪　　(c) 倒角后不修剪

图 3.23　倒角时修剪与否示例

(7)方式(E)

确定倒角的方法。执行该选项，AutoCAD 提示：

输入修剪方法[距离(D)/角度(A)]：

其中，“距离(D)”选项表示将按两条边的倒角距离设置进行倒角；“角度(A)”选项则表示将按边距离与倒角角度设置进行倒角。

(8)多个(M)

依次对多条边倒角。即对一对边倒角后，AutoCAD 会继续给出提示：

选择第一条直线或[放弃(U)/多段线(P)/距离(D)/角度(A)/修剪(T)/方式(E)/多个(M)]：

此时可以继续进行倒角设置，继续对其他边倒角。

3.15　创建圆角

用于在两图形对象之间创建圆角的命令是 FILLET(参见图 3.24)，可通过下拉菜单项“修改”→“圆角”或“修改”工具栏上的(圆角)按钮执行该命令。

创建圆角步骤如下：

执行 FILLET 命令，AutoCAD 提示：

当前设置：模式＝修剪，半径＝0.0000

选择第一个对象或[放弃(U)/多段线(P)/半径(R)/修剪(T)/多个(M)]：

提示中的第一行说明当前的创建圆角模式为“修剪”模式，圆角半径为 0。第二行提示中各选项的含义如下：

(a) 创建圆角前　　(b) 创建圆角后

图 3.24　创建圆角示例

(1)选择第一个对象

此提示要求选择用于创建圆角的第一个对象，为默认项。用户选择后，AutoCAD 提示：

选择第二个对象，或按住 Shift 键选择要应用角点的对象：

在此提示下选择另一个对象，AutoCAD 按当前设置为它们创建出圆角。如果按住 Shift 键选择相邻的另一对象，AutoCAD 则可以创建零距离圆角，使两对象准确相交。

(2)多段线(P)

为二维多段线创建圆角。执行该选项，AutoCAD 提示：

选择二维多段线：

在此提示下选择二维多段线后，AutoCAD 按当前的圆角设置在多段线各顶点处创建出圆角。

(3)半径(R)

确定圆角半径。执行该选项，AutoCAD 提示：

指定圆角半径：

在此提示下输入圆角半径值后，AutoCAD 继续给出下面的提示：

选择第一个对象或[放弃(U)/多段线(P)/半径(R)/修剪(T)/多个(M)]：

【说明】

当圆角半径为 0 时，FILLET 命令将延伸或修剪所操作的两对象，使它们准确相交(如果能够相交的话)。

(4)修剪(T)

设置创建圆角时的修剪模式，即创建圆角后是否对相应的对象进行修剪。执行该选项，AutoCAD 提示：

输入修剪模式选项[修剪(T)/不修剪(N)]：

其中，"修剪(T)"选项表示在创建圆角的同时对相应的两个对象进行修剪；"不修剪(N)"选项表示不进行修剪，具体效果如图 3.25 所示。

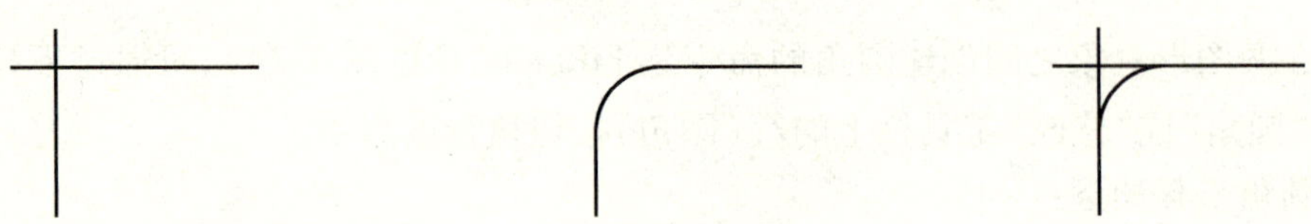

(a) 创建圆角的对象　　(b) 创建圆角后修剪　　(b) 创建圆角后不修剪

图 3.25　创建圆角时修剪与否示例

(5)多个(M)

执行该选项后,用户对两对象创建圆角后,可以继续对其他对象创建圆角,不必重新执行 FILLET 命令。

(6)放弃(U)

放弃已进行的设置或操作。

【说明】

①与创建倒角类似,对相交叉的两对象创建圆角时,如果采用了修剪模式,那么在创建圆角之后,AutoCAD 总是保留选择对象时所拾取的那部分对象。

②AutoCAD 允许为两条平行线创建圆角,其结果是 AutoCAD 自动将圆角半径设为两条平行线之距离的一半。

例 3.2　已知有如图 3.26(a)所示的图形,对其倒角、创建圆角,结果如图 3.26(b)所示(倒角尺寸:10×45°、圆角半径:*R*10)。

(a) 已有图形　　(b) 绘图结果

图 3.26　绘图练习

步骤如下:

(1)倒角

执行 CHAMFER 命令,AutoCAD 提示:

选择第一条直线或[放弃(U)/多段线(P)/距离(D)/角度(A)/修剪(T)/方式(E)/多个(M)]:D↙

指定第一个倒角距离:10↙

指定第二个倒角距离:10↙

选择第一条直线或[放弃(U)/多段线(P)/距离(D)/角度(A)/修剪(T)/方式(E)/多个(M)]:T↙

输入修剪模式选项[修剪(T)/不修剪(N)]<不修剪>:T↙

选择第一条直线或[放弃(U)/多段线(P)/距离(D)/角度(A)/修剪(T)/方式(E)/多个(M)]:M↙

选择第一条直线或[放弃(U)/多段线(P)/距离(D)/角度(A)/修剪(T)/方式(E)/多个(M)]:(选择要倒角的一条直线)

选择第二条直线,或按住 Shift 键选择要应用角点的直线:(选择对应的另一条直线)

在后续给出的类似提示下继续选择各倒角边,完成倒角操作。

(2)创建圆角

执行 FILLET 命令,AutoCAD 提示:

选择第一个对象或[放弃(U)/多段线(P)/半径(R)/修剪(T)/多个(M)]:R↙

指定圆角半径:10↙

选择第一个对象或[放弃(U)/多段线(P)/半径(R)/修剪(T)/多个(M)]:T↙

输入修剪模式选项[修剪(T)/不修剪(N)]<不修剪>:T↙

选择第一个对象或[放弃(U)/多段线(P)/半径(R)/修剪(T)/多个(M)]:M↙

选择第一个对象或[放弃(U)/多段线(P)/半径(R)/修剪(T)/多个(M)]:(选择要创建圆角的一条直线)

选择第二个对象,或按住 Shift 键选择要应用角点的对象:(选择对应的另一条直线)

在后续给出的类似提示下继续选择创建圆角的边,完成创建圆角的操作,最后得如图 3.26 (b)所示的结果。

例 3.3 绘制如图 3.27 所示的图形(因还没有介绍如何绘制中心线,故暂不绘制中心线)。到目前为止已介绍了 AutoCAD 2008 提供的大部分图形编辑命令,因此可以绘制出较为复杂的图形。本例将用到阵列、创建圆角等编辑命令。

绘制如图 3.27 所示图形的步骤如下:

(1)绘制圆

根据图 3.27 所示尺寸,执行 CIRCLE 命令绘制各圆,结果如图 3.28 所示。

(2)修剪

执行 TRIM 命令,AutoCAD 提示:

选择剪切边…

选择对象或<全部选择>:(选择直径为 180 的圆)

选择对象:(选择直径为 50 的圆)

选择对象:↙

选择要修剪的对象,或按住 Shift 键选择要延伸的对象,或[栏选(F)/窗交(C)/投影(P)/边(E)/删除(R)/放弃(U)]:(在图 3.28 中,在直径为 180 的圆内拾取直径为 50 的圆)

选择要修剪的对象,或按住 Shift 键选择要延伸的对象,或[栏选(F)/窗交(C)/投影(P)/边(E)/删除(R)/放弃(U)]:(在图 3.28 中,在直径为 50 的圆内拾取直径为 180 的圆)

选择要修剪的对象,或按住 Shift 键选择要延伸的对象,或[栏选(F)/窗交(C)/投影(P)/边(E)/删除(R)/放弃(U)]:↙

执行结果如图 3.29 所示。

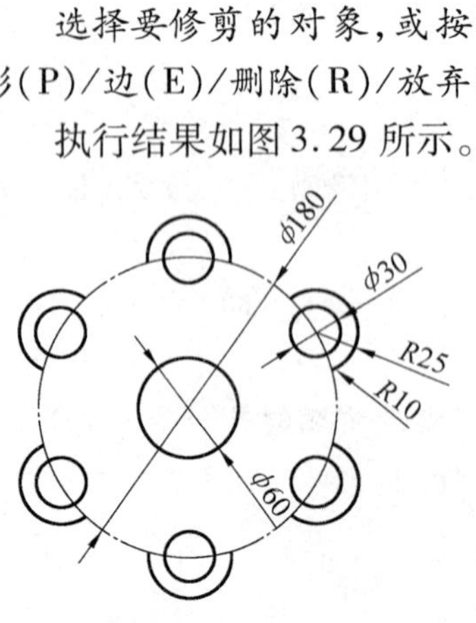

图 3.27 绘图练习

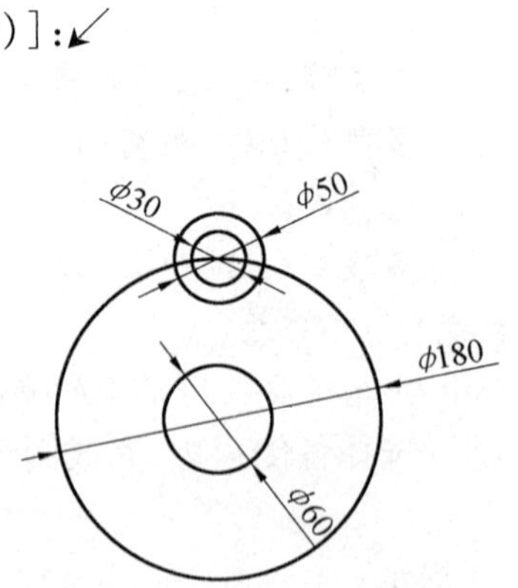

图 3.28 绘制圆

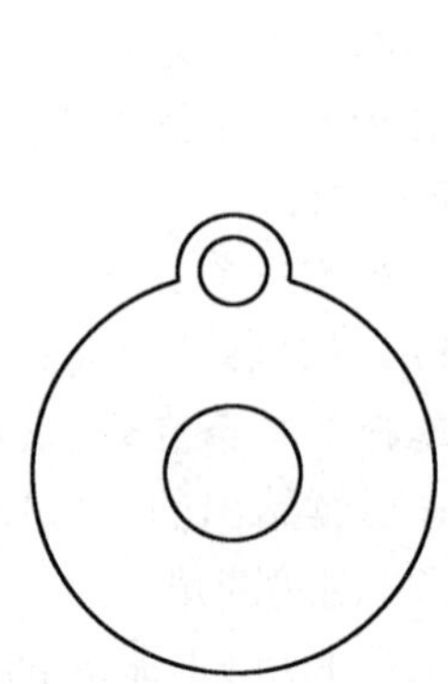

图 3.29 修剪结果

(3)创建圆角

执行 FILLET 命令,AutoCAD 提示:

选择第一个对象或[放弃(U)/多段线(P)/半径(R)/修剪(T)/多个(M)]:R↙

指定圆角半径:10↙

选择第一个对象或[放弃(U)/多段线(P)/半径(R)/修剪(T)/多个(M)]:M↙

选择第一个对象或[放弃(U)/多段线(P)/半径(R)/修剪(T)/多个(M)]:(在图3.29中,在直径为180的多半圆左端点附近拾取该圆)

选择第二个对象,或按住Shift键选择要应用角点的对象:(在图3.29中,在直径为50的半圆左端点附近拾取该圆)

选择第一个对象或[放弃(U)/多段线(P)/半径(R)/修剪(T)/多个(M)]:(在图3.29中,在直径为180的多半圆右端点附近拾取该圆)

选择第二个对象,或按住Shift键选择要应用角点的对象:(在图3.29中,在直径为50的半圆右端点附近拾取该圆)

选择第一个对象或[放弃(U)/多段线(P)/半径(R)/修剪(T)/多个(M)]:↙

执行结果如图3.30所示。

(4)阵列

执行ARRAY命令阵列,结果如图3.31所示(操作过程与例3.1类似,不再赘述)。

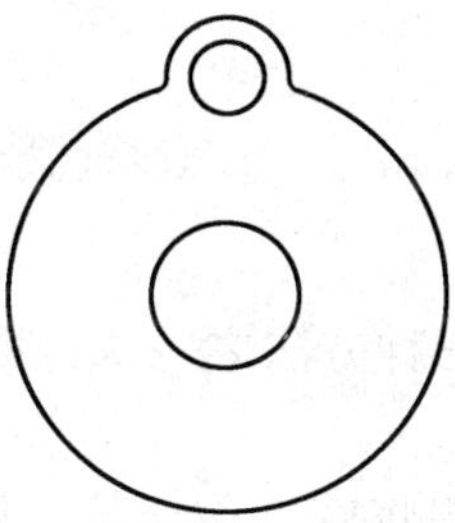

图3.30　创建圆角

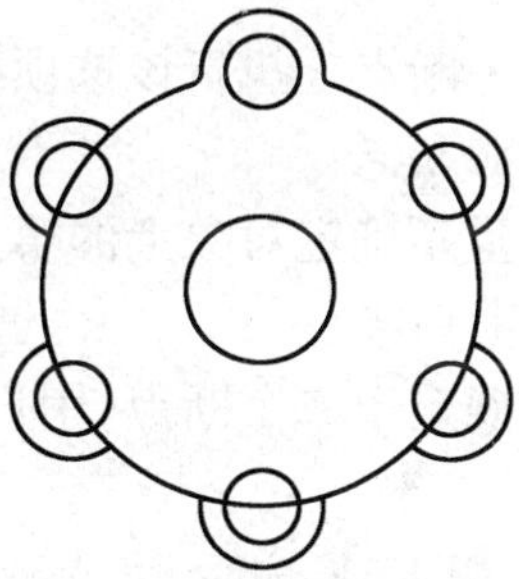

图3.31　阵列结果

(5)修剪

再执行TRIM命令对图3.31进行修剪,可得到如图3.27所示的结果。

【说明】

执行此修剪操作时,应以表示各小圆角的边作为剪切边。如果选择这些边时有困难,可以通过ALL选项选择全部对象作为剪切边,而后再进行修剪。但这样的操作可能会剩下一些独立的短圆弧段,不能再被修剪,此时执行删除命令将它们删除即可。

3.16　打断对象

打断对象是指从指定的点将对象分成两部分,或删除对象上指定两点之间的部分,如图3.32所示。

用于打断操作的命令是BREAK,可通过下拉菜单项"修改"→"打断"或"修改"工具栏上的□(打断)按钮和□(打断于点)按钮执行该命令。

执行BREAK命令,AutoCAD提示:

选择对象:(选择操作对象,此时只能用直接拾取方式选择一个对象)

指定第二个打断点或[第一点(F)]:

(a) 打断前　　　　(b) 打断后

图 3.32　打断示例

提示中各选项的含义如下：

(1)指定第二个打断点

确定第二断点，即以选择对象时的拾取点为第一断点，然后确定第二断点来打断对象，此用户可以有如下操作方式：

①如果直接在同一对象上的另一点单击鼠标左键，AutoCAD 将对象上位于指定两点之间的那部分对象删除掉。

②如果输入@后按 Enter 键，AutoCAD 在选择对象时的拾取点位置将对象一分为二。

③如果在对象的一端之外确定一点，AutoCAD 将位于所确定两点之间的那一段对象删除。

(2)第一点(F)

重新确定第一断点。执行该选项，AutoCAD 提示：

指定第一个打断点：

在该提示下重新确定对象上的第一断点后，AutoCAD 提示：

指定第二个打断点：

此提示要求确定第二个断点，用户按照前面介绍的三种方法之一执行即可。

【说明】

①对圆执行 BREAK 命令后，AutoCAD 沿逆时针方向将圆上位于第一断点与第二断点之间的那段圆弧删除掉。

②在“修改”工具栏上，(打断)按钮用于删除对象上指定两点之间的对象；(打断于点)按钮则用于在一点处打断对象。

3.17　编辑二维多段线

利用 AutoCAD 2008，可以编辑用 PLINE 命令绘制的二维多段线。用于编辑二维多段线的命令是 PEDIT，可通过下拉菜单项“修改”→“对象”→“多段线”或“修改Ⅱ”工具栏上的(编辑多段线)按钮执行该命令。

编辑二维多段线的操作步骤如下：

执行 PEDIT 命令，AutoCAD 提示：

选择多段线或[多条(M)]：

在此提示下选择要编辑的多段线，即执行“选择多段线”选项，AutoCAD 提示：

输入选项[闭合(C)/合并(J)/宽度(W)/编辑顶点(E)/拟合(F)/样条曲线(S)/非曲线化(D)/线型生成(L)/放弃(U)]：

【说明】

执行 PEDIT 命令后，如果选择的对象是由 LINE、ARC 等命令绘制的非多段线对象，AutoCAD会提示：

选定的对象不是多段线

是否将其转换为多段线？<Y>

用 Y 响应可以将对应的对象转换成多段线，然后继续提示：

输入选项[闭合(C)/合并(J)/宽度(W)/编辑顶点(E)/拟合(F)、样条曲线(S)/非曲线化(D)、线型生成(L)/放弃(U)]：

执行 PEDIT 命令并选择多段线对象后，AutoCAD 所给出提示中各选项的含义如下：

(1)闭合(C)

执行此选项，AutoCAD 会封闭所编辑的多段线，然后给出提示：

输入选项[打开(O)/合并(J)/宽度(W)/编辑顶点(E)/拟合(F)/样条曲线(S)/非曲线化(D)/线型生成(L)/放弃(U)]：

提示中把“闭合(C)”选项换成了“打开(O)”选项。若此时执行“打开(O)”选项，AutoCAD又会将多段线从封闭处打开，而提示中的“打开(O)”选项又换成了“闭合(C)”。

(2)合并(J)

将非封闭多段线与已有直线、圆弧或多段线合并成一条多段线对象。执行此选项，AutoCAD提示：

选择对象：

在此提示下选择各对象后，AutoCAD 会将它们连成一条多段线。

需要说明的是，对于合并到多段线的对象，除非执行 PEDIT 命令后通过执行“多条(M)”选项来合并，否则这些对象的端点必须彼此依次重合，如果没有重合，选择各对象后AutoCAD 提示：

0 条线段已添加到多段线

(3)宽度(W)

为整个多段线设置统一的新宽度。执行此选项，AutoCAD 提示：

指定所有线段的新宽度：

在此提示下输入新线宽值，所编辑多段线上的各线段均会变成此宽度。

(4)编辑顶点(E)

编辑多段线的顶点。执行该选项，AutoCAD 提示：

输入顶点编辑选项[下一个(N)/上一个(P)/打断(B)/插入(I)/移动(M)/重生成(R)/拉直(S)/切向(T)/宽度(W)/退出(X)]<N>：

同时 AutoCAD 用一个小叉标记出多段线的当前编辑顶点，即第一顶点。提示中各选项的含义如下：

①下一个(N)、上一个(P)。

“下一个(N)”选项会将用于标记当前编辑顶点的小叉标记移到多段线的下一个顶点；“上一个(P)”选项则把小叉标记移到多段线的前一个顶点。用这两个选项可以改变当前的编辑顶点。

②打断(B)。

删除多段线上指定两顶点之间的线段。执行此选项,AutoCAD 把当前编辑顶点作为第一断点,并提示:

输入选项[下一个(N)/上一个(P)/执行(G)/退出(X)]<N>:

其中,“下一个(N)”和“上一个(P)”选项分别使编辑顶点后移或前移,以确定第二断点;“执行(G)”选项执行对位于第一断点与第二断点之间的多段线的删除操作,而后返回到上一级提示;“退出(X)”选项退出“打断(B)”操作,返回到上一级提示。

③插入(I)。

在当前编辑的顶点之后插入一个新顶点。执行此选项,AutoCAD 提示:

指定新顶点的位置:

在此提示下确定新顶点的位置即可。

④移动(M)。

将当前编辑顶点移动到新位置。执行此选项,AutoCAD 提示:

指定标记顶点的新位置:

在该提示下确定顶点的新位置即可。

⑤重生成(R)。

该选项用于重新生成多段线。

⑥拉直(S)。

拉直多段线中位于指定两顶点之间的线段,即用连接这两点的直线代替原来的折线。执行此选项,AutoCAD 把当前编辑顶点作为第一拉直端点,并给出提示:

输入选项[下一个(N)/上一个(P)/执行(G)/退出(X)]<N>:

其中,“下一个(N)”和“上一个(P)”选项用于确定第二拉直点;“执行(G)”选项执行对位于所选择的两顶点之间的线段的拉直,即用一条直线代替它们,而后返回到上一级提示;“退出(X)”选项表示退出“拉直(S)”操作,返回到上一级提示。

⑦切向(T)。

改变当前所编辑顶点的切线方向,此功能主要用于确定对多段线进行曲线拟合时的拟合方向。执行此选项,AutoCAD 提示:

指定顶点切向:

用户可以直接输入表示切线方向的角度值,也可以通过指定点来确定方向。如果指定了一点,AutoCAD 以多段线的当前点与该点的连线方向作为切线方向。指定顶点的切线方向后,AutoCAD 会用一个箭头表示该切线方向。

⑧宽度(W)。

修改多段线中位于当前编辑顶点之后的直线段或圆弧段的起始宽度与终止宽度。执行此选项,AutoCAD 依次提示:

指定下一条线段的起点宽度:(输入起点宽度)

指定下一条线段的端点宽度:(输入终点宽度)

用户响应后,对应图形的宽度会发生相应的变化。

⑨退出(X)。

退出“编辑顶点(E)”操作,返回到执行 PEDIT 命令后提示。

(5)拟合(F)

创建圆弧拟合多段线(即由圆弧连接每对顶点的平滑曲线),其中拟合曲线要经过多段线的所有顶点,并采用指定的切线方向(如果有的话)。图 3.33 所示为拟合示例。

(a) 多段线　　(b) 圆弧曲线拟合

图 3.33　用圆弧曲线拟合多段线

(6)样条曲线(S)

创建样条曲线拟合多段线,拟合效果如图 3.34 所示。

(a) 多段线　　(b) 样条曲线拟合

图 3.34　用样条曲线拟合多段线

可以看出,由“样条曲线(S)”选项和“拟合(F)”选项得到的拟合曲线之间有很大的差别。

【说明】

系统变量 SPLFRAME 可以控制是否显示所生成样条曲线的控制线框。当系统变量 SPLFRAME 的值设为 0(默认值),只显示拟合曲线,不显示控制线框;如果将系统变量 SPLFRAME的值设为 1 且重新生成图形(通过下拉菜单项“视图”→“重生成”执行 REGEN 命令实现),则会同时显示出拟合曲线和多段线的控制线框,如图 3.35 所示。

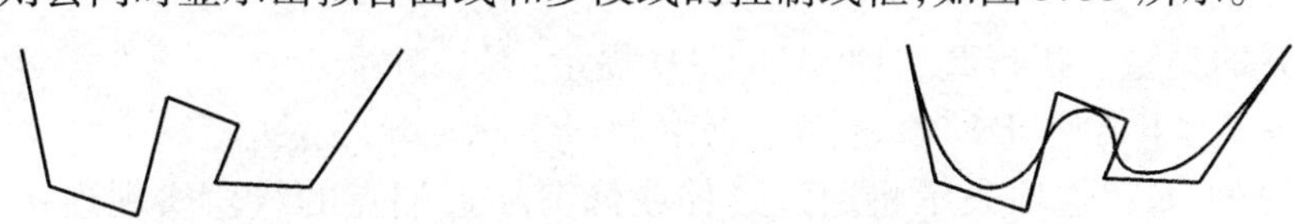

(a) 多段线　　(b) 拟合后显示控制线框

图 3.35　用样条曲线拟合多段线后显示控制线框

(7)非曲线化(D)

反拟合,一般可以将多段线恢复到执行“拟合(F)”或“样条曲线(S)”选项前的状态。

(8)线型生成(L)

规定非连续型多段线在各顶点处的绘线方式。执行此选项,AutoCAD 提示:

输入多段线线型生成选项[开(ON)/关(OFF)]<关>:

如果执行“开(ON)”选项,多段线在各顶点处自动按折线处理,即不考虑非连续线在转折处是否有断点;如果执行“关(OFF)”选项,AutoCAD 在每一段多段线的两个顶点之间按起点和终点的关系绘出多段线。具体效果如图 3.36 所示(请注意两条曲线在各顶点处的差别)。

(a) 线型生成 (L)=ON　　　　(b) 线型生成 (L)=OFF

图 3.36　“线型生成(L)”选项的控制效果

(9)放弃(U)

取消 PEDIT 命令的上一次操作。用户可重复使用此选项。

执行 PEDIT 命令后,AutoCAD 给出的提示为“选择多段线[多条(M)]:”。前面介绍了“选择多段线”选项的操作,“多条(M)”选项则允许用户同时编辑多条多段线。如果在“选择多段线[多条(M)]:”提示下执行“多条(M)”选项,AutoCAD 提示:

合并类型=延伸

选择对象:

在此提示下用户可以选择多个对象,选择后 AutoCAD 提示:

[闭合(C)/打开(O)/合并(J)/宽度(W)/拟合(F)/样条曲线(S)/非曲线化(D)/线型生成(L)/放弃(U)]:

提示中的各选项与前面介绍的同名选项的功能相同。利用这些选项,用户可以同时对多条多段线进行编辑操作。但提示中的“合并(J)”选项可以将用户选择的并没有首尾相连的多条多段线合并成一条多段线。执行“合并(J)”选项,AutoCAD 提示:

输入模糊距离或[合并类型(J)]<0.0000>:

提示中各选项的功能如下:

①输入模糊距离。

确定模糊距离,即确定要使相距多远的两条多段线的两端点连接在一起。

②合并类型(J)。

确定合并的类型。执行此选项,AutoCAD 提示:

输入合并类型[延伸(E)/添加(A)/两者都(B)]<延伸>:

其中,“延伸(E)”选项表示将通过延伸或修剪靠近端点的线段实现连接;“添加(A)”选项表示通过在相近的两个端点处添加直线段来实现连接;“两者都(B)”选项表示如果可能,通过延伸或修剪靠近端点的线段实现连接,否则在相近的两端点处添加直线段。

3.18　利用夹点功能编辑对象

夹点是一些实心的小方框。利用 AutoCAD 2008 的夹点功能,可以方便地进行拉伸、移动、旋转、缩放以及镜像等编辑操作。

利用夹点功能编辑对象的步骤如下:

首先,直接单击要编辑的对象,单击后在这些对象上出现若干小方框(小方框的颜色默认为蓝色),如图 3.37 所示,这些小方框称为对象的特征点(即夹点)。然后,选择其中的一个夹点作为编辑操作点,方法是:将光标移到希望成为基点的夹点上,单击鼠标左键,那么该夹点会以另一种颜色显示(默认为红色),表示已成为操作点。假如要把图 3.37 中已选择三条直线的交点指定为操作点，按上面步骤操作后，变成如图 3.38 所示的形式。

选择了操作点后，就可以利用 AutoCAD 的夹点功能对被选中的对象进行拉伸、移动、旋转、缩放以及镜像等编辑操作，下面分别进行介绍。

1. 拉伸对象

一旦选择了操作点，AutoCAD 会提示：

＊＊ 拉伸 ＊＊

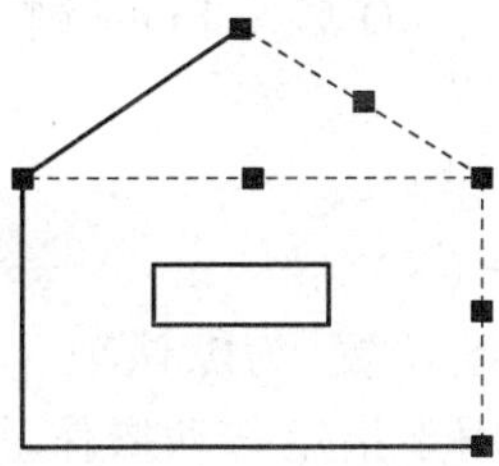

图 3.37　显示夹点

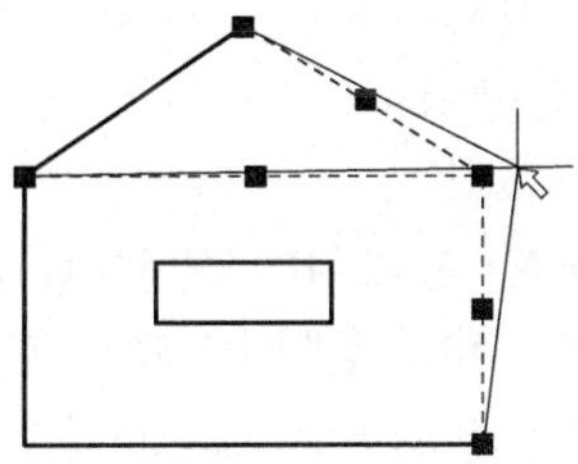

图 3.38　选定操作点

指定拉伸点或[基点(B)/复制(C)/放弃(U)/退出(X)]：

表示此时进入拉伸模式，各选项的含义如下：

【说明】

选取操作点后，可通过单击鼠标右键从弹出的快捷菜单选择要进行的某一操作。

(1)指定拉伸点

确定对象被拉伸后操作点的新位置，为默认项。用户可以通过输入点的坐标或直接拾取点的方式来确定操作点的新位置。指定操作点新位置后，AutoCAD 把选择的对象拉伸(或移动，取决于操作点)到新位置。对于某些对象(如文字、块等)或某些操作点(如圆的圆心、直线的中点等)，执行拉伸时只能使对应的对象移动位置。

(2)基点(B)

指定拉伸基点。执行该选项，AutoCAD 提示：

指定基点：

在此提示下指定拉伸基点后，AutoCAD 继续提示：

指定拉伸点或[基点(B)/复制(C)/放弃(U)/退出(X)]：

即可以继续指定拉伸点进行拉伸或执行其他操作。

【说明】

利用夹点功能拉伸对象时，如果没有通过"基点(B)"选项指定基点，执行拉伸操作时，AutoCAD 将操作点作为拉伸点，并按操作点原位置与其新位置之间的位移矢量拉伸图形。如果通过"基点(B)"选项指定了基点，那么在"指定拉伸点或[基点(B)/复制(C)/放弃(U)/退出(X)]："提示下指定拉伸点的新位置后，AutoCAD 会按基点与拉伸点新位置之间的位移矢量对操作点进行拉伸。

(3)复制(C)

允许用户进行多次拉伸操作。执行该选项，AutoCAD 提示：

＊＊拉伸(多重)＊＊

指定拉伸点或[基点(B)/复制(C)/放弃(V)/退出(X)]：

此时用户可确定一系列的拉伸点新位置而实现多次拉伸。

(4)放弃(U)

取消上一次操作。

(5)退出(X)

退出当前的操作。

2. 移动对象

对所操作对象选择了操作点后,在"＊＊ 拉伸 ＊＊ 指定拉伸点或[基点(B)/复制(C)/放弃(U)/退出(X)]:"提示下按 Enter 键或输入 MO 后按 Enter 键,AutoCAD 切换到移动模式,此时会提示:

＊＊移动 ＊＊

指定移动点或[基点(B)/复制(C)/放弃(U)/退出(X)]:

提示中,"指定移动点"用于确定移动后操作点的新位置,为默认项。用户可以通过输入点的坐标或拾取点的方式确定新位置;"基点"选项用于指定移动操作基点;"复制"选项可实现多次复制移动;"放弃"选项用于取消上一次操作;"退出"选项则用于退出当前的操作。

3. 旋转对象

对所操作对象选择了操作点后,在"＊＊ 拉伸 ＊＊指定拉伸点或[基点(B)/复制(C)/放弃(U)/退出(X)]:"提示下连续按两次 Enter 键,或直接输入 RO 后按 Enter 键,AutoCAD 进入旋转模式,此时会提示:

＊＊旋转 ＊＊

指定旋转角度或[基点(B)/复制(C)/放弃(U)/参照(R)/退出(X)]:

提示中,"指定旋转角度"选项用于指定旋转角度,使对应的对象绕操作点或基点旋转该角度;"基点"选项用于重新指定旋转基点;"复制"选项用于实现复制旋转;"放弃"选项用于取消上次操作;"参照(R)"选项用于以参照的方式指定旋转角(与执行 ROTATE 命令时的"参照(R)"选项的功能相同)来旋转对象;"退出(X)"选项则用于退出当前的操作。

4. 缩放对象

对所操作的对象选择了操作点后,在"＊＊ 拉伸 ＊＊指定拉伸点或[基点(B)/复制(C)/放弃(U)/退出(X)]:"提示下连续按三次 Enter 键,或直接输入 SC 后按 Enter 键,AutoCAD 进入缩放模式,此时会提示:

＊＊比例缩放 ＊＊

指定比例因子或[基点(B)/复制(C)/放弃(U)/参照(R)/退出(X)]:

提示中,"指定比例因子"选项用于指定缩放比例,使对应的对象绕操作点或基点按此比例缩放;"基点"选项用于重新指定缩放基点;"复制"选项用于实现复制缩放;"放弃"选项用于取消上一次操作;"参照(R)"选项用于以参照的方式进行缩放(与执行 SCALE 命令时的"参照(R)"选项的功能相同)来缩放对象;"退出"选项则用于退出当前的操作。

5. 镜像对象

对所操作的对象选择了操作点后,在"＊＊ 拉伸 ＊＊指定拉伸点或[基点(B)/复制(C)/放弃(U)/退出(X)]:"提示下连续按四次 Enter 键,或直接输入 MI 后按 Enter 键,AutoCAD进入镜像模式,此时会提示:

＊＊镜像 ＊＊

指定第二点或[基点(B)/复制(C)/放弃(U)/退出(X)]:

提示中,“指定第二点”选项用于确定镜像线上的第二个点,指定后 AutoCAD 将操作点(或基点)作为镜像线上的第一点,并对指定的对象进行镜像;“基点”选项用于重新指定镜像基点;“复制”选项用于实现镜像复制(即镜像后保留源对象);“放弃”选项用于取消上一次操作;“退出”选项则用于退出当前的操作。

利用夹点功能进行编辑操作时,选择的对象不同,在对象上显示出的夹点数量与位置也不同。表 3.1 给出了 AutoCAD 2008 对夹点的规定。

表 3.1　AutoCAD 2008 对夹点的规定(部分)

对 象 类 型	特征点的位置
线段	两个端点和中点
多线段	直线段的两端点、圆弧段的中点和两端点
射线	起始点和线上的一个点
构造线	控制点和线上邻近两点
圆弧	两个端点和中点
圆	4 个象限点和圆心
椭圆	4 个象限点和椭圆中心点
文字(用 DTEXT 命令标注)	文字行定位点和第二个对齐点(如果有的话)
段落文字(用 MTEXT 命令标注)	各顶点
属性	文字行定位点
尺寸	尺寸线端点和尺寸界线的起点、尺寸文字的中心点

此外,利用“选项”对话框(通过下拉菜单项“工具”→“选项”打开该对话框)中的“选择集”选项卡,用户还可以设置是否启用夹点功能以及其他相关设置。图 3.39 所示为“选择集”选项卡。

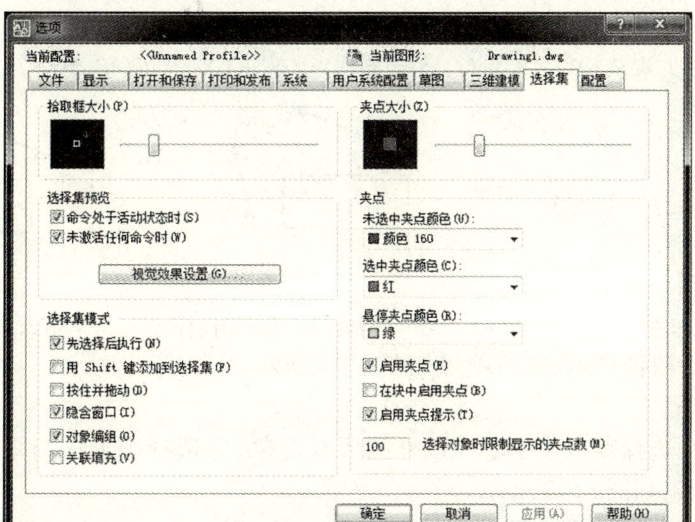

图 3.39　“选择集”选项卡

对话框中,"夹点大小"滑块用来设置夹点操作时的夹点方框大小。"夹点"选项组中主要项的含义如下:

(1)"未选中夹点颜色"下拉列表

设置夹点方框的颜色,从下拉列表中选择即可。

(2)"选中夹点颜色"下拉列表

设置作为操作点的夹点方框的颜色,从下拉列表中选择即可。

(3)"悬停夹点颜色"下拉列表

设置当显示出夹点后,在选择操作点之前,将光标放在夹点上时的夹点颜色,从下拉列表中选择即可。

(4)"启用夹点"复选框

设置 AutoCAD 的夹点功能是否有效。选中复选框有效,否则无效。

(5)"在块中启用夹点"复选框

设置块的夹点显示方式。启用该功能,用户选择的块中的各对象均显示其本身的夹点,否则只将插入点作为夹点显示。

(6)"启用夹点提示"复选框

确定当光标悬停在支持夹点提示的自定义对象的夹点上时,是否显示夹点的特定提示。

另外,在"选择集"选项卡中,"拾取框大小"滑块用于设置拾取框的大小,可通过移动滑块的方式调整其大小。"选择集模式"选项组用于确定与选择对象有关的设置(见 12.3 节的相关介绍)。

例 3.4 已知有如图 3.40 所示的图形,利用夹点功能改变图中位于最右侧的角点的位置(向右移动 40,向上移动 50),然后相对于垂直中心线镜像图形(镜像后保留源对象)。

步骤如下:

(1)改变端点位置

选择对应的两条直线,并选择位于右上角位置的端点为操作点,如图 3.41 所示。

此时 AutoCAD 提示:

＊＊拉伸＊＊

指定拉伸点或[基点(B)/复制(C)/放弃(U)/退出(X)]:@40,50↙

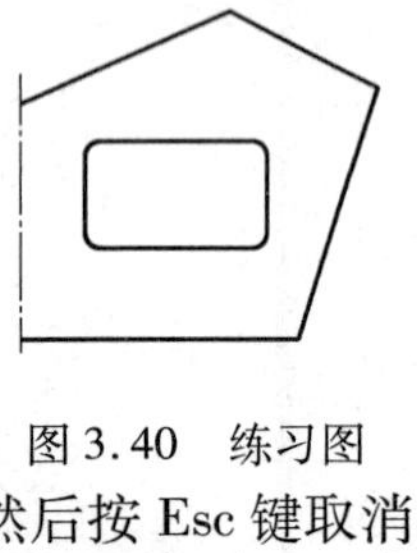

图 3.40 练习图

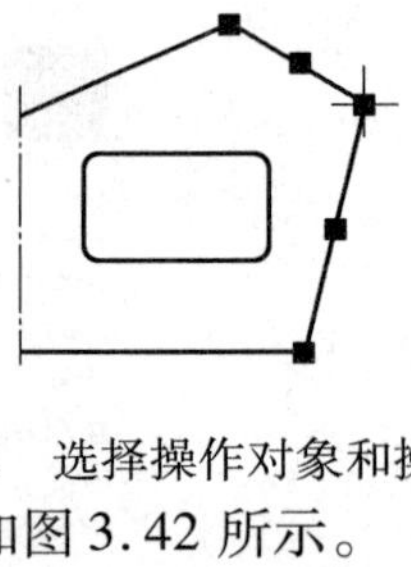

图 3.41 选择操作对象和操作点

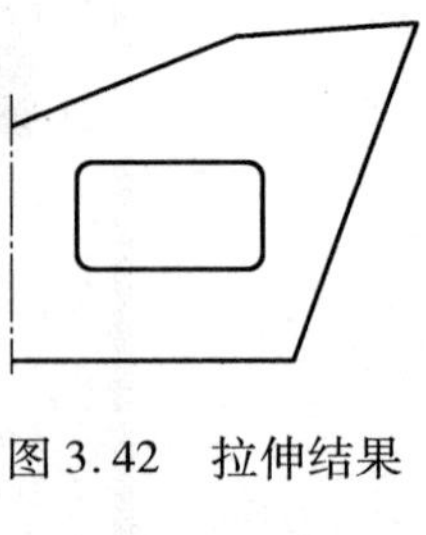

图 3.42 拉伸结果

然后按 Esc 键取消夹点,执行结果如图 3.42 所示。

(2)镜像

在图 3.42 中,选择除垂直中心线以外的所有对象,并选择图形中与垂直中心线相交的一个交点为操作点,如图 3.43 所示。

此时 AutoCAD 提示:

＊＊拉伸＊＊

指定拉伸点或[基点(B)/复制(C)/放弃(U)/退出(X)]:

单击鼠标右键,从快捷菜单中选择“镜像”,或连续按四次 Enter 键,AutoCAD 提示:

* * 镜像 * *

指定第二点或[基点(B)/复制(C)/放弃(U)/退出(X)]:C↙

* * 镜像(多重) * *

指定第二点或[基点(B)/复制(C)/放弃(U)/退出(X)]:(拾取图形中与垂直中心线相交的另一个交点)

* * 镜像(多重) * *

指定第二点或[基点(B)/复制(C)/放弃(U)/退出(X)]:↙

执行结果如图 3.44 所示。

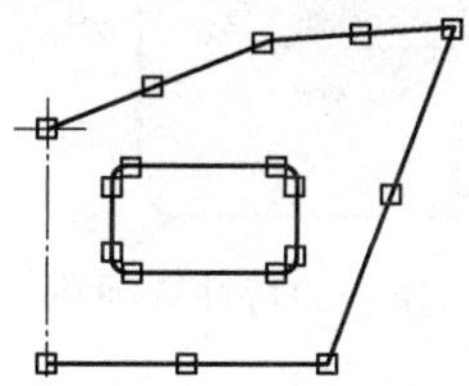

图 3.43　选择操作对象和操作点

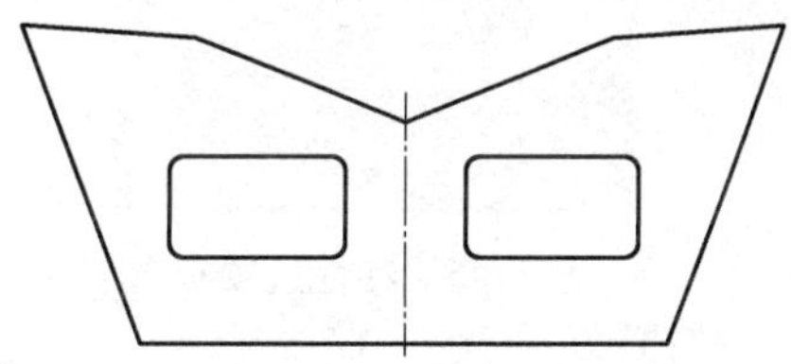

图 3.44　镜像结果

3.19　利用特性选项板修改图形对象

利用 AutoCAD 2008 提供的特性选项板,用户可以浏览、修改已有对象的特性。用于打开特性选项板的命令是 PROPERTIES。可通过下拉菜单项“工具”→“选项板”→“特性”、下拉菜单项“修改”→“特性”或“标准”工具栏上的（对象特性）按钮执行 PROPERTIES 命令。

执行 PROPERTIES 命令,AutoCAD 弹出特性选项板,如图 3.45 所示。

打开特性选项板后,如果没有在绘图窗口选中图形对象,选项板内显示出绘图环境的特性及其当前设置;如果选择单一对象,在特性选项板内会列出该对象的全部特性及其当前设置,如果选择同一类型的多个对象,选项板内列出这些对象的共有特性及其当前设置;如果选择的是不同类型的多个对象,选项板内则列出这些对象的基本特性以及它们的当前设置。

例如,如图 3.45 所示为没有选择图形对象时在特性选项板内显示的内容,如果选择某一直线,在特性选项板内则会显示出对应的信息,如图 3.46 所示。此时用户可以通过选项板来修改图形,如修改直线的端点坐标等。

在绘图过程中,双击某一图形对象,AutoCAD 一般会打开特性选项板,并在选项板中显示出该对象的特性。

打开特性选项板并选择图形对象后,可通过按 Esc 键的方式取消选择。

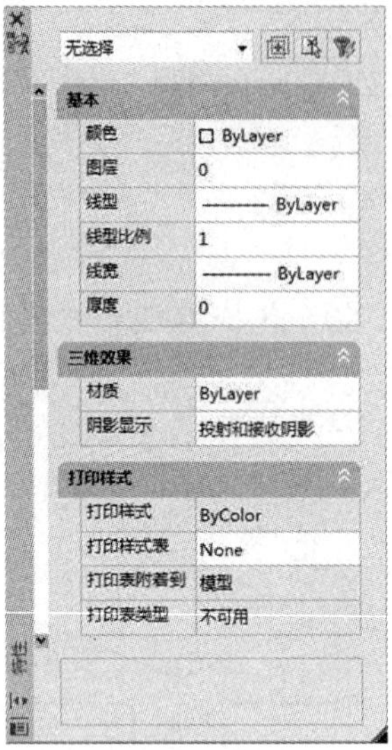

图 3.45　特性选项板

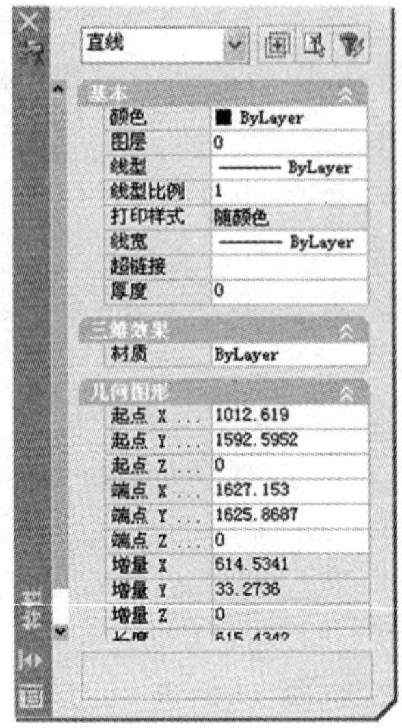

图 3.46　选择对象后的特性选项板

习 题 三

1. 熟悉 AutoCAD 提供的各种选择对象的方法，试打开 AutoCAD 提供的某些示例图形（位于 AutoCAD 2008 安装目录下的 Sample 文件夹中），执行复制命令，并在“选择对象:”提示下用本书 3.1 节介绍的各种选择方式选择对象，并进行复制操作（为不破坏原有文件，可将打开的文件以另一文件名保存到自己的目录中，对新保存的图形进行操作）。

2. 试打开 AutoCAD 提供的某些示例图形（位于 AutoCAD 2008 安装目录下的 Sample 文件夹中），对其中的部分图形对象执行删除、移动、镜像、旋转、阵列、修剪、延伸、缩放等操作（为不破坏原有文件，可将打开的文件以另一名称保存到自己的目录中，对新保存的图形进行各种编辑操作）。

3. 绘制如图 3.47 所示的各图形。

【说明】

（1）可暂不绘中心线，暂不考虑线宽（即用一种线宽绘图形即可）。

（2）未注尺寸由读者来确定。

（3）图 3.47（a）的绘制方法为：先绘出一个圆，然后对其环形阵列。

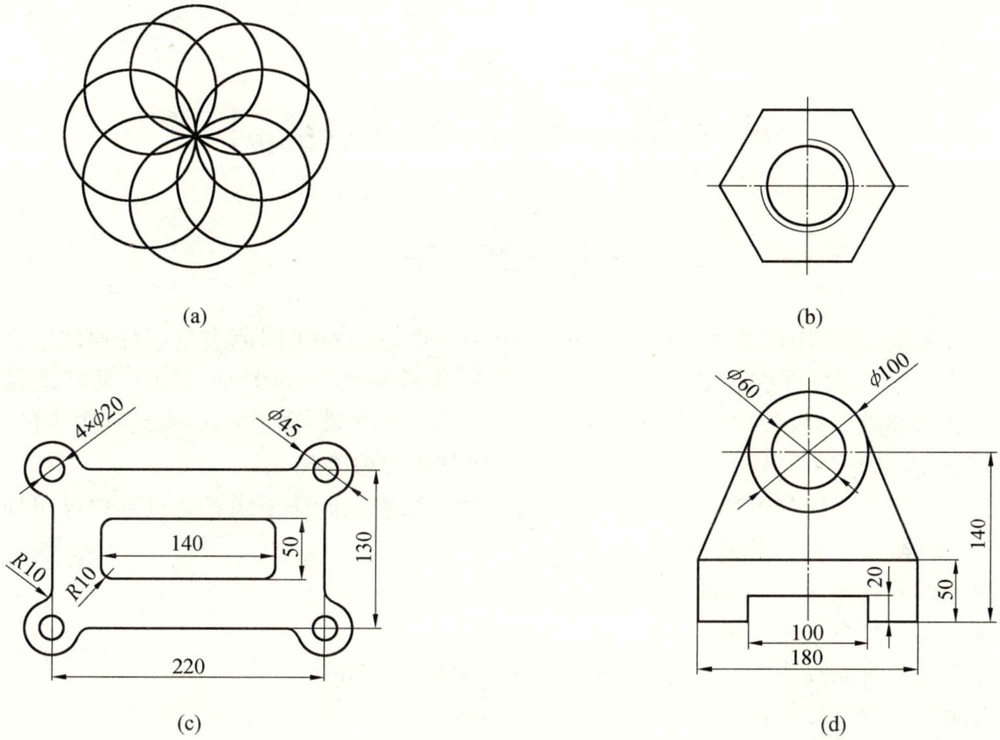

图 3.47　练习图

第 4 章　图形显示控制

4.1　绘图界限

一般来说,如果用户不进行相应的设置,AutoCAD 系统对作图范围没有任何的限制,即绘图区域为无穷大;而在手工绘图时,首先会选择合适型号的图纸。为了更好地绘图,AutoCAD 2008可以通过设置图形界限来设定作图的有效区域,而且此功能具有很大的灵活性,用户可以更改图形界限,也可以开启或者关闭其边界检查功能。

设置图形界限的命令是 LIMITS。可以通过命令行输入该命令或者通过下拉菜单项"格式"→"图形界限"执行此命令。

执行图形界限命令,AutoCAD 命令行提示:

重新设置模型空间界限:

指定左下角点或[开(ON)/关(OFF)]<0.0000,0.0000>:

各选项的含义如下:

1. 指定左下角点

设置图形界限的左下角位置,为默认项。用户响应后,AutoCAD 提示:

指定右上角点<420.0000,297.0000>:

此提示要求确定图形界限右上角的位置,用户响应即可。

它所指定的区域也是可见栅格指示的区域。

2. 开(ON)/关(OFF)

用于使 AutoCAD 打开(或关闭)图形界限检验功能。当图形界限检验功能开启时,用户只能在所设定的图形界限内绘图;当图形界限检验功能关闭时,用户所绘图形范围不再受图形界限的限制。

例 4.1　将图形界限设置成竖横版 A4 图幅(210×297),并开启图形界限检查功能。

步骤如下:

执行 LIMITS 命令,AutoCAD 提示:

指定左下角点或[开(ON)/关(OFF)]<0.0000,0.0000>:(用户输入相应的点后回车)

指定右上角点<420.0000,297.0000>:(输入@210,297 后回车)

重复执行 LIMITS 命令,AutoCAD 提示:

指定左下角点或[开(ON)/关(OFF)]<0.0000,0.0000>:(用户输入 ON 后回车)

4.2　绘图单位

设置绘图单位可以设置长度和角度的类型、精度以及方向等。

设置绘图单位的命令是 UNITS,用户可以通过命令行输入该命令,也可以通过下拉菜单项“格式” →“单位”执行此命令。

执行命令后,系统将弹出“图形单位”对话框,如图 4.1 所示,用户可以进行设置,设置结果将在“输出样例”中显示。

1. “长度”单位的设置

用户可通过“类型”下拉列表选择长度单位的类型。列表中有“分数”、“工程”、“建筑”、“科学”和“小数”五种类型。我国的工程图普遍采用“小数”格式,精度可以根据需要进行设置。

2. “角度”单位设置

角度类型有“百分度”、“度/分/秒”、“弧度”、“勘测单位”和“十进制度数”,用户可以根据需要进行类型和精度的设置。若选择“顺时针”复选框,表示角度的测量方向以顺时针为正,否则以逆时针为正。

单击“方向”按钮,会弹出“方向控制”对话框,如图 4.2 所示。用户可以进行 0°角的设置。

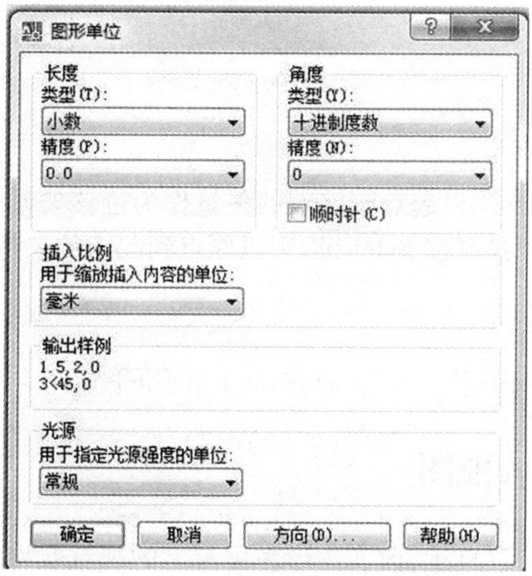

图 4.1　“图形单位”对话框

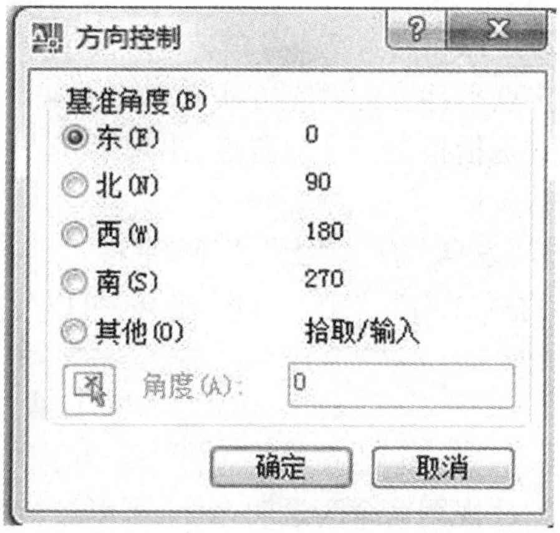

图 4.2　“方向控制”对话框

4.3　移动视图

移动视图命令为透明命令,它是指在不改变图形的情况下移动视图,以便让图形的特定部分在绘图窗口中进行显示,相当于改变观察窗口的位置。它与之前介绍的移动对象(move)有本质的区别。

移动视图的命令是 PAN。可以通过命令行输入该命令,也可通过选择下拉菜单“视图”→“平移”子菜单执行,如图 4.3 所示。

1. 实时平移

移动视图的默认选项为“实时平移”,此时屏幕的光标呈现手形标志,若按住鼠标左键进行拖动,图形会随之进行移动。如果不执行移动视图命令,仅仅按住鼠标中键进行拖动也可以实现视图的实时移动,且非常方便。

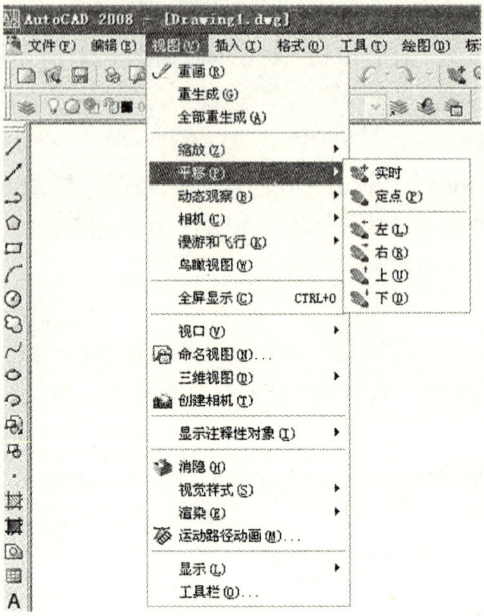

图 4.3 “平移”子菜单

2. 定点平移

定点平移分为两点方式和单点方式。两点方式以起点到终点的矢量作为位移矢量；单点方式是指指定一个放置点，出现第二点提示时直接按 Enter 键，则以原点到起点的矢量作为位移矢量。

3. “左”、“右”、“上”、“下”平移

“左”、“右”、“上”、“下”平移，可以分别实现图形的向左、向右、向上、向下平移。

4.4 缩放视图

缩放视图命令为透明命令，可以进行变焦缩放显示，改变图形在屏幕上的视觉效果，但并不改变图形实际尺寸的大小。

缩放视图的命令是 ZOOM。可以通过命令行输入该命令，也可以下拉菜单“视图”→“缩放”对应的子菜单，如图 4.4 所示，或者通过“标准”工具栏对应图标 实现。

执行缩放视图命令，AutoCAD 提示：

指定窗口的角点，输入比例因子(nX 或 nXP)，或者[全部(A)/中心(C)/动态(D)/范围(E)/上一个(P)/比例(S)/窗口(W)/对象(O)]<实时>：

1. 全部(A)

执行该选项，AutoCAD 会根据绘图界限和图形所占范围两者之中较大的范围在屏幕上尽可能大地显示。

2. 中心(C)

执行该选项，AutoCAD 提示：

指定中心点：(指定新的显示中心位置)

输入比例或高度：(输入缩放比例或高度值)

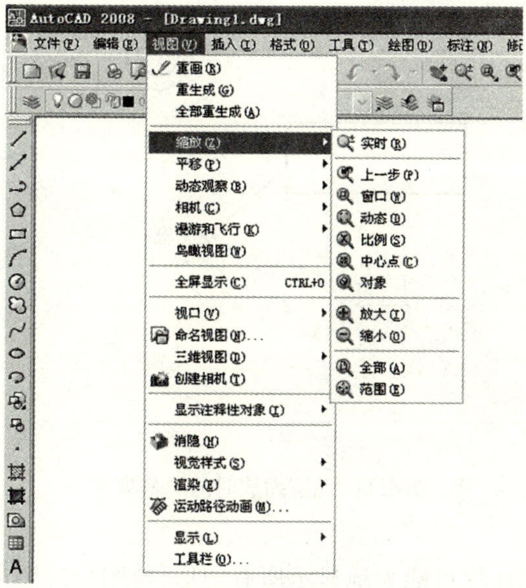

图 4.4　“缩放”子菜单

如果在“输入比例或高度:”提示下给出的是高度值(输入的数字后没有后缀 X),AutoCAD会缩放图形,使在绘图窗口中所显示图形的高度为输入值。输入的高度值较小时会放大图形,反之缩小图形。如果在“输入比例或高度:”提示下输入缩放比例(在输入的数字后跟 X),AutoCAD 按该比例缩放。

3. 动态(D)

执行该选项,可以实现动态缩放。动态缩放前画面如图 4.5 所示,动态缩放后画面如图 4.6 所示。动态缩放后有三个图框,蓝色框表示图形范围,反映图形界限与图形所占区域的较大的那个区域。绿色框表示当前显示范围,即上一次在屏幕上显示的图形区域相对于整个绘图区域的位置。带“×”号的为视图框,它是可以改变大小和位置的,在操作时,“×”与“→”是通过鼠标左键进行切换的,“×”在视图框的中心,移动鼠标可以改变窗口的位置,“→”可以改变窗口的大小。

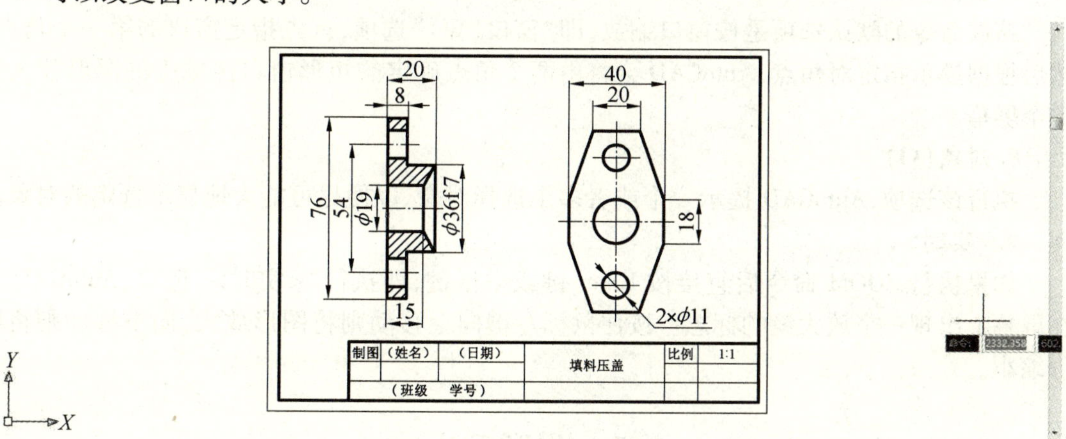

图 4.5　动态缩放前画面

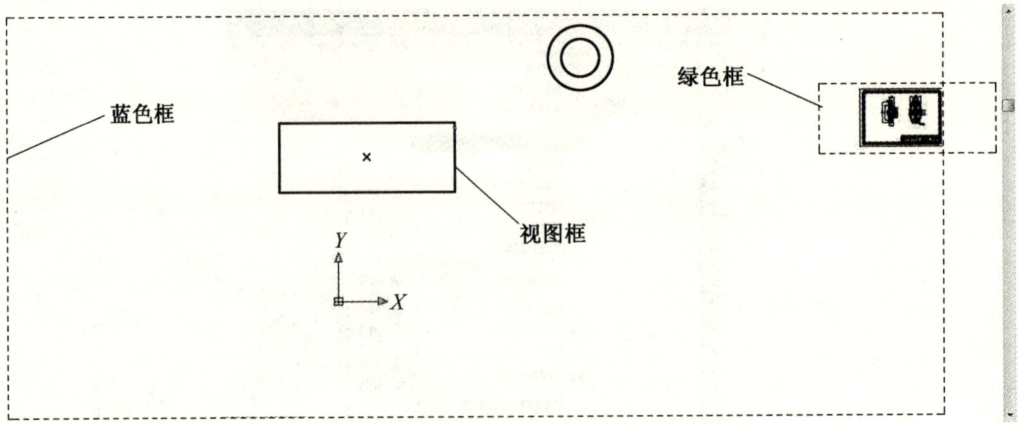

图 4.6　动态缩放时的屏幕模式

4. 范围(E)

执行该选项,AutoCAD 尽可能大地显示所有图形,与图形的图形界限无关。

5. 上一个(P)

恢复上一次显示的视图,可连续使用。

6. 比例(S)

执行 ZOOM 命令后,也可以根据提示输入比例因子 nX 或 nXP。

(1)n 方式

直接输入比例因子值,图形将按该比例值实现绝对缩放,即相对于图形的实际尺寸缩放。

(2)nX 方式

如果在比例因子后加 X,图形将相对于当前所显示图形的大小进行缩放。

(3)nXP 方式

如果在比例因子后加 XP,图形则相对于图纸空间单位进行缩放。

7. 窗口(W)

缩放命令的默认选项是按窗口缩放,即"窗口(W)"选项,首先指定窗口的第一个角点,然后根据提示指定对角点,AutoCAD 会将由两个角点确定的矩形窗口区域中的图形放大到整个屏幕。

8. 对象(O)

执行该选项,AutoCAD 提示一个或者多个选择对象,以便尽可能大地显示选定的对象。

9. <实时>

如果执行 ZOOM 命令后直接按 Enter 键或空格键,即执行"<实时>"选项,AutoCAD 会在屏幕上出现一个放大镜的标志。按住鼠标左键向上移动则将图形放大,向下移动则将图形缩小。

4.5　图形重生成

所谓图形重生成是指从图形数据库重新生成整个图形,用于图形重生成的命令是

REGEN或REGENALL，REGEN命令用于在当前视口中重生成整个图形，REGENALL用于重生成图形并刷新所有视口。

例如，利用FILL命令设置对二维实体、二维多段线等的填充是否显示。

执行FILL命令后，AutoCAD会提示：

输入模式[开(ON)/关(OFF)]<关>:

选项“开(ON)”表示填充打开方式，在此情况下执行REGEN命令或REGENALL命令，会显示二维实体、二维多段线等的填充；选项“关(OFF)”表示填充关闭方式，在此情况下执行图形重生成命令，不再显示二维实体、二维多段线等的填充。

习题四

1. 试将绘图界限设成横版A1图幅。尺寸:594(宽)×841(长)，并开启图形界限检查功能。

2. 按照自己的作图习惯设置绘图单位。

3. 打开已有的图形文件，练习移动视图、缩放视图以及图形重生成等各项操作。

第 5 章　精确绘图工具

绘制工程图样时，常常需要精确、快速地进行图形定位。例如，绘制一个与已知圆的同心圆，就需要快速、准确地定位已知圆的圆心，这时可以使用 Auto CAD 的对象捕捉功能。除了对象捕捉功能以外，AutoCAD 还提供其他强大的精确绘图功能，包括正交、栅格与捕捉、极轴、对象追踪等，通过对绘图功能的设置，可以实现精确、快速地进行图形定位。合理使用这些功能，将会显著提高设计效率。

5.1　正交功能

正交模式可以将光标限制在水平或垂直方向上移动，以便于精确地创建和修改对象。移动光标时，拖引线将沿着距离光标近的水平轴或垂直轴移动。打开正交模式操作，光标将严格地限制为 0°、90°，180°或 270°，例如在画线时，打开正交模式，生成的线是水平或垂直的，取决于鼠标所在位置距离哪根轴近。此命令是透明命令（可在任何时候使用的命令）。使用正交模式绘制直线的效果如图 5.1 所示，点 1 是直线的第一个点，点 2 是指定直线的第二点时光标所在的位置，实线为绘制出的直线。

图 5.1　正交功能绘制直线

1. 命令格式

命令行：ORTHO；

功能键：F8 或单击状态栏上的“正交”按钮。

2. 选项说明

执行 ORTHO 命令后，系统提示：

输入模式［开(ON)/关(OFF)］<关>：

开(ON)/关(OFF)：输入 on 或 off，或按 Enter 键

3. 注意事项

①任何时间可切换正交绘图，方法是可点击状态栏的“正交”，或按 F8 键。

②AutoCAD 在命令行输入坐标值或使用对象捕捉时将忽略正交模式。

③正交方式与光标捕捉方式相似，只限制鼠标对点的拾取，不能控制由键盘输入坐标确定的点。

④要临时打开或关闭“正交”，请按住临时替代键 Shift。使用临时替代键时，无法使用直接距离输入方法。

5.2　捕捉与栅格

5.2.1　捕捉

捕捉是设置光标以用户指定的 X、Y 间距作跳跃式移动。通过光标捕捉模式的设置,可以很好地控制绘图精度,加快绘图速度。例如绘制图 5.2 所示图形,当打开捕捉功能并将 X、Y 间距设置为 10 时,绘制的过程如下:

点击直线命令 ⁄ ,Auto CAD 提示:

_line 指定第一点:(目测位置点击鼠标左键确定起点“A”)

指定下一点或[放弃(U)]:(鼠标垂直向上移动,跳跃第 3 次时单击鼠标左键确定“B”点)

指定下一点或[放弃(U)]:(鼠标水平向右移动,跳跃第 2 次时单击鼠标左键确定“C”点)

指定下一点或[闭合(C)/放弃(U)]:(鼠标垂直向下移动,跳跃 1 次时单击鼠标左键确定“D”点)

指定下一点或[闭合(C)/放弃(U)]:(鼠标水平向右移动,跳跃 1 次时单击鼠标左键确定“E”点)

指定下一点或[闭合(C)/放弃(U)]:(鼠标向右、向下移动各跳跃 1 次后单击鼠标左键确定“F”点)

指定下一点或[闭合(C)/放弃(U)]:(鼠标垂直向下移动,跳跃 1 次时单击鼠标左键确定“G”点)

指定下一点或[闭合(C)/放弃(U)]:(输入“c”并按回车键)

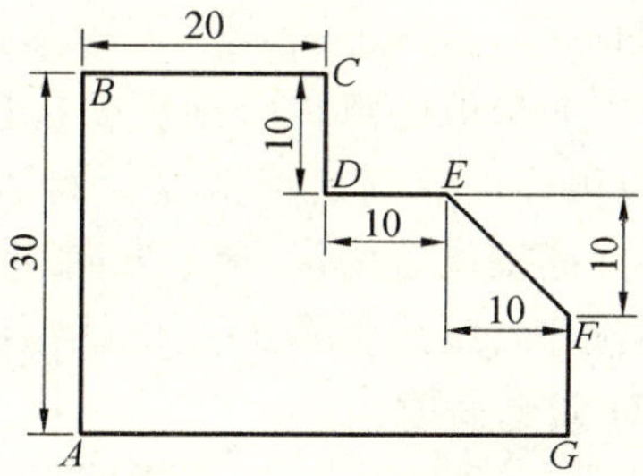

图 5.2　捕捉绘图示例

1. 命令格式

命令行:SNAP(SN);

菜　单:“工具”→“草图设置(F)”。

2. 选项说明

执行 SNAP 命令后,系统提示:

指定捕捉间距或[开(ON)/关(OFF)/纵横向间距(A)/样式(S)/类型(T)]<10.0000>:

①开(ON)/关(OFF):开是使用捕捉栅格的当前设置激活捕捉模式。关是关闭捕捉模式但保留当前设置。此功能还可通过单击窗口下方状态栏上的“捕捉”按钮,或按 F9 键实现。

②纵横向间距(A):在 X 和 Y 方向指定不同的间距。如果当前捕捉模式为"等轴测",则不能使用此选项。

③样式(S):指定"捕捉"栅格的样式为标准或等轴测。

④类型(T):设置与当前 UCS 的 XY 平面平行的矩形捕捉栅格。X 间距与 Y 间距可能不同。

捕捉的设置可通过"草图设置"对话框完成。如图 5.3 所示。

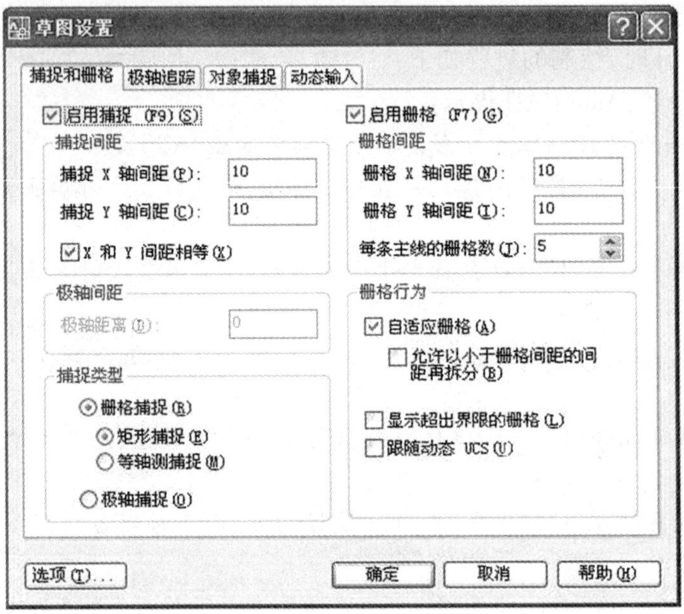

图 5.3　捕捉和栅格草图设置

3. 注意事项

①光标捕捉点是一个无形的点阵,点阵的行距和列距为指定的 X、Y 方向间距,光标的移动将锁定在点阵的各个点上,因而拾取的点也将锁定在这些点上。

②设置光标的捕捉模式可以很好地控制绘图精度。例如,一幅图形的尺寸精度是精确到十位数。这时,用户就可将光标捕捉设置为沿 X、Y 方向间距为 10,打开 SNAP 模式后,光标精确地移动 10 或 10 的整数倍距离,用户拾取的点也就精确地定位在光标捕捉点上。如果是建筑图纸,可设为 500、1 000 或更大值。

③光标捕捉模式只能控制由鼠标拾取的点,它不能控制由键盘输入坐标来指定的点。

④可在任何时候切换捕捉开关,可以单击状态栏中的"捕捉"按钮或按 F9 键。

⑤捕捉及栅格设置是保证绘图准确的有效工具。捕捉和栅格是独立的,虽然将捕捉尺寸和栅格尺寸匹配很有帮助。

5.2.2　栅格

栅格是按用户指定的 X、Y 方向间距在绘图界限内显示一个栅格点阵,如图 5.4 所示。栅格显示模式的设置可让用户在绘图时有一个直观的定位参照。当栅格点阵的间距与光标捕捉点阵的间距相同时,栅格点阵就形象地反映出光标捕捉点阵的形状,同时直观地反映出绘图界限。

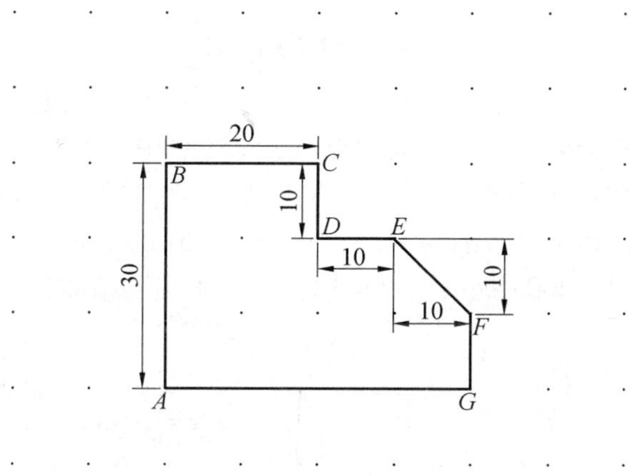

图 5.4　栅格模式下绘图

1. 命令格式

命令行:GRID;

菜　单:“工具”→“草图设置(F)”

2. 选项说明

执行 GRID 命令后,系统提示:

指定栅格间距(X)或[开(ON)/关(OFF)/捕捉(S)/主(M)/自适应(D)/界限(L)/跟随(F)/纵横向间距(A)] <10.0000>:

①开(ON)/关(OFF):开是指打开使用当前间距的栅格。关是关闭栅格。

②捕捉(S):将栅格间距设置为由 SNAP 命令指定的捕捉间距。

③主(M):指定主栅格线与次栅格线比较的频率。将以除二维线框之外的任意视觉样式显示栅格线而非栅格点。

④自适应(D):缩小时,限制栅格密度。放大时,生成更多间距更小的栅格线。如果打开,则放大时将生成其他间距更小的栅格线或栅格点。这些栅格线的频率由主栅格线的频率确定。

⑤界限(L):用以设置是否显示超出“图形界限”命令指定区域的栅格。

⑥跟随(F):用以设置是否跟随动态 UCS。

⑦纵横向间距(A):更改 X 和 Y 方向上的栅格间距。

栅格的设置可通过“草图设置”对话框完成,如图 5.3 所示。

3. 注意事项

①可在任何时间切换栅格的打开或关闭,方法是单击状态栏中的“栅格”或按 F7 键。

②当栅格间距设置得太密时,系统将提示“栅格太密,无法显示”。此时只要勾选上“自适应栅格”,栅格即可自动适应缩放,保证栅格都能正常显示。

③栅格就像是坐标纸,可以提高作图效率。

④栅格中的点仅作为定位参考点被显示,它不是图形实体,因此改变点的形状、大小设置对栅格点不会起作用,栅格点不能用编辑实体的命令进行编辑,也不会随图形输出。

5.3 对象捕捉

用户在作图时,经常会遇到从直线的中点(图5.5(a)中的点1)、线段的交点(图5.5(b)中的点2)等特殊点开始绘图,也会遇到以特殊点结束,例如绘制一条经过已知点且与已知圆相切的直线,就需要精确定位直线与圆的切点(图5.5(c)中的点3),单靠眼睛去捕捉这些点是不精确的,AutoCAD 2008 提供了目标捕捉方式来提高精确性。绘图时可通过捕捉功能快速、准确定位。

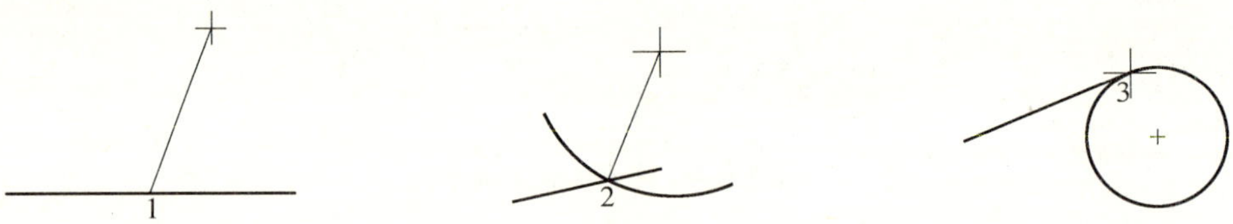

(a) 中点　　(b) 交点　　(c) 相切点

图5.5　作图时的特殊点

对象捕捉方式有单一对象捕捉(图5.6)和固定对象捕捉(图5.7)两种。单一对象捕捉方式是一种临时性的捕捉,选择一次捕捉模式只捕捉一个点。固定对象捕捉方式是固定在一种或数种捕捉模式下,打开它可自动执行所设置模式的捕捉,直至关闭。绘图时,将常用的对象捕捉模式设置成固定对象捕捉模式,不常用的对象捕捉模式使用单一对象捕捉。

图5.6　单一对象捕捉

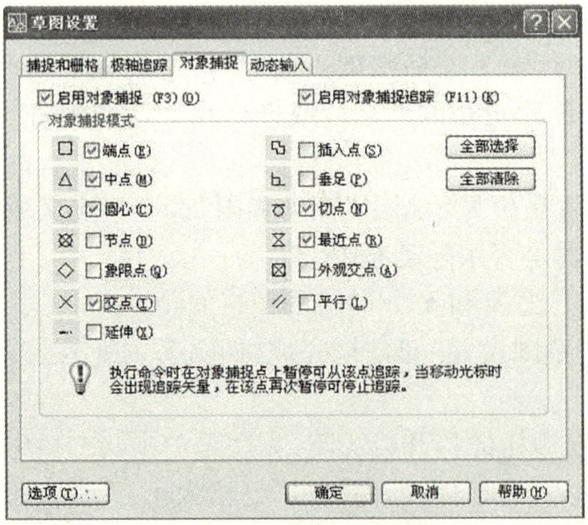

图5.7　固定式对象捕捉

5.3.1 单一对象捕捉

1. 单一对象捕捉方式的激活

在任何命令中,当 AutoCAD 2008 要求输入点时,可以激活单一对象捕捉方式。单一对象捕捉常用以下两种方式来激活：

①在绘图区任意位置，先按住 Shift 或 Ctrl 键，再单击鼠标右键弹出右键菜单，如图 5.8 所示，可从该右键菜单中单击相应捕捉模式。

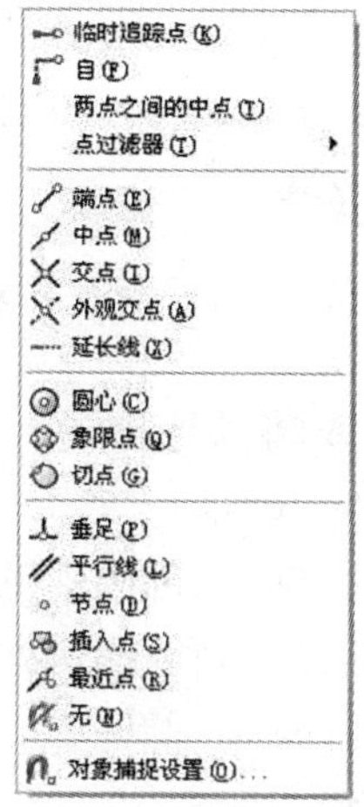

图 5.8　右键菜单捕捉模式

②从“对象捕捉”工具栏单击相应捕捉模式，如图 5.9 所示。

“对象捕捉”工具栏是激活单一对象捕捉最常用的方式。绘图时应将该工具栏弹出，弹出方法是在 AutoCAD 的工具栏上非空白处单击鼠标右键，在弹出的下拉菜单中点选一下**对象捕捉**，显示✔ **对象捕捉**后会弹出图 5.9(a)所示的对象捕捉工具栏，工具栏支持鼠标拖动，方法是将鼠标放在对象捕捉工具栏的标题行处，按住鼠标左键拖动到理想的位置即可。

若在 AutoCAD 的工具栏的空白处单击鼠标右键，弹出下拉菜单后，需将鼠标放置在 ACAD ▸ 上，在弹出的下拉菜单中点选一下**对象捕捉**，如图 5.9(b)所示的对话框，选择**对象捕捉**即可。

(a)　　　　　　(b)

图 5.9　“单一对象捕捉”工具栏的激活

2. 单一对象捕捉的种类和标记

利用 AutoCAD 的对象捕捉功能，可以在实体上捕捉到“对象捕捉”工具栏中所列出的点(即捕捉模式)。

“对象捕捉”工具栏中各项的含义和相应的标记如下：

⊷(临时追踪点)：启用后，指定一临时追踪点，其上将出现一个小的加号(+)。移动光标时，将相对于这个临时点显示自动追踪对齐路径，用户在路径上以相对于临时追踪点的相对坐标取点,见例 5.1。

(捕捉自):临时指定一点为基点,然后指定偏移来确定另一点,见例 5.2。

(捕捉到端点):捕捉到线段、圆弧、椭圆弧、多段线、样条曲线、射线等对象上的最近端点。

(捕捉到中点):捕捉到线段、圆弧、椭圆弧、多段线、样条曲线、射线等对象上的中点。

(捕捉到交点):捕捉到两个对象之间的交点。

(捕捉到外观点):捕捉到两个对象的外观交点,即将对象假想地延长后,它们之间的交点。

(捕捉到延长线):捕捉到直线或圆弧延长线上的点,即将已有直线或圆弧的端点假想地延伸一定距离来确定另一点。

(捕捉到圆心):捕捉到圆、圆弧、椭圆、椭圆弧的中心。

(捕捉到象限点):捕捉到圆、圆弧、椭圆、椭圆弧上的象限点。

(捕捉到切点):捕捉到圆、圆弧、椭圆、椭圆弧或样条曲线上的切点。

(捕捉到垂足):捕捉到垂直对象上的点。

(捕捉到平行线):捕捉到与指定直线平行的线上的点。

(捕捉到插入点):捕捉到块、文字或属性等对象上的插入点。

(捕捉到节点):捕捉到 POINT、DIVIDE、MEASURE 等命令创建的点对象以及尺寸定义点、尺寸文字定义点等。

(捕捉到最近点):捕捉到离拾取点最近的线段、圆、圆弧等对象上的点。

(无捕捉):关闭对象捕捉模式。

(对象捕捉设置):设置自动捕捉模式。

【说明】

①命令中 AutoCAD 要求输入点时,才可激活单一对象捕捉方式。

②在“对象捕捉”右键菜单中的捕捉模式比“对象捕捉”工具栏上多两项,其中一项是“两点之间的中点”捕捉模式,该模式可捕捉任意两点间的中间点;另一项是“点过滤器”,其功能是确定与指定点某一坐标分量相同的点(又称点过滤器)。

3. 单一对象捕捉方式的应用

例 5.1 “临时追踪点”的应用,如图 5.10 所示。已知圆 O 的直径为 20,线段 AB 与圆 O 相切,切点为 B,现需要画一条经过圆心 O 和切点 B 长度为 15 的直线。

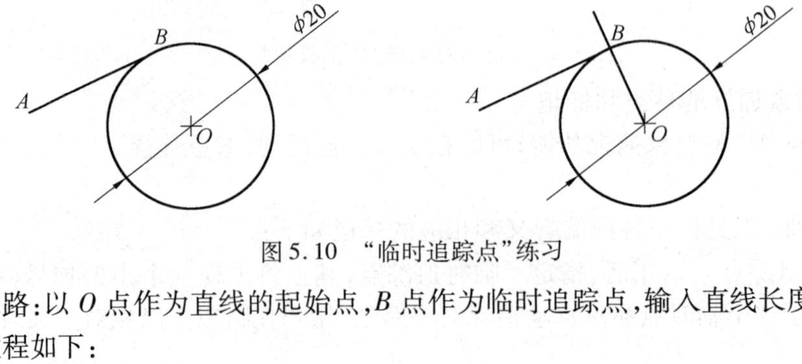

图 5.10 “临时追踪点”练习

绘图思路:以 O 点作为直线的起始点,B 点作为临时追踪点,输入直线长度 15。

绘图过程如下:

单击直线命令,AutoCAD 提示:

_line 指定第一点:(用鼠标左键单击 O 点)

指定下一点或[放弃(U)]:(鼠标左键单击"临时追踪点"图标)

指定下一点或[放弃(U)]: _tt 指定临时对象追踪点:(用鼠标左键单击 B 点。注意:点选 B 点后不要移动鼠标)

指定下一点或[放弃(U)]: 15

指定下一点或[放弃(U)]:(回车或鼠标右键"确定")

例 5.2　"捕捉自"的应用,绘制如图 5.11 所示图形。

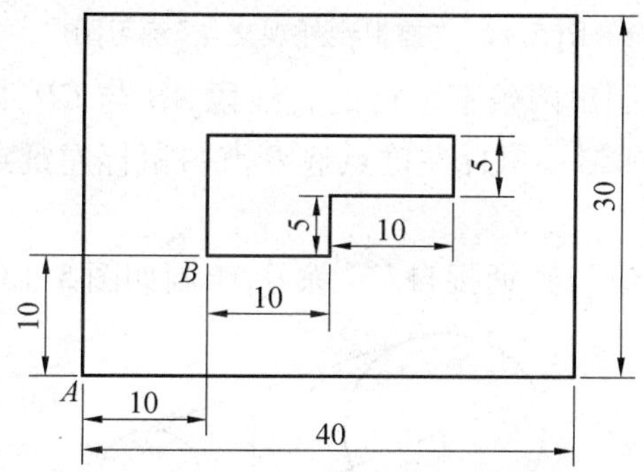

图 5.11　"捕捉自"练习图

绘图思路:用矩形命令绘制 40×30 的矩形,用直线命令绘制内部形状,内部形状以 *B* 点为起点,*B* 点距 *A* 点的尺寸数据已经存在,可使用"捕捉自",以 *A* 点为基点,输入 *B* 相对于 *A* 点的数据即可。

绘图过程如下:

单击矩形命令,AutoCAD 提示:

指定第一个角点或[倒角(C)/标高(E)/圆角(F)/厚度(T)/宽度(W)]:(目测位置用鼠标直接确定"A"点)

指定另一个角点或[面积(A)/尺寸(D)/旋转(R)]: 40,30

单击直线命令,AutoCAD 提示:

_line 指定第一点:(鼠标左键单击"捕捉自"图标)

_line 指定第一点: _from 基点:(鼠标左键单击 A 点)

_line 指定第一点: _from 基点: <偏移>: @10,10(注意:在此输入相对距离时前面要加@,得到 B 点)

打开"正交"模式(下面提到的鼠标位置都是相对于上一点的)

指定下一点或[放弃(U)]: 10 (用直接给距离的方式,鼠标水平向右)

指定下一点或[放弃(U)]: 5(用直接给距离的方式,鼠标竖直向上)

指定下一点或[闭合(C)/放弃(U)]: 10 (用直接给距离的方式,鼠标水平向右)

指定下一点或[闭合(C)/放弃(U)]: 5　(用直接给距离的方式,鼠标竖直向上)

指定下一点或[闭合(C)/放弃(U)]: 20 (用直接给距离的方式,鼠标水平向左)

指定下一点或[闭合(C)/放弃(U)]:c

例 5.3 “捕捉到外观点”的练习，如图 5.12 所示，图中三条线段 *AB*、*CD*、*EF*，其中线段 *EF* 的起点 *E* 为 *AB* 与 *CD* 的交点。

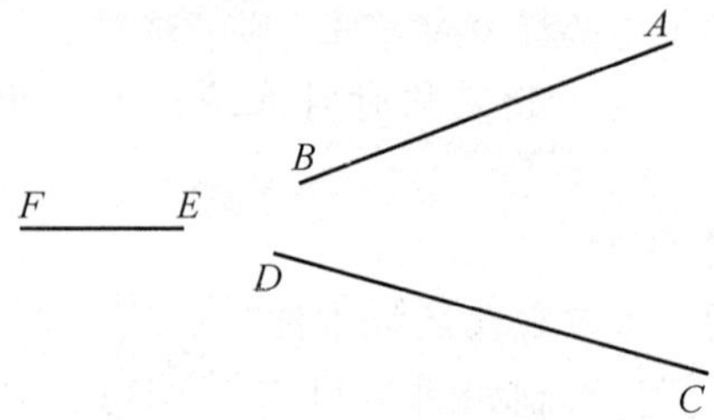

图 5.12 “捕捉到外观交点”练习图

绘图思路：目测位置绘制出两条不平行的直线段 *AB* 与 *CD*，鼠标左键单击直线命令→单击“捕捉到外观交点”图标→鼠标左键点选 *B* 点→鼠标左键点选 *D* 点，可得到 *E* 点，输入 *EF* 的长度即可。

例 5.4 “捕捉到切点”与“捕捉自”练习，绘制如图 5.13 所示图形。

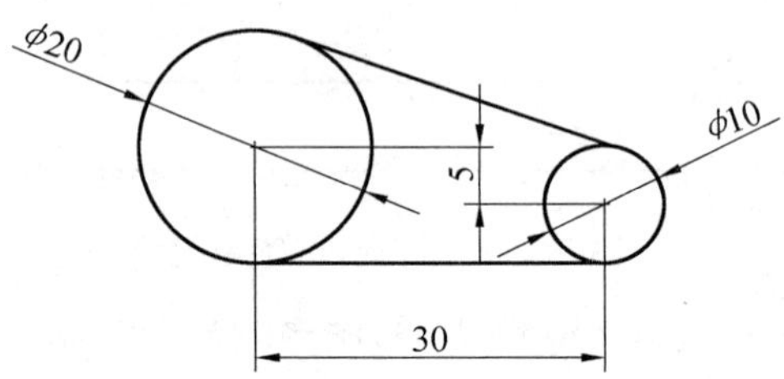

图 5.13 “捕捉到切点”与“捕捉自”练习图

绘图思路：目测位置绘制 $\phi20$ 的圆，以 $\phi20$ 圆的圆心为基点使用“捕捉自”命令可到 $\phi10$ 的圆心，输入半径 5 即可得 $\phi10$ 的圆，点击直线命令→点击“捕捉到切点”图标→将鼠标移动到 $\phi20$ 切点附近（大概位置即可）的圆上单击鼠标左键→点击“捕捉到切点”图标→将鼠标移动到 $\phi10$ 切点附近的圆上单击鼠标左键，这样一条切线绘制完成，使用同样的方法绘制另外一条切线。

绘图过程如下：

在绘图工具栏上点击，AutoCAD 提示：

circle 指定圆的圆心或［三点(3P)/两点(2P)/相切、相切、半径(T)］：（目测位置点击鼠标左键作为 $\phi20$ 圆的圆心）

指定圆的半径或［直径(D)］：10

在绘图工具栏上点击，AutoCAD 提示：

circle 指定圆的圆心或［三点(3P)/两点(2P)/相切、相切、半径(T)］：（鼠标左键单击“捕捉自”图标）

_circle 指定圆的圆心或［三点(3P)/两点(2P)/相切、相切、半径(T)］：_from 基点：（鼠标左键点选 $\phi20$ 圆的圆心）

_circle 指定圆的圆心或［三点(3P)/两点(2P)/相切、相切、半径(T)］：_from 基点：<偏移>：@30,-5

指定圆的半径或［直径(D)］：5

单击直线命令,AutoCAD 提示:

_line 指定第一点:(鼠标左键单击“捕捉到切点”图标)

_line 指定第一点: _tan 到 (将鼠标移动到 ϕ20 切点附近的圆上单击鼠标左键)

指定下一点或 [放弃(U)]: (鼠标左键单击“捕捉到切点”图标)

指定下一点或 [放弃(U)]: _tan 到(将鼠标移动到 ϕ10 切点附近的圆上单击鼠标左键,回车或单击鼠标右键确定,得到一条公切线,用同样的操作可得到另外一条公切线)。

注意:鼠标点选的位置确定公切线是内公切线还是外公切线。

5.3.2　固定对象捕捉

固定对象捕捉是精确绘图时不可缺少的定点方式,它常与单一对象捕捉配合使用。

固定对象捕捉模式可通过单击状态栏上的 **对象捕捉** 按钮来打开或关闭,也可以用【F3】功能键打开或关闭。

1. 固定对象捕捉方式的设置

固定对象捕捉方式的设置是通过显示“对象捕捉”选项卡的“草图设置”对话框来完成的。可用下列方法之一输入命令弹出对话框:

①从“对象捕捉”工具栏中单击“对象捕捉设置”按钮。

②用右键单击状态栏上 **对象捕捉** 按钮,从弹出的右键菜单中选择“设置”。

③从下拉菜单中选取:“工具”⇒“草图设置...”。

④从键盘键入:OSNAP。

输入命令后,AutoCAD 将弹出显示“对象捕捉”选项卡的“草图设置”对话框,如图 5.7 所示。

该对话框中各项内容及操作如下:

(1)“启用对象捕捉(F3)”复选框

用来控制对象捕捉功能的打开与关闭。

(2)“对象捕捉模式”区

该选项区内有 13 种捕捉方式。可以任意从中选取一种或多种作为绘图时所要捕捉的对象。如图 5.7 所示选中了“端点”、“中点”、“圆心”、“交点”、“切点”、“最近点”6 种捕捉模式,然后选择“确定”按钮即可完成设置。

如果需要清除或者更改,则可以单击“全部清除”按键,或者手动进行删除、增加。

(3)“启用对象追踪”

用于控制“对象追踪”的打开与关闭。

(4)“选项(T)…”按钮

单击“选项(T)…”按钮将弹出显示“草图”选项卡的“选项”对话框,该对话框左侧为“自动捕捉设置”区,如图 5.14 所示。

可根据需要进行设置,其各项含义如下:

①标记:该开关用来控制固定对象捕捉标记的打开或关闭。

②磁吸:该开关用来控制固定对象捕捉磁吸的打开或关闭。打开捕捉磁吸将把靶框锁定。

③显示自动捕捉工具栏提示:该开关用来控制固定对象捕捉提示的打开或关闭。捕捉

提示是系统自动捕捉到一个捕捉点后，显示出该捕捉的文字说明。

④显示自动捕捉靶框：该开关用来打开或关闭靶框。

⑤自动捕捉标记颜色：显示固定对象捕捉标记的当前颜色。如要改变标记的颜色，只需从“自动捕捉标记颜色”下拉列表中选择一种颜色。

⑥自动捕捉标记大小：拖动滑块可改变对象捕捉标记的大小。滑块左边的标记图例将实时显示出标记的颜色和大小。

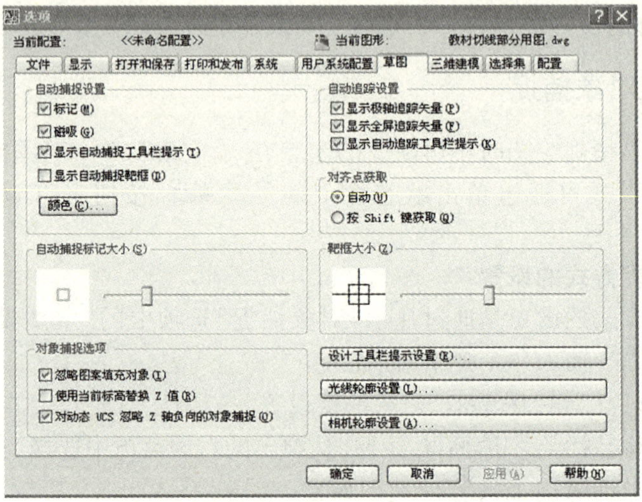

图 5.14　显示“草图”选项卡的“选项”对话框

2. 注意事项

①任何时候都可使用对象捕捉。

②程序在执行对象捕捉时，只能识别可见对象或对象的可见部分，所以不能捕捉关掉图层的对象或虚线的空白部分。

③选择多个选项后，将应用选定的捕捉模式，以返回距离靶框中心最近的点。按 Tab 键可以在这些选项之间循环。

5.4　极轴追踪

使用“极轴捕捉”，光标将沿极轴角度按指定增量进行移动。创建或修改对象时，可以使用“极轴追踪”以显示由指定的极轴角度所定义的临时对齐路径。例如将极轴角增量设置为 45°，当光标跨过 0°或 45°角时，将显示对齐路径和工具栏提示。当光标从该角度移开时，对齐路径和工具栏提示消失。可以设置的极轴角度增量有 90°、60°、45°、30°、22.5°、18°、15°、10°和 5°，也可以指定其他角度。

1. 命令格式

命令行：DSETTINGS；

菜　单：“工具”→“草图设置(F)”；

功能键：F10 或单击状态栏上的按钮。

2. 选项说明

执行 DSETTINGS 命令，或者在“极轴”按钮上“右击”→“设置”后，系统自动弹出极轴设置复选框,如图 5.15 所示。

(1)启用极轴追踪复选框。

此复选框用于选择极轴的开或者关,当其选中时为开。

(2)极轴角设置选项组

极轴角设置包括增量角和附加角设置。增量角即为角度增量,用户可以通过下拉列表在 5°、10°、15°、18°、22.5°、30°、45°、90°之间进行选择。例如选择了 15°,在极轴追踪开启的情况下,移动光标,AutoCAD 会在沿 0°、15°、30°、45°、60°、75°、90°等以 15°为增量的方向显示极轴追踪量。

选项中还有附加角复选框,用户可以根据作图要求,通过“新建”或“删除”按钮自行设置。如果开启附加角,则极轴追踪量在原有角度的基础上增加一个附加极轴角。例如将极轴角设置为 15°,并将附加角设置为 7,则在极轴追踪开启的情况下,移动光标,AutoCAD会在沿 0°、7°、15°、30°、45°、60°、75°、90°等方向显示极轴追踪量。

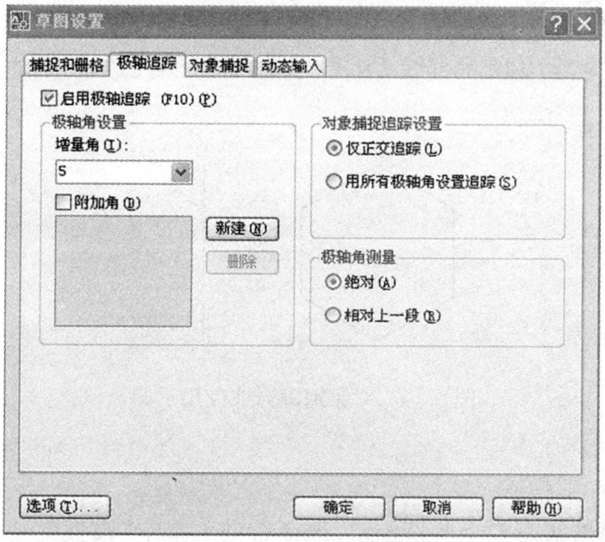

图 5.15　草图设置中的“极轴追踪”设置

(3)对象捕捉追踪设置选项组

此选项主要用于对象捕捉追踪的模式设置,包括仅“正交追踪”和“用所有极轴角追踪”。

正交追踪:是指当对象捕捉追踪打开时,仅显示已获得的对象捕捉点的正交(水平/垂直)对象捕捉追踪路径。

用所有极轴角追踪:是指将极轴追踪设置应用于对象捕捉追踪。使用对象捕捉追踪时,光标将从获取的对象捕捉点起沿极轴对齐角度进行追踪。

(4)极轴角测量选项组

该选项用于确定极轴追踪时的测量参考系。“绝对”代表相对于当前 UCS(用户坐标系)测量。“相对上一段”则表示角度相对于前一段所绘图形为依据进行测量。

3. 注意事项

“正交”模式和极轴追踪不能同时打开。打开极轴追踪将关闭“正交”模式。同样,极轴捕捉和栅格捕捉不能同时打开。打开极轴捕捉将关闭栅格捕捉。

5.5　对象捕捉追踪

应用对象捕捉追踪方式,可方便地捕捉到通过指定点延长线上的任意点。应用对象追踪方式应先进行所需的设置。

1. 对象追踪方式的设置

图 5.15 所示的“草图设置”对话框中的“对象捕捉追踪设置”区有两个单选钮,用于设置对象追踪的模式。选择“仅正交追踪(L)"选项,将使对象捕捉追踪通过指定点时仅显示水平和竖直追踪方向。选择“用所有极轴角设置追踪(S)”选项,将使对象追踪通过指定点时可显示极轴追踪所设的所有追踪方向。

2. 对象追踪方式的应用

对象追踪方式的应用必须与极轴追踪和固定对象捕捉配合。对象追踪可通过单击状态行上对象追踪按钮来打开或关闭。

例 5.5　绘制如图 5.16 所示直线 *CD*,要求直线 *CD* 与已知正六边形的两定点 *AB* 高平齐。

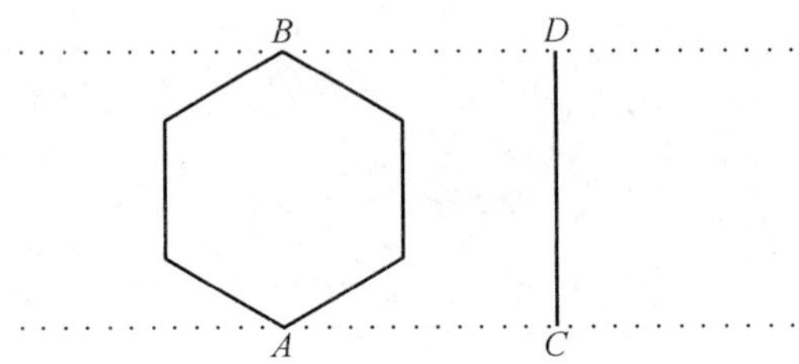

图 5.16　对象追踪方式应用示例

步骤:

(1)设置对象追踪的模式

命令:(用右键单击状态栏上的极轴钮,选择右键菜单中“设置”)。

输入命令后,AutoCAD 弹出显示“极轴追踪”选项卡的“草图设置”对话框(图 5.15)。在“对象捕捉追踪设置”区选择“仅正交追踪(L)”选项,单击“确定”按钮退出对话框。

(2)设置固定对象捕捉模式

命令:(用右键单击状态栏上对象追踪按钮,选择右键菜单中“设置”)。

AutoCAD 弹出显示“对象捕捉”选项卡的“草图设置”对话框,选端点、交点、延伸点、象限点等捕捉模式,单击确定按钮退出对话框。

单击状态行上极轴、对象捕捉、对象追踪按钮使其凹下,即打开极轴、固定对象捕捉和对象追踪。

(3)绘制正六边形

使用“正多边形”命令,绘制图 5.16 所示的六边形。

(4)绘制直线 *CD*

点击直线命令,光标放在 *A* 点后水平向右移动,会出现图 5.16 所示的蚂蚁线,在适当位置单击鼠标左键确定点 *C*,同理在 *C* 点正上方确定点 *D*,单击鼠标右键“确认”。完成直线。

第 6 章　图　　层

在 AutoCAD 中引入了图层的概念。用户可以将图层想象成一叠没有厚度的透明纸，将具有不同特性的对象分别置于不同的图层，然后将这些图层按同一基准点对齐，就可得到一幅完整的图形。

通过图层作图，可将复杂的图形分解为几个简单的部分，分别对每一层上的对象进行绘制、修改、编辑，再将它们合在一起，这样复杂的图形绘制起来就变得简单、清晰、容易管理。实际上，使用 AutoCAD 绘图，图形总是绘在某一图层上。这个图层可能是由系统生成的缺省图层(0 图层)，也可能是由用户自己创建的图层。

在 AutoCAD 中，系统对图层数虽没有限制，对每一图层上的对象数量也没有任何限制，但每一图层都应有一个唯一的名字。当开始绘制一幅新图时，AutoCAD 自动生成层名为“0”的缺省图层，并将这个缺省图层置为当前图层。除图层名称外，图层还具有可见性、颜色、线型、冻结状态、打开状态等特性。“0”图层既不能被删除也不能重命名。除层名为“0”的缺省图层外，其他图层都是由用户根据自己的需要创建并命名的。

6.1　图层操作

每个图层均具有线型、颜色和状态等属性。当对象的颜色、线型都设置为 BYLAYER 时，对象的特性就由图层的特性来控制。这样，既可以在保存对象时减少实体数据，节省存储空间；同时也便于绘图、显示和图形输出的控制。例如，在绘制工程图形时，可以创建一个中心线图层，将中心线特有的颜色、线型等属性赋予这个图层。每当需要绘制中心线时，用户只需切换到中心线图层上，而不必在每次画中心线时都必须为中心线对象设置中心线的线型、颜色。这样，不同类型的中心线、粗实线、细实线分别放在不同的图层上，在使用绘图机输出图形时，只需将不同图层的对象定义给不同的绘图笔，不同类型的对象输出变得十分方便。如果不想显示或输出某一图层，用户可以关闭这一图层。

6.1.1　图层的特点

概括起来，图层具有以下特点：

(1)用户可以在一幅图中指定任意数量的图层。AutoCAD 对图层的数量没有限制，对图层上的对象数量也没有任何限制。

(2)每一个图层有一个名字。每当开始绘制一幅新图形时，AutoCAD 自动创建一个名为 0 的图层，这是 AutoCAD 的默认图层，其余图层需用户定义。

(3)图层有颜色、线型以及线宽等特性。一般情况下，同一图层上的对象应具有相同颜色、线型和线宽，这样做便于管理图形对象、提高绘图效率，可以根据需要改变图层颜色、线型以及线宽等特性。

(4)虽然 AutoCAD 允许建立多个图层，但用户只能在当前图层上绘图。因此，如果要在某一图层上绘图，必须将该图层设为当前层。

(5)各图层具有相同的坐标系、图形界限、显示缩放倍数，可以对位于不同 AutoCAD 图层上的对象同时进行编辑操作(如移动、复制等)。

(6)可以对各图层进行打开、关闭、冻结、解冻、锁定与解锁等操作，以决定各图层可见性与可操作性。

6.1.2 创建新图层

用于创建新图层的命令是 LAYER。可以通过下拉菜单“格式”→“图层”或“图层”工具栏上的(图层特性管理器)按钮执行 LAYER 命令。

创建新图层的过程如下：

执行 LAYER 命令，AutoCAD 弹出“图层特性管理器”对话框，如图 6.1 所示。

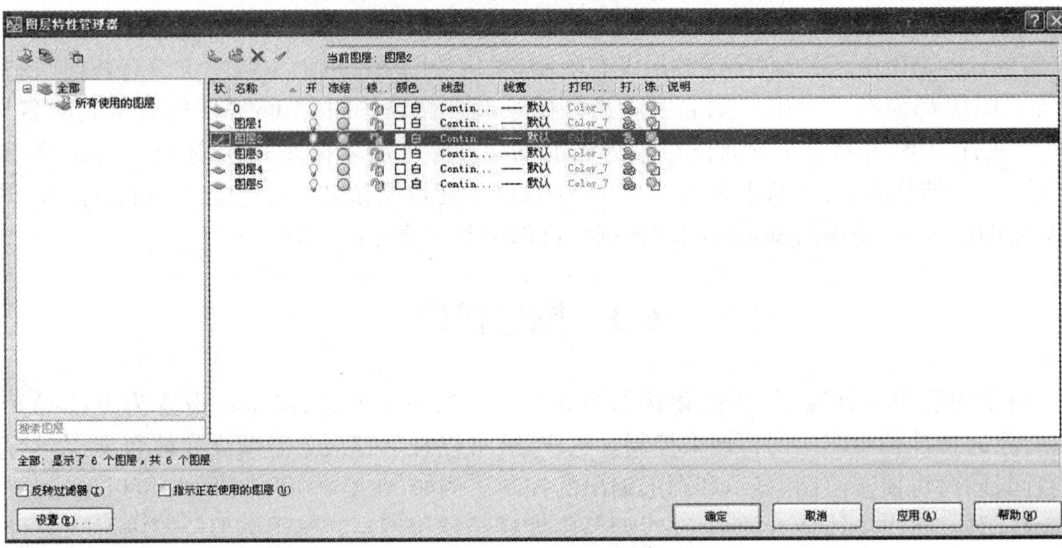

图 6.1 “图层特性管理器”对话框

单击对话框上部“新建图层”按钮，AutoCAD 会创建一个名称为“图层 1”的图层。连续单击“新建图层”按钮，AutoCAD 会依次创建名称为“图层 2”、“图层 3”……的图层，而且所创建新图层的颜色、线型均与上一图层(默认是 0 图层)相同，如果在此前已经选择了某个图层，AutoCAD 将根据所选图层的特性创建新图层。

绘图时，建议不要使用“图层 1”、“图层 2”、“图层 3”等来定义图层名，因为那样会导致使用和查询的不方便。新建图层的名称可以用汉字并根据功能来命名，如“粗实线”、“细实线”、“点划线”、“虚线”、“尺寸”、“剖面线”、“文字”等，也可以根据专业的需要按控制的内容来命名，有规划地规范命名，会给修改、输出图带来很大方便。

按功能给新图层命名，应修改新建的默认图层名“图层 1”、“图层 2”、“图层 3”……修改的方法是：先选中该图层名，然后单击该图层名，或单击功能键 F2，均会出现文字编辑框，在文字编辑框中键入新的图层名。输入的图层名不能含有通配符“ * ”、“!”和空格，也不能重名。

【说明】

在“图层特性管理器”对话框中，“状态”列反应各图层的工作状态，AutoCAD 用图标表示对应图层为当前层。

用户可以删除图层，方法是：在图层列表框内选中对应的图层行，单击✕（删除图层）按钮即可。需要说明的是，用户只能删除其上没有图层对象的图层。也就是说，要删除某一图层，必须先删除该图层上的所有对象，然后才可以用✕按钮删除图层。

用户可以将某一图层置为当前层。如果要在某一图层上绘图，应将该图层置为当前图层。将图层置为当前图层的方法是：在图层列表框内选中对应的图层行，单击（置为当前）按钮即可。将某图层置为当前图层后，在对话框顶部的右侧行显示出“当前图层：图层名”，以说明当前图层。此外，在图层列表框内某图层行上双击与“状态列”对应的图标，可直接将该图层置为当前层。

6.1.3 设置图层的颜色、线型与线宽

1. 设置图层的颜色

新创建的图层的颜色与当前选中图层的颜色相同。为了方便绘图，应根据需要改变某些图层的颜色。

所谓图层的颜色，是指当在某一图层上绘图时，如果将颜色设为 ByLayer（随层），所绘出的图形对象的颜色。很显然，图层的颜色并不是指该图层具有某一颜色，而是在一定条件下，在该图层上所绘图形对象的颜色。

为图层设置颜色的方法是：在如图 6.1 所示的“图层特性管理器”对话框中，单击某图层上与“颜色”列对应的图标，AutoCAD 弹出“选择颜色”对话框，如图 6.2 所示。单击“选择颜色”对话框中所需颜色的图标，所选择的颜色名或颜色号将显示在该对话框下部的“颜色”文字编辑中，并在其右侧图标中显示所选中的颜色，选择后单击 确定 按钮可接受所做的选择并返回“图层特性管理器”对话框。

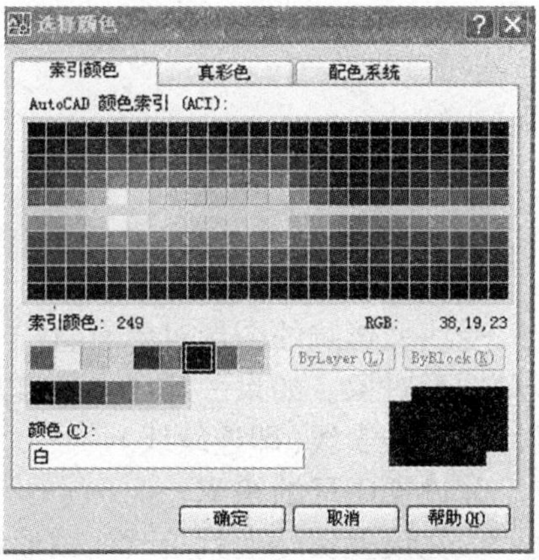

图 6.2 “选择颜色”对话框

AutoCAD 提供了 255 种颜色，以 1 ~ 255 数字命名。其中 1 ~ 7 号称为标注颜色，它们依次是红色、黄色、绿色、青色、蓝色、品红、白色（或黑色）。

2. 设置图层的线型

所谓图层的线型，是指在某图层上绘图时，如果将绘图线型设为 ByLayer（随层），所绘图形对象采用的线型。不同的图层可以设成不同的线型，也可以设成相同的线型。

为图层设置线型的方法为：在如图 6.1 所示的“图层特性管理器”对话框中，单击某图层行上与“线型”列对应的图标，AutoCAD 弹出“选择线型”对话框，如图 6.3 所示。

对话框内的列表框中列出了当前已加载的线型，从中选择所需要的线型，单击“确定”按钮，即可为对应的图层指定线型。

如果在列表框中没有所需要的线型，则应先加载该线型，即单击“选择线型”对话框中的“加载”按钮，AutoCAD 弹出“加载或重载线型”对话框，如图 6.4 所示。

对话框中,“文件”按钮用于选择线型文件:线型列表框中列出了对应线型文件提供的全部线型,选择所需要的线型,单击“确定”按钮,就可以将对应的线型显示在图 6.3 所示的“选择线型”对话框内,供用户选择。

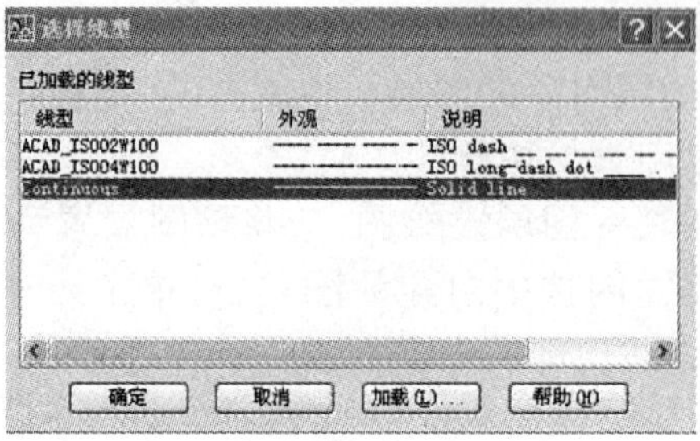

图 6.3 “选择线性”对话框

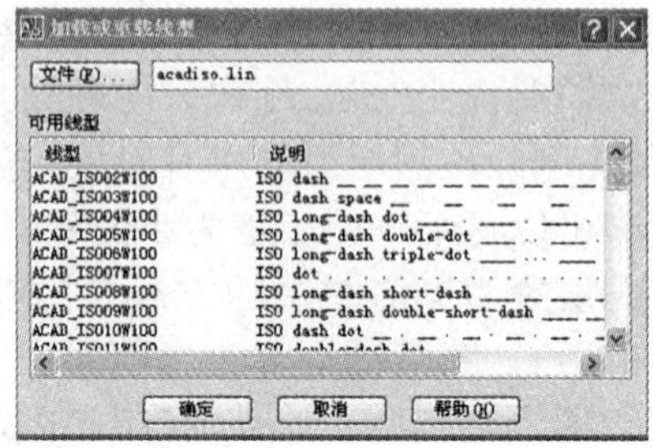

图 6.4 “加载或重载线型”对话框

【说明】

线型文件的扩展名是 lin。AutoCAD 提供的线型文件 acadiso. lin 中有四十余种标准线型可供用户选择。

AutoCAD 的部分线型有多种类型,如 DIVIDE、DIVIDE2、DIVIDEX2。在这三种子类中,一般第一种线型是标准形式,如图 6.5(a)所示;第二种线型的比例是第一种线型的一半,如图 6.5(b)所示;第三种线型的比例则是第一种线型的 2 倍,如图 6.5(c)所示。

(a)DIVIDE 线型

(b)DIVIDE2 线型

(c)DIVIDEX2 线型

图 6.5 DIVIDE 线型

受线型影响的图形对象有直线、构造线、射线、圆、圆弧、椭圆、矩形、正多边形及样条曲线等图形对象。如果一条线太短,以至于不能画出实际线型,那么 AutoCAD 会在两端点之间绘出一条实线(即连续线)。

3. 设置图层的线宽

线宽设置实际上就是改变图形线条的宽度。所谓图层的线宽,是指在某图层上绘图时,如果将绘图宽度设为 ByLayer(随层),所绘制出来的图形对象线条的宽度(即默认宽度)。不同的图层可以设成不同的线宽,也可以设成相同的线宽。

图层设置线宽的方法为:在如图 6.1 所示的“图层特性管理器”对话框中,单击图层行上与“线宽”列对应的图标,AutoCAD 弹出“线宽”对话框,通过对话框为图层选择线宽即可。

【说明】

①单击状态栏上的“线宽”按钮,可以实现是否使所绘图形按指定的线宽来显示的切换。

②我国制图标准对不同的绘图图线均有对应的线宽要求。例如,国家标准 GB/T 4457. 4—1984 中,对机械制图中使用的各种图线的名称、线型以及在图样中的应用给出了具体的规定,见表 6.1(表中只列出了常用的部分线型)。常用的图线有四种,即粗实线、细实线、虚线、细点画线。图线分粗细两种,粗线的宽度 b 应图样的大小和图形复杂程度确定,一般在 0.5 ~2 mm 之间选择,细线的宽度约为 $b/2$。

表6.1　线型、线宽及应用

图线名称	线　型	线　宽	主要用途
粗实线		b	可见轮廓线、可见过渡线
细实线		约 $b/2$	尺寸线、尺寸界线、剖面线、指引线、辅助线等
细点画线		约 $b/2$	轴线、对称中心线等
虚线		约 $b/2$	不可见轮廓线、不可见过渡线
波浪线		约 $b/2$	断裂处的边界线、剖视与视图的分界线
双点画线		约 $b/2$	相邻辅助零件的轮廓线、极限位置的轮廓线、假想位置的轮廓线

例6.1　按表6.2所示要求建立新图层，并绘制如图6.6所示的图形。

表6.2　图层设置要求

图线名称	线型	线宽	主要用途
粗实线	Continuous	0.7	可见轮廓线、可见过渡线
细实线	Continuous	0.3	尺寸线、尺寸界线、剖面线、指引线、辅助线等
细点画线	Center	0.3	轴线、对称中心线等
虚线	Dashed	0.3	不可见轮廓线、不可见过渡线
波浪线	Continuous	0.3	断裂处的边界线、剖视与视图的分界线
双点画线	Divide	0.3	相邻辅助零件的轮廓线、极限位置的轮廓线、假想位置的轮廓线
文字	Continuous	0.3	标注文字

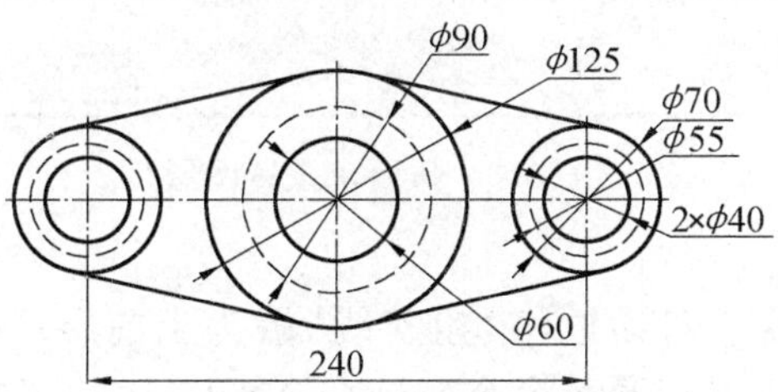

图6.6　图层练习图

操作步骤如下：

(1)创建图层

执行LAYER命令，AutoCAD弹出“图层特性管理器”对话框，单击(新建图层)按钮创建七个新图层，如图6.7所示。

根据表6.2更改图层名，并设置对应的颜色、线型与线宽，如图6.8所示。

单击“确定”按钮，完成图层的建立。

(2)绘制图形

①绘制中心线。

通过“图层特性管理器”对话框将“细点画线”置为当前层，根据图6.6所示尺寸，执行LINE命令绘制中心线，结果如图6.9所示。

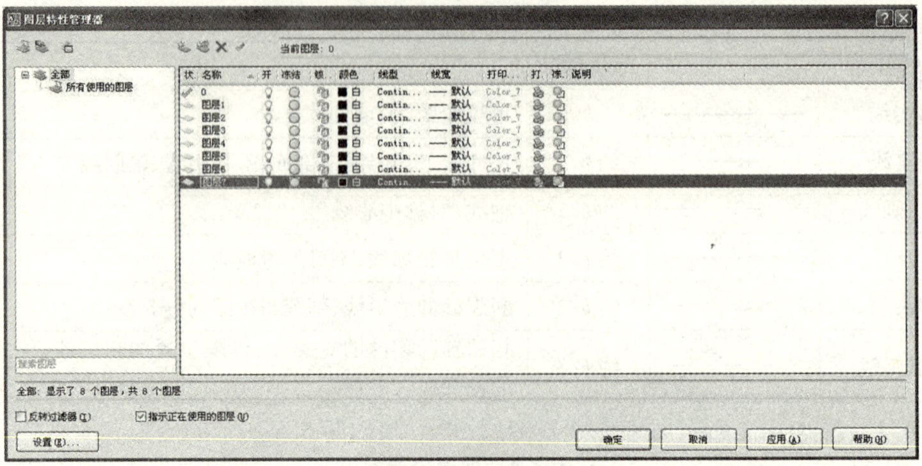

图 6.7　创建图层

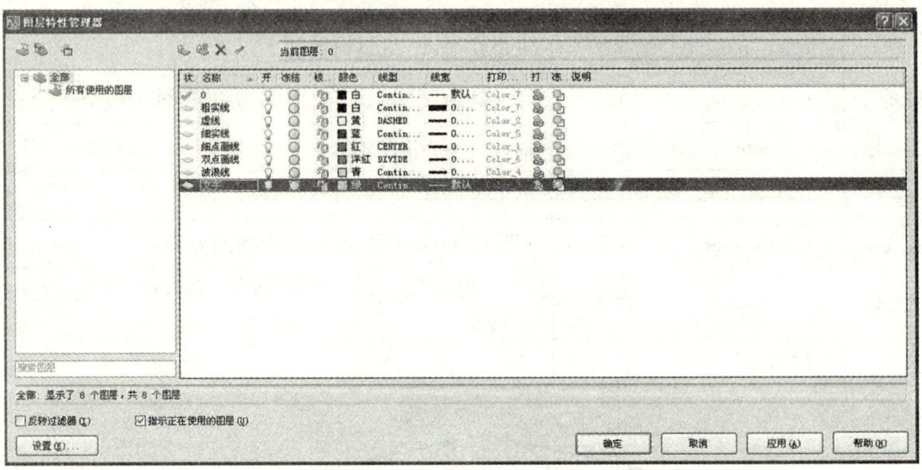

图 6.8　按要求设置图层

②绘制实线圆。

通过“图层特性管理器”对话框将“粗实线”置为当前层，根据图 6.6 所示尺寸，执行 CIRCLE 命令绘制实线圆，执行 LINE 命令并结合 AutoCAD 的精确绘图功能绘制切线，结果如图 6.10 所示。

图 6.9　绘制中心线

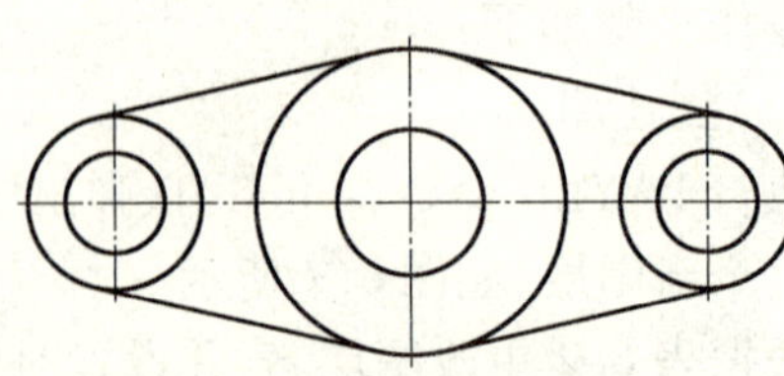

图 6.10　绘制实线圆和切线

③绘制虚线圆。

通过“图层特性管理器”对话框将“虚线”置为当前层，根据图 6.6 所示尺寸，执行 CIRCLE命令绘制虚线圆，完成图形，结果如图 6.11 所示。

④将完成的图形命名保存。

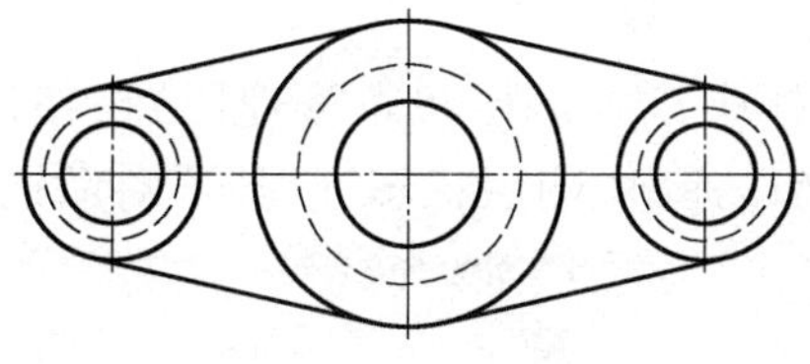

图6.11　绘制虚线圆

6.1.4　管理图层

用“图层”(LAYER)命令不仅可以根据绘图的需要创建新图层,赋予图层所需的线型和颜色。该命令还可以用来管理图层,即可以改变已有图层的线型、颜色、线宽、开关状态、控制显示图层、删除图层及设当前图层等。

1. 过滤图层

“图层特性管理器”对话框中的左侧列表框的作用是过滤已命名的图层,即可从中选择一项来指定所希望显示的图层范围(也可自行创建过滤组)。默认情况下,AutoCAD 在图层列表框中显示“全部”图层。

“反转过滤器”开关:显示所有不满足选定图层特性过滤器中条件的图层。

“指示正在使用的图层”开关:在列表视图中显示图标以指示图层是否正被使用。

2. 图层可见性控制

默认情况下,新建的图层均为“打开”、“解冻”和“解锁”的快关状态。在绘图时可根据需要改变图层的开关状态,对应的开关状态为“关闭”、“冻结”、“加锁”。其各项功能与差别见表6.3。

开关状态用图标形式显示在“图层特性管理器”对话框中的图层名后,要改变其开关状态只需要单击该图标,如图6.8所示,图层名后第一个图标用来控制图层的打开与关闭;第二个图标用来控制图层的解冻与冻结;第三个图标用来控制图层的解锁与加锁。

表6.3　图层开关功能区别

<table>
<tr><th>项　目</th><th>功　能</th><th>区　别</th></tr>
<tr><td>关闭</td><td>将指定图层的图形隐藏,使之不可见;也不能通过打印机或绘图仪输出到图纸。</td><td rowspan="3">关闭与冻结图层上的实体均不可见,其区别仅在于执行速度的快慢,后者比前者快。当不需要观察其他图层上的图形时,可利用冻结,以增加 ZOOM、PAN 等命令的执行速度。加锁图层上的实体可见,但无法编辑。</td></tr>
<tr><td>冻结</td><td>将指定图层的图形冻结,使该图层上的图形对象不能被显示出来;也不能通过打印机或绘图仪输出到图纸。并且冻结图层上的对象不参与处理过程中的运算。
注意:当前图层不能冻结。</td></tr>
<tr><td>加锁</td><td>加锁的图层不影响该图层上图形对象的显示,可以绘图,但不能进行编辑操作。</td></tr>
<tr><td>打开</td><td>将已关闭的图层恢复,使图层上的图形重新显示出来。</td><td rowspan="3">打开对应关闭;解冻对应冻结;解锁对应加锁。</td></tr>
<tr><td>解冻</td><td>将冻结的图层解冻,使图层上的图形显示出来。</td></tr>
<tr><td>解锁</td><td>将加锁的图层解除锁定,以使图形可以编辑。</td></tr>
</table>

3. 保存、恢复图层状态

“图层特性管理器”对话框中，(图层状态管理器)按钮用于保存、恢复和管理命名图层状态。单击该按钮，AutoCAD 弹出“图层状态管理器”对话框，如图 6.12 所示。

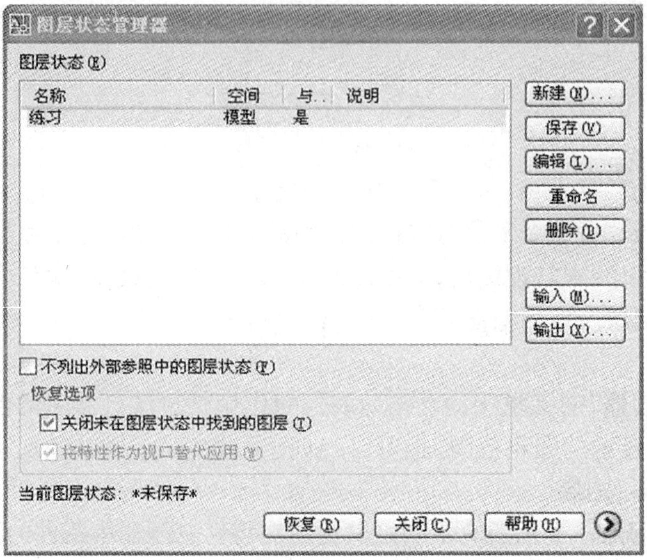

图 6.12 “图层状态管理器”对话框

下面介绍对话框中主要项的功能：

“图层状态(E)”列表框：

在列表框中列出保存在图形中的命名图层状态、保存它们的空间及说明。

(1)“新建”按钮

新建命名图层状态。单击该按钮，AutoCAD 弹出“要保存的新图层状态”对话框，可输入新命名图层状态的名称与说明。

(2)“保存”按钮

用于保存选定的命名图层状态。

(3)“编辑”按钮

显示出“编辑图层状态”对话框，从中可以修改选定的命名图层状态。

(4)“重命名”按钮

允许用户编辑图层状态名。

(5)“删除”按钮

删除在“图层状态”列表框中选中的命名图层状态。

(6)“输入”按钮

将以前输出的图层状态文件(扩展名为 LAS 的文件)加载到当前图形。单击该按钮，AutoCAD 弹出“输入图层状态”对话框，从中选择对应的文件即可。

(7)“输出”按钮

将在“图层状态”列表框中选中的命名图层状态保存到图层状态文件中(LAS 文件)。单击该按钮，AutoCAD 弹出“输出图层状态”对话框，从中确定文件的保存位置与名称后即可进行保存。

例 6.2　保存按表 6.2 所建立的图层。

按表 6.2 要求建立的图层如图 6.8 所示，对图层状态输出的步骤如下：

(1)新建“要保存的新图层状态”

单击(图层状态管理器)按钮，出现如图 6.13 所示对话框，点击新建出现图 6.14 所示对话框，在**新图层状态名(L):**的下方输入要保存的图层状态的名称，输入后点击[确定]按钮，返回到“图层状态管理器”界面，如图 6.15 所示。

(2)输出图层状态

在图 6.15 所示的界面中，点击[输出(X)...]按钮，出现如图 6.16 所示对话框，选择适当的目录，输入要保存的名称，点击[保存(S)]即可。

注意：

输出图层状态的扩展名是“.LAS”，当需要使用此图层状态时，只需在图 6.13 所示的图形中，点击[输入(M)...]按钮，选择需要的图层状态即可。

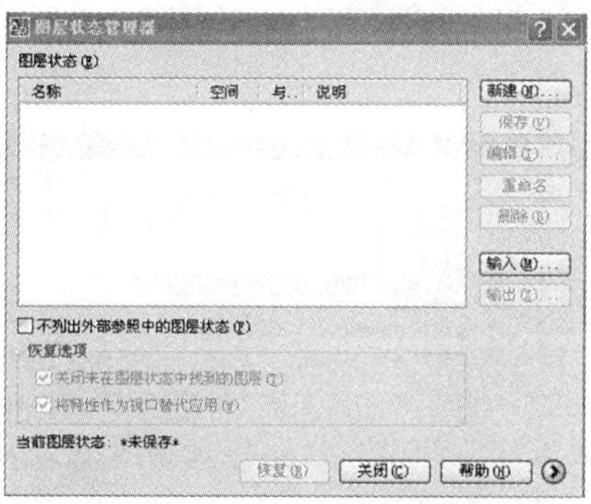

图 6.13　“图层状态管理器”对话框

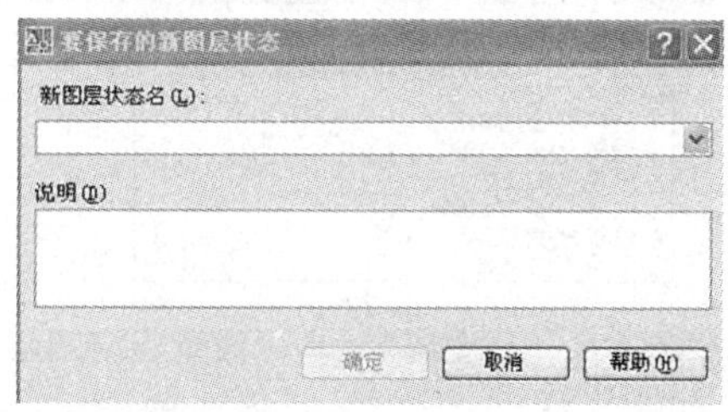

图 6.14　“要保存的新图层状态”对话框

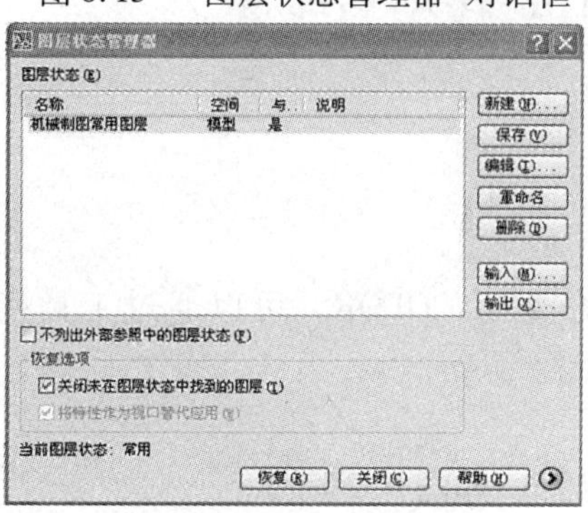

图 6.15　命名后的“图层状态管理器”对话框

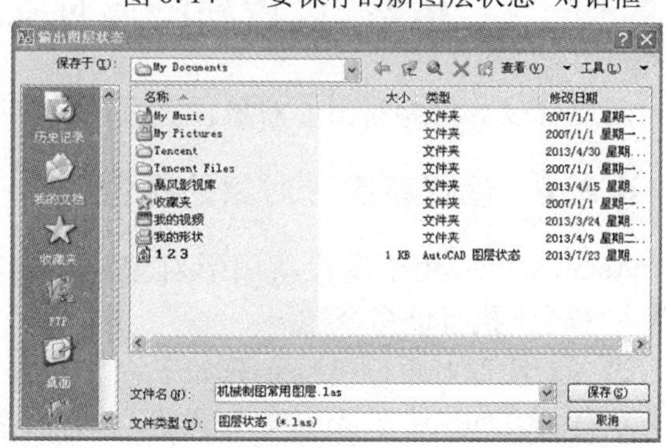

图 6.16　“输出图层状态”对话框

6.1.5　“图层”工具栏

为了使用图层更为简便、快捷，AutoCAD 2008 提供一个“图层”工具栏，如图 6.17 所示。

图 6.17　“图层”工具栏

1. 设置当前图层

用“图层”工具栏设置当前图层有两种方法：

(1)从下拉“图层列表”中设置

如图 6.18 所示，在该工具栏的下拉“图层列表”中选择一个图层名，该图层将被设为当前图层，并显示在工具栏该窗口上。

(2)用“将对象的图层置为当前”图标按钮设置

单击“图层”工具栏上的按钮，然后选择实体，选择后 AutoCAD 将所选实体的图层设为当前图层，并将该图层名显示在该工具栏“图层列表”窗口上。

2. 控制图层开关

如图 6.19 所示，在该工具栏下拉“图层列表”中，单击某图层控制开关状态的图标，可改变该图层的开关状态。

3. 其他

单击“图层”工具栏上的图标按钮，将使上一次使用的图层设为当前图层。

单击“图层”工具栏上的图标按钮，将激活图层命令。

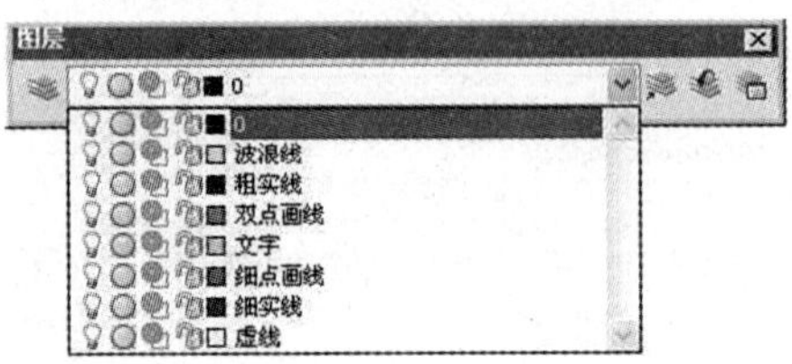

图 6.18　用“图层”工具栏设置当前图层

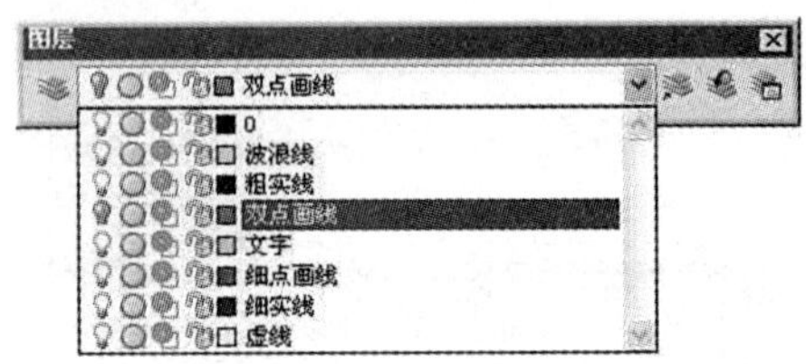

图 6.19　用“图层”工具栏控制图层开关

6.2　设置新图形对象的颜色、线型与线宽

用户可以单独为新图形对象设置颜色、线型和线宽。

6.2.1　设置新图形对象的颜色

AutoCAD 中，用于设置新图形对象颜色的输入命令是 COLOR。可以通过工具栏“格式”→“颜色”执行该命令。

设置新图形对象颜色的步骤如下：

执行 COLOR 命令，AutoCAD 弹出“选择颜色”对话框，如图 6.2 所示。

对话框中有“索引颜色”、“真彩色”和“配色系统”三个选项卡，分别用于以不同的方式确定绘图颜色。

在“索引颜色”选项卡中，用户可以将绘图颜色设为 ByLayer(随层)或某一具体颜色，其中 ByLayer 指所绘对象的颜色总是与对象所在图层设置的图层颜色相一致，这是最常用到的设置。

【说明】

如果通过“选择颜色”对话框设置了某一具体颜色，那么在此之后所绘制图形对象的颜色总为该颜色，与图层的颜色没有关系。

6.2.2 设置新图形对象的线型

AutoCAD 中,用于设置新图形对象线型的输入命令是 LINETYPE。可以通过工具栏“格式”→“线型”执行该命令。

设置新图形对象线型的步骤:执行 LINETYPE 命令,AutoCAD 会弹出“线型管理器”对话框,如图 6.20 所示。

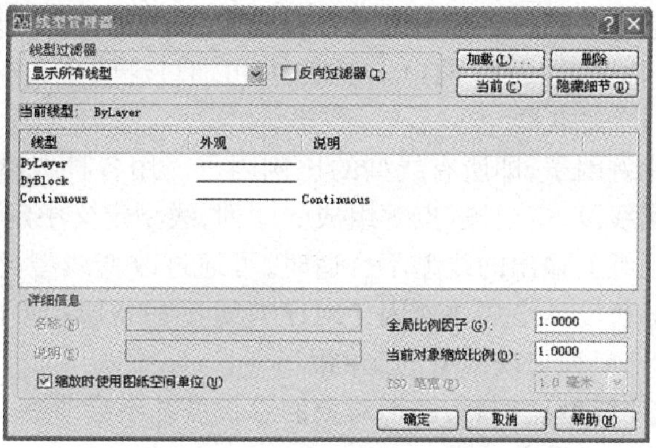

图 6.20 “线型管理器”对话框

对话框中,位于中间位置的当前线型列表框中列出了当前可以使用的线型。对话框中主要选项功能如下:

1.“线型过滤器”选项

设置过滤条件。使用者可以通过其中的下拉列表在“显示所有线型”、“显示所有使用的线型”等选项之间选择。设置过滤条件后,AutoCAD 在对话框中的线型列表框内只显示满足条件的线型。

2. 当前线型

显示当前绘图时所使用的线型。

3. 线型列表框

列表显示出满足过滤条件的线型,让使用者进行选择。

4. 加载

用于加载线型,当目前所显示的线型当中不能满足当前绘图要求时,使用者就要利用加载项进行新线型加载。

5.“删除”按钮

删除不用的线型。删除过程为:在线型列表中选择线型,单击“删除”按钮。

注意:所要删除的线型必须是没有使用的线型,即当前图形中没有用到该线型,否则 AutoCAD 会拒绝删除此线型,并出现相应的提示信息。

6.“当前”按钮

设置当前绘图线型。设置过程为:在线型列表框中选择某一线型,单击“当前”按钮。

设置当前线型时,用户可以通过线型列表框在 ByLayer、某一具体线型等之间选择,其中 ByLayer 表示绘图线型始终与图形对象所在图层设置的绘图线型一致,这是最常用到的设置。

7.“隐藏细节”按钮

单击该按钮,AutoCAD 在“线型管理器”对话框中不再显示“详细信息”选项组部分。同时该按钮变成“显示细节”。

8.“详细信息”选项组

说明或设置线型的细节。

(1)“名称”、“说明”文本框

用于显示或修改指定线型的名称与说明。在线型列表框中选择某一线型,它的名称与说明会分别显示在“名称”和“说明”两个文本框中,可通过这两个文本框对它们进行修改。

(2)“全局比例因子”文本框

设置线型的全局比例因子,即所有线型的比例因子。用各种线型绘图时,除连续线外,每一种线型一般是由实线段、空白段、点等组成的序列,线型定义中定义了这些小段的长度。当在屏幕上显示或在图纸上输出的线型不合适时,可通过改变线型比例的方法放大或缩小所有线型的每一小段的长度。全局比例因子对已有线型和新绘图形的线型均有效。此外,也可以用系统变量 LTSCALE 更改线型的比例因子。

需要说明的是:改变线型比例后,图形对象的总长度并不会改变。

(3)“当前对象缩放比例”文本框

设置新绘图形对象所用线型的比例因子。通过该文本框设置线型比例后,在此之后所绘图形的线型比例均为此线型比例。利用系统变量 CELTSCALE 也可以实现此设置。

【说明】

如果通过“线型管理器”对话框设置了某一具体线型,那么在此之后所绘图形对象的线型总为该线型,与图层的线型没有关系。

6.2.3 设置新图形对象的线宽

用于设置新图形对象线宽的命令是 LWEIGHT。可以通过下拉菜单项“格式”→“线宽”执行该命令。

设置新图形对象线宽的方法:执行 LWEIGHT 命令,AutoCAD 弹出“线宽设置”对话框,如图 6.21 所示。

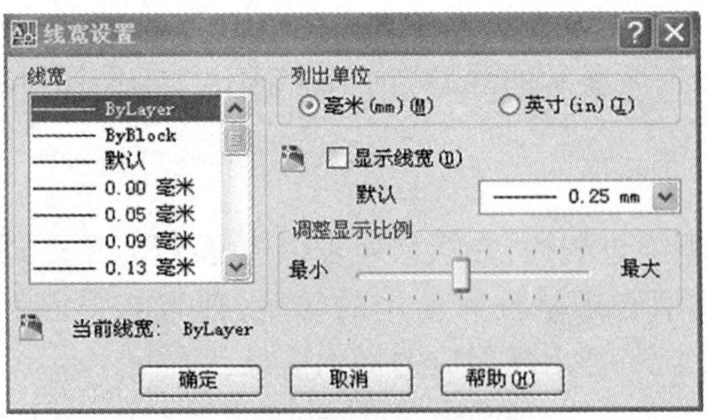

图 6.21 “线宽设置”对话框

对话框各主要项的功能如下;

(1)“线宽”列表框

用于设置绘图线宽。列表框中列出了 AutoCAD 2008 提供的 20 余种线宽,用户可以选择 ByLayer 或某一具体线宽，其中 ByLayer 表示绘图线宽始终与图形对象所在图层设置的线宽一致，这是最常用到的设置。

(2)“列出单位”选项组

确定线宽的单位。AutoCAD 提供了毫米和英寸两种单位供用户选择。

(3)“显示线宽”复选框

确定是否按用户设置的线宽显示所绘图形(也可以通过单击状态栏上的线宽按钮来实现是否使所绘图形按指定的线宽显示的切换)。

(4)“默认”下拉列表

设置 AutoCAD 的默认绘图线宽。

(5)“调整显示比例”滑块

确定线宽的显示比例，利用相应的滑块调整即可。

【说明】

如果通过“线宽设置”对话框设置了某一具体线宽，那么在此之后所绘图形对象的线宽总为该线宽，与图层的线宽没有关系。

6.3　利用“特性”工具栏设置绘图

AutoCAD 提供了“特性”工具栏，如图 6.22 所示。

图 6.22　“特性”工具栏

可以通过该工具栏快速、方便地设置绘图颜色、线型以及线宽。下面介绍“特性”工具栏中主要项的功能。

(1)“颜色控制”下拉列表

用于设置绘图颜色。单击此列表框，AutoCAD 弹出下拉列表，如图 6.23 所示。用户可通过该列表设置绘图颜色(但一般应选择 ByLayer，即随层)或修改当前图形的颜色。

修改图形对象颜色的方法是：首先选中图形，然后在如图 6.23 所示的“颜色控制”下拉列表中选择对应的颜色即可。

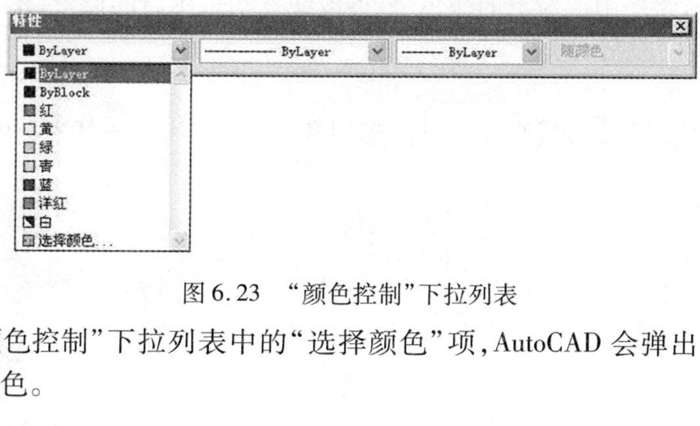

图 6.23　“颜色控制”下拉列表

如果单击“颜色控制”下拉列表中的“选择颜色”项，AutoCAD 会弹出“选择颜色”对话框，供用户选择颜色。

(2)“线型控制”下拉列表

用于设置绘图线型。单击此列表框，AutoCAD 弹出下拉列表，如图 6.24 所示。可通过该列表设置绘图线型（但一般应选择 ByLayer）或修改当前图形的线型。

修改图形对象线型的方法：选择对应的图形，然后在如图 6.24 所示的“线型控制”下拉列表中选择对应的线型。

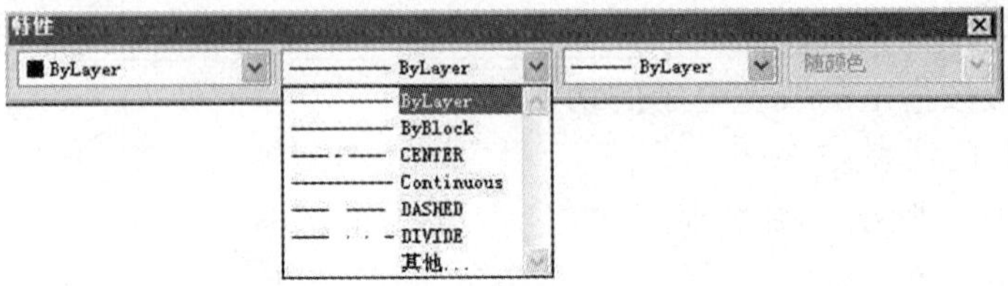

图 6.24 “线型控制”下拉列表

如果单击列表中的“其他”项，AutoCAD 会弹出如图 6.23 所示的“线型管理器”对话框，供用户选择线型。

(3)“线宽控制”下拉列表

用于设置绘图线宽。单击此列表框，AutoCAD 弹出下拉列表，如图 6.25 所示。可通过该列表设置绘图线宽（但一般应选择 ByLayer）或修改当前图形的线宽。

修改图形对象线宽的方法：选择对应的图形，然后在如图 6.25 所示的“线宽控制”下拉列表中选择对应的线宽。

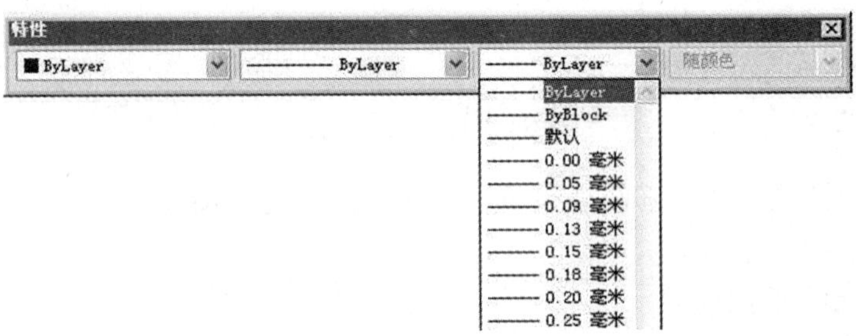

图 6.25 “线宽控制”下拉列表

可以看出，利用“对象特性”工具栏，可以方便地设置绘图颜色、线型与线宽。同样，如果通过“对象特性”工具栏设置了具体的绘图颜色、线型或线宽，而不是采用 ByLayer 设置，那么用 AutoCAD 所绘新图形对象的颜色、线型或线宽均采用新的设置，不再受图层颜色、图层线型或图层线宽的限制。

【说明】

也可以利用“特性”选项板修改已有图形对象的颜色、线型与线宽，为图形对象更改图层。

第 7 章　文字与表格

图纸的标题栏、技术性说明等注释性文字对象是图纸的重要组成部分。在 AutoCAD 2008 中这些注释性文字可通过单行文字和多行文字创建。AutoCAD 2008 中也提供了创建表格的功能,本章将就文字与表格的样式设置、创建方法等进行详细的讲解。

7.1　标注文字

AutoCAD 2008 有很强的文字处理功能,它提供了两种注写文字的方式:用 DTEXT 命令注写(单行文字)和利用在位文本编辑器标注文字(多行文字)等。

7.1.1　用 DTEXT 命令标注文字

用 DTEXT 命令创建文字(即单行文字),可以由字母、单词或完整的句子组成。用这种方式创建的文字每一行都是一个单独的 AutoCAD 文字对象,可对每行文字单独进行编辑操作。

1. 创建单行文字的操作过程

下面说明用指定起点的方法创建单行文字的一般步骤:

(1)在命令行输入 DTEXT 或 DT。

(2)指定文字起点。在命令行"指定文字的起点或[对正(J)/样式(S)]:"的提示下,在绘图区任意一点 A 处单击,A 点便是文字的起点。

(3)指定文字高度。在命令行"指定高度<2.5000>:"的提示下,输入设定高度(例如输入 3.5)后按回车键,如果不需要改变文字高度则可直接按回车键。

【说明】

或者在"指定高度<2.5000>:"的提示下,选择一点 B,则线段 AB 的长度就是文字的高度。

(4)指定文字的旋转角度。在命令行"指定文字的旋转角度<0>:"的提示下,如果直接按回车键,表示对文字不进行旋转。如果输入旋转角度值 30 后按回车键,表示将文字旋转 30°。

【说明】

或者在"指定文字的旋转角度<0>:"的提示下,选择一点 C,则线段 AC 与 X 轴的角度就是文字的旋转角度。

(5)创建的文字如果是英文字符,直接在此输入即可;创建的文字如果是中文汉字,则需先将输入方式切换到中文输入状态,然后输入文字。

(6)结束命令。按两次回车键即可(第一次回车是进行换行,若第一次回车后无任何字符输入再按一次回车键表示命令结束)。

2. 设置文字对正

在"指定文字的起点或[对正(J)/样式(S)]:"命令行的提示下,如果选择"对正(J)",则系统提示信息如图 7.1 所示,选择其中一项,即可设置相应的对正方式,下面分别介绍各选项。

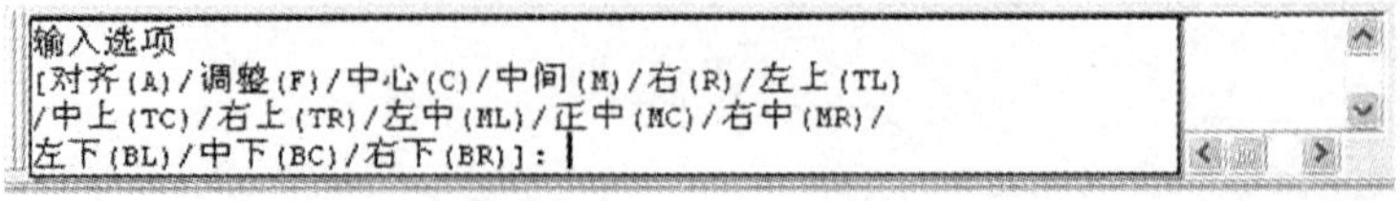

图 7.1　命令行提示

(1)“对齐(A)”选项

该选项要求所创建文字行基线的始点与终点位置,系统将会在这两点之间对齐文字。两点之间连线的角度决定文字的旋转角度;对于字高、字宽,根据两点之间的距离与字符的多少,按设定的字符宽度比例自动确定。下面以图 7.2 为例,说明用对齐的方法创建单行文字的操作步骤。

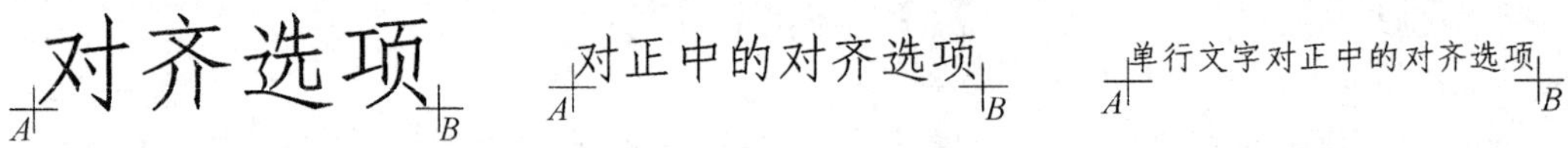

(a) 对齐 4 个字的显示　(b) 对齐 8 个字的显示　(c) 对齐 12 个字的显示

图 7.2　“对齐(A)”选项

①在命令行输入 DT。

②设置文字对正方式。

在命令行“指定文字的起点或[对正(J)/样式(S)]:”的提示下,输入字母 J,回车;输入字母 A,回车;在命令行**指定文字基线的第一个端点:**的提示下,单击 *A* 点,在“指定文字基线的第二个端点:”的提示下,单击 *B* 点。

③输入要创建的文字,输入完文字后,按两次回车键结束操作。

(2)“调整(F)”选项

该选项提示指定两个点,在两点间文字对齐。与“对齐”方式不同的是,用户可以根据自己的需要指定文字高度,然后通过拉伸或压缩字符使指定高度的文字位于两点之间,如图 7.3 所示。

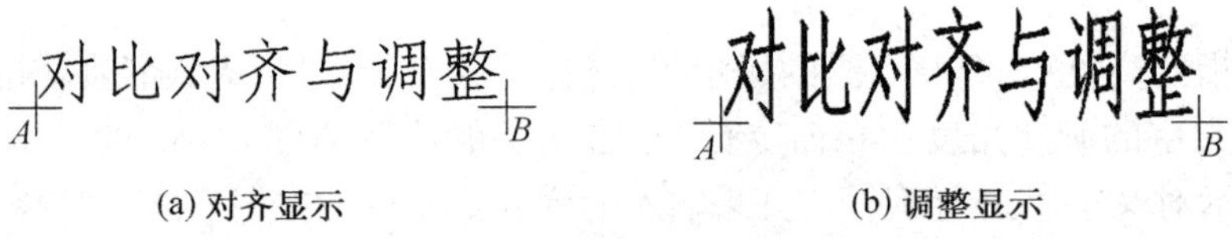

(a) 对齐显示　(b) 调整显示

图 7.3　“对齐”选项与“调整”选项对比

(3)“中心(C)”选项

该方式要求指定一点,系统把该点作为所创建文字行基线的中点来对齐文字,如图 7.4 所示。

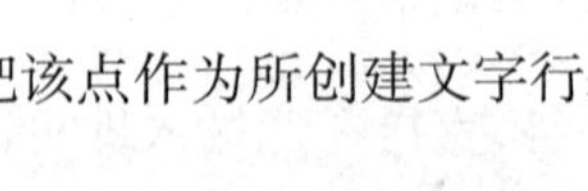

图 7.4　“中心(C)”选项

(4)“中间(M)”选项

该方式与“中心”方式相似,但是该方式将把指定点作为所创建文字行的中心点,即该点位于文字行沿基线方向水平中点,同时又位于文字指定高度的垂直中点,如图 7.5 所示。

(5)"右(R)"选项

该方式要求指定一点,系统将该点作为文字行的右端点。文字行向左延伸,其长度完全取决于输入的文字数目,如图7.6所示。

图7.5　"中间(M)"选项图

图7.6　"右(R)"选项

(6)其他选项

假想单行文字上有如图7.7所示的四条线,即顶线、中线、基线、底线,其他对正选项与这四条假想的直线有关。

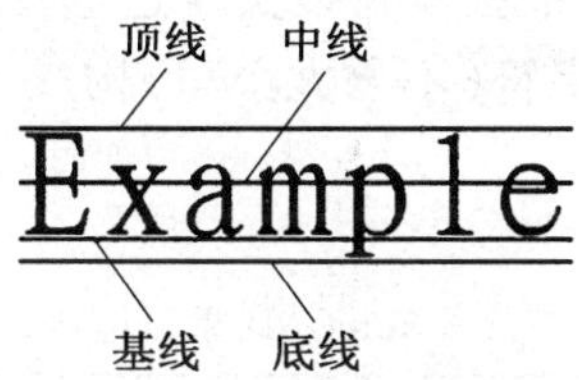

图7.7　文字标注参考线说明

在与"对正(J)"对应的提示中,"左上(TL)/中上(TC)/右上(TR)"中的"上"代表顶线,分别表示将以指定的点作为顶线的左端点、中点、右端点。

在与"对正(J)"对应的提示中,"左中(ML)/正中(MC)/右中(MR)"中的"中"代表中线,分别表示将以指定的点作为中线的左端点、中点、右端点。

在与"对正(J)"对应的提示中,"左下(BL)/中下(BC)/右下(BR)"中的"下"代表底线,分别表示将以指定的点作为底线的左端点、中点、右端点。

图7.8以文字Example为例说明了除"对齐"与"调整"选项外,其余各选项的文字排列形式。图中以小叉为定义点(中间对正使用的大叉)。为便于理解,图中还绘出了定义线。

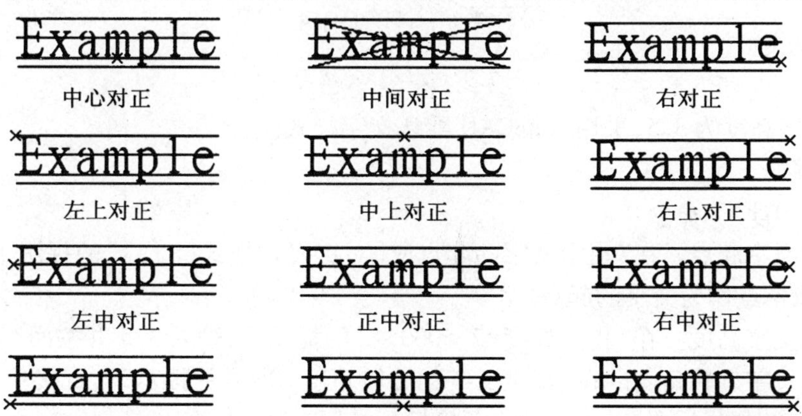

图7.8　文字对正说明

3. 设置文字样式

在命令行"指定文字的起点或[对正(J)/样式(S)]:"提示下,输入S并按回车键,可以选择新的文字样式用于当前的文字。在"输入样式名或[?]<Standard>:"的提示下,此时可输入当前要使用的文字样式的名称；如果输入“?”后按两次回车键，则显示当前所有的文字样式，若直接按回车键，则使用默认样式。

在创建文字对象时，还应注意以下几点：

①在输入文字过程中，可随时在绘图区任意位置点单击，改变文字的位置点。

②在输入文字时，如果发现输入有误，只需按一次 Backspace 键，就可以把该文字删除，同时小标记也回退一步。

③在输入文字的过程中，不论采用哪种文字对正方式，在屏幕上动态显示的文字都临时沿基线左对齐排列。结束命令后，文字将按指定的排列方式重新生成。

④如果需要标注一些特殊字符，比如在一段文字的上方或下方加画线，标注“°”（度）、“±”、“Φ”符号等，系统提供了相应的控制符以实现这些特殊标注要求。控制符由两个百分号（%%）和紧接其后的一个英文字符（不分大小写）构成，注意百分号%必须是英文环境中的百分号。

常见的控制符列举见表 7.1。

表 7.1　AutoCAD 常见控制表

控制符（不区分大小写）	功　　能
%%O	上画线开关
%%U	下画线开关
%%D	标注度（°）符号
%%P	标注正负公差（±）符号
%%C	标注直径（Φ）符号
%%%	标注百分号（%）

例 7.1　用 DTXT 命令注写图 7.9 所示文字。

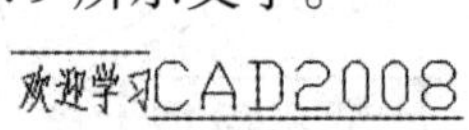

图 7.9　文字注写练习

其中，文字高度为 3.5，采用 AutoCAD 默认文字样式。

操作步骤如下：

(1)执行 DTEXT 命令。

(2)指定文字起点。在“指定文字的起点或[对正(J)/样式(S)]:”的提示下，在窗口的适当位置拾取一点作为文字的起点

(3)输入文字高度。在“指定高度<2.5000>:”的提示下，输入 3.5 并按回车键。

(4)输入文字旋转角度。在“指定文字的旋转角度<0>:”的提示下，直接单击回车键表示旋转角度为 0；如果需要旋转，先输入角度后再按回车键。

(5)输入字符。输入“%%O 欢迎学习%%O%%UCAD2008”后按两次回车键，完成文字样式的标注。

7.1.2　利用在位文本编辑器标注文字

利用在位文本编辑器标注文字，即多行文字。多行文字是指在指定的文字边界内创建

一行或多行文字或若干段落文字，系统将多行文字视为一个整体的对象，可对其进行整体的旋转、移动等编辑操作。创建多行文字时首先需要指定矩形的两个对角点以确定文字段边界。矩形的第一个角点决定多行文字默认的附着位置点，矩形的宽度决定一行文字的宽度，超过此长度后会自动换行。

1. 创建多行文字的操作过程

下面说明创建多行文字的步骤：

(1)执行 MTEXT 命令或 MT，或者在工具栏中点击命令按钮。

(2)设置多行文字的矩形边界。

在绘图区中某一点 *A* 处单击，确定矩形的第一角点，在另一点 *B* 处单击以确定矩形框的对角点，系统以该矩形框作为文字段的边界。此时系统弹出如图 7.10(a)所示的“文字格式”选项卡和图 7.10(b)所示的“文字输入”窗口。

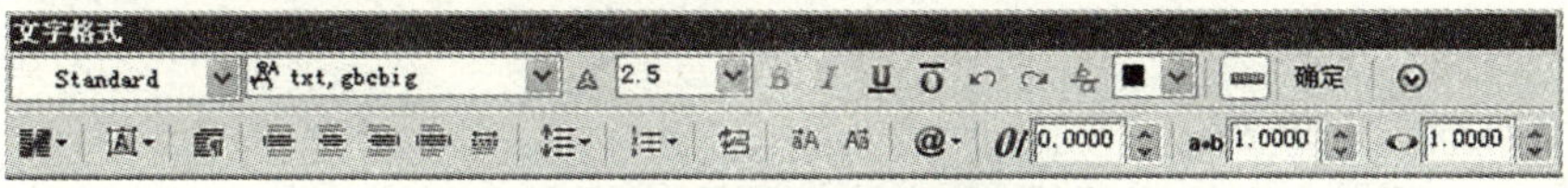

(a)“文字格式”工具栏

(b)“文字输入”窗口

图 7.10　“文字格式”工具栏和“文字输入”窗口

(3)输入文字

①在字体下拉列表框中选择字体“仿宋_GB2312”；在文字高度下拉列表框中输入值 3.5。

②切换到某种中文输入状态，在文字窗口中输入所需的文字后，单击“文字格式”工具栏中的“确定”按钮完成操作。注意：如果输入英文文本，单词之间必须有空格，否则不能自动换行。

【说明】

在向文字窗口中输入文字的同时可以编辑文字，用户可以使用鼠标或者键盘上的按键在窗口中移动文字光标，还可以使用标准的 Windows 控制键来编辑文字。通过“文字格式”工具栏可以实现文字样式、文字字体、文字高度、加粗和倾斜等的设置，通过文字输入窗口的滑块可以编辑多行文字的段落缩进、首行缩进、多行文字对象的宽度和高度等的内容，用户可以单击标尺的任一位置自行设置制表符。

2. 多行文字编辑器中主要项功能

从图 7.10 可以看出，在位文本编辑器由“文字格式”工具栏和水平标尺等组成，工具栏上有一些下拉列表和按钮等。下面介绍编辑器中主要项的功能。

(1)“样式”下拉列表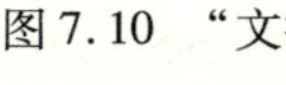

该列表框中列有当前已定义的文字样式，用户可通过下拉列表选用要采用的样式，或更改在文本编辑器中所输入文字的样式。

(2)“字体”下拉列表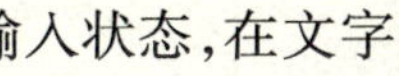

用于设置或改变字体。在文本编辑器中输入文字时，可以利用此下拉列表随时改变所输入文字的字体,也可以用来更改已有文字的字体。

(3)“注释性”

确定标注的文字是否为注释性文字。

(4)“文字高度”组合框

用于设置或更改字高度。用户可直接从下拉列表中选择,也可以在文本框中输入高度值。

(5)“粗体”按钮

用于确定文字是否以粗体形式标注,单击该按钮可以实现是否以粗体形式标注文字的切换。

(6)“斜体”按钮

用于确定文字是否以斜体形式标注,单击该按钮可以实现是否以斜体形式标注文字的切换。

(7)“下画线”按钮

用于确定是否对文字加下画线,单击该按钮可实现是否为文字加下画线的切换。

(8)“上画线”按钮

用于确定是否对文字加上画线,单击该按钮可实现是否为文字加上画线的切换。

【说明】

工具栏按钮、、和也可以用于更改文本编辑器中已有文字的标注形式。更改方法为:选中文字,然后单击对应的按钮。

(9)“放弃”按钮

在文本编辑器中执行放弃操作,包括对文字内容或文字格式所做的修改,也可以用组合键 Ctrl+Z 执行放弃操作。

(10)“重做”按钮

在文本编辑器中执行重做操作,包括对文字内容或文字格式所做的修改,也可以用组合键 Ctrl+Y 执行重做操作。

(11)“堆叠”按钮

实现堆叠与非堆叠的切换。

利用符号“/”、“^”或“#”和不同方式实现堆叠($\frac{20}{49}$、$\begin{matrix}20\\49\end{matrix}$、20/49 均属于堆叠标注)。可以看出,利用堆叠功能,能够实现分数、上下偏差等的标注。堆叠标注的具体实现方法是:在文本编辑器中输入要堆叠的两部分文字,同时还应在这两部分文字中间输入符号“/”、“^”或“#”,然后选中它们,单击按钮,使该按钮按下,就可以实现对应的堆叠标注。例如,如果选中的文字为“20/49",堆叠后的效果(即标注后的效果)为$\frac{20}{49}$;如果选中的文字为“20^49”,堆叠后的效果为$\frac{20}{49}$(很显然,利用此功能,可以标注出上下偏差);如果选中的文字为“20#49”,堆叠后的效果则为$\frac{20}{49}$。此外,如果选中堆叠的文字并单击按钮使其弹起,则会取消堆叠。

(12)“颜色”下拉列表

设置或更改所标注文字的颜色。

(13)“标尺”按钮

实现在文本编辑器中是否显示水平标尺的切换。

(14)“列”按钮

分栏设置，即可以使文字按多列显示，从弹出的列表选择或设置即可。

(15)“多行文字对正”按钮

设置文字的对齐方式，从弹出的列表选择即可，默认为“左上”。

(16)“段落”按钮

用于设置段落缩进、第一行缩进、制表位、段落对齐、段落间距及段落行距等。单击，AutoCAD 弹出“段落”对话框，如图 7.11 所示。

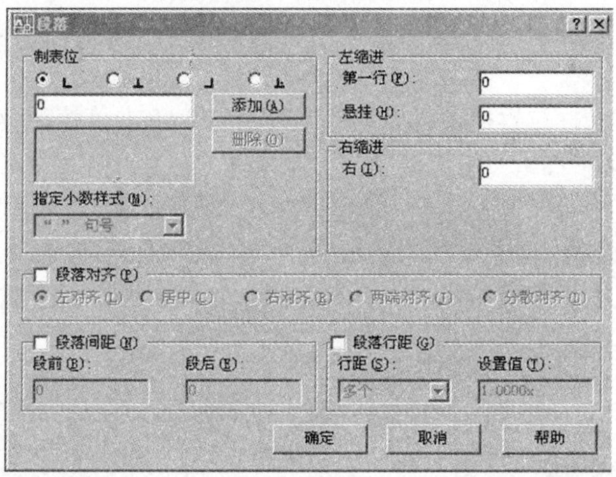

图 7.11　“段落”对话框

(17)“左对齐”按钮、“居中”按钮、“右对齐”按钮、“对正”按钮、“分布”按钮

设置段落文字沿水平方向的对齐方式。其中，“左对齐”、“居中”和“右对齐”按钮用于使段落文字实现左对齐、居中对齐和右对齐；“对正”按钮使段落文字两端对齐；“分布”按钮使段落文字沿两端分散对齐。

(18)“行距”按钮

设置行间距，从对应的列表中选择和设置即可。

(19)“编号”按钮

创建列表。可通过弹出的下拉列表进行设置。

(20)“插入字段”按钮

向文字中插入字段，如图 7.12 所示。

(21)“全部大写”按钮、“小写”按钮

“全部大写”按钮用于将选定的字符更改为大写；“小写”按钮则用于将选定的字符更改为小写。

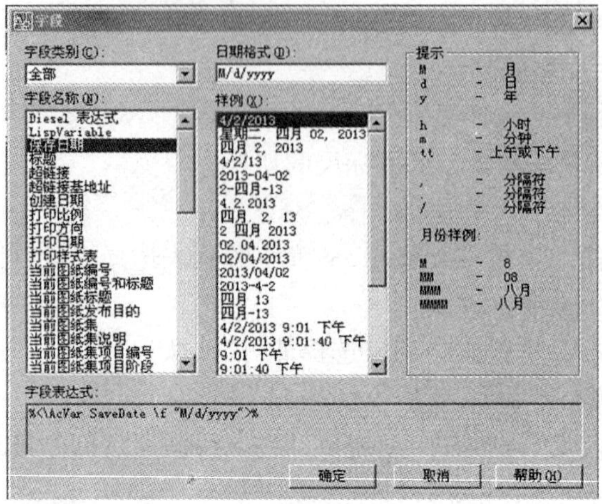

图 7.12 “字段”对话框

(22)“符号”按钮

符号按钮用于在光标位置插入符号或不间断空格。单击该按钮，AutoCAD 弹出对应的列表，如图 7.13 所示。

列表中列出了常用符号及其控制符或 Unicode 字符串，用户可根据需要从中选择。如果选择“其他”项，则会显示出“字符映射表”对话框，如图 7.14 所示。

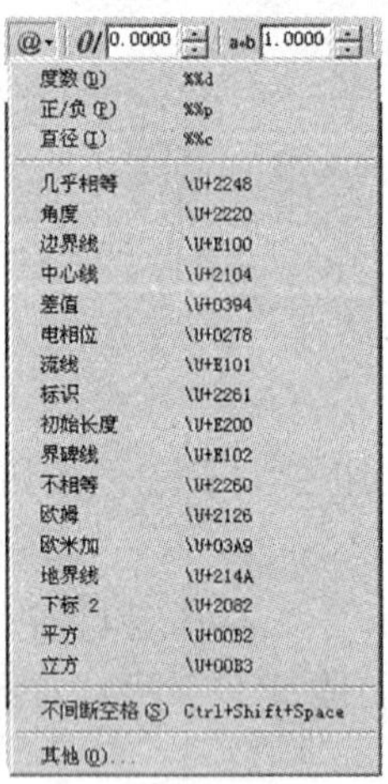

图 7.13 符号列表

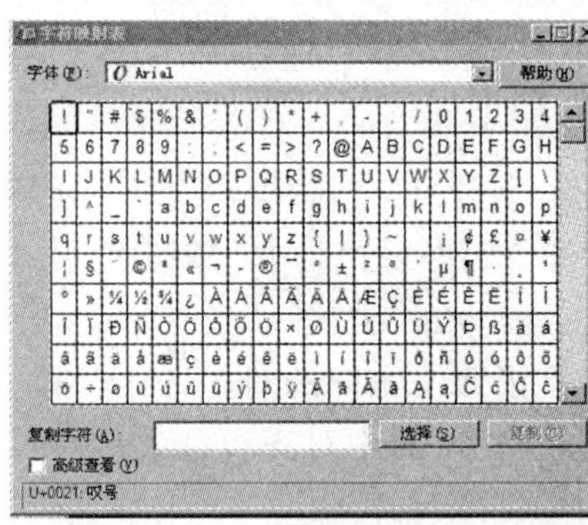

图 7.14 “字符映射表”对话框

对话框包含了系统中各种可用字体的整个字符集。利用该对话框标注特殊字符的方式是：从“字符映射表”对话框中选中一个符号，单击“选择”按钮将其放到“复制字符”文本框，单击“复制”按钮将其放到剪贴板，关闭“字符映射表”对话框。在文本编辑器中，单击鼠标右键，从弹出的快捷菜单中选择“粘贴”项，即可在当前光标位置插入对应的符号。

(23)“倾斜角度”按钮框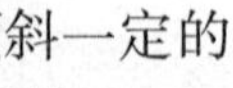

使输入或选定的字符倾斜一定的角度。用户可输入-85 到 85 之间的数值来使文字倾斜对应的角度，其中倾斜角度值为正时字符向右倾斜，为负时字符向左倾斜。

(24)“追踪”框

用于增大或减小所输入或选定字符之间的距离。1.0000 设置是常规间距。当设置值大于 1 时会增大间距，设置值小于 1 时则减小间距。

(25)"宽度因子"框 1.0000

用于增大或减小输入或选定字符的宽度。设置值 1.0000 表示字母为常规宽度。当设置值大于 1 时可增大宽度；设置值小于 1 时则减小宽度。

(26)水平标尺

编辑器中的水平标尺与一般文本编辑器的水平标尺类似，用于说明、设置文本行的宽度，设置制表位，设置首行缩进和段落缩进等。通过拖动文本编辑器中水平标尺的首行缩进标记和段落缩进标记滑块，可设置对应的缩进尺寸。如果在水平标尺上某位置单击鼠标左键，会在该位置设置对应的制表位。

(27)在位文本编辑器快捷菜单

如果在如图 7.10(b)所示的文本编辑器中右击，AutoCAD 弹出如图 7.15 所示的快捷菜单(为节省篇幅，分两列显示)。

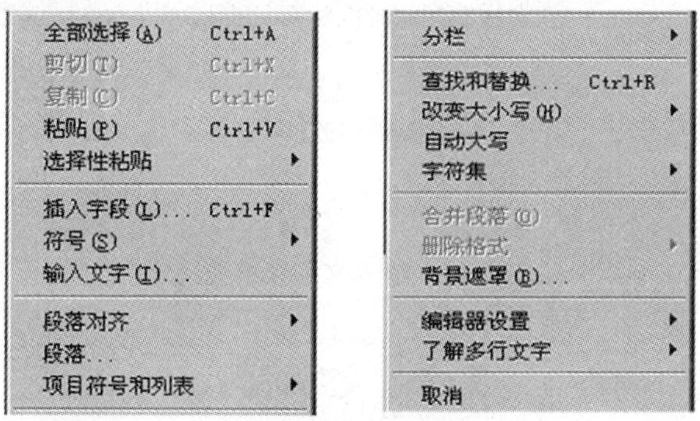

图 7.15　快捷菜单

用户可通过此对话框进行相应的操作。

例 7.3　利用在位文本编辑器标注图 7.16 所示文字(字体采用"仿宋_GB2312"，字高 2.5)。

技术要求

1. 未注倒角为45°

2. 未注尺寸允许偏差$^{+0.01}_{-0.01}$

图 7.16　标注文字练习

(1)执行 MTEXT 命令。

(2)设置多行文字的矩形边界。

AutoCAD 2008 提示：

指定第一角点：(在绘图窗口内任意拾取一点)，指定对角点或[高度(H)/对正(J)/行距(L)/旋转(R)/样式(S)/宽度(W)/栏(C)]：(在绘图窗口内拾取另一点)

(3)输入文字。在弹出的窗口中输入文字，如图 7.17(a)所示。

【注意】

可以通过%%D 得到(°)度符号，也可以从快捷菜单的"符号"子菜单中选择"度数"项来得到度符号。

选中图 7.17(b)中的“+0.01^-0.01”,单击(堆叠)按钮,得到如图 7.17(b)所示的效果。

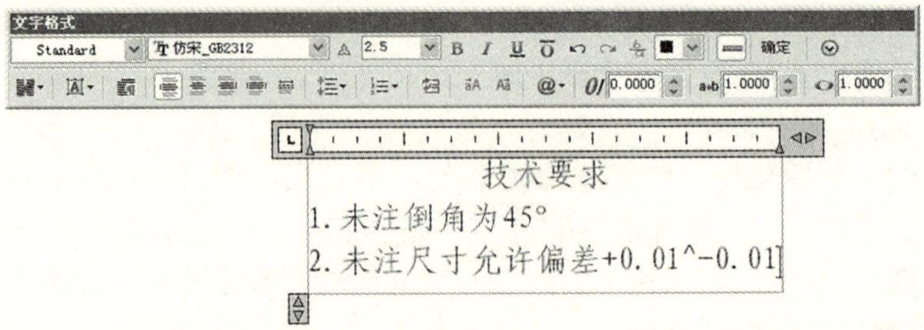

(a)输入文字

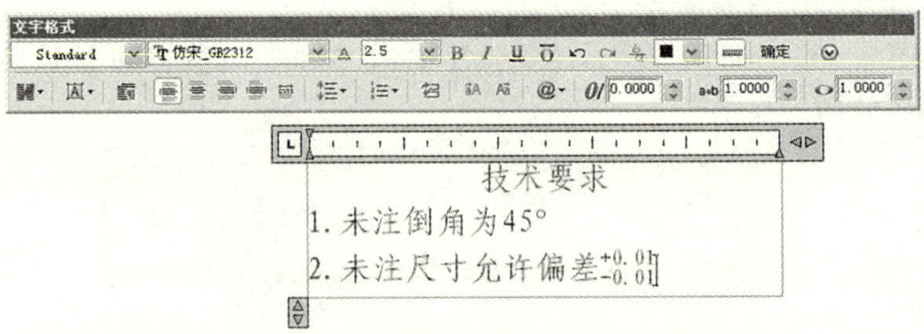

(b)堆叠文字

图 7.17　输入文字和堆叠文字

7.2　文字样式

文字样式决定了文字的特性,如字体、高度和角度等。在创建文字对象时,系统使用当前的文字样式,在 AutoCAD 2008 中默认的文字样式为 Standard(标准)。用户可以自己创建文字样式。

选择下拉菜单“格式(O)”→“文字样式(S)...”命令(或在命令行输入 STYLE),系统弹出图 7.18 所示的“文字样式”对话框,在该对话框中可以定义和修改文字样式。

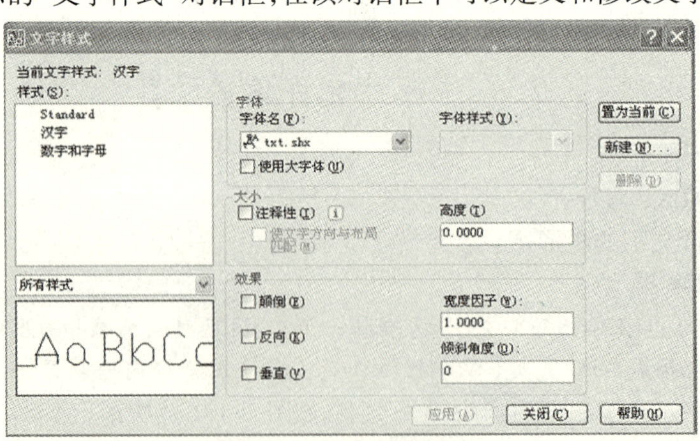

图 7.18　“文字样式”对话框

“文字样式”对话框主要可以实现以下功能:

1. 设置样式名称

在“文字样式”对话框的“样式(S):”列表框中,可以显示文字样式的名称。

①“样式名”列表框:列出了图形中选定的文字样式,默认文字样式为 Standard(标准)。

②“样式列表过滤器”下拉列表:用于指定样式名列表框中显示的是所有样式还是正在使用的样式。

③新建(N)...按钮:单击该按钮,系统弹出如 7.19 所示的“新建文字样式”对话框,在该对话框的样式名:文本框中输入新的文字样式名称,然后单击确定按钮,新文字样式名将显示在样式(S):列表框中。

④删除(D)按钮:从“样式名”列表框中选择某个样式名,然后单击删除(D)按钮,系统弹出图 7.20 所示的“acad 警告”对话框,单击确定按钮,删除所选择的文字样式。

【说明】

当文字样式需要重新重命名时,操作的过程是:选中文字样式并单击右键,在弹出的快捷菜单中选择 重命名 命令,如图 7.21 所示。用户不能对默认的 Standard 文字样式进行重命名。

注意:用户不能删除置为当前的文字样式和默认的 Standard 样式。

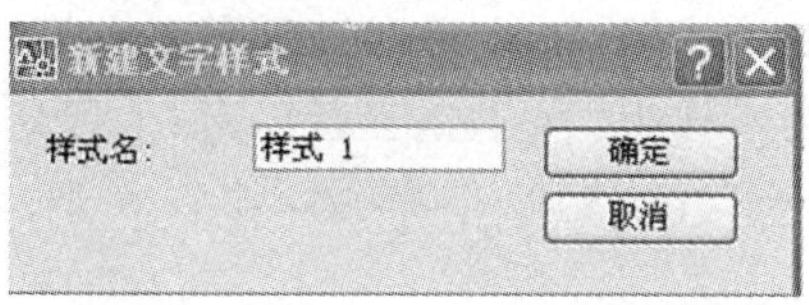

图 7.19　“新建文字样式”对话框

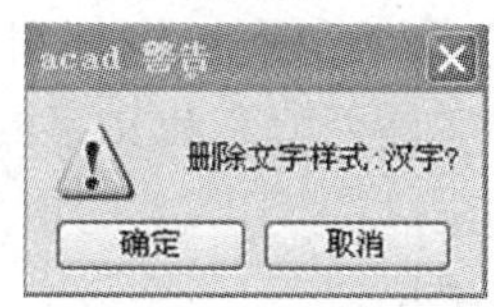

图 7.20　“acad 警告”对话框

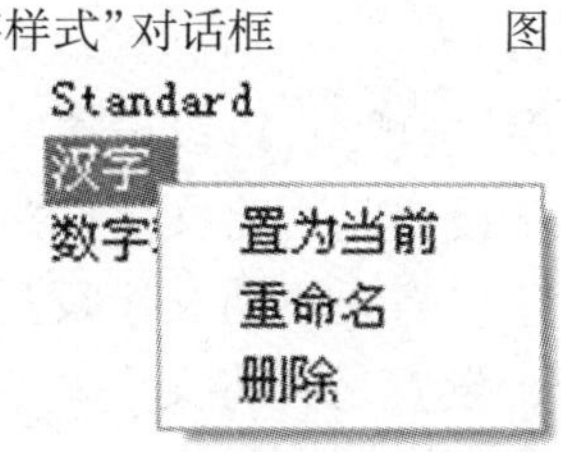

图 7.21　“重命名”对话框

2. 设置字体

在 AutoCAD 中,可以使用两种不同类型的字体文件:TrueType 字体和 AutoCAD 编译字体。TrueType 字体是大多数 Windows 应用程序使用的标准字体,Windows 中自带了很多的 TrueType 字体,并且在将其他的应用程序加载到计算机后,还可以得到其他的 TrueType 字体,通常情况下位于 C:\WINDOWS\Fonts 文件夹中,AutoCAD 也自带了一组 TrueType 字体。TrueTypc 字体允许修改其样式,如斜体和粗体,但是在显示和打印时要花较长的时间。AutoCAD编译字体(扩展名为. shx)是很有用的字体,这种字体在显示和打印时比较快,但是在外观上受到很多限制。AutoCAD 字体位于 AutoCAD 安装目录下的 Fonts 文件夹中。

为了满足非英文版的 AutoCAD 可以使用更多字符的要求,AutoCAD 还支持 Unicode 字符编码标准,这种编码支持的字符最多可达 65 535 个。另外,为了支持像汉字这样的字符,在 AutoCAD 字体中可以使用大字体(BigFoots)这种特殊类型的字体。

在“文字样式”对话框的 字体 选项组中,可以设置文字样式的字体。

①在“字体”选项组中,当前文字样式的字体名称作为默认的设置在“字体名(F):”的

下拉列表中显示出来，单击下拉列表中的下三角按钮，可看到所有加载到系统中的AutoCAD编译字体。要修改供当前样式使用的字体，可从列表中选择另外一种字体，如 iso.shx。当选中“使用大字体(U)”复选框时，原来的“字体名(F):”处变成“SHX 字体(X):”，原来的“字体样式(Y):”处变成“大字体(B):”，然后从“大字体(B):”下拉列表中选择所需的大字体类型。当取消“使用大字体(U)”时，原来的“SHX 字体(X):”变成了“字体名(F):”，原来的“大字体(B):”变成了“字体样式(Y)”，“字体名(F)”下拉列表中显示所有加载到系统中的 AutoCAD 编译字体和 TrueType 字体(包括中文字体)，从中可选择所需要的字体，如果选取的是 TrueType 字体，系统则自动激活“字体样式(Y):”下拉列表，从该列表中可以选择 TrueType 字体的不同样式，例如粗体、斜体和常规等，如果选用的是 AutoCAD 编译字体，则该“字体样式(Y):”列表是不可用的。

②在“大小”选项组中，可以设置文字的高度。在“高度(T)”文本框中可以设置文字的高度。如果将文字高度设置为 0，则在使用 TEXT 命令创建文字时，命令行将提示**指定高度**，要求用户指定文字的高度，如果在“高度(T)”文本框中输入了文字高度，则在使用 TEXT 命令创建文字时，不再提示“指定高度”。如果选“注释性(I)”复选框，则此文字样式主要用于创建注释性文字，以便使缩放注释的过程自动化，并使注释文字在图纸上以正确的大小打印。

注意：当选取 TrueType 字体时，用户可以使用系统变量 TEXTFILL 和 TEXTQLTY，来设置所标注的文字是否填充和文字的光滑程度。其中，当 TEXTFILL 为 0(默认值)时不填充，为 1 时进行填充；TEXTQLTY 的取值范围是 0 ~ 100，默认值是 50，其值越大，文字越光滑，图形的输出时间越长。

3. 设置文字效果

在“文字样式”对话框中的 效果 选项组，可以设置文字的效果。

①“颠倒(E)”复选框：主要用于设置是否将文字倒过来书写，效果如图图 7.22 所示。

②“反向(K)”复选框：主要用于设置是否将文字反过来书写，效果如图图 7.23 所示。

③“垂直(V)”复选框：主要用于设置是否将文字垂直书写。但垂直效果对 TrueType 字体无效。

④“宽度因子(W)”文本框：用于设置文字字符的宽度和高度之比。当比例值为 1 时，按默认的高宽比书写文字；当比例值小于 1 时，字符会变窄；当比例值大于 1 时，字符会变宽，效果如图 7.24 所示。

⑤“倾斜角度(O)”文本框：用于设置文字字符倾斜的角度。当角度为 0°时不倾斜，角度为正时向右倾斜，其值为负时向左倾斜，效果如图 7.25 所示。

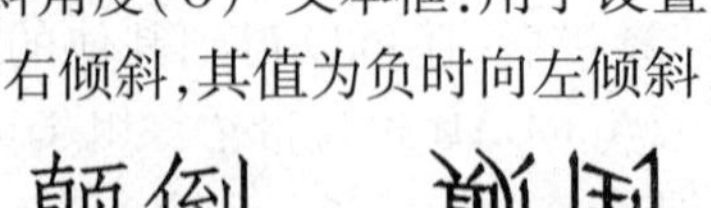

(a) 颠倒前　　(b) 颠倒后

图 7.22　颠倒的文字样式

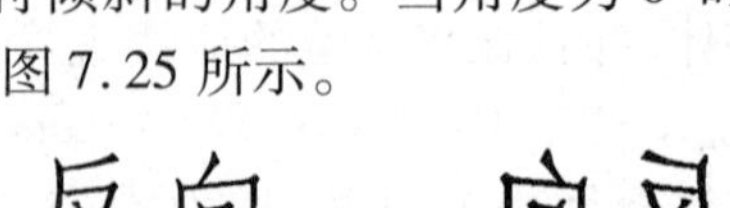

(a) 反向前　　(b) 反向后

图 7.23　反向的文字样式

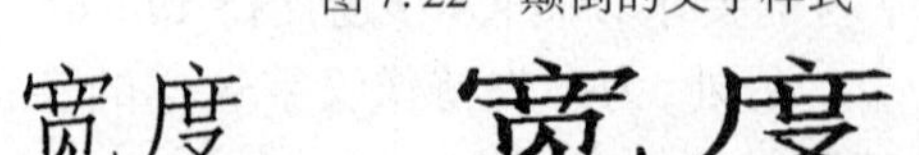

(a) 比例为 1　　(b) 比例为 2

图 7.24　设置不同的宽度比例

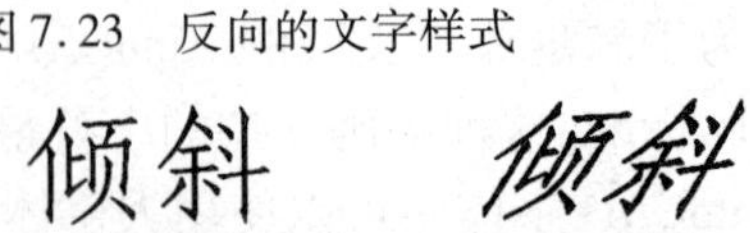

(a) 倾斜角度为0°　　(b) 倾斜角度为30°

图 7.25　设置不同的倾斜角度

4. 预览与应用文字样式

“文字样式”对话框的“预览”区域用于显示选定的文字样式的效果，设置文字样式后，单击 应用(A) 按钮，这样以后在创建文字对象时，系统便使用该文字样式。

7.3　编辑文字

利用 AutoCAD 2008，用户可以方便地编辑已标注出的文字。

7.3.1　利用 DDEDIT 命令编辑文字

利用 DDEDIT 命令能够编辑已标注的文字。可通过下拉菜单项“修改”→“对象”→“文字”→“编辑”或“文字”工具栏上的（编辑文字）按钮执行该命令。

执行 DDEDIT 命令，AutoCAD 提示：

选择注释对象或[放弃(U)]：

在此提示下即可选择要编辑的文字。标注文字时使用的标注方法不同，选择文字后 AutoCAD 给出的响应也不相同。如果用户选择的文字是用 DTEXT 命令标注的，那么选择文字对象后，AutoCAD 会在该文字四周显示出一个方框，用户可直接修改对应的文字。

如果在“选择注释对象或[放弃(U)]：”提示下选择的文字是用 MTEXT 命令标注的，AutoCAD 则会弹出在位文本编辑器，并在该对话框中显示出所选择的文字，供用户编辑和修改。

编辑完一个文字串后，AutoCAD 会继续提示：

选择注释对象或[放弃(U)]：

此时可以继续选择文字进行编辑，如果按 Enter 键则结束命令。

【说明】

直接用鼠标双击文字，可以进入对应的编辑模式，供用户编辑。

7.3.2　同时修改多个文字串的比例

利用 AutoCAD 2008，可以同时修改多个文字串的比例，使它们保持同样的字高或按同一比例同时缩放。实现此功能的命令是 SCALETEXT，可通过下拉菜单项“修改”→“对象”→“文字”→“比例”或“文字”工具栏上的（缩放文字）按钮执行该命令。

同时修改多个文字串比例的操作如下：

执行 SCALETEXT 命令，AutoCAD 提示：

选择对象：

在该提示下选择要修改比例的多个文字串后按 Enter 键结束选择，AutoCAD 提示：

输入缩放的基点选项[现有(E)/左(L)/中心(C)/中间(M)/右(R)/左上(TL)/中上(TC)/右上(TR)/左中(ML)/正中(MC)/右中(MR)/左下(BL)/中下(BC)/右下(BR)]<现有>：

此提示要求用户确定各字符串进行缩放时的基点。“现有(E)”选项表示以各字符串标注时的位置定义点为基点，其他各选项则表示各字符串均以相应选项符号表示的点作为缩放基点。确定缩放基点位置后，AutoCAD 继续提示：

指定新模型高度或[图纸高度(P)/匹配对象(M)/比例因子(S)]：

此提示要求确定缩放时的缩放比例。各选项含义如下：

(1)指定新模型高度

确定新高度，为默认项。输入新的高度值后，各字符串进行缩放，使缩放后各字符串的字高均为输入的高度值。

(2)图纸高度(P)

根据注释性特性缩放文字高度。

(3)匹配对象

使各字符串的高度与已有文字的高度一致。执行该选项，AutoCAD 提示：

选择具有所需高度的文字对象：

在该提示下选择对应的文字对象后，其余各字符串进行缩放，使缩放后各字符串的字高均为所选择文字对象的字高度。

(4)比例因子(S)

按给定的比例因子缩放。执行该选项，AutoCAD 提示：

指定缩放比例或[参照(R)]<2>：

在此提示下应输入缩放比例值，且 0<比例<1 时缩小对象，比例>1 时放大对象。此外，也可以通过“参照(R)”选项，以参照方式缩放文字。

7.4 注释性文字

当绘制各种工程图时，经常需要以不同的比例绘制，如采用比例 1 : 2、1 : 4、2 : 1 等。当在图纸上用手工绘制有不同比例要求的图形时，需先按照比例要求换算图形的尺寸，然后再按换算后得到的尺寸绘制图形。用计算机绘制有比例要求的图形时也可以采用这样的方法，但基于 CAD 软件的特点，用户可以直接按 1 : 1 比例绘制图形，当通过打印机或绘图仪将图形输出到图纸时，再设置输出比例。这样，绘制图形时不需要考虑尺寸的换算问题，而且同一幅图形可以按不同的比例多次输出。但采用这种方法存在的一个问题是：当以不同的比例输出图形时，图形按比例缩小或放大，这是我们所需要的，但其他一些内容，如文字、尺寸和尺寸箭头的大小等也会按比例缩小或放大，它们就不满足绘图标准的要求。利用 AutoCAD 2008 提供的注释性对象功能，则可以解决此问题。例如，当希望以 1 : 2 比例输出图形时，将图形按 1 : 1 比例绘制，通过设置，使文字等按 2 : 1 比例标注或绘制，这样，当按 1 : 2比例通过打印机或绘图仪将图形输出到图纸时，图形按比例缩小，但其他相关注释性对象(如文字等)按比例缩小后，正好满足标准要求。

AutoCAD 2008 可以将文字、尺寸、形位公差、块、属性、引线等指定为注释性对象。本节只介绍注释性文字的设置与使用，其他注释性对象将在后面的章节陆续介绍。

7.4.1 注释性文字样式

为方便操作，用户可以专门定义注释性文字样式。用于定义注释性文字样式的命令也是 STYLE，其定义过程与 7.2 节介绍的文字样式定义过程类似。执行 STYLE 命令后，在弹出的“文字样式”对话框中，除按在 7.2 节介绍的过程设置样式后，还应选中“注释性”复选框。选中该复选框后，会在“样式”列表框中的对应样式名前显示出图标▲，表示该样式属于注释性文字样式（后面章节介绍的其他注释性对象的样式名也用图标▲标记）。

7.4.2　标注注释性文字

当用 DTEXT 命令标注注释性文字时，应首先将对应的注释性文字样式设为当前样式，后利用状态栏上的“注释比例”列表（单击状态栏上“注释比例”右侧的小箭头可引出此列表，如图 7.26 所示）设置比例，然后就可以用 DTEXT 命令标注出文字了。

例如，如果通过列表将注释比例设为 1∶2，那么按注释性文字样式用 DTEXT 命令标注出文字后，文字的实际高度是文字设置高度的 2 倍。

当用 MTEXT 命令标注注释性文字时，可以通过“文字格式”工具栏上的注释性按钮▲确定标注的文字是否为注释性文字。

对于已标注的非注释性文字（或对象），可以通过窗口右下角的注释比例选项将其设置为注释性文字（对象）。

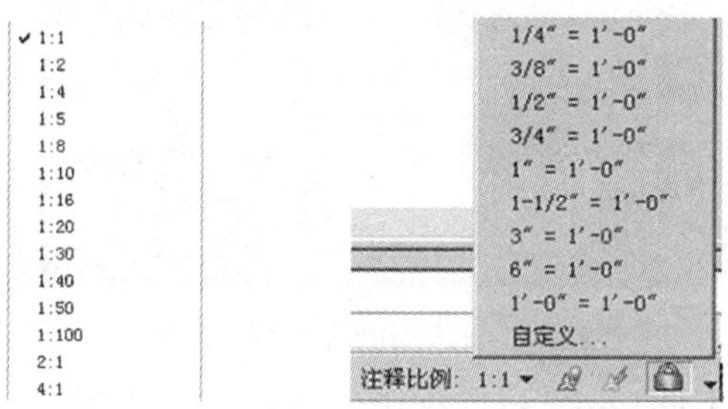

图 7.26　注释比例列表（部分）

7.5　表　　格

在产品设计过程中，表格主要用来展示与图形相关的标准、数据信息、材料和装配信息等内容。根据不同类型的图形（如机械图形、电子线路图形等），所对应的制图标准也不相同，这就需要设置符合产品设计的表格样式，并利用表格功能快速、清晰、醒目地反映出设计思想及创意。本节主要介绍创建并应用表格的操作方法。

7.5.1　定义表格样式

表格样式决定了表格的外观，它控制着表格中的字体、颜色以及文本的高度、行距等特性。在创建表格时，可以使用系统默认的表格样式，也可以自定义表格样式。

1. 新建表格样式

选择下拉菜单“格式”→“表格样式”命令（或在命令行中输入 TABLESTYLE 命令后按回车键），系统弹出“表格样式”对话框，如图 7.27 所示，在该对话框中单击“新建”按钮，系统弹出“新建表格样式”对话框，如图 7.28 所示，在该对话框中的“新样式名”文本框中输入新的表格样式名，在“基础样式”下拉列表框中选择一种基础样式作为模板，新样式在该样式的基础上进行修改。单击“继续”按钮，系统弹出 7.29 所示的对话框，可以通过该对话框设置单元格格式、表格方向、边框特性和文字样式等内容。

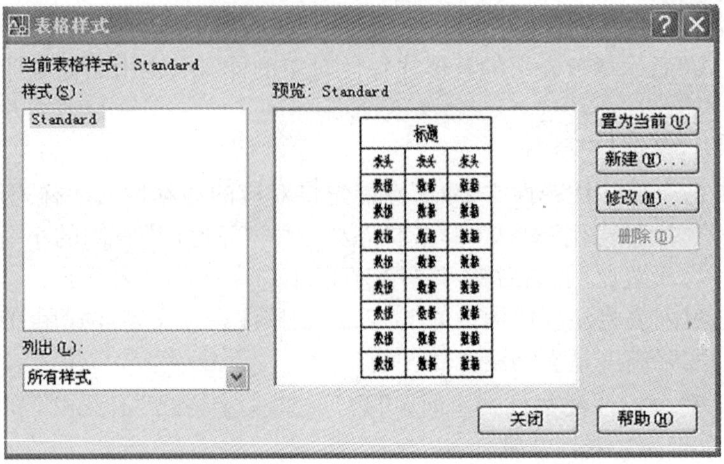

图 7.27 “表格样式”对话框

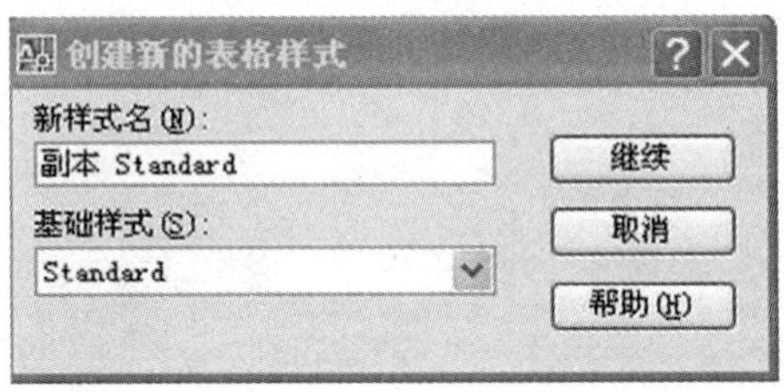

图 7.28 “创建新的表格样式”对话框

图 7.29 所示的“新建表格样式”对话框中的各选项说明如下：

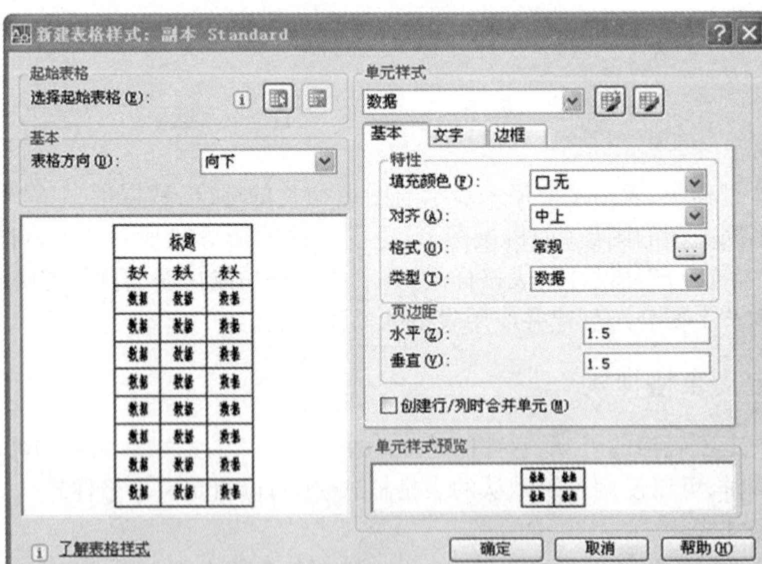

图 7.29 “新建表格样式”对话框

(1)“起始表格”选项组

用户可以在图形中指定一个表格用作样例来设置此表格样式的格式。单击选择起始表格(E):区域后的按钮，然后选择表格为表格样式的起始表格，这样就可以指定要从该表格复制到表格样式的结构和内容；单击“选择起始表格(E):”区域后的按钮，可以将表格从当前指定的表格样式中删除。

(2)“基本”选项组

通过选择表格方向(D):下拉列表中的“向上”和“向下”选项来设置表格的方向。选择“向上”选项时,标题栏和列表行位于表格底部,表格读取方向为自下而上;选择“向下”选项时,题栏和列表行位于表格顶部,表格读取方向为自上而下。

(3)“单元样式”选项组

定义新的单元样式或修改现有单元样式,可创建任意数量的单元样式。“单元样式”下拉列表包括“标题”、“表头”、“数据”、“创建新单元样式…”、“管理单元样式…”选项,其中“标题”、“表头”、“数据”选项可以通过 “基本”选项卡、“文字”选项卡和“边框”选项卡进行设置,可以通过“单元样式预览”区域进行预览。“单元样式”区域中的按钮用于创建新的单元样式,按钮用于管理单元样式。

(4)“基本”选项卡(图 7.30)

特性区域中的“填充颜色(F)”下拉列表框:用于设置单元格中的背景填充颜色。

特性区域中的“对齐(A)”下拉列表框:用于设置单元格中的文字对齐方式。

单击特性区域中的“格式(O):”后的按钮,从弹出的“表格单元格式”文本框中设置表格中的“数据”、“标题”、“表头”行的数据类型和格式。

特性区域中的“类型(T):”下拉列表框:用于指定单元样式的标签或数据。

特性区域中的“水平(Z):”文本框中输入数据,以设置单元中的文字或块与左右单元边界之间的距离。

特性区域中的“垂直(V):”文本框中输入数据,以设置单元中的文字或块与上下单元边界之间的距离。

(5)“文字”选项卡(图 7.31)

“文字样式(S)”下拉列表框:用于选择表格内“数据”单元格中的文字样式。用户可以单击“文字样式(S)”后的按钮,从弹出的“文字样式”对话框中设置文字的字体、效果等。

“文字高度(I)”文本框:用于设置单元格中的文字高度。

“文字颜色(C)”下拉列表框:用于设置单元格中的文字颜色。

“文字角度(G)”文本框:用于设置单元格中的文字角度值,默认的文字角度值为 0。可以输入-359 ~ 359 之间的任意角度值。

(6)“边框”选项卡(图 7.32)

特性区域中的“线宽(L):”下拉列表框:用于设置应用于指定边界的线宽。

特性区域中的“线型(N):”下拉列表框:用于设置应用于指定边界的线型。

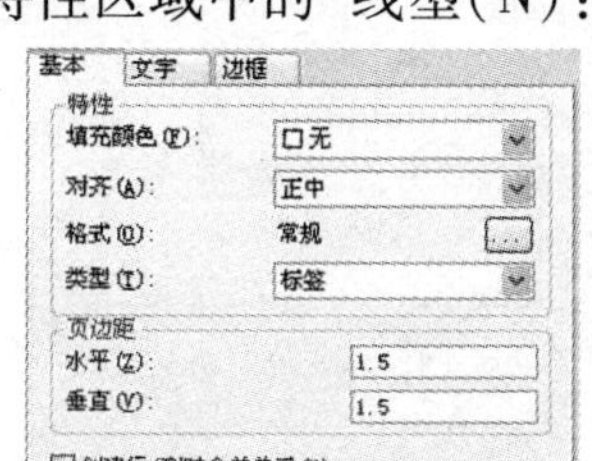

图 7.30　“基本”选项卡

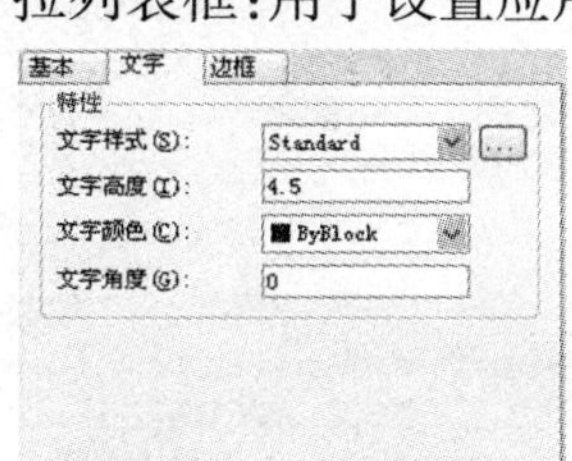

图 7.31　“文字”选项卡

图 7.32　“边框”选项卡

特性区域中的“颜色(C):”下拉列表框:用于设置应用于指定边界的颜色。

特性区域中的“双线(U)”复选框可以将表格边界设置为双线。在“间距(P):”文本框中输入值设置双线边界的间距,默认间距为 0.18000。

特性区域中的八个边界按钮用于控制边界的外观(图 7.32)。

2. 设置表格样式

在图 7.29 所示的“新建表格样式”对话框中,可以使用“基本”选项卡、“文字”选项卡、“边框”选项卡分别设置表格的数据、标题和表头对应的样式。设置完新的样式后,如果单击“置为当前(U)”,那么在以后创建表格中,新的样式成为默认的样式。

7.5.2 创建表格

1. 插入表格

用于创建表格的命令是 TABLE。可通过下拉菜单项“绘图”→“表格”或“绘图”工具栏上的(表格)按钮执行该命令。

创建表格步骤如下:

执行 TABLE 命令,AutoCAD 弹出“插入表格”对话框,如图 7.33 所示。

此对话框用于选择表格样式,设置表格的有关参数。对话框中主要项的功能如下:

(1)“表格样式”选项组

用于选择所使用的表格样式,通过下拉列表选择即可。

(2)“插入选项”选项组

用于确定如何为表格填写数据。其中,“从空表格开始”单选按钮表示首先创建一个空表格,然后填写数据;“自数据链接”单选按钮表示根据已有的 Excel 数据表创建表格。选中此单选按钮后,可通过(启动“数据链接管理器”对话框)按钮建立与已有 Excel 数据表的链接;“自图形中的对象数据(数据提取)”单选按钮可以通过数据提取向导来提取图形中的数据。

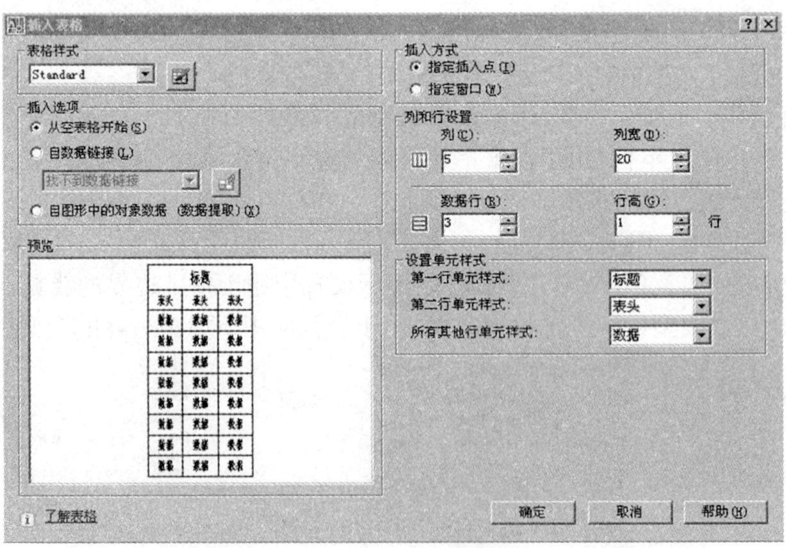

图 7.33 “插入表格”对话框

(3)预览框

用于预览表格的样式。

(4)“插入方式”选项组

用于确定将表格插入到图形时的插入方式，其中，“指定插入点”单选按钮表示将通过在绘图窗口指定一点作为表的一角点位置的方式插入表格。如果表格样式将表的方向设置为由上而下读取，插入点为表的左上角点；如果表格样式将表的方向设置为由下而上读取，则插入点位于表的左下角点。“指定窗口”单选按钮表示将通过指定一窗口的方式确定表格的大小与位置。

(5)“列和行设置”选项组

用于设置表格中的列数、行数以及列宽与行高。

(6)“设置单元样式”选项组

用户可以通过与“第一行单元样式”、“第二行单元样式”和“所有其他行单元样式”对应的下拉列表，分别设置第一行、第二行和其他行的单元样式。每一个下拉列表中有“标题”、“表头”和“数据”三个选择。

【说明】

如果希望表格中的标题行和表头行与数据行的标注格式相同，只要将与“标题”和“表头”的对应项设置成与“数据”项的设置相同即可。

通过“插入表格”对话框完成表格的设置后，单击“确定”按钮，而后根据提示确定表格的位置，即可将表格插入到图形，且插入后 AutoCAD 弹出“文字格式”工具栏，同时将表格中的第一个单元格醒目显示，此时就可以直接向表格输入文字，如图 7.34 所示。

当输入文字时，可以利用 Tab 键和箭头键在各单元格之间切换，以便在各单元格中输入文字。单击“文字格式”工具栏中的“确定”按钮，或在绘图窗口上任意一点单击鼠标左键，会关闭“文字格式”工具栏。

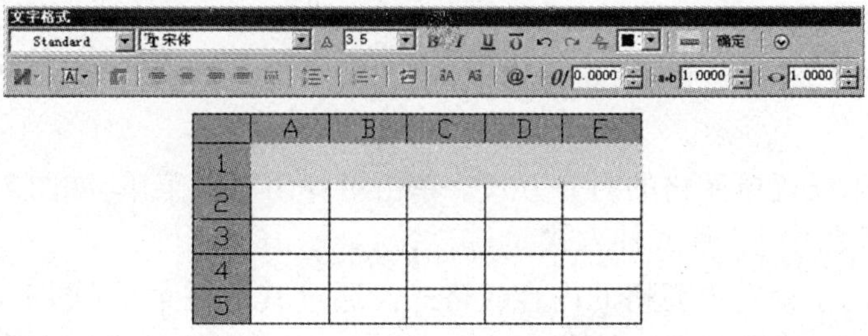

图 7.34　在表格中输入文字界面

【说明】

①在绘图窗口中双击已有表格也可以打开“文字格式”工具栏，并使表格处于编辑状态，以便为表格输入文字或修改表格中已有的文字。

②创建表格后，单击表格会显示出夹点，用户可通过拖动夹点的方式来改变表格的行高与列宽，还可以通过对应的快捷菜单进行插入行、删除行、插入列、删除列等操作，这些操作与在 Word 中对表格的同名操作相似，不再介绍。

2. 编辑表格

(1)使用夹点编辑表格

和其他对象一样,在表格上单击即可显示表格对象的夹点。通过表格的各个夹点可实现表格的拉伸、移动等操作。各个夹点的功能如图 7.35 所示。

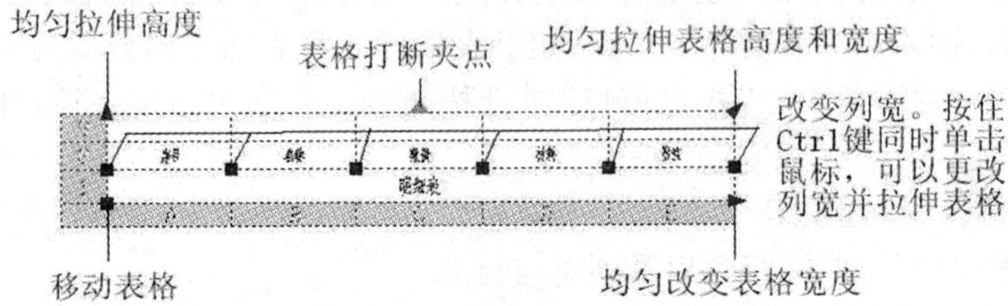

图 7.35　使用夹点编辑表格

(2)使用“表格”工具栏编辑表格

AutoCAD 2008 提供了“表格”工具栏来编辑表格,如图 7.36 所示。

图 7.36　“表格”工具栏

“表格”工具栏,可添加行、列或删除行、列等。各个按钮的功能如下:

① 和按钮:这两个按钮用于在所选单元格的上方、下方添加行。

② 按钮:单击该按钮,可删除所选单元格所在的行。

③ 和按钮:这两个按钮用于在所选单元格的左边、右边添加列。

④ 按钮:单击该按钮,可删除所选单元格所在的列。

⑤ 和按钮:这两个按钮用于合并单元格和取消单元格的合并,合并单元格按钮在选择多个单元格时才使用。按住 Shift 键可选择多个单元格。

⑥ 按钮:单击该按钮,弹出“单元边框特性”对话框,可设置单元格的边框,如图 7.37 所示。

⑦ 按钮:用于设置单元格的对齐方式。单击可弹出下拉菜单,如图 7.38 所示,可设置对齐方式为“左上”、“中上”等九种方式。

⑧ 按钮:用于锁定单元格的内容或格式。通过其下拉菜单(图 7.39),可选择锁定单元格的内容或格式,或者两者均锁定。锁定内容后,则单元格的内容不能更改。

⑨ 按钮:用于设置单元格数据的格式,例如,日期格式、百分数公式等。

⑩ 按钮:用于在单元格内插入块。

⑪ 按钮:用于插入字段,如创建日期、保存日期等。

⑫ fx 按钮:用于使用公式计算单元格数据,包括求和、求均值等。选择“方程式”选项可输入公式。

⑬ 按钮:用于单元格的格式匹配。

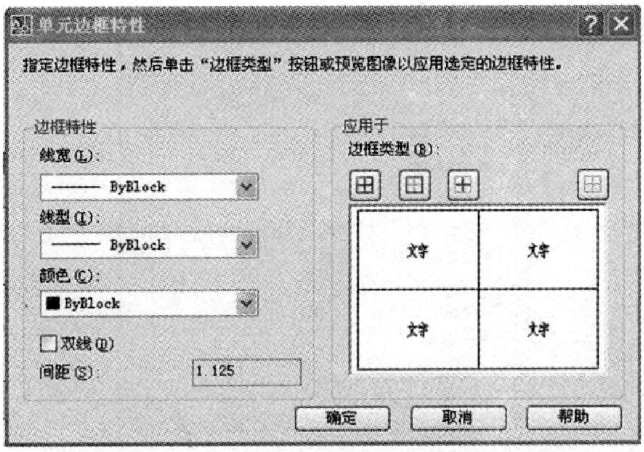

图7.37　"单元边框特性"对话框

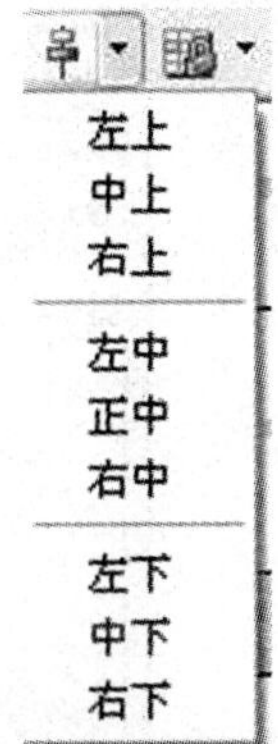

图7.38　对齐方式

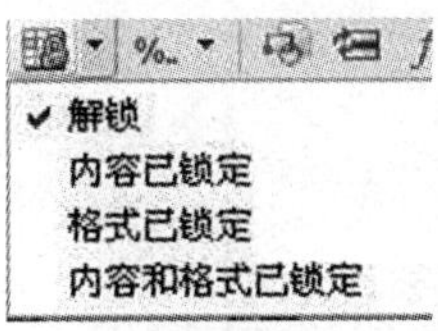

图7.39　设置单元锁定

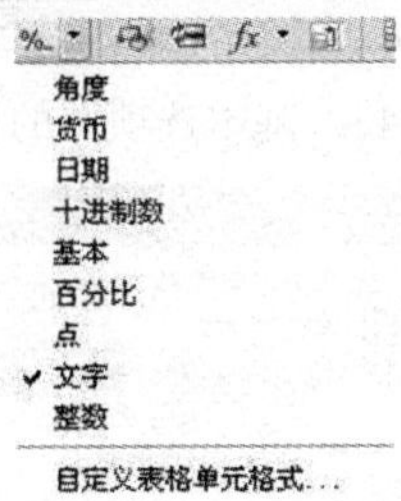

图7.40　设置单元格的数据格式

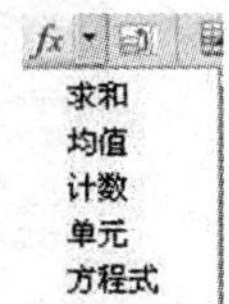

图7.41　使用公式

3. 插入表格实例

创建如图7.42所示的学校常用标题栏。

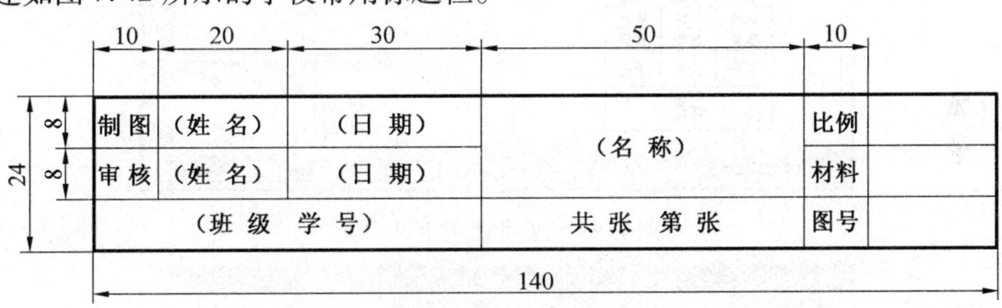

图7.42　学校常用标题栏

创建步骤如下：

(1)创建名为："汉字"文字样式；字体为：仿宋_GB2312；字高：2.5。宽度因子填0.8，点击"应用"→"置为当前"→"关闭"。

(2)创建表格样式：创建名称为"标题栏"的表格样式，表格方向选择"向上"；基本选项卡的设置：水平页边距和竖直页边距都设置为1，对齐选择 "正中"，如图7.43所示。文字选项的设置：文字样式选择上一步创建的"汉字"，如图7.44所示。

(3)插入表格。选择"绘图"→"表格"，出现"插入表格"对话框，将"表格"对话框按图7.45设置，设置完成后点击"确定"按钮。插入的表格如图7.46所示，从中可以看出，插入的表格的行高并不是我们设定的高度8，还需重新设置。

(4)按给定表格数据设置表格。用鼠标左键在图7.46的任意矩形框内单击将出现如图7.47所示的界面。将鼠标放在右上角点的A点单击鼠标右键，在弹出的菜单中选择"特性(S)"选项，在"单元高度"文本框内输入8，"单元宽度"文本框内输入10，如图7.48所示。

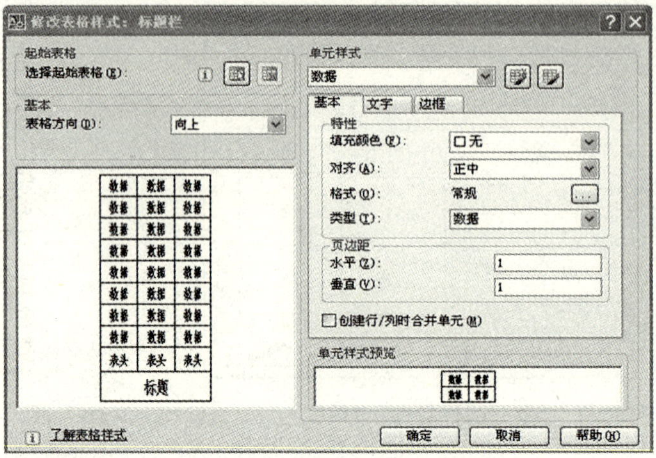

图 7.43　基本选项卡的设置

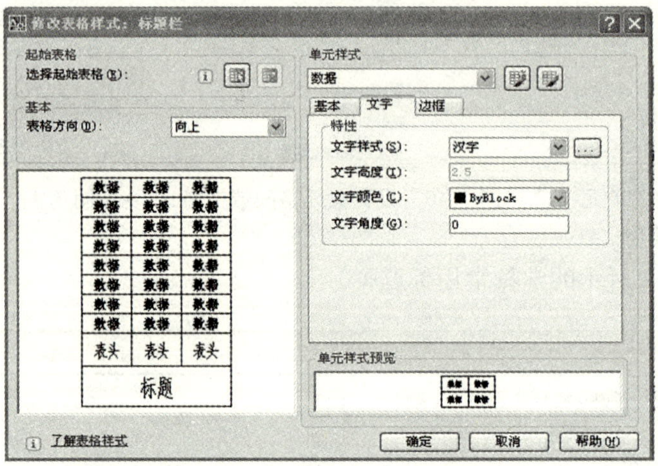

图 7.44　文字选项卡的设置

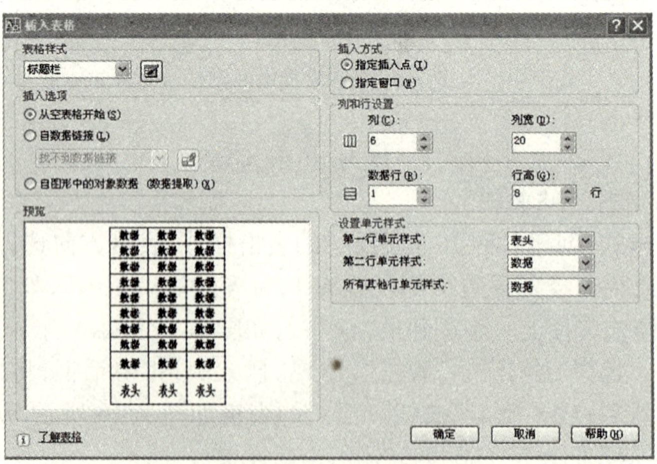

图 7.45　插入表格设置

(5)参考步骤(4)的操作过程,设置其单元格的“单元宽度”和“单元高度”。设置后,表格如图 7.49 所示。

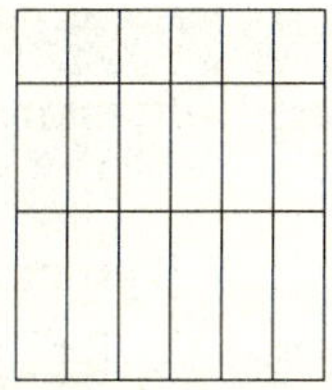

图 7.46　插入的表格

(6)合并单元格。单击左下角单元格,即单击后显示的“A1”,按住 Shift 键,单击其右侧的“C1”,然后单击“表格工具栏”上的按钮选择“按行”。单击后显示的“D3”,按住 Shift 键,单击其下方的“D2”,然后单击“表格工具栏”上的按钮选择“按列”,如图 7.50 所示。

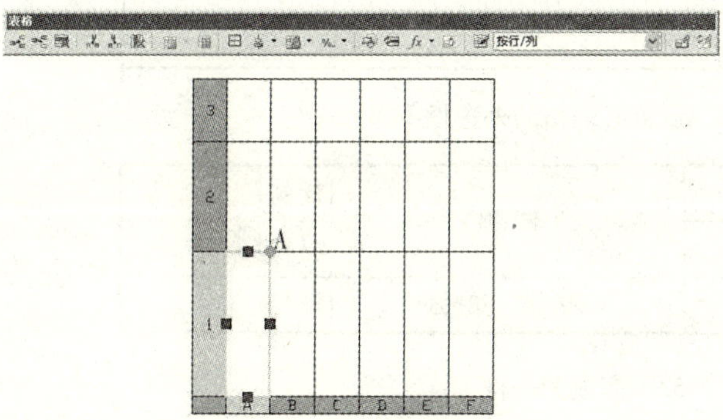

图 7.47　选择单元格

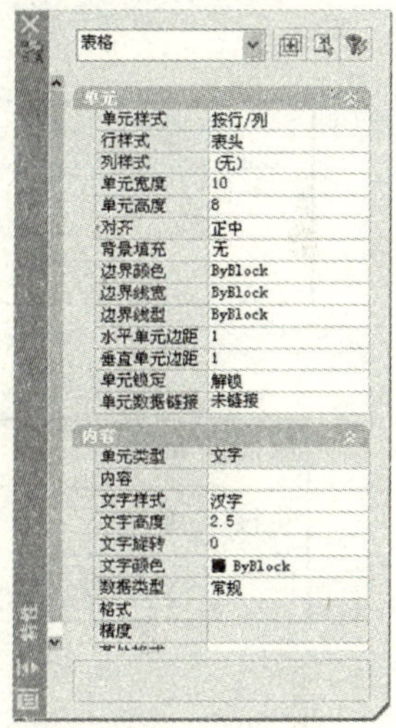

图 7.48　设置单元宽度和高度

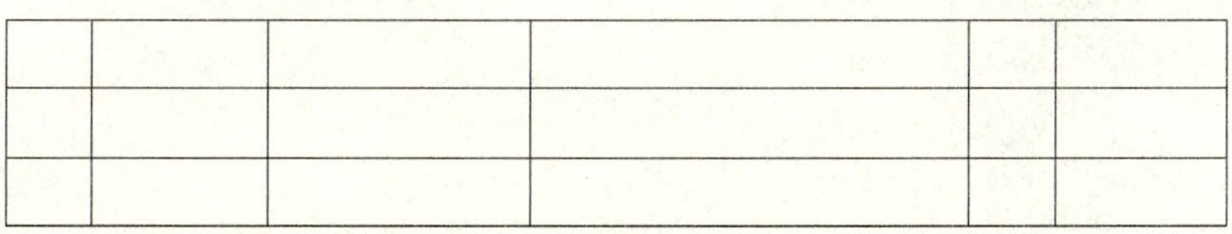

图 7.49　按给定数据设置表格

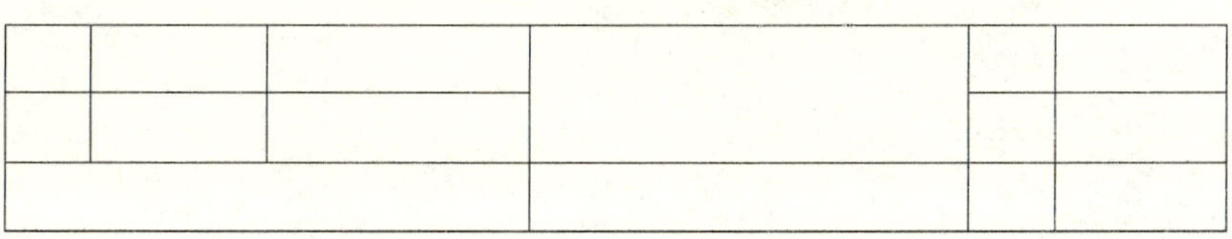

图 7.50　合并后的表格

(7)设置外边框。单击左上角点,按住 Shift 键单击右下角点,点击“表格工具栏”上的按钮。出现图 7.51 所示对话框,点击按钮,再点击“线宽(L):”下的,选择 0.50 mm,完成边框设置。设置好的表格如图 7.52 所示。

(8)输入字符。双击单元格输入字符,输入所有字符后在空白处单击鼠标左键完成文本输入。完成的表格如图 7.53 所示。

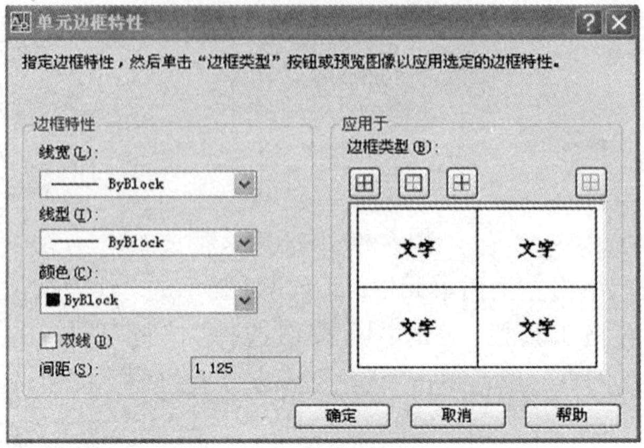

图 7.51　单元边框特性设置

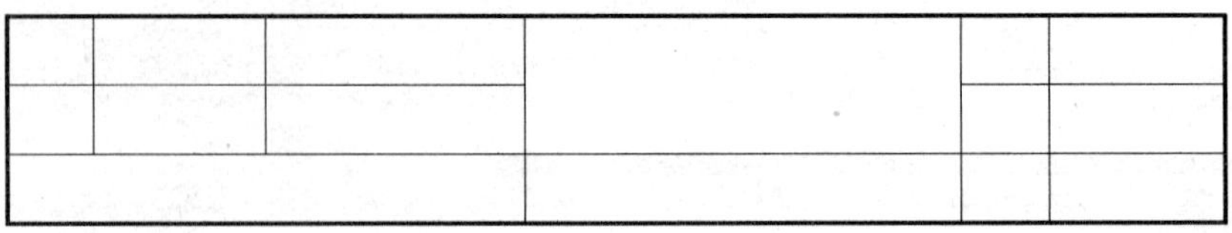

图 7.52　设置好表格的外边框

制图	（姓 名）	（日 期）	（名称）	比例	
审核	（姓 名）	（日 期）		材料	
（班级 学号）			共 张 第 张	图号	

图 7.53　完成的表格

第 8 章　图案填充

在绘制机械图、建筑图、地质构造图等图样时，经常需要对某些图形区域填入剖面符号或其他图案，以表示该物体的材料或表达不同的零部件等。AutoCAD 提供了快捷有效的图案填充和编辑功能。

8.1　图案填充基本概念

1. 功能

用于使用填充图案或渐变填充来填充封闭区域或选定对象。

2. 命令格式

(1)工具栏:“绘图”→按钮。

(2)下拉菜单:“绘图”→“图案填充”。

(3)键入命令:BHATCH↙(或 HATCH、BH)。

执行上述命令后，系统弹出“图案填充和渐变色”对话框，如图 8.1 所示。

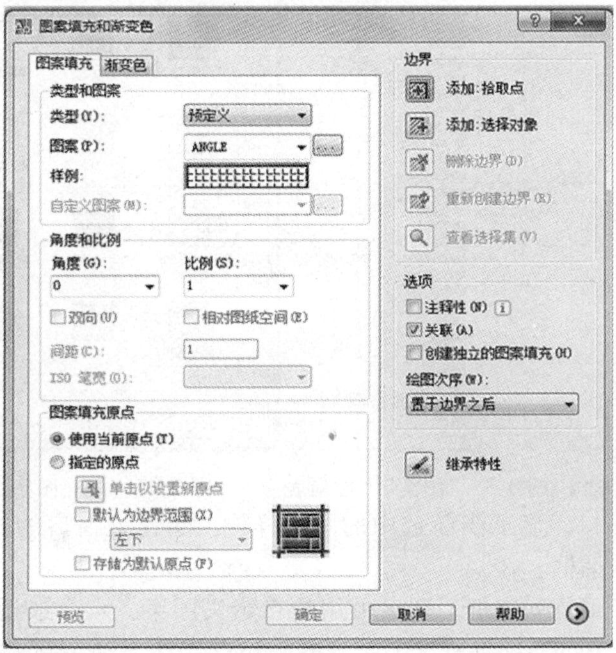

图 8.1　“图案填充和渐变色”对话框的“图案填充”选项卡

3. 对话框说明

“图案填充和渐变色”对话框有“图案填充”、“渐变色”选项卡及其他一些选项等，现分别进行介绍。

(1)“图案填充”选项卡

主要用来设置填充图案的形状、比例、线宽等,如图 8.1 所示。

1)“类型和图案”区

用于设置图案填充的类型和图案。

①“类型”下拉列表框

设置填充图案的类型。单击其右侧的下拉箭头,系统弹出“预定义”、“用户定义”和“自定义”三个选项,如图 8.2 所示。

a.“预定义”选项是指使用 AutoCAD 提供的图案。用户可以控制其角度和比例系数。

b.“用户定义”选项是让用户用当前线型定义一个简单的图案(一组平行线或相互垂直的两组平行线)。可以控制用户定义图案中直线的角度和间距。

c.“自定义”选项用于从其他定制的“.pat”文件中指定一个图案。用户可以控制自定义填充图案的比例系数和旋转角度。

②“图案”下拉列表框。设置填充的图案。当在“类型”下拉列表框中选择“预定义”选项时,该选项才可用。单击右侧下拉箭头,在弹出的图案名称中选择图案,如图 8.3 所示。其中 ANSI31 是机械图样中最为常用的 45°平行线的图案。

单击“图案”下拉列表框右侧的按钮[...],系统弹出“填充图案选项板”对话框,如图 8.4 所示,可从中选择一个填充图案。

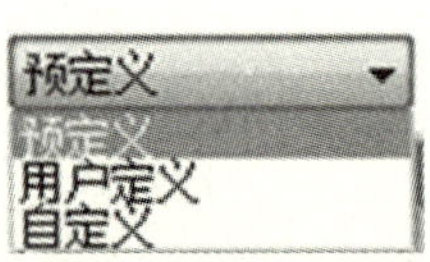

图 8.2 “类型”下拉列表

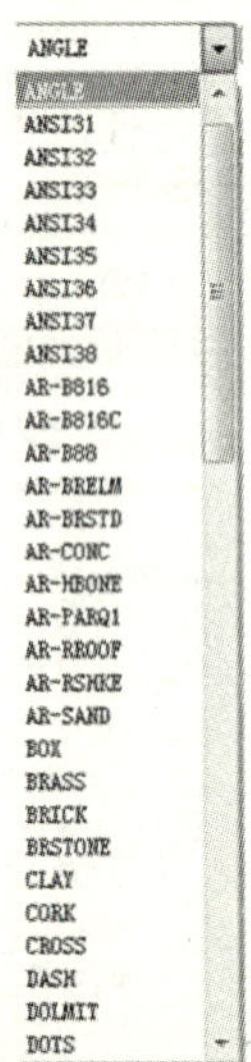

图 8.3 “图案”下拉列表

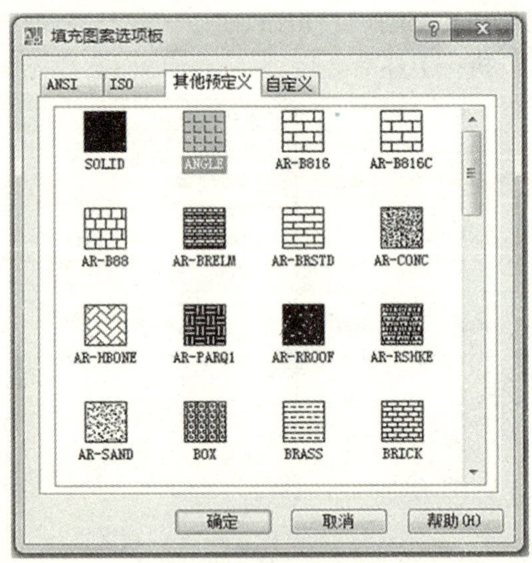

图 8.4 “填充图案选项板”对话框

③“样例”预览窗口。显示当前选中的图案样例。单击该窗口的样例图案,也可弹出“填充图案选项板”对话框。

④“自定义图案”下拉列表框。列出可用的自定义图案。六个最近使用的自定义图案将出现在列表顶部。AutoCAD 将所选定图案的名称存储在 HPNAME 系统变量中。只有在“类型”中选择了“自定义”,此选项才可用。

2)“角度和比例”区

用于设置选定填充图案的角度、比例等参数。

①“角度”下拉列表框。用于设置填充图案相对于当前用户坐标系 UCS 的 X 轴的角度。图 8.5 是用 ANSI31 图案填充时,同一图案不同角度的填充图案的效果。

②“比例”下拉列表框。用于放大或缩小预定义或自定义图案。该选项只有将“类型”设置为“预定义”或“自定义”才可用。图8.6所示为不同比例因子下的同一图案的填充。

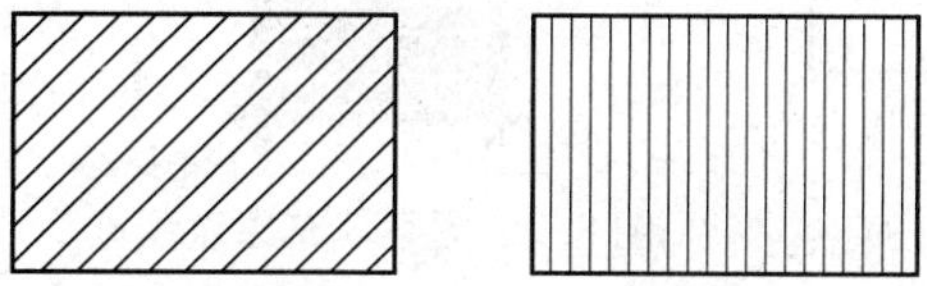

(a)角度为0°　(b)角度为45°

图8.5　同一图案不同角度的图案填充

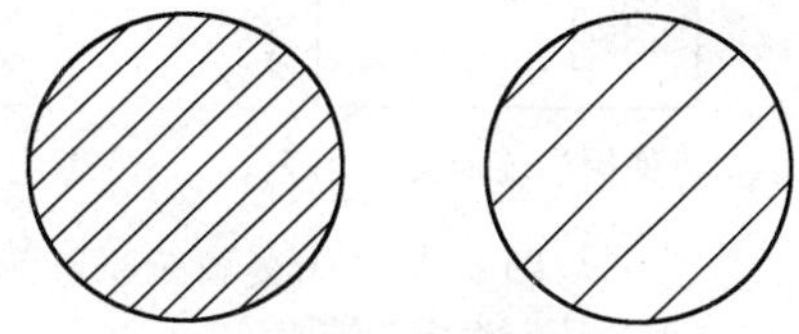

(a)比例因子为0.5　(b)比例因子为1.5

图8.6　同一图案不同比例因子下的图案填充

③“双向”复选框。对于用户定义的图案，将绘制第二组直线，这些直线与原来的直线成90°，从而构成交叉线，如图8.7所示。只有在“图案填充”选项卡上将“类型”设置为“用户定义”时，此选项才可用。AutoCAD将该信息存储在系统变量HPDOUBLE中。

④“相对图纸空间”复选框。相对于图纸空间单位缩放填充图案。使用此选项，可很容易地做到以适合于布局的比例显示填充图案。该选项仅适用于布局。

⑤“间距”文本框。设置用户定义图案中的直线间距。AutoCAD将间距值保存在系统变量HPSPACE中。只有将“类型”设置为“用户定义”，该选项才可用。

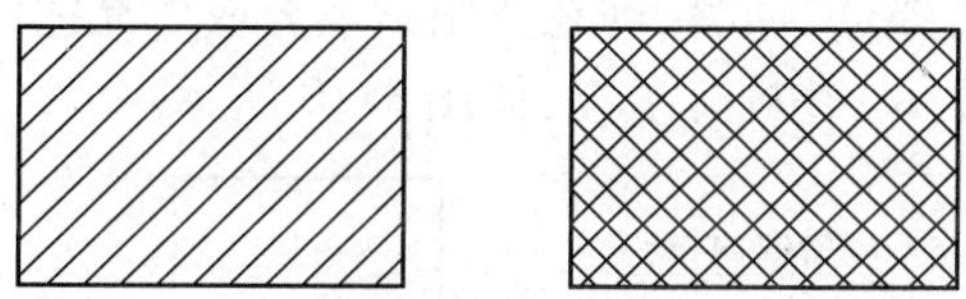

(a)“单向”填充效果　(a)“双向”填充效果

图8.7　“双向”复选框设置示例图

⑥“ISO笔宽”下拉列表框。用于设置“预定义”的ISO图案的笔宽。只有将“类型”设置为“预定义”，并将“图案”设置为可用的ISO图案的一种，此选项才可用。

3)“图案填充原点”区

控制填充图案生成的起点位置。默认情况下，所有图案填充原点都对应于当前的UCS原点。但是，有时可能需要移动图案填充的起点(称为原点)。例如，如果创建砖形图案，可能希望在填充区域的左下角以完整的砖块开始，如图8.8(b)所示。在这种情况下，可使用“图案填充原点”中的选项。

①“使用当前原点”单选按钮。使用当前坐标系的原点作为填充图案生成起点位置，如图8.8(a)所示。

②“指定的原点”单选按钮。指定新的图案填充原点。单击此选项可使以下选项可用。

a.“单击以设置新原点”按钮：直接指定新的图案填充原点。

b.“默认为边界范围”复选框：根据图案填充对象边界的矩形范围计算新原点。可从该下拉列表中选择该范围的四个角点或中心点之一作为新原点。图8.8(b)是用“左下”点为原点进行填充的。

c.“存储为默认原点”复选框：将新图案填充原点的值存储在HPORIGIN系统变量中，作为下一次图案填充的默认原点。

d.原点预览：显示原点的当前位置。图8.1所示为填充原点(红色十字)在左下；图8.9所示为填充原点在正中。

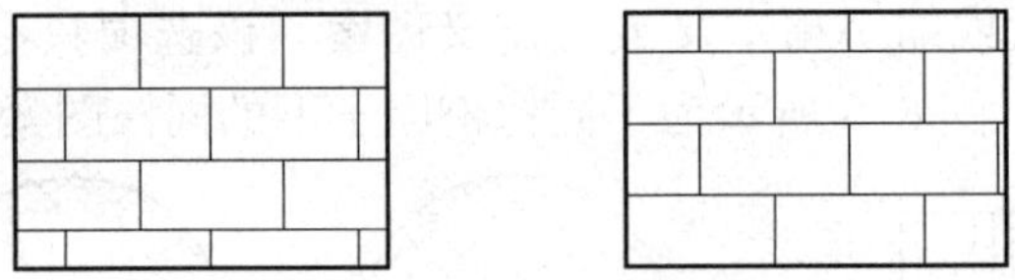

(a)“使用当前原点”填充　　(b) 指定“左下”为原点填充

图 8.8　“图案填充原点”设置示例

图 8.9　图案填充原点预览

(2)“边界”及“选项”等项

1)“边界”区

在“边界”选项区域中，包括“添加:拾取点”、“添加:选择对象”等按钮，其功能如下：

①“添加:拾取点”按钮。根据围绕指定点构成封闭区域的现有对象确定边界。对话框将暂时关闭，系统将会提示拾取一个点。具体操作如下：

单击“添加:拾取点”按钮后，“图案填充和渐变色”对话框关闭。命令行提示：

命令:_bhatch

拾取内部点或[选择对象(S)/删除边界(B)]:(单击要进行图案填充或填充的区域，或键入“S”、“B”之一，或键入“U”或“UNDO”放弃上一次操作，或按“Enter”键返回对话框)

a. 对主提示以“拾取内部点”回答，即在要图案填充或填充的区域内单击，那么AutoCAD自动确定边界(虚线醒目显示)并进行填充，如图 8.10 所示。

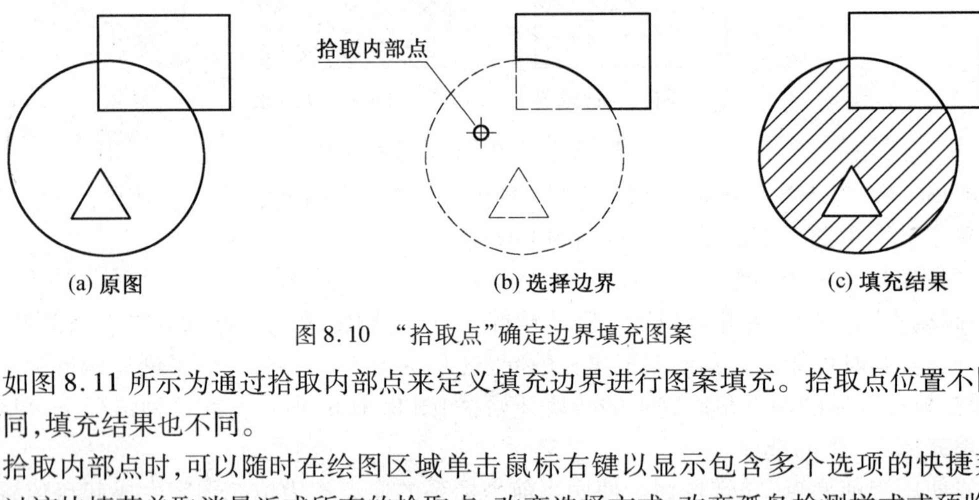

(a) 原图　　(b) 选择边界　　(c) 填充结果

图 8.10　“拾取点”确定边界填充图案

如图 8.11 所示为通过拾取内部点来定义填充边界进行图案填充。拾取点位置不同，边界不同，填充结果也不同。

拾取内部点时，可以随时在绘图区域单击鼠标右键以显示包含多个选项的快捷菜单。可通过该快捷菜单取消最近或所有的拾取点，改变选择方式，改变孤岛检测样式或预览图案填充等多项功能。

如果打开了“孤岛检测”，最外层边界内的封闭区域对象将被检测为孤岛。BHATCH 使用此选项检测对象的方式取决于在对话框的“孤岛”区域中选择的孤岛检测方法。

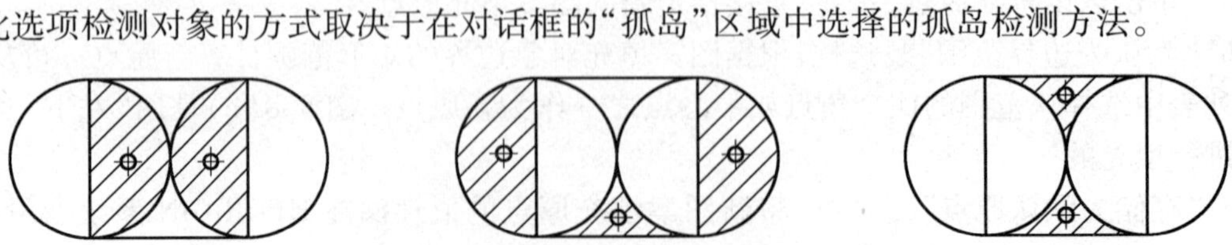

(a)　　(b)　　(c)

图 8.11　在对象内部拾取点进行图案填充

在拾取内部点时，如果 AutoCAD 发现所拾取的点在边界线外，或边界对象并非完全闭合且“允许的间隔”设置得不够大时，将弹出“边界定义错误”提示框，如图 8.12 所示，提示未找到有效的图案填充边界；如果 AutoCAD 发现边界对象并非完全闭合且“允许的间隙”设置得足够大时，将弹出“开放边界警告”提示框，如图 8.13 所示，可以单击“是”继续填充，或单击“否”放弃刚才指定的边界，或单击“取消”放弃本次操作返回“图案填充和渐变色”对话框。还可以选择“保存此决定”复选框，以便下次再有类似问题时采取与这次一样的选择。

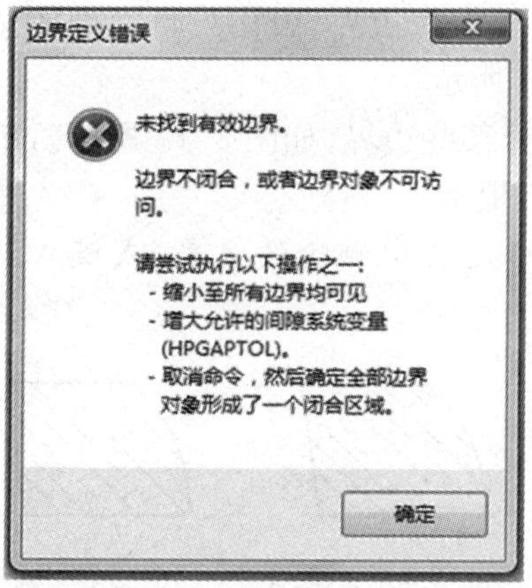

图 8.12　“边界定义错误”对话框

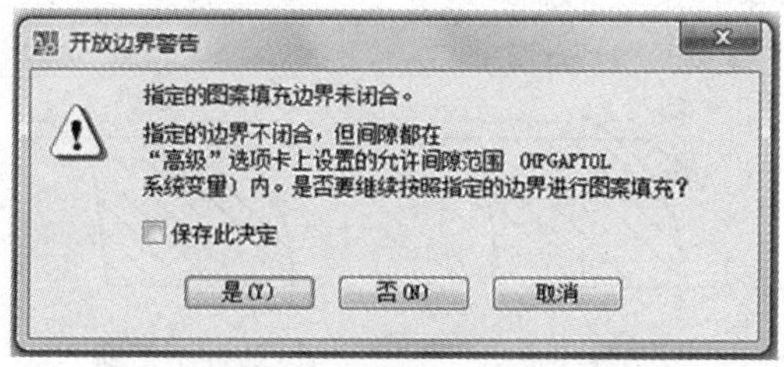

图 8.13　“开放边界警告”对话框

b. 对主提示键入“S”，把当前的“拾取内部点”方式改为“选择对象”方式来确定填充边界。

c. 对主提示键入“B”，转到“删除边界”选项，即从已经选定的填充边界中去掉某些边界。

②“添加选择对象”按钮。根据构成封闭区域的选定对象确定边界。具体操作如下：

单击“添加:选择对象”按钮后，“图案填充和渐变色”对话框关闭。命令行提示：

命令:_bhatch

选择对象或[拾取内部点(K)/删除边界(B)]:(选择定义要进行图案填充或填充的区域，或键入“K”、“B”之一，或键入“U”或“UNDO”放弃上一个选择，或按 Enter 键返回对话框)

如图 8.14 所示，为选择一矩形作为边界，进行图案填充。

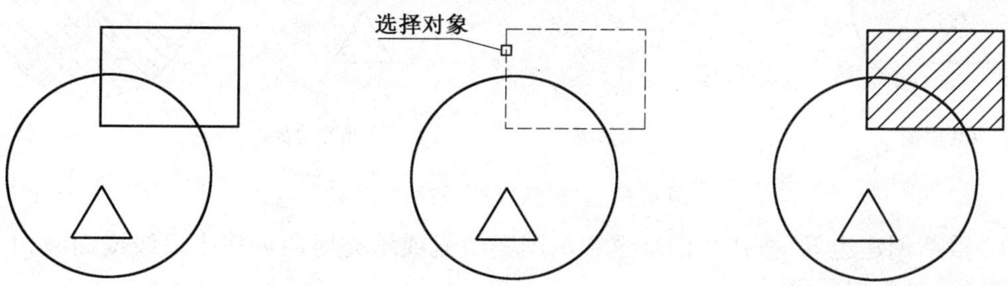

(a) 原图　　(b) 选择边界　　(c) 填充结果

图 8.14　“选择对象”确定边界填充图案

对上述提示如果键入“K”,则将当前的选择方式改为拾取内部点,同时前面选择的填充边界也被取消;如果键入“B”,则转到“删除边界”选项,即从已经选中的填充边界中去掉某些边界。

使用“添加:选择对象”选项时,AutoCAD 不再自动地建立一个闭合的边界,因此被选定的对象都要作为边界,这就要求所有选中对象的端点必须在填充边界上,且端点重合构成一条封闭的图形,否则可能填充不正确,如图 8.15 所示。

使用“添加:选择对象”选项选择对象来定义填充边界时,AutoCAD 不会自动检测边界内部的孤岛(指填充区域内的对象)。内部孤岛是否作为边界,由用户自己确定,并根据当前设置的孤岛检测样式来进行图案填充,如图 8.16 所示。

③“删除边界”按钮。从已经定义的边界中去掉某些边界,如图 8.17 所示。单击“删除边界”时,“图案填充和渐变色”对话框关闭,命令行提示:

选择对象或[添加边界(A)]:(选择要从边界定义中删除的对象,或键入“A”,或按“Enter”键返回对话框)

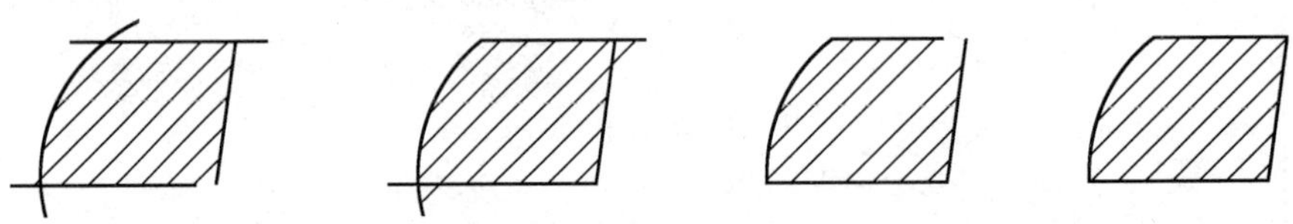

(a) 边界不正确　(b) 边界不正确　(c) 边界不正确　(d) 边界正确

图 8.15　使用“选择对象”选项,边界需构成封闭图形

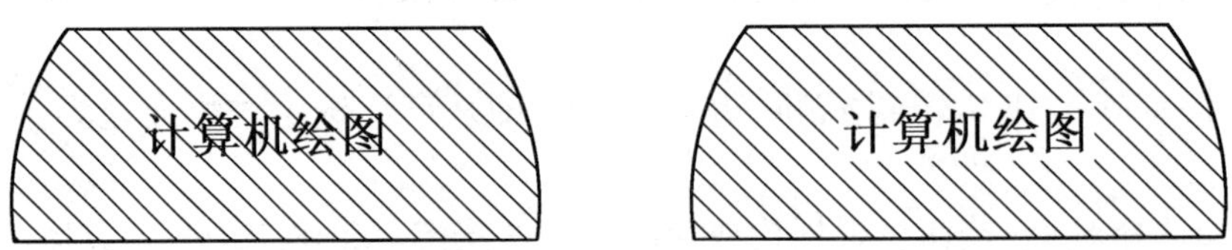

(a) 不选文字作为边界　(a) 选文字作为边界

图 8.16　使用“选择对象”选项,遇到孤岛时的图案填充

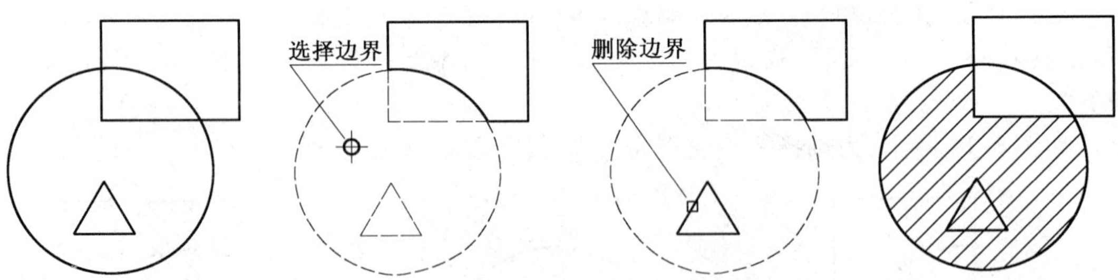

(a) 原图　(b) 选取边界　(c) 删除边界　(d) 填充结果

图 8.17　“删除边界”与填充图案

④“重新创建边界”按钮。围绕选定的图案填充或填充对象创建多段线或面域,并使其与图案填充对象相关联。

⑤“查看选择集”按钮。用于查看已选择的边界。单击该按钮,切换到绘图窗口。如果未定义边界,则此选项不可用。

2)“选项”区

①“注释性”复选框。创建注释性图案填充。注释性图案填充是按照图纸尺寸进行定义的。可以创建单独的注释性填充对象，也可以创建注释性填充图案。

②“关联”复选框。控制“图案填充或填充”的关联。关联的“图案填充或填充”在用户修改其边界时将会更新。不关联的“图案填充或填充”在修改其边界时将不发生变化。图8.18所示为用拉伸命令拉伸图形的右下角。其中，图8.18(a)为“关联”时的拉伸效果，图8.18(b)是“不关联”时的拉伸效果。

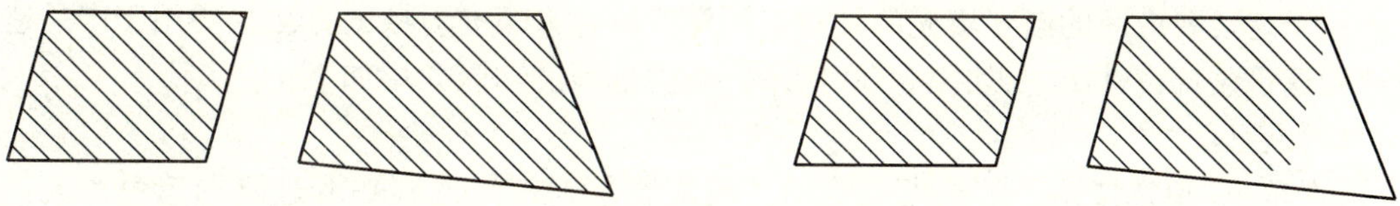

(a) 填充图案与填充边界关联　　(b) 填充图案与填充边界不关联

图8.18　“关联”对修改效果的影响

③“创建独立的图案填充”复选框。当指定了几个单独的闭合边界时，该选项控制是创建单个图案填充对象，还是创建多个图案填充对象。选中该复选框后，创建的是多个独立的图案填充对象；否则，多个独立的闭合边界内的图案填充对象将作为一个整体。图8.19所示为执行一次命令填充图形的上下两块区域。其中，图8.19(a)为未选中该复选框的效果；图8.19(b)为选中该复选框的效果。

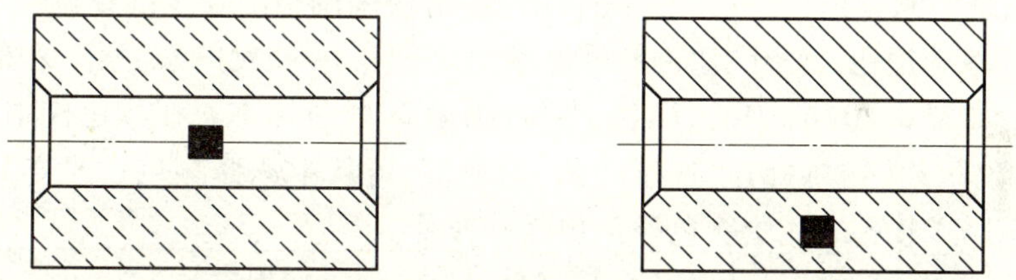

(a) 创建非独立的图案填充　　(a) 创建独立的图案填充

图8.19　图案填充的独立性

④“绘图次序”下拉列表框。为图案填充或填充指定绘图次序。图案填充或填充可以放在所有其他对象之后、所有其他对象之前、图案填充边界之后或图案填充边界之前。

3)“继承特性”按钮

使用选定图案填充对象的图案填充或填充特性对指定的边界进行图案填充或填充。单击“继承特性”按钮时，对话框将暂时关闭并显示命令提示：

命令：_bhatch

选择图案填充对象：(单击图案填充或填充区域，以选择要将其特性用于新图案填充对象的图案填充)

继承特性：名称<当前值>，比例<当前值>，角度<当前值>

拾取内部点或[选择对象(S)/删除边界(B)]：

……

接下来的操作与前面介绍的方法一样。

在选定图案填充要继承其特性的图案填充对象之后，也可以在绘图区域中单击鼠标右键，并使用快捷菜单在“选择对象”和“拾取内部点”选项之间进行切换以创建边界。

4)“预览”按钮

选择该项，将关闭对话框，并使用当前图案填充设置显示当前定义的边界。单击图形或按 Esc 键返回到对话框，若单击鼠标右键或按 Enter 键则接受图案填充。如果没有边界被选定，则此选项不可用。

(3)“渐变色”选项卡

用于定义要应用的渐变填充的外观。用渐变颜色来填充对象的方法主要用于产品造型设计和建筑装饰设计图中，如图 8.20 所示。有关选项的功能介绍如下：

1)颜色区

①“单色”单选按钮。用于指定使用从较深着色到较浅色调平滑过渡的单色填充。选择“单色”时，将显示如图 8.20(a)中的“颜色样本”(水平颜色条)，其右侧是浏览按钮，单击该按钮，将打开“选择颜色”对话框，从中可以选择 AutoCAD 索引颜色、真彩色或配色系统的颜色。显示的默认颜色为图形的当前颜色。

“着色——渐浅”是“色调”滑动条，拖动滑块或单击两侧的箭头或，“渐变图案”显示的九块颜色样例可以在“渐深”和“渐浅”之间变化。

可以使用由一种颜色产生的由深到渐浅的渐变色来填充图形。在下面的颜色显示框中双击左键或单击其右侧的按钮，将弹出“选择颜色”对话框，可以选择 AutoCAD 索引颜色、真彩色或配色系统中的颜色，通过其右侧的“渐浅”滑块来调整渐变色的色调。

②“双色”单选按钮。用于指定在两种颜色之间平滑过渡的双色渐变填充。选择“双色”时，将显示如图 8.20(b)中的“颜色 1”和“颜色 2”颜色样本。在颜色样本的右边都有浏览按钮。单击该按钮将打开“选择颜色”对话框，可从中选择颜色。改变“颜色 1”和“颜色 2”，“渐变图案”显示的九块颜色样例也随即改变。

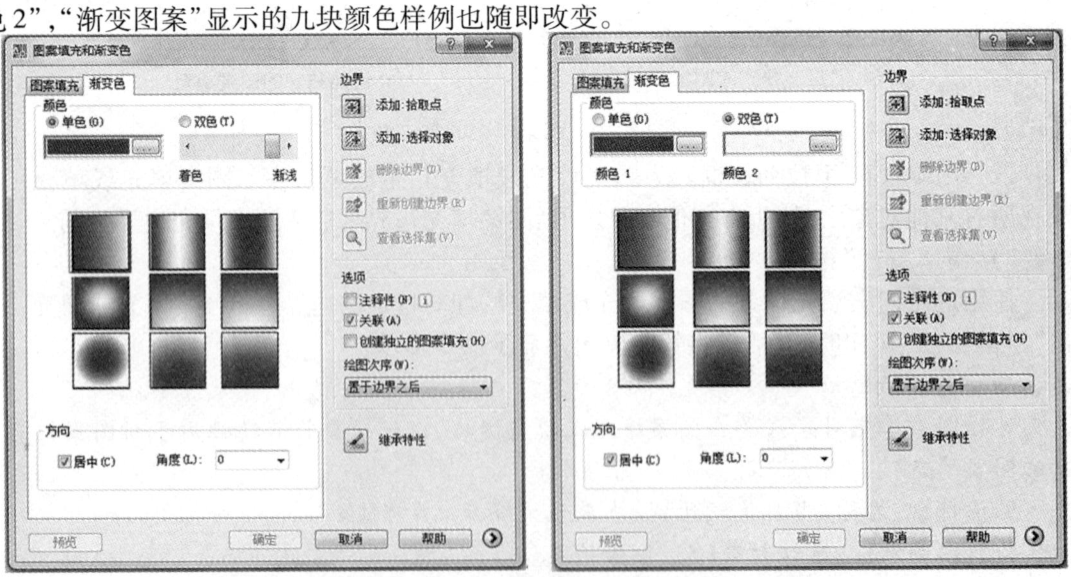

(a)“渐变色”选项卡“单色”　　(b)“渐变色”选项卡“双色”

图 8.20 “图案填充和渐变色”对话框的“渐变色”选项卡

2)“渐变图案”区

显示用于渐变色填充的九种固定图案。这些图案包括线性扫掠状、球状和抛物面状图案。

3)“方向”区

指定渐变色的角度以及其是否对称。

①“居中”复选框。指定对称的渐变配置。如果没有选定此选项,渐变色填充将朝左上方变化,创建光源在对象左边的图案。

②“角度”下拉列表框。指定渐变色填充的角度,相对当前 UCS 指定角度。此选项与指定给图案填充的角度互不影响。

(4)其他选项

单击“图案填充和渐变色”对话框右下角的“ ”按钮,可得到展开的对话框以显示其他选项,如图 8.21 所示,现介绍如下:

图 8.21　展开的“图案填充和渐变色”对话框中“图案填充”选项卡

1)“孤岛”区

用于指定在最外面边界内填充对象的方法。填充边界内具有闭合边界的对象,如封闭的图形、文字串的外框等,称为孤岛。

①“孤岛检测”复选框。控制是否检测内部闭合边界(孤岛)。

②孤岛显示样式。如果 AutoCAD 检测到孤岛,要根据选中的“孤岛显示样式”进行填充。三种样式分别为:“普通”、“外部”和“忽略”。如果没有内部孤岛存在,则定义的孤岛检测样式无效。图 8.22 显示了由三个对象组成的边界,使用三种样式进行图案填充的结果。

a. 普通:填充从最外面边界开始往里,在交替的区域间填充图案。这样在由外往里,奇数个区域被填充,如图 8.22(a)所示。

b. 外部:填充从最外面边界开始往里进行,遇到第一个内部边界后即停止填充,仅仅对最外边区域进行图案填充,如图 8.22(b)所示。

c. 忽略:只要最外的边界组成了一个闭合的图形,AutoCAD 将忽略所有的内部对象,对最外端边界所围成的全部区域进行图案填充,如图 8.22(c)所示。

实际上,在应用“拾取内部点”进行图案填充和渐变色填充之前,应该选择一种孤岛显示样式。

除可在“图案填充和渐变色”对话框中的其他选项的“孤岛”区里选择“普通”、“外部”和“忽略”三种样式之一外,如果在“选项”对话框的“用户系统配置”选项卡中设置了“绘图区域中使用快捷菜单”,用户还可以在边界内拾取点或选择边界对象时,在绘图区中单击鼠标右键,从弹出的快捷菜单中选择三种样式之一。

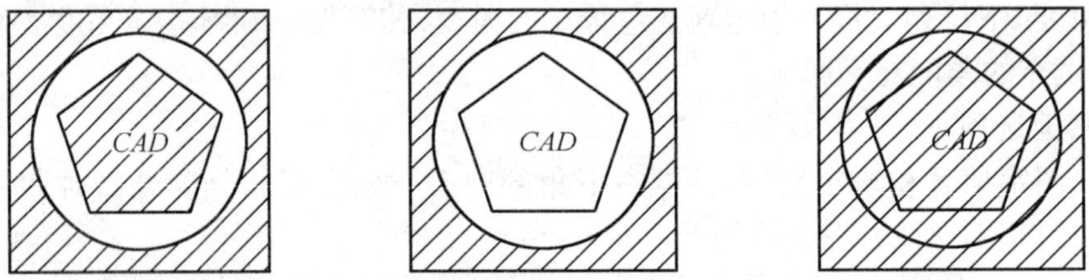

(a) 普通　(b) 外部　(c) 忽略

图 8.22　孤岛检测样式

2)“边界保留”区

AutoCAD 在图案填充时会在被填充区域的内部用多段线或面域产生一个临时边界,以描述填充区域的边界,默认的情况是图案填充完成后系统自动清除这些临时边界。

①“保留边界”复选框。用于控制填充时是否保留临时边界,选中此项表示保留边界到图形中,并可作为一个 AutoCAD 对象使用。

②“对象类型”下拉列表。用于指定临时边界对象使用“多段线”还是“面域”。该项只有在选中了“保留边界”复选框时才有效。

图 8.23(a)为两条直线和两条圆弧形成的填充边界;图 8.23(b)为保留临时边界,对象类型是多段线,在擦除了直线和圆弧后,填充区域仍有一条闭合的多段线;图 8.23(c)为不保留临时边界,在擦除了直线和圆弧后的效果。

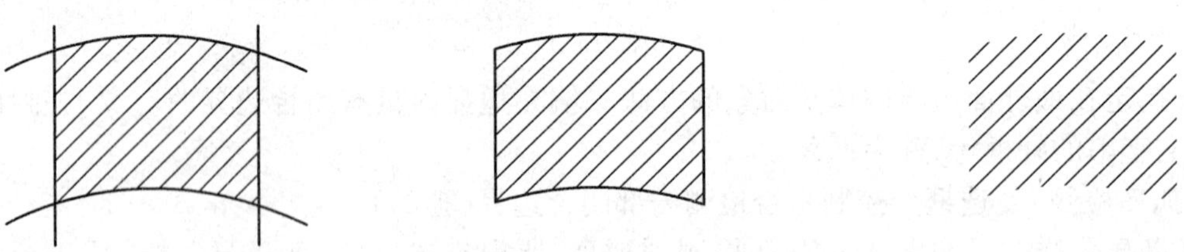

(a) 擦除直线和圆弧前　(b) 擦除直线和圆弧后（保留边界）　(c) 擦除直线和圆弧后（不保留边界）

图 8.23　保留边界与不保留边界的比较

3)“边界集”区

当使用“添加:拾取点”选项来定义边界时,AutoCAD 要分析边界对象集。在默认的情况下,AutoCAD 将分析当前视口中所有可见的对象。用户可以重新定义边界对象集,忽略某些对象,使它们不在对象集内,同时也不用将它们隐藏或删除掉。对于较大的图形来说,重定义边界集可使生成边界的速度加快。但是,如果在图案填充时,通过“选择对象”来定义填充边界,则在此所选的边界对象集没有效果。

①“边界集”下拉列表。该下拉列表有两个选项，即“当前视口”和“现有集合”，默认的是“当前视口”。

a. 当前视口：使用当前视口中所有可见对象来定义边界对象集。在已有一个当前边界对象集时，选择此选项将忽略当前边界对象集而使用当前视口中所有可见的对象来定义边界对象集。

b. 现有集合：一旦使用“边界集”下拉列表框右边的“新建”按钮选择了某些对象作为边界集，下拉列表框中将出现“现有集合”，这是采用用户指定的对象作为 AutoCAD 要分析的边界对象集。如果没有使用“新建”按钮选择对象，则选项不可用。

②“新建”按钮。该按钮用于创建一个新的边界对象集。

4)“允许的间隙”区及“公差”文本框

设置将对象用作图案填充边界时可忽略的最大间隙。默认值为 0，此值指定对象必须是封闭区域而没有间隙。按图形单位输入一个值（0 ~ 5 000），以设置将对象用作图案填充边界时可以忽略的最大间隙。任何小于等于指定值的间隙都将被忽略，并将边界视为封闭，如图 8.24 所示。

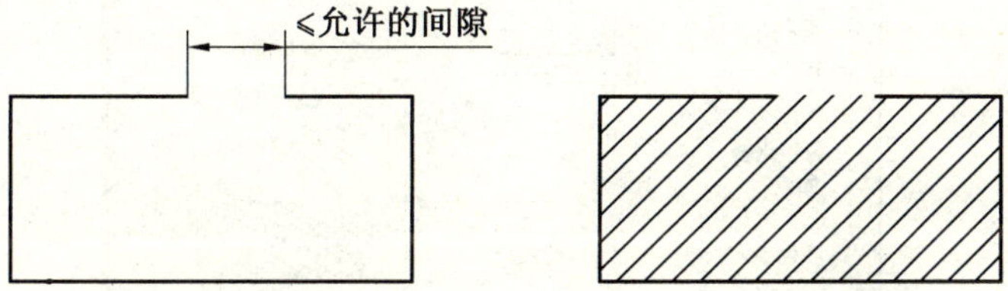

(a) 图案填充边界　　(b) 填充结果

图 8.24　图案填充边界的允许间隙

5)“继承选项”区

使用“继承特性”进行图案填充时，控制图案填充的原点位置。

①使用当前原点。在进行图案填充或渐变色填充时使用当前的原点。

②使用源图案填充的原点。在进行图案填充或渐变色填充时使用源图案的填充原点。

8.2　图案填充的编辑

1. 利用“图案填充编辑”对话框编辑图案填充

(1) 功能

编辑图形中的图案填充的特性。

(2) 命令格式

1) 工具栏

“修改Ⅱ”→按钮。

2) 下拉菜单

“修改”→“对象”→“图案填充”。

3）快捷菜单

选择要编辑的图案填充对象，在绘图区域单击鼠标右键，从弹出的快捷菜单中选择“编辑图案填充”项。

4）键入命令

HATCHEDIT↙。

执行该命令后，命令行提示：

选择图案填充对象：（选择要编辑的图案填充对象）

选择图案填充对象后，系统弹出“图案填充编辑”对话框，如图 8.25 所示。“图案填充编辑”对话框与“图案填充和渐变色”对话框完全一样，只是在编辑图案填充时，某些项不可用，而在创建图案填充时“图案填充和渐变色”对话框中不可用的“重新创建边界”按钮现在可用。

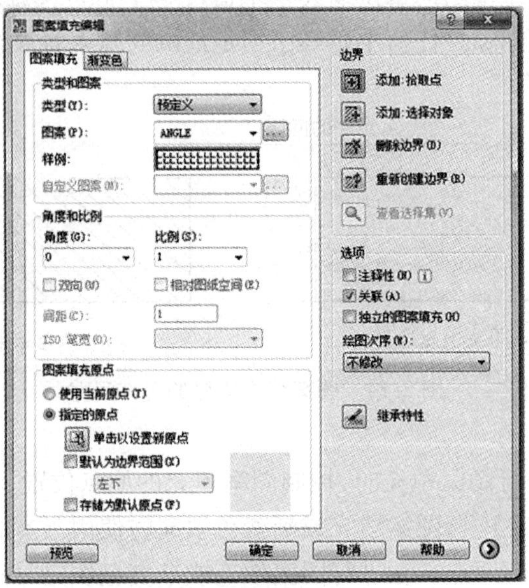

图 8.25 “图案填充编辑”对话框

利用“图案填充编辑”对话框，可对已填充的图案进行诸如改变填充图案、改变填充比例和角度以及孤岛检测样式等操作，可参照前面介绍的“图案填充和渐变色”对话框使用。

在一个图案填充对象上，双击鼠标左键，系统也会弹出“图案填充编辑”对话框。

2. 利用“特性”选项板编辑图案填充

任意在一个完成的图案填充上先单击鼠标左键，再通过单击鼠标右键，选择特性，如图 8.26(a)所示，系统将会弹出“特性”选项板，如图 8.26(b)所示。通过该选项板，可方便地修改图案类型、名称、角度、比例、图层、线型、颜色等特性。

3. 利用特性匹配命令编辑图案填充

利用“特性匹配”功能，可以将选定的图案填充的特性，复制到要修改的图案填充上，达到修改图案填充的目的。

可通过单击标准工具栏上的 按钮等方法启用“特性匹配”功能。

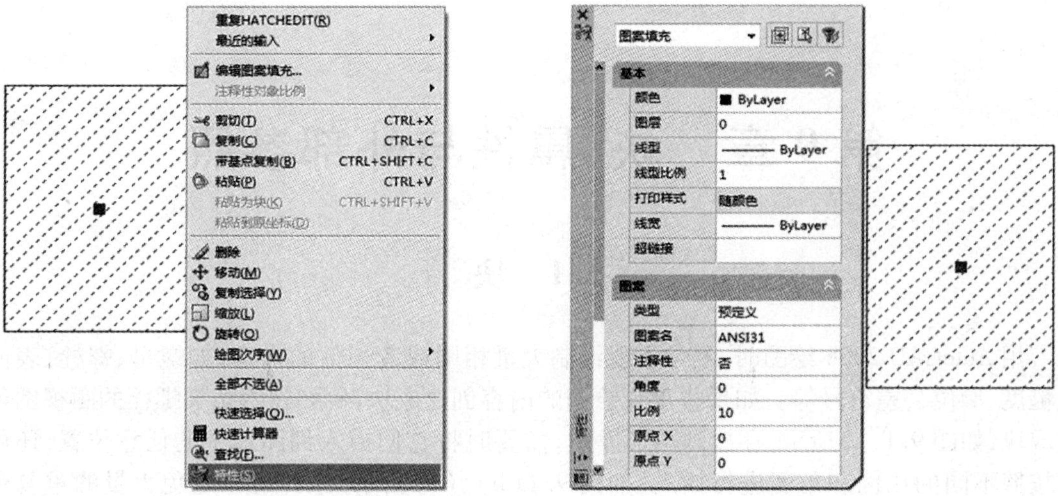

(a)　　　　　　　　(b)

图 8.26　利用“特性”选项板编辑图案填充

习 题 八

1. 绘制如图 8.27 所示的图形(说明:绘出五角星后,用渐变色填充)。
2. 绘制如图 8.28 所示的轴。

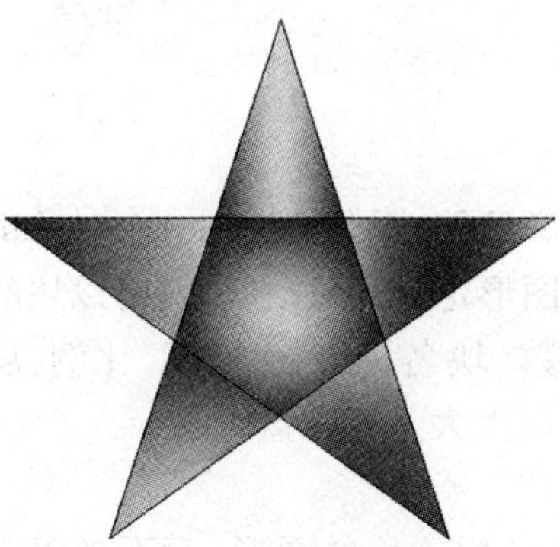

图 8.27　五角星

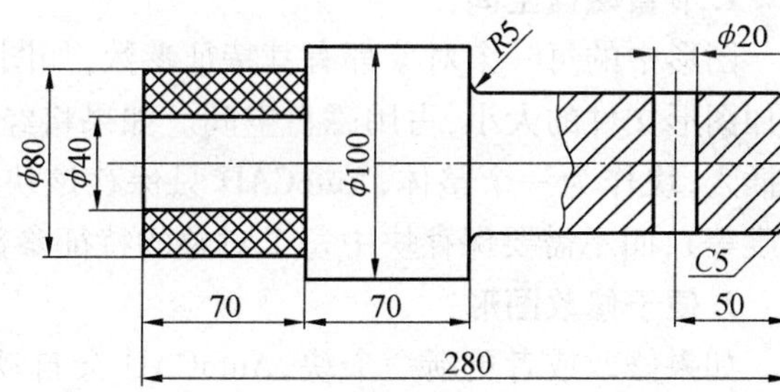

图 8.28　轴

第 9 章　块、属性与外部参照

9.1　块

用 AutoCAD 2008 绘图时，经常需要绘制大量相同或者相似的内容，如螺母、螺栓、表面粗糙度、形位公差符号等。如果将重复绘制的内容创建成块，例如将六角头螺栓的圆视图创建成块，如图 9.1(a)所示，存放到图形库中，需要时将它们插入到图形中的任意位置，还可以按照不同的比例和角度进行插入，如图 9.1(b)、(c)所示，这样可以避免大量的重复劳动，从而提高绘图的效率。

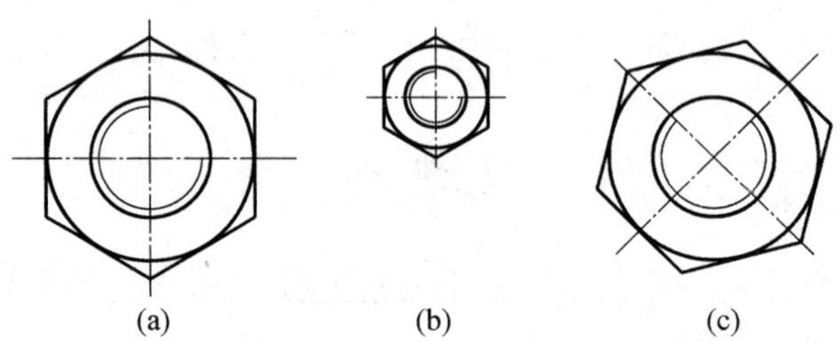

图 9.1　块及块的插入

此外，使用块还具有以下优点：

1. 节省磁盘空间

图形中的每一个对象都有其特征参数，如图层、线型、颜色等，因此每绘制一个对象都会增加图形文件的大小，占用磁盘空间。如果将经常使用的图形定义成块，在需要时以块的形式插入，块作为一个整体，AutoCAD 只保存该块的特征参数（块名、插入点坐标、比例、旋转角度等），而不需要保存块中每个对象的特征参数，所以可以大大节省磁盘空间。

2. 便于修改图形

如果修改或者更新一个块，AutoCAD 会自动更新所有应用该块的图形，而不必逐一修改，可以节省大量时间。

3. 便于携带属性信息

利用属性功能，可以在块中加入文本信息，每次插入块时，这些文本信息可以改变，也可以显示或者隐藏，还可以对属性信息进行提取，传送给数据库进行管理。

9.1.1　创建块

用于创建块的命令是 BLOCK。用户可以通过命令行输入 BLOCK 命令，也可通过选择下拉菜单项“绘图”→“块”→“创建”或者点击“绘图”工具栏上（创建块）按钮执行该命令。

执行创建块命令，AutoCAD 会弹出“块定义”对话框，如图 9.2 所示，对话框中各主要项的功能如下：

图9.2　“块定义”对话框

1.“名称”

用于输入当前创建块的名称。单击列表框右侧向下的箭头，将会显示当前图形中所有已经定义过的块的名称。

2.“基点”区

指定块的插入基点。用户可以单击“拾取点”按钮，AutoCAD 会临时切换到绘图窗口，用户在“指定插入基点：”的提示下拾取插入基点后，AutoCAD 会返回到“块定义”对话框，也可以直接在 X、Y 和 Z 编辑框中输入插入基点的坐标值，或者勾选“在屏幕上指定”复选框，在退出“块定义”对话框后，再根据系统的提示插入基点。

插入基点，既是块插入时的基准点，也是块插入时的旋转或缩放的中心点。为了绘图方便，一般应根据图形的结构选择有特征的点作为基点，如将基点选在块的对称中心位置、某一圆心位置、图形左下角点或其他特殊位置点。

3.“对象”区

用于确定组成块的对象。单击“选择对象”按钮，AutoCAD 会临时切换到绘图窗口，用户选择对象结束后，按 Enter 键返回到“块定义”对话框，也可以点击（快速选择）按钮，AutoCAD 会弹出“快速选择”对话框，如图 9.3 所示，用户根据需要进行选择，可以看出“快速选择”对话框非常适合选择大量有相同特性的对象，或者勾选“在屏幕上指定”复选框，在退出“块定义”对话框后，再根据系统的提示插入基点。

“对象”区下方还有三个单选按钮，它们用于确定将组成块的对象创建成块后如何处理这些对象。其中，“保留”单选按钮表示将指定的对象创建成块后，将在绘图窗口保留组成块的对象不变，不转换为块。“转换为块”单选按钮表示创建块后，在绘图窗口上保留组成块的各对象并把它们转换为块。“删除”单选按钮则表示创建块后，组成块的对象会被删除。

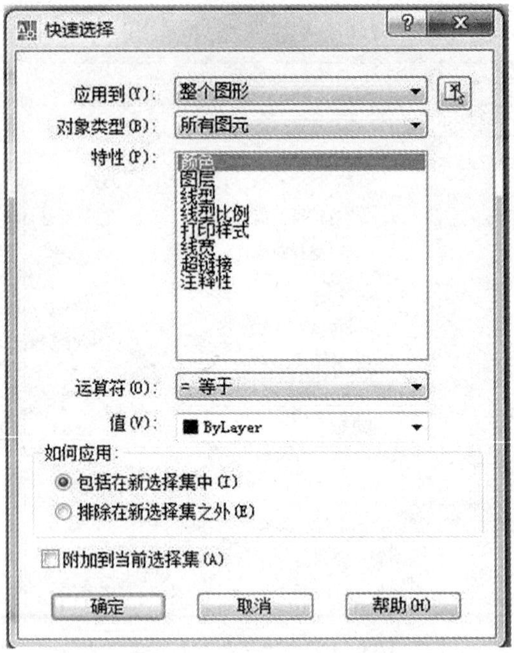

图 9.3　“快速选择”对话框

4.“方式”区

“注释性”指定块是否为注释性对象。如果勾选“按统一比例缩放”复选框则表示插入块时是按统一的比例缩放，当然用户也可以根据需要使 X、Y 和 Z 方向具有不同的比例。“允许分解”复选框指定插入块后是否允许将块分解，即分解成组成块的各基本对象。勾选“允许分解”复选框，插入块后，可以用 EXPLODE 命令或者选择下拉菜单“修改” →“分解”将块分解成多个基本对象。

5.“设置”区

“块单位”下拉列表用于指定插入块时的单位。

6.“说明”区

用户可以输入一些与块定义相关的描述性信息。

完成对应的设置后单击“确定”按钮，即可完成块的创建。

例 9.1　已知有如图 9.1(a)所示的六角头螺栓图形，将其创建成块，块名为“六角头螺栓”。

步骤如下：执行创建块命令，AutoCAD 弹出“块定义”对话框，如图 9.4 所示。在“名称”框中输入“六角头螺栓”。单击“拾取点”按钮，AutoCAD 会临时切换到绘图区域，利用对象捕捉功能捕捉两条中心线的交点，此点即为块的基点。单击“选择对象”按钮，AutoCAD 会临时切换到绘图区域，选择组成块的对象，选择结束后按 Enter 键，回到“块定义”对话框，对话框中提示“已选择 6 个对象”。其余设置如图 9.4 所示，不再逐一说明。单击“确定”按钮，即完成块的设置。

读者完成例 9.1 后，请将块六角头螺栓所在的图形保存，建议文件名 BOLT. dwg，例12.2将用到此图形。

图 9.4　“块定义”对话框设置

9.1.2　插入块

用于将创建好的块插入到当前图形的命令是 INSERT。用户可以通过命令行输入 INSERT命令,也可通过选择下拉菜单项“插入” →“块”或“绘图”工具栏上的(插入块)按钮执行该命令。

执行插入块命令,AutoCAD 弹出如图 9.5 所示的“插入”对话框。

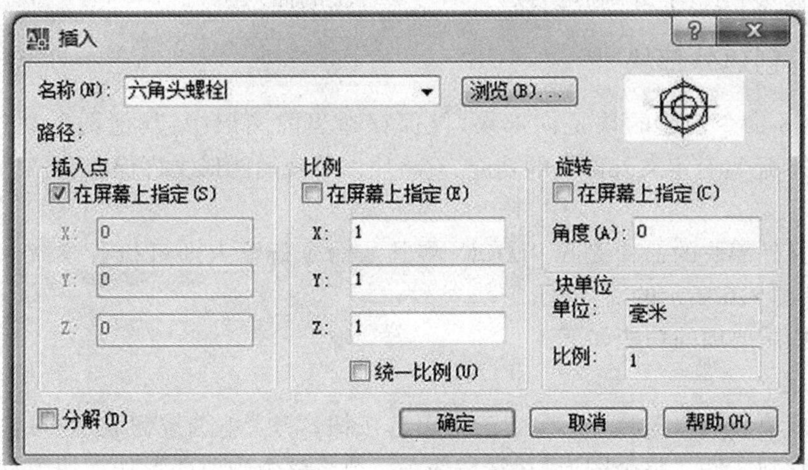

图 9.5　“插入”对话框

对话框中主要项的功能如下:

1.“名称”

用于确定要插入块的名称或图形文件的名称。用户可以单击列表右侧的向下箭头,从当前图形中已经定义的块名列表中选择要插入的块或图形文件的名称,或者单击“浏览”按钮进行选择。

2.“插入点”区

确定块在的插入点位置。可以直接在“X”、“Y”、“Z”文本框中输入点的坐标,也可以勾选“在屏幕上指定”复选框,在退出“插入”对话框后,再根据系统的提示选择插入点。

3.“比例”区

确定块插入时 X、Y 和 Z 方向比例。可以直接在“X”、“Y”和“Z”文本框中输入块在三个方向的插入比例;也可以通过勾选“在屏幕上指定”复选框,待对话框关闭后,根据系统的提示输入各个方向的比例。“统一比例”复选框用于确定所插入的块在 X、Y、Z 轴三个方向的插入比例是否相同。勾选该复选框表示比例相同,此时“Y”和“Z”文本框会以低亮度显示,用户只需在“X”文本框中输入一个比例值即可。

比例值可以为正值,也可以为负值,为负值时会产生镜像效果。

4.“旋转”区

确定块插入时的旋转角度。可以直接在“角度”文本框中输入角度值,也可以勾选“在屏幕上指定”复选框,待退出对话框后再根据系统提示输入。

5.“块单位”选项组

显示有关块单位的信息。

6.“分解”复选框

确定是否将插入的块分解成组成块的各基本对象。AutoCAD 将用插入命令插入的块或图形看成是一个整体,即一个对象。执行插入操作时,勾选“分解”复选框可将插入的对象分解成组成块的各基本对象。

参数设置完毕后,单击“确定”按钮,即可实现块的插入。

9.1.3 创建外部块

用 BLOCK 命令创建的块是内部块,仅保存在当前图形中,其他图形文件无法应用。AutoCAD 2008 还具有定义外部块的功能,它将块以单独的图形文件保存,格式为“. dwg”,其功能更强大。

用于定义外部块的命令是 WBLOCK,将其从命令行输入即可执行该命令。执行命令后,会弹出如图 9.6 所示的对话框。

对话框中主要项的功能如下:

1.“源”区

确定组成块的对象来源。它包含三个单选按钮,“块”单选按钮表示将用 BLOCK 命令创建的块保存到文件,“整个图形”单选按钮表示要将整个当前图形作为块保存到文件,“对象”单选按钮则表示要将指定的对象作为块保存到文件。用户根据需要选择即可。

2.“基点”区和“对象”区

只有在“源”区选择“对象”单选按钮,“基点”区和“对象”区才有效,且与图 9.2 所示的“块定义”对话框相同,此处不再赘述。

3.“目标”区

确定块文件的名称和保存路径。用户可直接输入,也可以通过单击“浏览”按钮,从弹出的“浏览图形文件”对话框中指定文件名与保存路径。

图9.6　“写块”对话框

4.“插入单位”下拉列表

指定建立的文件作为块插入时的单位。

9.1.4　设置插入基点

用插入命令可以将已有图形文件插入到当前图形，但 AutoCAD 默认将该图形的坐标原点作为插入基点，这样往往会给绘图带来不便。为解决此问题，可以对图形文件指定新的插入基点。

用于为当前图形设置插入基点的命令是 BASE，可通过命令行输入 BASE 命令，或者通过选择下拉菜单“绘图”→“块”→“基点”执行该命令。执行命令后，AutoCAD 提示：

输入基点：

在该提示下指定基点位置后将图形保存，以后用插入命令插入该图形时，AutoCAD 会将新指定的基点作为图形的插入基点。

9.2　属　　性

属性是从属于块的文字信息，是块的组成部分。用户可以定义带有属性的块。当插入带有属性的块时，可以交互地输入块的属性。对块进行编辑时，包含在块中的属性也被编辑。

9.2.1　定义属性

在定义带有属性的块时，首先需要定义块的属性。用于定义块的属性的命令是 ATTDEF。用户可以通过命令行输入 ATTDEF 命令，也可通过选择下拉菜单“绘图”→“块”→“定义属性”执行该命令。

执行命令后，AutoCAD 会弹出“属性定义”对话框，如图 9.7 所示。

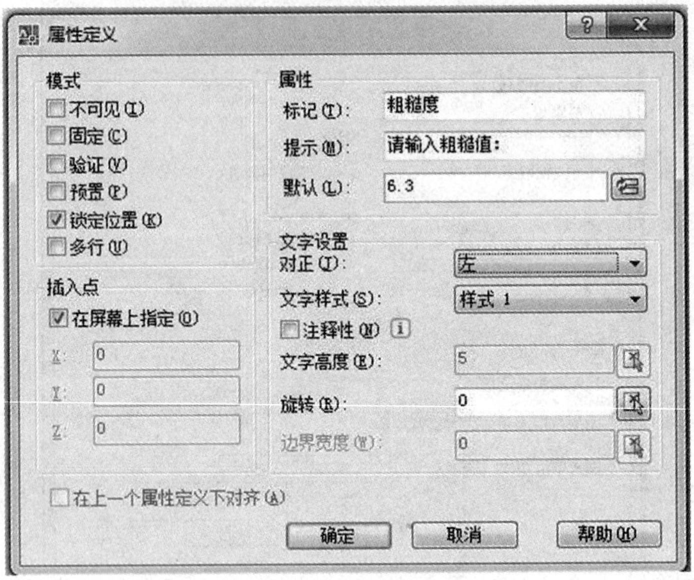

图 9.7　“属性定义”对话框

1.“模式”区

设置属性的模式。勾选“不可见”复选框，表示插入块后，属性值在图中不可见。勾选“固定”复选框表示属性值为定值，在属性定义时给定，插入块时该属性值不再发生变化。勾选“验证”复选框，在插入块时，AutoCAD 对用户已输入的属性值再给出一次提示，让用户确认所输入属性值的正确性。勾选“预置”复选框，在插入块时，AutoCAD 不提示输入属性值，而是自动填写其默认值，与“固定”复选框类似，但是可以修改默认属性。勾选“锁定位置”复选框表示锁定属性在块中的位置，否则可以利用夹点功能改变属性的位置。勾选“多行”复选框表示属性值可以包含多行文字。

2.“属性”区

用于设定属性的标记、提示及默认值，用户根据需要在对应的文本框中输入即可。

3.“插入点”区

确定属性值的插入点，即属性文字的排列对正参考点，也可以在“X”、“Y”、“Z”文本框中直接输入点的坐标，或者勾选“在屏幕上指定”复选框，待退出“属性定义”对话框后根据系统提示指定插入点。

4.“文字设置”区

确定属性文字的格式，各项的含义如下：

“对正”下拉列表框用于确定属性文字相对于属性插入点的对齐形式。“文字样式”下拉列表框确定属性文字的文字样式。“文字高度”编辑框用于确定属性文字的高度。“旋转”编辑框用于确定属性文字行的旋转角度。“边界宽度”编辑框表示当属性值采用多行文字时，指定多行文字属性的最大长度。

5.“在上一个属性定义下对齐”复选框

勾选此复选框，表示当前属性采用上一个属性的文字样式、字高以及旋转角度，并另起一行按上一个属性的对正方式排列。

设置“属性定义”对话框后，单击“确定”按钮，AutoCAD 完成一次属性定义。

例 9.2　如图 9.8 所示，以表面粗糙度为例，进行属性的定义以及块的创建。

步骤如下：

(1)绘制表面粗糙度符号，如图 9.9 所示。

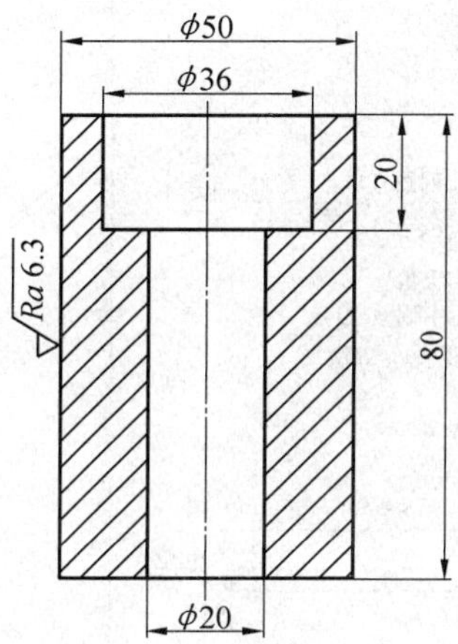

图 9.8　包含有属性的块图形

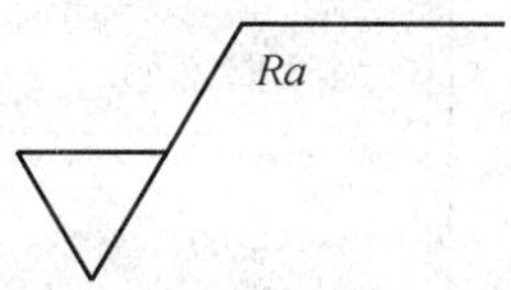

图 9.9　表面粗糙度符号图形

(2)定义属性

输入 ATTDEF 命令，弹出“属性定义”对话框，如图 9.10 所示，设置相应的参数。

单击对话框中的“确定”按钮，AutoCAD 提示：

指定起点：

在此提示下捕捉粗糙度符号 *Ra* 右侧的位置，完成标记为粗糙度的属性定义，如图 9.11 所示。

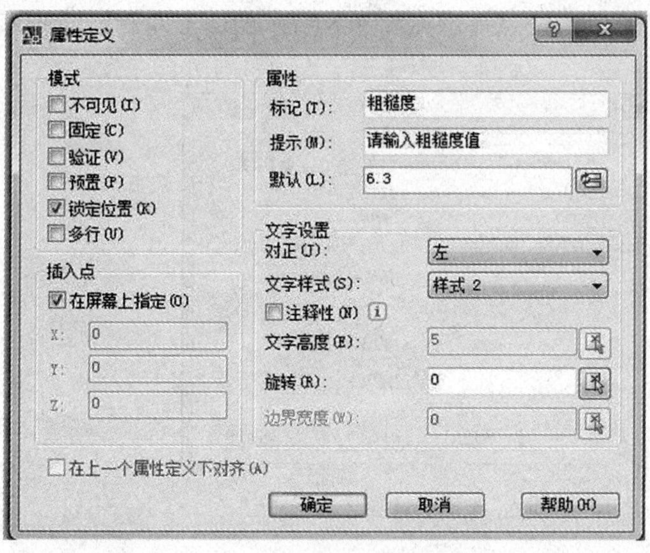

图 9.10　“属性定义”对话框

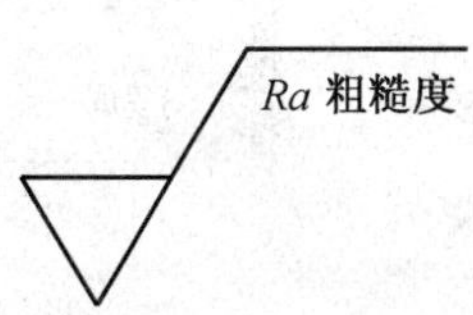

图 9.11　含有属性的表面粗糙度符号

(3)定义块

执行 WBLOCK 命令，AutoCAD 弹出“写块”对话框，如图 9.12 所示，在该对话框中进行对应的设置。选择“对象”单选按钮，基点采用“拾取点”方式通过对象捕捉粗糙度符号的最下端点实现;选择六个对象,包括图 9.11 所示粗糙度符号的全部图形以及属性标记"粗糙度"为创建块的对象;文件命名为"ccd. dwg"。

图 9.12 "写块"对话框设置

(4)插入块

先绘制图 9.8 所示图形(粗糙度符号除外),然后执行 INSERT 命令,弹出"插入"对话框,如图 9.13 所示。点击名称列表框右侧的"浏览"按钮,找到相应的文件 C:\Users\c\Desktop\ccd. dwg;插入点勾选"在屏幕上指定",旋转角度为 90°,其余设置如图 9.13 所示;单击"确定"按钮,系统会切换到绘图区域,按照提示在图 9.8 所示的图形左侧转向轮廓线上指定插入点,即可完成整个工作。

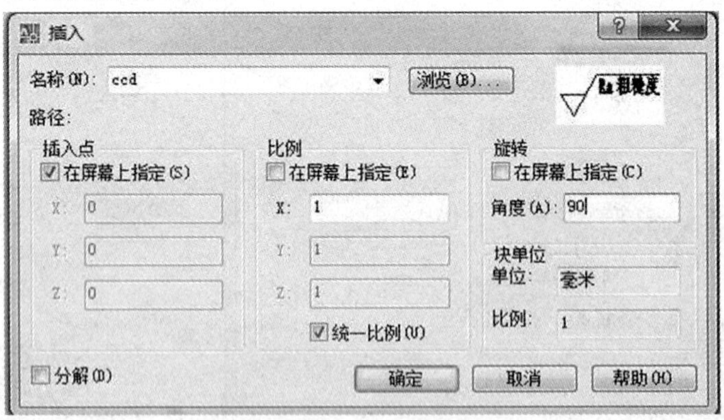

图 9.13 "插入"对话框设置

9.2.2 修改属性定义

在创建块之前,可以修改属性定义中的属性标记、提示和默认值。用于修改属性定义的命令是 DDEDIT。可以通过命令行输入"DDEDIT"命令,也可通过选择下拉菜单项"修改"→

“对象” →“文字” →“编辑”或“文字”工具栏上（编辑文字）按钮执行该命令。

执行修改属性命令，AutoCAD 提示：

选择注释对象或［放弃（U）］：

在此提示下选择属性定义的属性标记（如图 9.10 中的属性标记“粗糙度”），AutoCAD 弹出如图 9.14 所示的“编辑属性定义”对话框，用户根据需要更改属性定义的属性标记、提示和默认值即可。

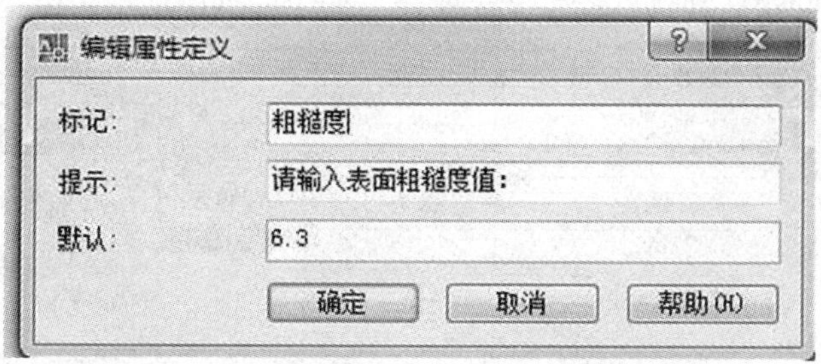

图 9.14　“编辑属性定义”对话框

9.2.3　利用“增强属性编辑器”对话框编辑属性

可以通过“增强属性编辑器”对话框编辑块中的属性。用于实现此操作的命令是“EATTEDIT”，可以从命令行输入 EATTEDIT 命令，也可通过选择下拉菜单项“修改” →“对象”→“属性” →“单个”或“修改Ⅱ”工具栏上（编辑属性）按钮执行该命令。

执行该命令后，AutoCAD 提示：

选择块：

在此提示下用户选择包含有属性的块对象后，AutoCAD 弹出“增强属性编辑器”对话框，如图 9.15 所示。此外，用户双击包含属性的块对象也可以打开“增强属性编辑器”对话框。该对话框中有“属性”、“文字选项”和“特性”三个选项卡，用户根据自己的需要修改即可。点击“应用”按钮，确认已进行的修改。

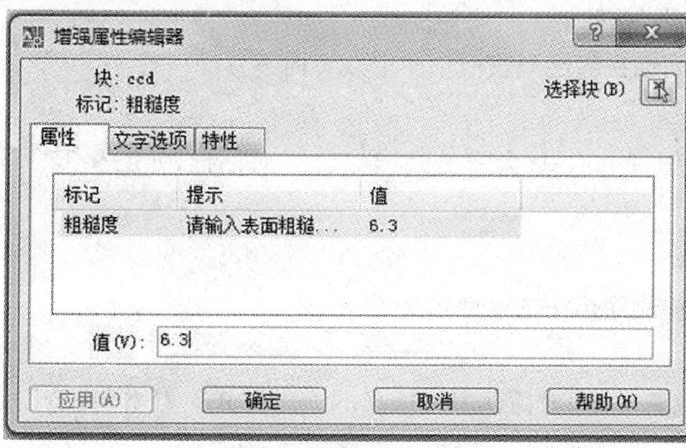

图 9.15　“增强属性编辑器”对话框

9.2.4 块属性管理器

BATTMAN 命令用于管理当前图形中块的属性。用户可以通过命令行输入 BATTMAN 命令,也可以选择下拉菜单“修改”→“对象”→“属性”→“块属性管理器”或点击“修改Ⅱ”工具栏上(块属性管理器)按钮执行该命令。

执行命令后,AutoCAD 弹出“块属性管理器”对话框,如图 9.16 所示。

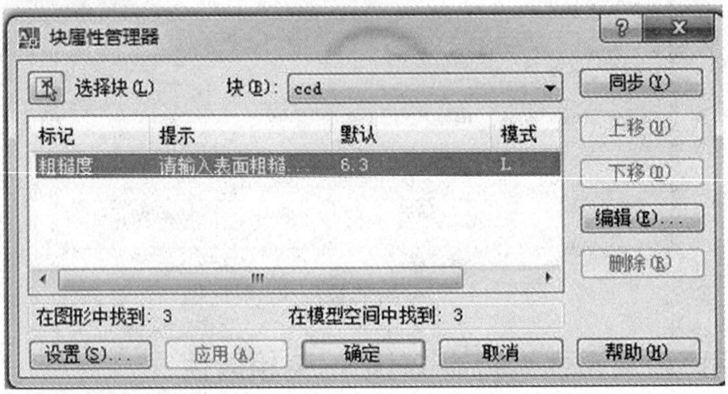

图 9.16 “块属性管理器”对话框

对话框主要项的功能如下:

1.“选择块”按钮和“块”列表框

点击“选择块”按钮,AutoCAD 会暂时关闭“块属性管理器”对话框,切换到绘图区域,用户根据提示选择要操作的块。列表框列出了当前图形中所有包含属性的块,用户也可以根据需要选择。选择某一块后,属性列表框中会显示各属性的对应信息。

2.“同步”按钮

用于更新具有当前定义属性特性选定块的全部实例。

3.“上移”、“下移”按钮

用于将选定的属性在属性列表框中向上或者向下移动一行。

4.“编辑”按钮

点击“编辑”按钮,AutoCAD 会弹出“编辑属性”对话框,如图 9.17 所示,用户可以对属性进行编辑。

5.“删除”按钮

用于从块定义中删除选中的属性定义。

6.“设置”按钮

设置在“块属性管理器”对话框属性信息的列出方式。点击“设置”按钮,将弹出“块属性设置”对话框,如图 9.18 所示,用户根据需要选择即可。

7.“应用”

确认已进行的修改,并保持“块属性管理器”为打开状态。

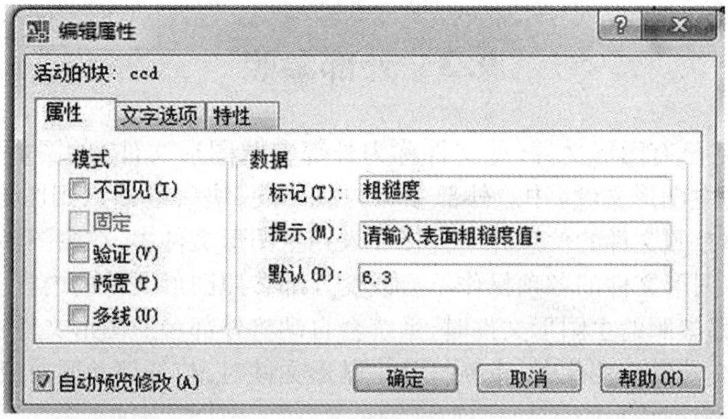

图 9.17　“编辑属性”对话框

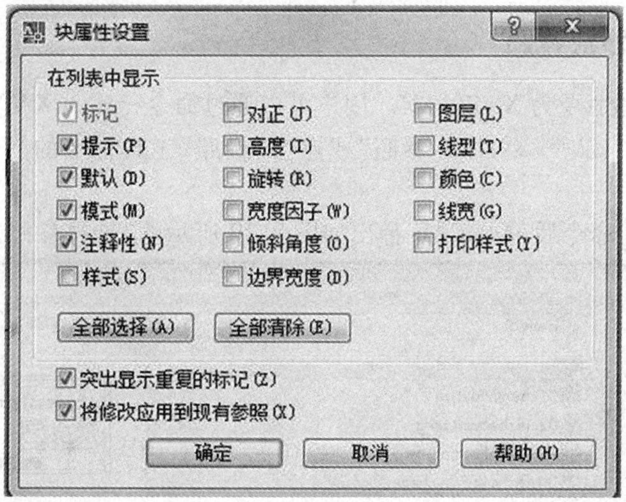

图 9.18　“块属性设置”对话框

9.2.5　属性显示控制

用户可以单独控制块中属性的可见性。用于实现此功能的命令是 ATTDISP。用户可以通过命令行输入 ATTDISP 命令或者通过下拉菜单“视图”→“显示”→“属性显示”对应的子菜单执行该命令。

执行命令后，AutoCAD 提示：

输入属性的可见性设置[普通(N)/开(ON)/关(OFF)]<普通>:

各选项的含义如下：

1. 普通(N)

按属性定义时规定的可见性显示各属性。

2. 开(ON)

显示所有属性，与属性定义时规定的属性可见性无关。

3. 关(OFF)

不显示所有属性，与属性定义时规定的属性可见性无关。

9.3 外部参照

外部参照是将已有图形文件(此文件称为外部参照图形文件)的图形附着到当前图形文件(此文件称为主图形文件)中。外部参考与块不同,块一旦插入到图形中,就属于图形的一部分;而外部参照文件的信息并不直接加入到主图形文件中,在主图形文件中只是记录参照关系,且对主图形文件的各项操作不会改变外部参照图形文件的内容。

当打开由外部参照的主图形文件时,系统会自动将外部参照图形文件重新调入内存,当外部参照的图形文件发生变化时,重新打开主图形文件时,与外部参照对应的图形会发生相应的改变。

此外,外部参照可以嵌套,即当前图形可以参照已参照其他图形的图形文件。

9.3.1 附着外部参照

附着外部参照的命令为 XATTACH。用户可以通过命令行输入 XATTACH 命令,也可通过选择下拉菜单项"插入" →"DWG 参照"或点击"参照"工具栏上的(附着外部参照)按钮执行该命令。

执行 XATTACH 命令后,AutoCAD 弹出如图 9.19 所示的"选择参照文件"对话框。

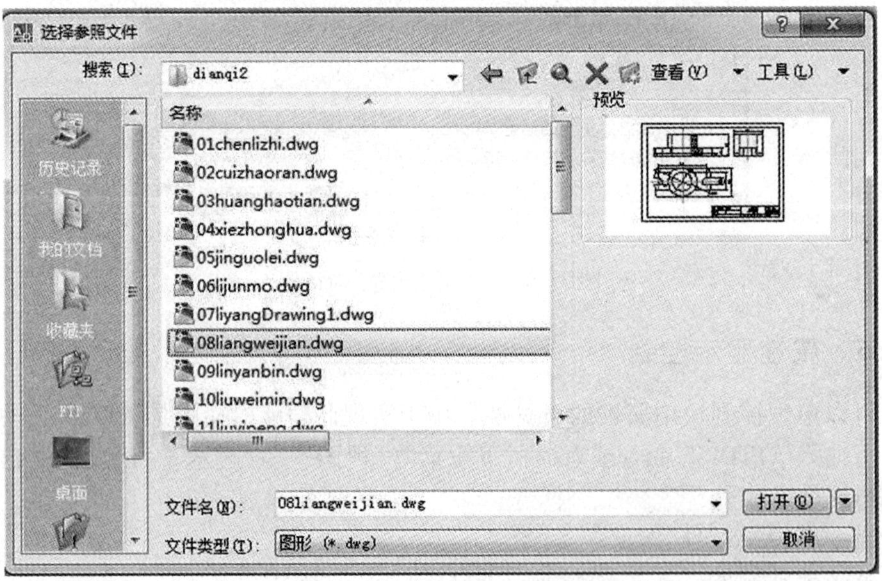

图 9.19 "选择参照文件"对话框

选择要参照的图形文件后,会弹出如图 9.20 所示的"外部参照"对话框。

对话框中各主要项的功能如下:

1."名称"下拉列表

显示出外部参照文件的名称,也可以点击列表右侧向下箭头或者单击"浏览"按钮重新选择参照文件。

2."参照类型"选项组

确定外部参照的类型,即确定外部参照是附加型还是覆盖型。附加型表示将显示出嵌套参照中的嵌套内容，而覆盖型则不显示。

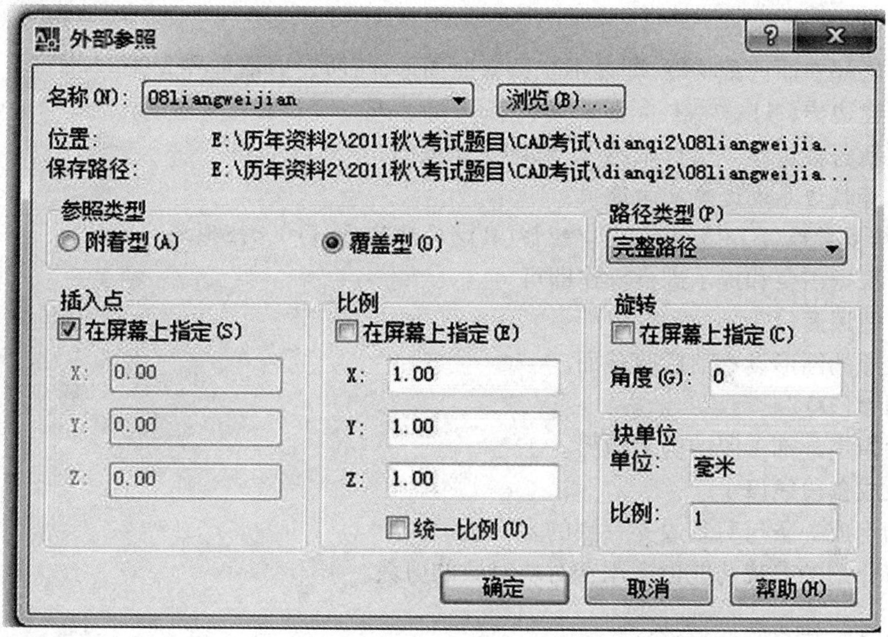

图 9.20　“外部参照”对话框

3.“路径类型”下拉列表

显示用于定位外部参照的保存路径。用户可以根据需要进行选择。

4.“插入点”选项组、“比例”选项组、“旋转”选项组

分别指定参照文件的插入点、插入比例和插入时的旋转角度，与 9.1.2 节介绍的块插入情况相似，此处不再赘述。

参数设置完毕后，单击对话框中的“确定”按钮，即可将对应的图形文件附着到当前图形中。

9.3.2　剪裁外部参照

利用剪裁外部参照功能，可以定义外部参照（或块）的剪裁边界、前后剪裁面。实现此功能的命令是 XCLIP。用户可通过命令行输入该命令，也可通过选择下拉菜单项“修改”→“剪裁”→“外部参照”或点击“参照”工具栏上的（剪裁外部参照）按钮执行该命令。

剪裁外部参照的操作步骤如下：

执行 XCLIP 命令，AutoCAD 提示：

选择对象：（选择参照对象）

选择对象：（用户可以继续选择对象，或者按 Enter 键结束）

输入剪裁选项

[开(ON)/关(OFF)/剪裁深度(C)/删除(D)/生成多段线(P)/新建边界(N)] <新建边界>:

各选项的功能如下：

1. 开(ON)

启用外部参照剪裁功能，即如果为参照图形定义了剪裁边界、前后剪裁面，执行该选项后,AutoCAD 在主图形中仅显示位于剪裁边界的参照图形部分。

2. 关(OFF)

关闭外部参照剪裁功能,即显示全部参照图形,与所设剪裁边界无关。

3. 新建边界(N)

设置新剪裁边界。执行该选项,AutoCAD 提示:

指定剪裁边界或选择反向选项:

[选择多段线(S)/多边形(P)/矩形(R)/反向剪裁(I)] <矩形>:

用户根据需要和提示进行操作即可。

4. 剪裁深度(C)

对参照的图形设置前后剪裁面。

5. 删除(D)

删除指定外部参照的剪裁边界。

6. 生成多段线(P)

自动生成一条与剪裁边界一致的多段线。

本节介绍的剪裁功能也适用于对块对象的剪裁。

9.3.3 绑定

在 AutoCAD 图形文件中除了有直线、圆弧等具体的对象外,还有用于记录图层、线型、样式等内容的表,称为依赖符,依赖符不会直接加入到主图形文件中。

绑定指从外部参照中选择依赖符永久加入到主图形文件中,成为主图形文件的一部分。绑定的命令为 XBIND。用户可以通过命令行输入该命令,也可通过选择下拉菜单"修改"→"对象"→"外部参照" →"绑定"或者点击 "参照"工具栏上的(外部参照绑定)按钮执行该命令。

执行 XBIND 命令,AutoCAD 弹出"外部参照绑定"对话框,如图 9.21 所示。

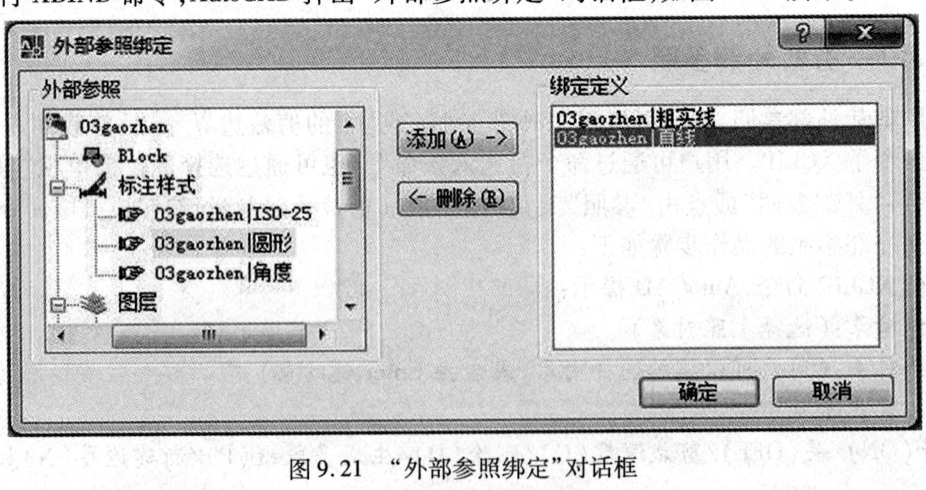

图 9.21 "外部参照绑定"对话框

用户可通过该对话框将块、尺寸标注样式、图层、线型以及文字样式中的依赖符加到主图形中。

习 题 九

1. 绘制六角头螺栓的一个非圆视图，尺寸自定，将其创建为块，并插入到当前图形中。

2. 定义包含粗糙度属性的粗糙度符号块，并插入到当前图形中。

3. 练习将已有图形以外部参照形式附着到当前文件中，并进行剪裁外部参照和绑定操作。

第 10 章　尺寸标注

10.1　尺寸标注基本概念

尺寸标注是绘图设计中的一项重要内容。图样上各实体对象的大小和位置需要通过尺寸来表达。利用 AutoCAD 提供的尺寸标注和编辑功能,可以方便、准确地标注图样上的各种尺寸。

1. 尺寸的组成

一个完整的尺寸,其标注一般由尺寸界线、尺寸线、尺寸箭头和尺寸文字四部分组成,如图 10.1 所示。这四部分在 AutoCAD 系统中,一般是以块的形式作为一个实体存储在图形文件中的。

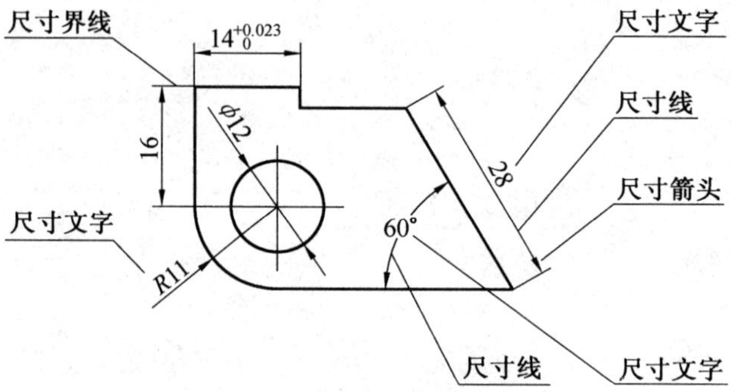

图 10.1　尺寸组成

2. 尺寸标注的类型

尺寸标注分为线性(长度)尺寸标注、角度尺寸标注、直径尺寸标注、半径尺寸标注、弧长尺寸标注、引线标注、坐标尺寸标注、圆心标注、快速标注尺寸等。

(1)线性尺寸标注

用于标注长度型尺寸,又分为水平标注、垂直标注、旋转标注、对齐标注、基线标注、连续标注。

(2)角度尺寸标注

用于标注角度尺寸。在角度尺寸标注中,可采用基线标注和连续标注两种形式。

(3)直径尺寸标注

用于标注圆或圆弧的直径尺寸,分为直径标注和折弯标注。

(4)半径尺寸标注

用于标注圆或圆弧的半径尺寸,分为半径标注和折弯标注。

(5)弧长尺寸标注

用于标注弧线段或多段线弧线段的弧长尺寸。

(6)引线标注

用于标注注释、说明和块等。

(7)坐标尺寸标注

用于标注相对于坐标原点的坐标。

(8)圆心标注

用于标注圆或圆弧的中心标记或中心线。

(9)快速标注尺寸

用于成批快速标注尺寸。

常见尺寸标注的类型如图10.2所示。

3. 尺寸标注命令的调用方法

在标注尺寸时,可用下列方法调用尺寸标注命令:

(1)键盘输入

在命令行"命令:"的提示下,直接键入命令便可进行尺寸标注。

(2)使用"标注"下拉菜单

在下拉菜单中,选用相应选项可进行尺寸标注,"标注"下拉菜单如图10.3所示。

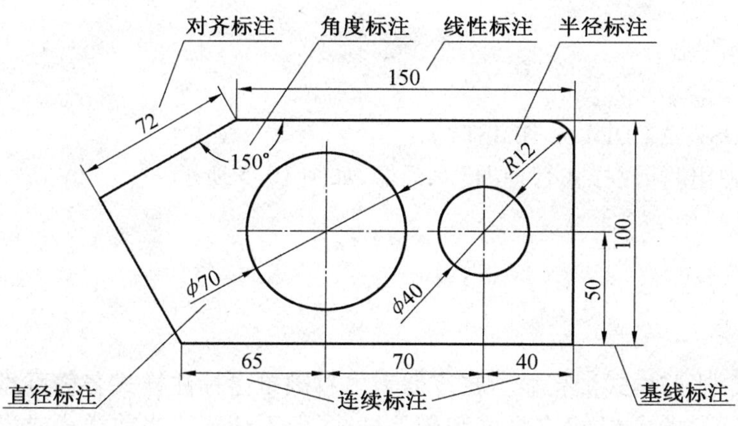

图10.2 常见尺寸标注的类型

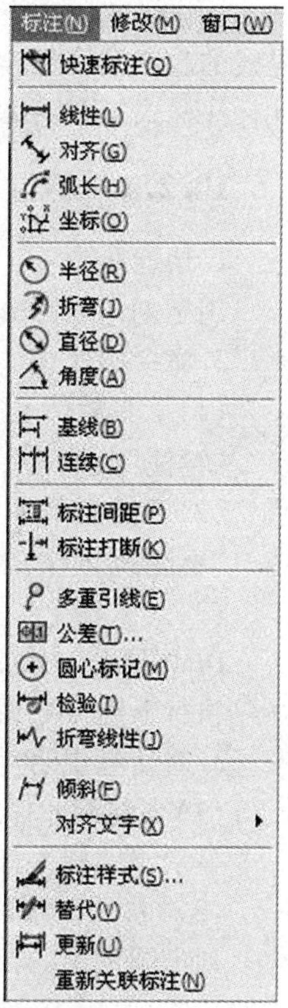

图10.3 "标注"下拉菜单

(3)使用"标注"工具栏在其工具栏内,单击相应图标按钮可进行尺寸标注,"标注"工具栏如图10.4所示。

图 10.4 “标注”工具栏

4. 尺寸标注的一般步骤

图样中的尺寸标注一般可按下面的步骤进行：

(1)建立尺寸标注样式；

(2)选择尺寸标注的类型；

(3)选择标注的对象；

(4)指定尺寸线的位置；

(5)标注文字。

10.2 尺寸标注样式的创建和修改

不同行业的图样，其尺寸标注的规范要求不尽相同。因此，在标注尺寸时，应首先设置尺寸标注样式。它主要包括设置标注文字字体、文字位置、文字高度、箭头样式和大小、尺寸界线的起点偏移距离以及超出尺寸线的延伸量，是否有尺寸公差等。AutoCAD 中默认的尺寸标注样式是 ISO-25。用户可通过“标注样式管理器”对话框来创建和修改尺寸标注样式。

10.2.1 标注样式管理器

1. 功能

用于创建和修改尺寸标注样式。

2. 命令格式

(1)工具栏

“标注”(或样式)→按钮。

(2)下拉菜单

“标注”(或格式)→标注样式。

(3)键入命令

DIMSTYLE↙(或 D 或 DST 或 DDIM 或 DIMSTY)。

执行上述命令后，系统弹出“标注样式管理器”对话框，如图 10.5 所示。

3. 对话框说明

(1)当前标注样式

显示当前标注样式的名称。

(2)“样式”列表框

列出图形中的标注样式，当前样式被亮显。在该列表中右键单击标注样式名称可显示快捷菜单，可用于设置当前标注样式、重命名样式和删除样式，但不能删除当前样式或当前图形使用的样式。样式名前的图标，指示该样式是注释性标注样式。

(3)“列出”下拉列表框

用于控制在“样式”列表框中所显示的尺寸标注样式，可在“所有样式”与“正在使用的样式"之间选择。

(4)"不列出外部参照中的样式"复选框

用于确定是否在"样式"列表框中显示外部参照图形的尺寸标注样式。

(5)"预览"框

显示当前尺寸标注样式的图形标注效果。

(6)"说明"显示框

用于对当前使用尺寸标注样式的说明。

(7)"置为当前"按钮

将在"样式"下选定的某一标注样式设置为当前标注样式。

(8)"新建"按钮

单击该按钮,弹出"创建新标注样式"对话框,如图 10.6 所示,以指定新标注样式的名称,及新标注样式将基于的现有标注样式等。

"创建新标注样式"对话框说明:

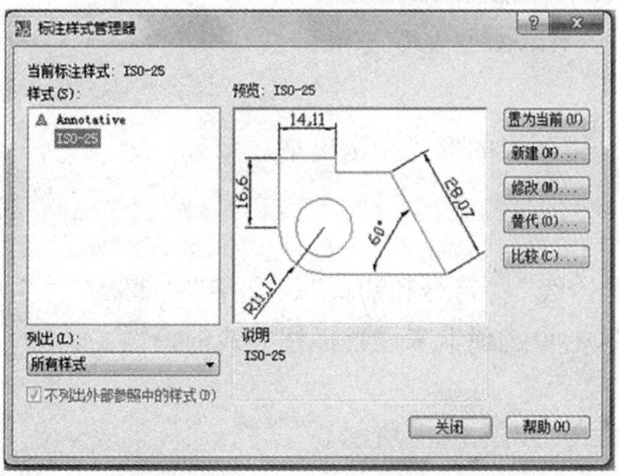

图 10.5　"标注样式管理器"对话框

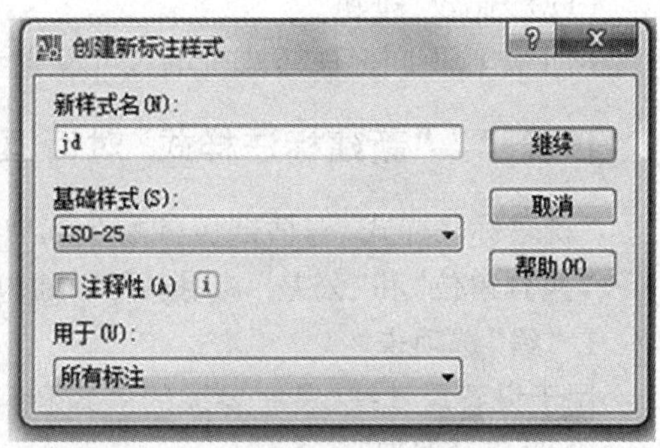

图 10.6　"创建新标注样式"对话框

①"新样式名"文本框。指定新的标注样式名。

②"基础样式"下拉列表框。选取创建新样式所基于的标注样式。新的样式是在这个样式的基础上修改一些特性得到的。

③"注释性"复选框。指定样式为注释性标注样式。

④"用于"下拉列表框。用于指定新建尺寸标注样式的适用范围,可在"所有标注"、"线性标注"、"角度标注"、"直径标注"等中选择一项。

⑤"继续"按钮。当完成"创建新标注样式"对话框的设置后,单击该按钮,系统便弹出"新建标注样式"对话框,如图 10.7 所示,从中可以定义新的标注样式特性。

(9)"修改"按钮

单击该按钮,弹出"修改标注样式"对话框,从中可以修改标注样式。它对已标注的尺寸也起同样的作用。

"修改标注样式"对话框选项与"新建标注样式"对话框中的选项相同。

(10)"替代"按钮

单击该按钮,弹出"替代当前样式"对话框,从中可以设置标注样式的临时替代。当采用临时标注样式标注尺寸后,再继续采用原来的标注样式标注其他尺寸时,其标注效果不受临时标注样式的影响。

“替代当前样式”对话框选项与“新建标注样式”对话框中的选项相同。

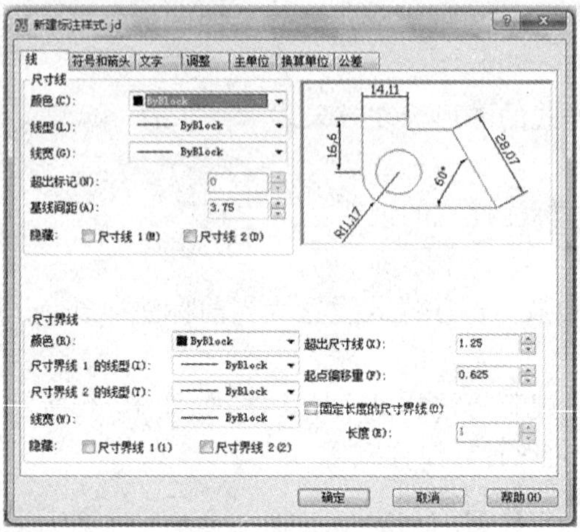

图 10.7 “新建标注样式”对话框的“直线”选项卡

(11)“比较”按钮

用于比较不同标注样式中的尺寸变量,并用列表的形式显示出来。

10.2.2 “新建标注样式”对话框

“新建标注样式”对话框包含七个选项卡:“线”、“符号和箭头”、“文字”、“调整”、“主单位”、“换算单位”和“公差”。用户可以通过这七个选项卡来设置标注样式的特性。

1.“线”选项卡

用于设置尺寸线、尺寸界线的形式和特性等,如图 10.7 所示。

(1)“尺寸线”区

用于设置尺寸线的特性。

①“颜色”下拉列表框。用于设置尺寸线的颜色。用户可从下拉列表中选择颜色,如果选取“选择颜色…”选项,系统打开“选择颜色”对话框供用户选择其他颜色。

②“线型”下拉列表框。用于设置尺寸线的线型。用户可从下拉列表中选择线型,或随层、随块以及加载其他的线型作为尺寸线。

③“线宽”下拉列表框。用于设置尺寸线的线宽。用户可从下拉列表中选择线宽。

④“超出标记”文本框。指定当箭头使用倾斜、建筑标记、积分或无标记时尺寸线超过尺寸界线的距离。

⑤“基线间距”文本框。设置基线标注的尺寸线之间的距离,如图 10.8 所示。

⑥“隐藏”复选框组。确定是否隐藏尺寸线及相应的箭头,如图 10.9 所示。

(2)“尺寸界线”区

用于设置尺寸界线的特性等。

①“颜色”下拉列表框。用于设置尺寸界线的颜色。用户可从下拉列表中选择颜色,如果选取“选择颜色…”选项,系统打开“选择颜色”对话框供用户选择其他颜色。

②“尺寸界线 1 的线型”及“尺寸界线 2 的线型”下拉列表框。用于设置第一条、第二条

尺寸界线的线型。用户可从下列表中选择线型,或随层、随块以及加载其他的线型作为尺寸界线。

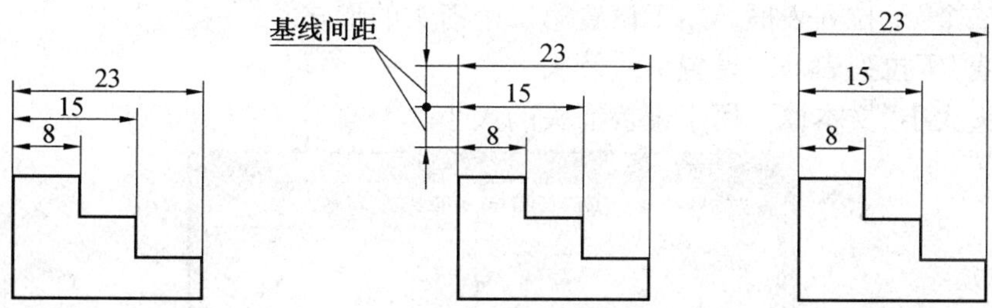

(a) 基线间距为 3　　(b) 基线间距为 5　　(c) 基线间距为 7

图 10.8　基线间距设置

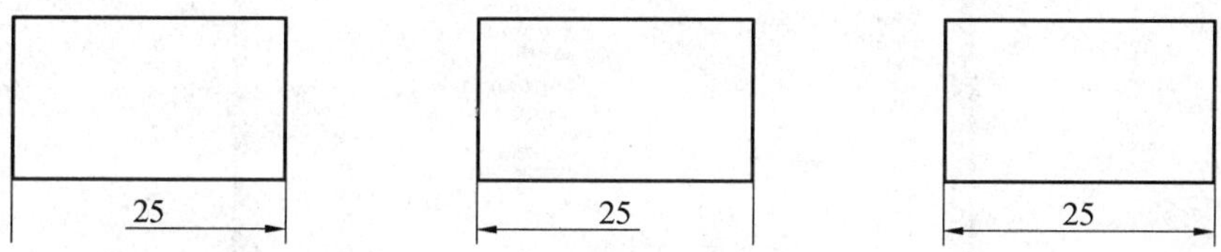

(a) 隐藏“尺寸线 1”　　(b) 隐藏“尺寸线 2”　　(c) 显示“尺寸线 1 和 2”

图 10.9　尺寸线隐藏方式

③“线宽”下拉列表框。用于设置尺寸界线的线宽。用户可从下拉列表中选择线宽。

④“隐藏”复选框组。确定是否隐藏尺寸界线,如图 10.10 所示。

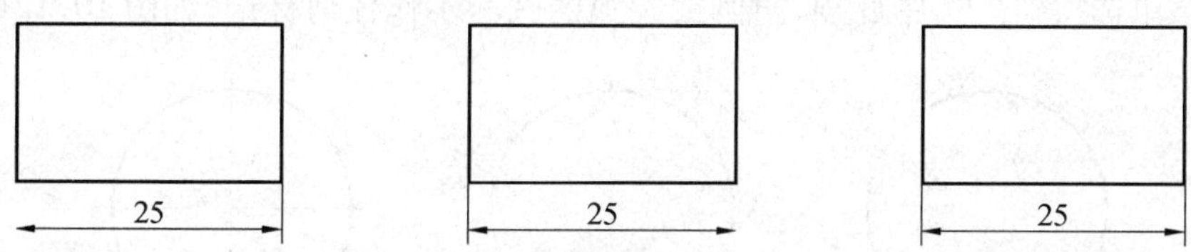

(a) 隐藏“尺寸界线 1”　　(b) 隐藏“尺寸界线 2”　　(c) 显示“尺寸界线 1 和 2”

图 10.10　尺寸界线隐藏方式

⑤“超出尺寸线”文本框。用于设置尺寸界线超出尺寸线的距离。

⑥“起点偏移量”文本框。设置自图形中定义标注的点到尺寸界线的偏移距离。

⑦“固定长度的尺寸界线”复选框。启用固定长度的尺寸界线。

⑧“长度”文本框。“长度”指尺寸界线的实际起始点到尺寸界线与尺寸线交点之间的距离。当选中“固定长度的尺寸界线”复选框时,“长度”文本框才可使用。

⑨预览。显示样例标注图像,它可显示对标注样式设置所做更改的效果。

2.“符号和箭头”选项卡

用于设置箭头、圆心标记、折断标注、弧长符号和半径折弯标注、线性折弯标注的格式和位置及预览,如图 10.11 所示。

(1)“箭头”区

用于设置箭头的形式和大小。

①“第一个”下拉列表框。用于设置第一个箭头的形式。一旦确定了第一个箭头的类

型,第二个箭头则自动与其匹配。要想第二个箭头取不同的形状,可在“第二个”下拉列表框中设定。

②“第二个”下拉列表框。用于设置第二个箭头的形式。

③“引线”下拉列表框。设置引线箭头。

④“箭头大小”文本框。用于设置箭头的大小。

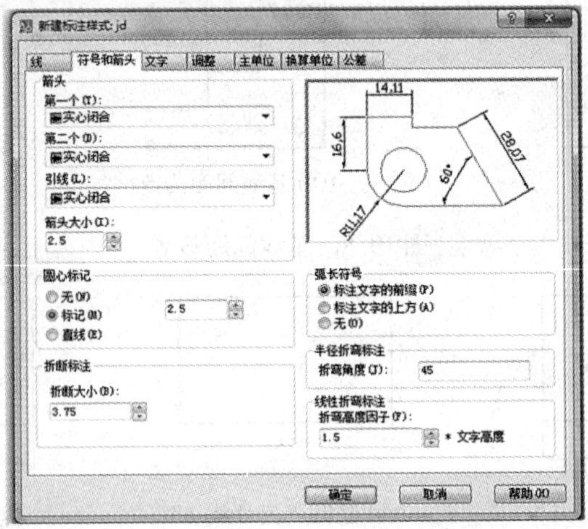

图 10.11 “新建标注样式”对话框的“符号和箭头”选项卡

(2)“圆心标记”区

控制直径标注和半径标注的圆心标记和中心线的外观。

①“无”单选按钮。选中此项,对圆或圆弧的圆心不作任何标记,如图 10.12(a)所示。

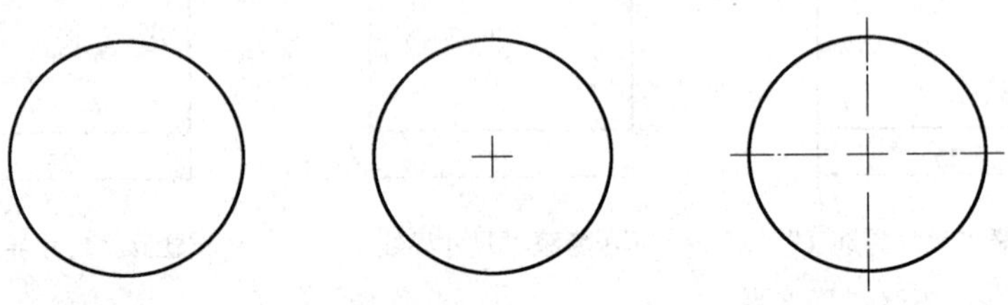

(a) 无　　(b) 标记　　(c) 直线

图 10.12 圆心标记

②“标记”单选按钮。选中此项对圆或圆弧的圆心以十字线符号作为标记,如图 10.12(b)所示。

③“直线”单选按钮。选中此项对圆或圆弧的圆心标记为中心线,如图 10.12(c)所示。

④“大小”文本框。显示和设置圆心标记或中心线的长度。

中心标记的尺寸是从圆或圆弧的中心到中心标记端点之间的距离,图 10.12(b)中设置为“2”。

中心线的尺寸是指从圆或圆弧的中心标记端点向外延伸的中心线线段的长度,也就是中心标记与中心线起点之间的距离,图 10.12(c)中设置为“2”。

(3)折断标注

控制折断标注的间距宽度。

(4)“弧长符号”区

用于控制弧长标注中圆弧符号的位置与显示。

“标注文字的前缀”单选按钮。选中此项，将弧长符号放置在标注文字之前，如图 10.13 所示。

(5)“半径折弯标注”区

用于控制折弯半径标注时的折弯角度。图 10.14(a)和图 10.14(b)的折弯角度分别为 90°和 45°。

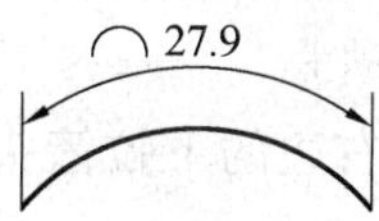

图 10.13　弧长标注

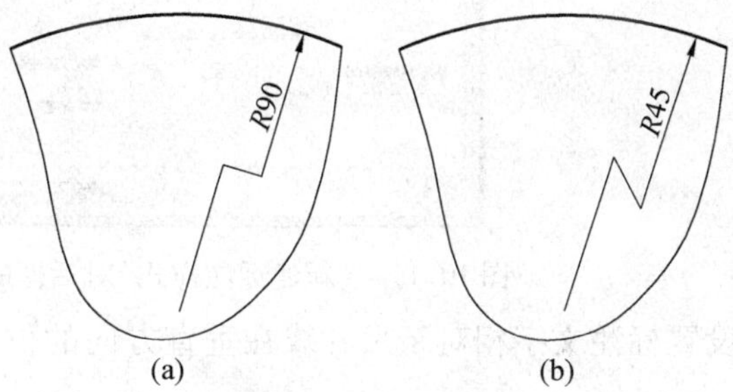

图 10.14　折弯角度

(6)“线性折弯标注”区

控制线性标注折弯的显示。线性折弯高度是通过形成折弯的角度的两个顶点之间的距离确定的。其值为折弯高度因子与文字高度之积。

(7)预览

显示样例标注图像，它可显示对标注样式设置所做更改的效果。

3.“文字”选项卡

用于设置标注文字外观、文字位置、文字对齐方式及预览等，如图 10.15 所示。

(1)“文字外观”区

用于设置文字的样式、颜色、高度等。

①“文字样式”下拉列表框。设置当前标注文字样式。用户可从下拉列表中选择一种文字样式，也可单击列表框右侧的按钮，在打开的“文字样式”对话框中设置新的文字样式。

②“文字颜色”下拉列表框。设置标注文字的颜色。用户可从下拉列表中选择颜色，如果选取“选择颜色…”选项，系统打开“选择颜色”对话框供用户选择其他颜色。

③“填充颜色”下拉列表框。设置标注中文字背景的颜色。用户可从下拉列表中选择颜色，如果选取“选择颜色…”选项，系统打开“选择颜色”对话框供用户选择其他颜色。

④“文字高度”文本框。设置当前标注文字样式的高度。如果在“文字样式”中将文字高度设为大于 0 的值，则该值将作为固定的文字高度。如果要在“文字”选项卡上设置文字高度，那么在“文字样式”中应将文字高度设置为 0。

⑤“分数高度比例”文本框。在尺寸标注中，设置分数文字的高度与当前标注文字样式的高度的比例。系统将该比例与当前标注文字样式高度的乘积作为分数文字的高度。

⑥“绘制文字边框”复选框。如果选择此选项，将在标注文字周围绘制一个边框。

(2)“文字位置”区

用于设置标注文字相对于尺寸线和尺寸界线的位置。

1)“垂直”下拉列表框

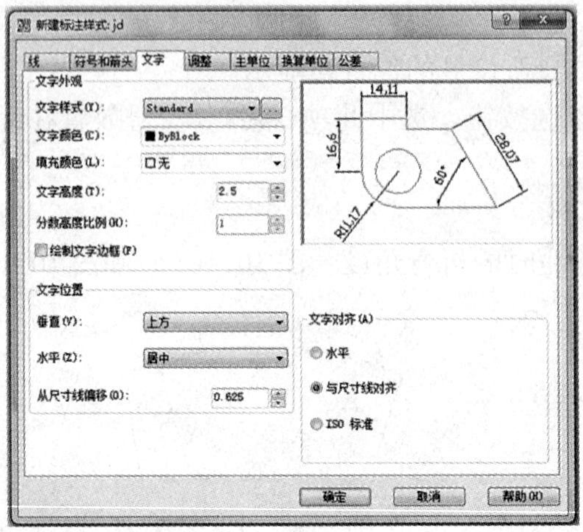

图 10.15 “新建标注样式”对话框的“文字”选项卡

用于设置标注文字相对于尺寸线在垂直方向的位置。单击右边的下拉箭头，将弹出四个选项：

①居中。将标注文字放置在尺寸线的中断处，如图 10.16(a)所示。

②上方。将标注文字放置在尺寸线的上方，如图 10.16(b)所示。

③外部。将标注文字放在尺寸线上远离第一个定义点的一边，如图 10.16(c)所示。

④JIS。按照日本工业标准(JIS)放置标注文字，如图 10.16(d)所示。

【说明】

尺寸标注中的文字方向，取决于“文字对齐”的设置。图 10.16 中文字对齐方式，选择的是“与尺寸线对齐”。选择“水平”，则所注文字一律水平标记。

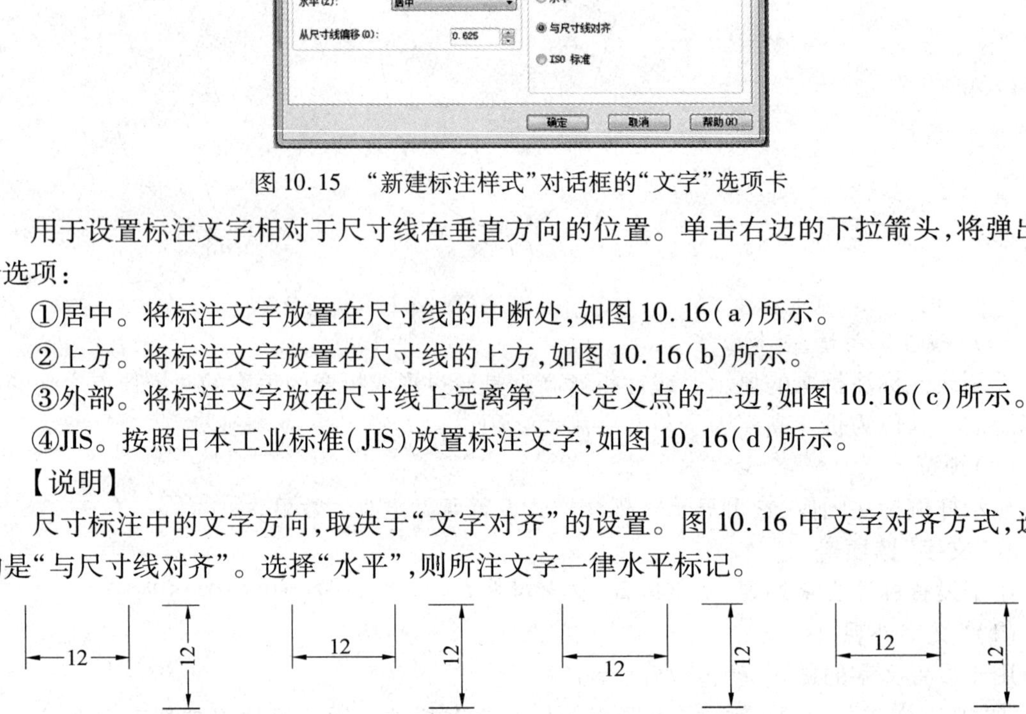

(a) 居中　(b) 上方　(c) 外部　(d)JIS

图 10.16 标注文字相对于尺寸线的四种位置

2)“水平”下拉列表框。用于设置尺寸文字相对于两条尺寸界线的位置，如图 10.7 所示。单击右边的下拉箭头，将弹出五个选项：

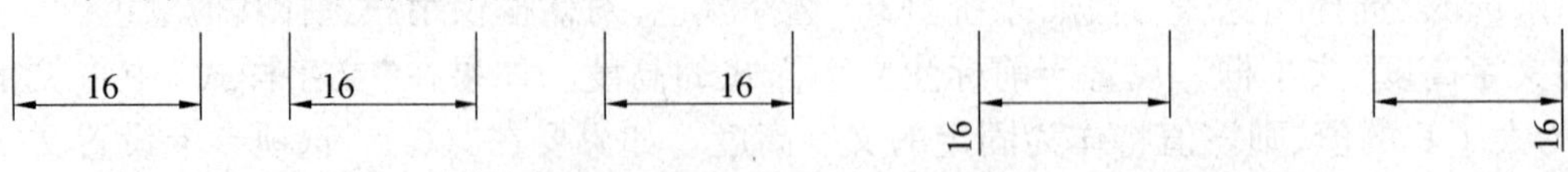

(a) 居中　(b) 第一条尺寸界线　(c) 第二条尺寸界线　(d) 第一条尺寸界线上方　(e) 第二条尺寸界线上方

图 10.17 标尺寸相对于尺寸界线的五种位置

①居中。将标注文字沿尺寸线放在两条尺寸界线的中间，如图 10.17(a)所示。

②第一条尺寸界线。标注文字沿尺寸线靠近第一条尺寸界线放置，如图 10.17(b)所示。

③第二条尺寸界线。标注文字沿尺寸线靠近第二条尺寸界线放置，如图 10.17(c)所

示。

④第一条尺寸界线上方。沿第一条尺寸界线放置标注文字或将标注文字放在第一条尺寸界线之上。当“文字位置”区的“垂直”项取“居中”时，标注文字沿第一条尺寸界线放置；若取“上方”时，则标注文字放在第一条尺寸界线之上，如图 10.17(d)所示。

⑤第二条尺寸界线上方。沿第二条尺寸界线放置标注文字或将标注文字放在第二条尺寸界线之上。当“文字位置”区的“垂直”项取“居中”时，标注文字沿第二条尺寸界线放置；若取“上方”时，则标注文字放在第二条尺寸界线之上，如图 10.17(e)所示。

3)“从尺寸线偏移”文本框

设置当前字线间距。当标注文字在尺寸线上方时，标注文字底部与尺寸线之间的距离为字线间距。当尺寸线断开标注时，容纳标注文字周围的距离为字线间距。

(3)“文字对齐”区

用于设置标注文字的放置方式。

①“水平”单选框。选中该项，表示所有标注的文字均水平放置，如图 10.18(a)所示。

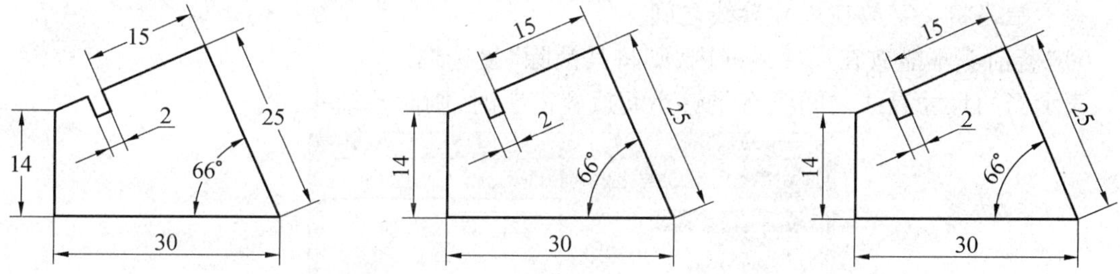

(a) 水平　　(b) 与尺寸线对齐　　(c) ISO 标准

图 10.18　文字对齐的三种方式

②“与尺寸线对齐”单选框。选中该项，表示所有标注的文字均按尺寸线方向标注，即与尺寸线对齐，如图 10.18(b)所示。

③“ISO 标准”单选框。选中该项，表示所标注的文字符合国际标准，即当文字位于尺寸界线之内时，沿尺寸线方向标注；当文字位于尺寸界线之外时，沿水平方向标注，如图 10.18(c)所示。

按国家标准《机械制图》，图 10.18(b)、(c)中 66°的字头应向上，此处向左倾斜，是为了说明样式设置。

(4)预览

显示样例标注图像，它可显示对标注样式设置所做更改的效果。

4.“调整”选项卡

用于控制标注文字、尺寸线、箭头和引线的放置等，如图 10.19 所示。

(1)“调整选项”区

根据尺寸界线之间的空间来控制文字和箭头的位置。如果有足够大的空间，文字和箭头都将放在尺寸界线内；否则，将按照“调整选项”放置文字和箭头。

1)“文字或箭头(最佳效果)”单选按钮

系统将根据尺寸界线之间的距离，自动选择一种最佳方式，来调整文字或箭头的位置。

①当尺寸界线间的距离足够放置文字和箭头时，文字和箭头都放在尺寸界线内；否则，

将按照最佳效果移动文字或箭头。

②当尺寸界线间的距离仅够容纳文字时,将文字放在尺寸界线内,而箭头放在尺寸界线外。

③当尺寸界线间的距离仅够容纳箭头时,将箭头放在尺寸界线内,而文字放在尺寸界线外。

④当尺寸界线间的距离既不够放文字又不够放箭头时,文字和箭头都放在尺寸界线外。

2)"箭头"单选按钮

表示当尺寸界线内空间不足时,先将箭头移动到尺寸界线外。

3)"文字"单选按钮

表示当尺寸界线内空间不足时,先将文字移动到尺寸界线外。

4)"文字和箭头"单选按钮

当尺寸界线间距离不足以放下文字和箭头时,文字和箭头都移到尺寸界线外。

5)"文字始终保持在尺寸界线之间"单选按钮

表示始终将文字放在尺寸界线之间。

6)"若箭头不能放在尺寸界线内,则将其消除"复选框

表示当两尺寸界线之间没有足够空间放置箭头时,则隐藏箭头。

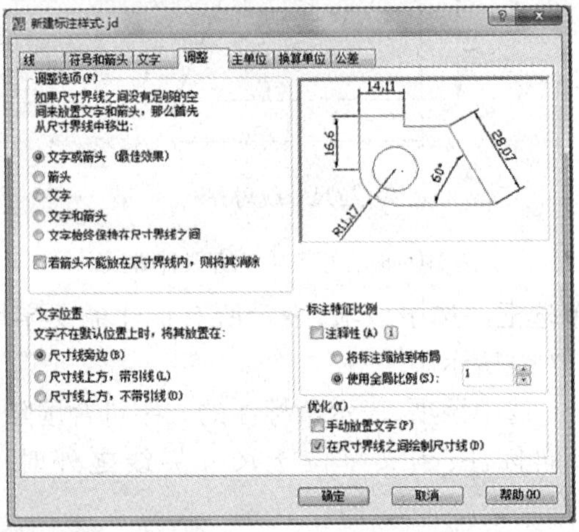

图 10.19 "新建标注样式"对话框的"调整"选项卡

(2)"文字位置"区

设置标注文字离开其默认位置(由标注样式定义的位置)时的放置位置。

①"尺寸线旁边"单选按钮。选中该项,只要移动标注文字尺寸线就会随之移动,即标注文字放置在尺寸线的旁边,如图 10.20(a)所示。

②"尺寸线上方,带引线"单选按钮。选中该项,移动文字时尺寸线将不会移动。如果将文字从尺寸线上移开,将创建一条连接文字和尺寸线的引线,如图 10.20(b)所示。

③"尺寸线上方,不带引线"单选按钮。选中该项,移动文字时尺寸线不会移动。系统将文字放置在尺寸线上方,不加引出线,如图 10.20(c)所示。

(3)"标注特征比例"区

用于设置全局标注比例或布局(图纸空间)比例等。所设置的尺寸标注比例因子,将影

响整个尺寸标注所包含的内容。

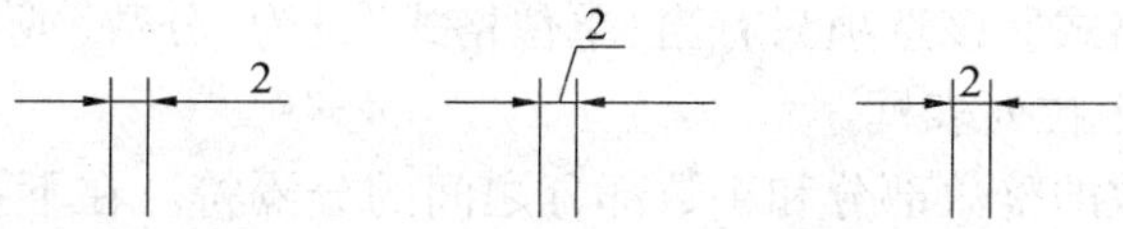

(a)　　(b)　　(c)

图 10.20　三种文字位置

①“注释性”复选框。选中该项,将创建注释性标注样式。

②“将标注缩放到布局”单选按钮。确定图纸空间内的尺寸比例系数。

③“使用全局比例”单选框及文本框。为所有标注样式设置一个比例,该缩放比例并不更改标注的测量值。

(4)“优化”区

用于设置标注尺寸时的精细微调。

①“手动放置文字”复选框。忽略所有对正设置并把文字放在“尺寸线位置”提示下指定的位置。

②“在尺寸界线之间绘制尺寸线”复选框。表示 AutoCAD 会在两条尺寸界线之间绘制尺寸线,而不考虑两条尺寸界线之间的距离。

(5)预览

显示样例标注图像,它可显示对标注样式设置所做更改的效果。

5.“主单位”选项卡

用于设置主单位的格式、精度和标注文字的前缀、后缀等,如图 10.21 所示。

图 10.21　“新建标注样式”对话框的“主单位”选项卡

(1)“线性标注”区

用于设置线性标注的格式和精度。

1)“单位格式”下拉列表框

设置除角度之外的所有标注类型的当前单位格式。

2)“精度”下拉列表框

显示和设置标注文字中的小数位数。

3)“分数格式”下拉列表框

用于设置分数的格式。该选项只有当“单位格式”设为“分数”或“建筑”后才有效。

4)“小数分隔符”下拉列表框

用于设置十进制数的整数部分和小数部分之间的分隔符。在下拉列表中有三个选项：“逗号”、“句号”和“空格”。

5)“舍入”文本框

为除“角度”之外的所有标注类型设置标注测量值的舍入规则，即用于设定小数点的精确位数。例如，有两个尺寸分别为50.141 0 和50.879 0，若将“舍入”值由原来的0.000 0 改为0.250 0，则这两个数分别显示为50.250 0 和51.000 0。

6)“前缀”文本框

若标注文字中包含前缀，可以输入文字或使用控制代码显示特殊符号。例如，输入控制代码“%% C”显示直径符号。

7)“后缀”文本框

若标注文字中包含后缀，可以输入文字或使用控制代码显示特殊符号。

8)“测量单位比例”项

用于设置比例因子及控制该比例因子是否只应用到布局标注中。

①“比例因子”文本框。用于设置线性标注测量值的比例因子，默认值为1，即系统将按实际测量值标注尺寸。如设置比例因子为2，实际绘图尺寸为20，则所标注的尺寸为40。

②“仅应用到布局标注”复选框。表示所设置的比例因子仅在布局中创建的标注有效，而对模型空间的尺寸标注无效。

9)“消零”项

用于确定是否显示前导零和后续零、零英尺和零英寸部分。

①“前导”复选框。系统不输出所有十进制标注中的前导零。例如，“0.500 0”表示为“.500 0”。

②“后续”复选框。系统不输出所有十进制标注中的后续零。例如，“12.500 0”表示为“12.5”。

(2)“角度标注”区

用于设置角度标注的格式和精度。

1)“单位格式”下拉列表框

用于设置角度单位的格式。

2)“精度”下拉列表框

设置角度标注的小数位数。

3)“消零”项

用于控制是否显示角度标注的前导零和后续零。

①前导。不显示角度十进制标注中的前导零。例如，“0.500 0”变成“.500 0”。

②后续。不显示角度十进制标注中的后续零。例如，“12.500 0”变成“12.5”。

(3)预览

显示样例标注图像，它可显示对标注样式设置所做更改的效果。

6.“换算单位”选项卡

用于指定标注测量值中换算单位的显示并设置其格式和精度,如图 10.22 所示。

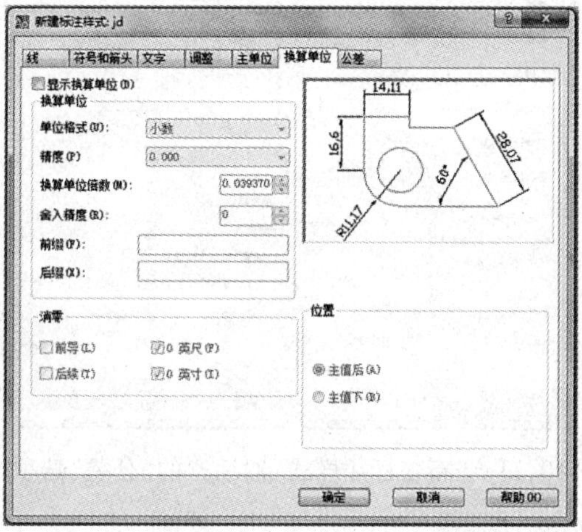

图 10.22　“新建标注样式”对话框的“换算单位”选项卡

(1)“显示换算单位”复选框

用于控制向标注文字中添加换算测量值。选中该项,在标注文字中将同时显示以两种单位标识的测量值。AutoCAD 可以转换使用不同测量单位制的标注,通常是显示英制标注的等效公制标注,或公制标注的等效英制标注。在标注文字中,换算标注单位显示在主单位旁边的方括号“[ ]”内。

(2)“换算单位”区

显示和设置除角度之外的所有标注类型的当前换算单位格式。

①“单位格式”下拉列表框。设置换算单位的单位格式。

②“精度”下拉列表框。设置换算单位中的小数位数。

③“换算单位倍数”文本框。用于确定主单位和换算单位之间的换算因子。例如,要将英寸转换为毫米,请输入“25.4”,此值对角度标注没有影响。

④“舍入精度”文本框。设置除角度之外的所有标注类型的换算单位的舍入规则,即设定小数点的精确位数。

⑤“前缀”文本框。在换算标注文字中包含前缀。

⑥“后缀”文本框。在换算标注文字中包含后缀。

(3)“消零”区

用于确定是否显示“换算单位”的前导零和后续零、零英尺和零英寸部分。

(4)“位置”区

控制标注文字中换算单位的位置。

①“主值后”单选按钮。选中该选项,将换算单位放在标注文字中的主单位之后。

②“主值下”单选按钮。选中该选项,将换算单位放在标注文字中的主单位下面。

(5)预览

显示样例标注图像,它可显示对标注样式设置所做更改的效果。

7.“公差”选项卡

用于控制标注文字中公差的格式及显示,如图 10.23 所示。

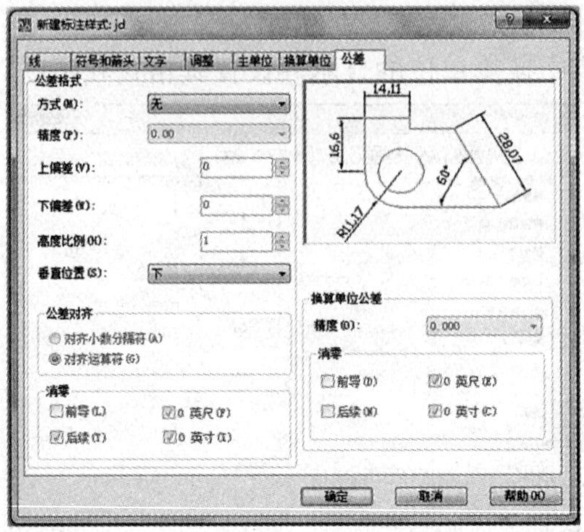

图 10.23 “新建标注样式”对话框的“公差”选项卡

(1)“公差格式”区

用于设置公差标注格式。

1)“方式”下拉列表框

设置计算公差的方法,该下拉列表框中有五种方式:

①无。不标注极限偏差,如图 10.24(a)所示。

②对称。按上、下偏差绝对值相等的方式标注尺寸,如图 10.24(b)所示。

③极限偏差。按上、下偏差不等的方式标注尺寸,如图 10.24(c)所示。

④极限尺寸。按两个极限尺寸进行标注,如图 10.24(d)所示。

⑤基本尺寸。将基本尺寸标注在一个矩形框内,如图 10.24(e)所示。

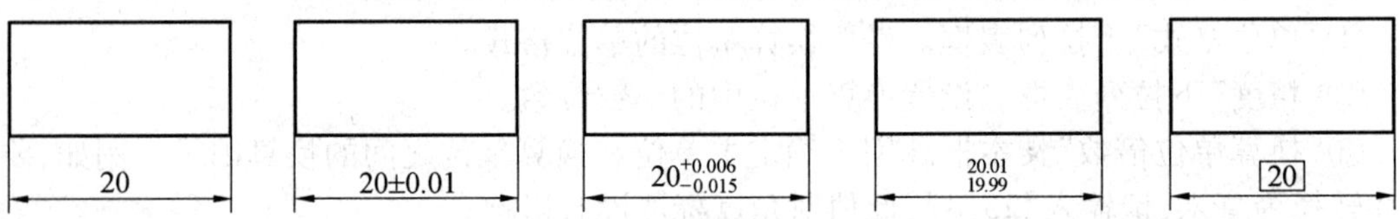

(a) 无 (b) 对称 (c) 极限偏差 (d) 极限尺寸 (e) 基本尺寸

图 10.24 公差标注方式

2)“精度”下拉列表框

用于设置极限偏差值的精度。

3)“上偏差”文本框

用于设置上偏差值。

4)“下偏差”文本框

用于设置下偏差值。

5)“高度比例”文本框

用于设置极限偏差数字的当前高度。“高度比例”是指极限偏差数字高度与基本尺寸数字高度的比值。

6)“垂直位置”下拉列表框

用于设置上下偏差相对于基本尺寸的位置。选项中包括三种位置,即“上”、“中”和“下”,如图 10.25 所示。

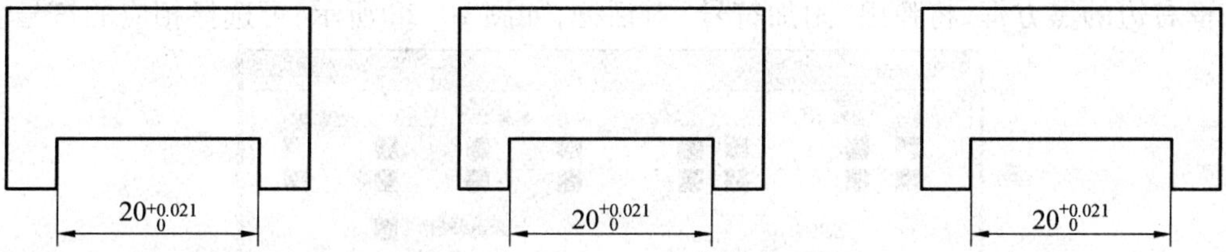

(a) 上　　(b) 中　　(c) 下

图 10.25　公差数字的对齐方式

7)“公差对齐”项

堆叠时控制上偏差值和下偏差值的对齐。

①“对齐小数分隔符”单选按钮。以值的小数分隔符对齐。

②“对齐运算符”单选按钮。以值的运算符对齐。

8)“消零”项

用于确定是否显示极限偏差的前导零和后续零、零英尺和零英寸部分。

(2)“换算单位公差”区

用于设置换算单位的精度和消零方式。

(3)预览

显示样例标注图像,它可显示对标注样式设置更改的效果。

当完成对上述选项卡中的某些选项的设置后,单击“确定”按钮,返回到“标注样式管理器”对话框,便创建了一个尺寸标注样式。此时若单击“置为当前”按钮并关闭对话框,则刚设置的新标注样式即成为当前标注样式。

10.3　公差标注

1. 功能

其功能是在图形上标注形状公差和位置公差。

2. 命令格式

(1)工具栏

“标注”→按钮。

(2)下拉菜单

“标注”→“公差”。

(3)键入命令

TOLERANCE↙。

执行上述命令后,AutoCAD 系统弹出“形位公差”对话框,如图 10.26 所示。

3. 对话框说明

(1)“符号”区

用于设置形位公差符号。单击下面的黑方框,将弹出“特征符号”对话框,如图 10.27 所示,供用户选择形位公差符号。

(2)“公差 1”、“公差 2”区

用于设置公差框格内的第一、二公差值。单击该框左边的黑方框,可插入直径符号;单击该框右边的黑方框,将弹出“附加符号”对话框,如图 10.28 所示,可选择相应的符号。

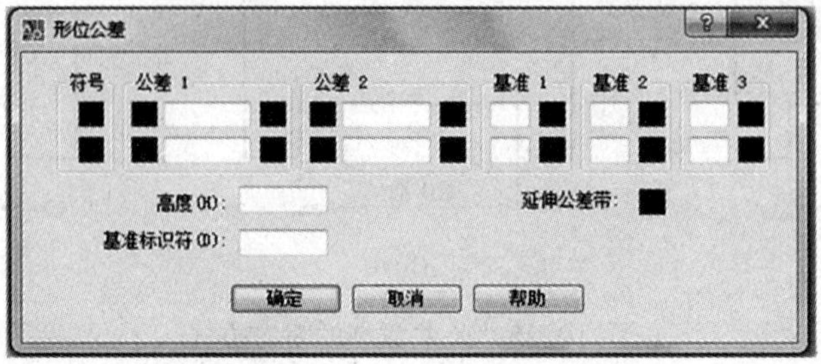

图 10.26 “形位公差”对话框

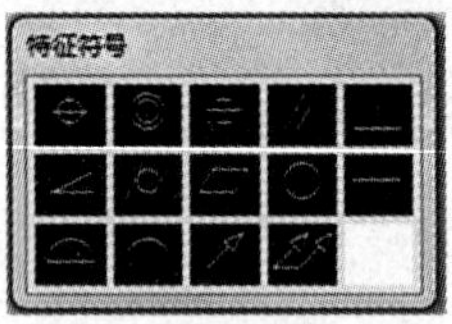

图 10.27 “特征符号”对话框

图 10.28 “附加符号”对话框

(3)“基准 1”、“基准 2”、“基准 3”区

用于设置第一、二、三公差基准及相关的要求。单击右边的黑方框会弹出“附加符号”对话框,可供选择。

(4)“高度”文本框

用于确定标注形位公差的高度。

(5)延伸公差带

用于创建一个投影公差带,单击此处黑方框,在投影公差带后面加一个公差符号。

(6)“基准标识符”文本框

用于创建由参照字母组成的基准标识符。根据要求设置有关选项后,单击“确定”按钮,将关闭“形位公差”对话框,此时系统提示:

输入公差位置:(输入公差标注位置)

确定形位公差的标注位置后,便完成形位公差的标注。

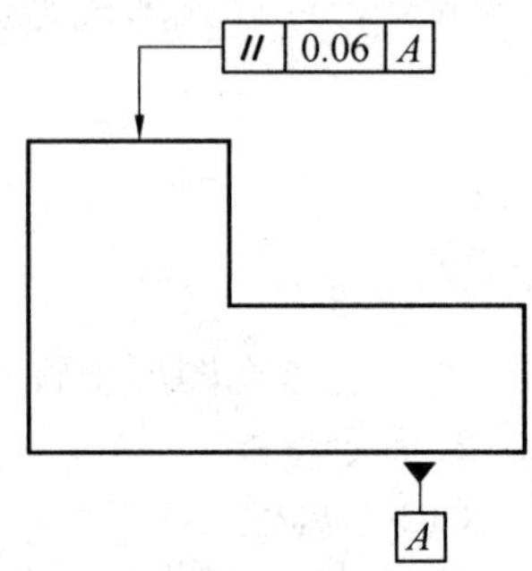

图 10.29 形位公差的标注

按照国家标准的规定,由形位公差框格的一侧引出指引线到被测要素。因此,常借助于“多重引线”来标注形位公差。

形位公差标注的示例如图 10.29 所示。

10.4 尺寸标注

10.4.1 线性标注

1. 功能

该命令用来标注水平方向、垂直方向和指定角度的线性尺寸。

2. 命令格式

(1)工具栏

"标注"→[按钮图标]按钮。

(2)下拉菜单

"标注"→"线性"。

(3)键入命令

DIMLINEAR↙(或 DLI 或 DIMLIN)。

执行上述命令后,命令行提示:

指定第一条尺寸界线原点或<选择对象>:(指定点或按 Enter 键选择要标注的对象)

3. 选项说明

(1)指定第一条尺寸界线原点

指定第一条尺寸界线的原点之后,系统将提示指定第二条尺寸界线的原点。例如,图 10.30 中指定 P_1 点之后,命令行提示:

指定第二条尺寸界线原点:(图 10.30 中指定 P_2 点,命令行提示)

指定尺寸线位置或[多行文字 (M)/文字 (T)/角度 (A)/水平 (H)/垂直 (V)/旋转 (R)]:(指定点或输入选项)

1)指定尺寸线位置

AutoCAD 使用指定点定位尺寸线并且确定绘制尺寸界线的方向。指定位置之后,将绘制标注,即系统按自动测量值标注尺寸。例如,图 10.30 中指定了 P_3 点后,便注出尺寸 30。

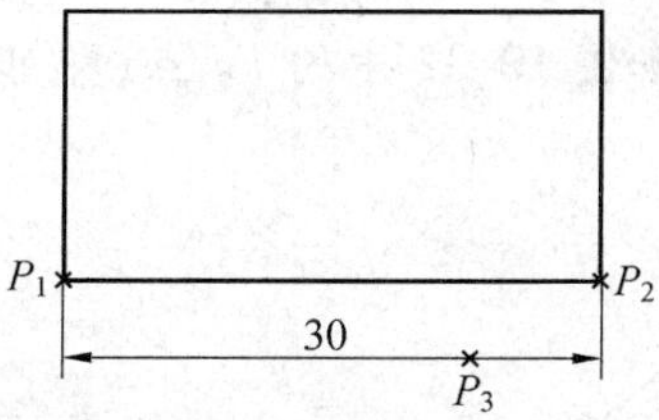

图 10.30　线性尺寸标注

2)多行文字(M)

显示在位文字编辑器,并利用它编辑标注文字。要添加前缀或后缀,可在生成的测量值前后输入前缀或后缀。

当前标注样式决定生成的测量值的外观。

3)文字(T)

在命令行自定义标注文字。

4)角度(A)

指定标注文字的角度。执行该选项后,命令行提示:

指定标注文字的角度:(指定角度)

指定尺寸线位置或[多行文字(M)/文字(T)/角度(A)/水平(H)/垂直(V)/旋转(R)]:

确定尺寸线的位置,可直接标注出尺寸,也可用其他选项确定要标注的尺寸文字。

5)水平(H)

用于标注水平方向的尺寸。执行该选项后,命令行提示:

指定尺寸线位置或[多行文字(M)/文字(T)/角度(A)]:(指定点或输入选项)

①指定尺寸线位置。使用指定点定位尺寸线。指定位置之后,将绘制标注。

②多行文字(M)、文字(T)、角度(A)。这些文字编辑和设置格式选项在所有标注命令中都是一样的。请参见上面的选项说明。

6)垂直(V)

用于标注垂直方向的尺寸。执行该选项后,命令行提示:

指定尺寸线位置或[多行文字(M)/文字(T)/角度(A)]:(指定点或输入选项)

①指定尺寸线位置。使用指定点定位尺寸线。指定位置之后,将绘制标注。

②多行文字(M)、文字(T)、角度(A)。其各项功能请参见上面的选项说明。

7)旋转(R)

表示标注的尺寸线将按给定的角度旋转。选择该选项后,命令行提示:

指定尺寸线的角度<当前值>:(指定角度或按 Enter 键)

指定尺寸线位置或[多行文字(M)/文字(T)/角度(A)/水平(H)/垂直(V)/旋转(R)]:

在此提示下,确定尺寸线的位置,即可标注尺寸(图 10.31),也可选择其他选项进行标注。

(2)选择对象

在选择对象之后,系统自动确定第一条和第二条尺寸界线的原点。当执行命令后按 Enter 键,命令行提示:

选择标注对象:(如图 10.32 中 P_1 点)

指定尺寸线位置或[多行文字(M)/文字(T)/角度(A)/水平(H)/垂直(V)/旋转(R)]:(给出尺寸线的位置,如图 10.32 中的 P_2 点,即可完成尺寸标注;也可选择其他选项)

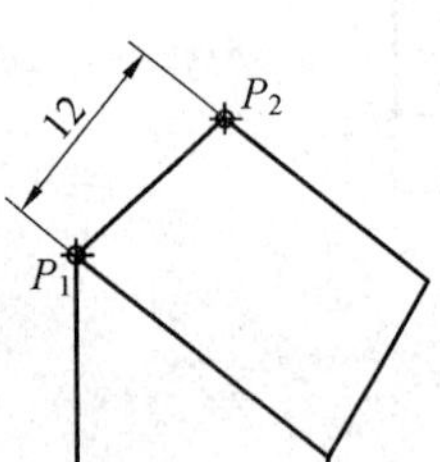

图 10.31　线性尺寸旋转标注

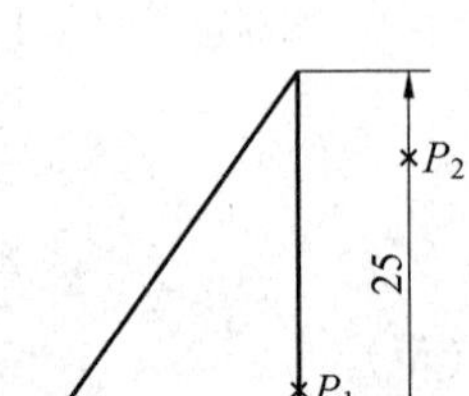

图 10.32　线性尺寸直接标注

【说明】

如果选择直线或圆弧,将使用其端点作为尺寸界线的原点。如果选择圆,将使用直径的端点作为尺寸界线的原点。

10.4.2　对齐标注

1. 功能

该命令用于标注带有倾斜尺寸线的尺寸标注。

2. 命令格式

(1)工具栏

"标注"→按钮。

(2)下拉菜单

"标注"→"对齐"。

(3)键入命令

DIMALIGNED↙(或 DAL 或 DIMALI)。

执行上述命令后,命令行提示:

指定第一条尺寸界线原点或<选择对象>:(指定第一条尺寸界线原点,或按 Enter 键选择要标注的对象)

3. 选项说明

(1)指定第一条尺寸界线原点

指定第一条尺寸界线原点后,系统将提示指定第二条尺寸界线原点。如图 10.33 中指定 P_1 点后,命令行提示:

指定第二条尺寸界线原点:(图 10.33 中指定 P_2 点,命令行提示)

指定尺寸线位置或[多行文字 (M)/文字 (T)/角度 (A)]:(指定点或输入选项)

1)指定尺寸线位置

指定尺寸线的位置并确定绘制尺寸界线的方向,系统则按自动测量值标注出尺寸。例如,图 10.33 中指定了 P_3 点后,便注出尺寸 18。

2)多行文字(M)

利用在位文字编辑器编辑标注文字。

3)文字(T)

在命令行自定义标注文字。

4)角度(A)

指定标注文字的角度。执行该选项后,命令行提示:

指定标注文字的角度:(指定角度)

指定尺寸线位置或[多行文字(M)/文字(T)/角度(A)]:(确定尺寸线的位置,可直接标注出尺寸,也可用其他选项确定要标注的尺寸文字)

(2)选择对象

在选择对象之后,系统自动确定第一条和第二条尺寸界线的原点。当执行命令后按 Enter 键,命令行提示:

选择标注对象:(如图 10.34 中 P_1 点)

指定尺寸线位置或 [多行文字 (M)/文字 (T)/角度 (A)]:(指定尺寸线的位置,如图 10.34 中的 P_2 点,即可完成尺寸标注。也可选择其他选项)

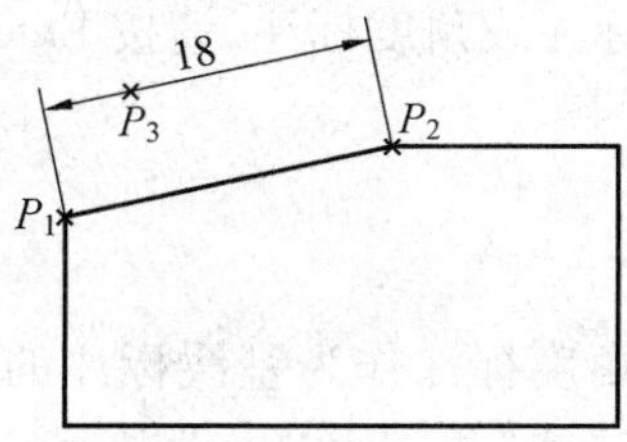

图 10.33　对齐尺寸标注

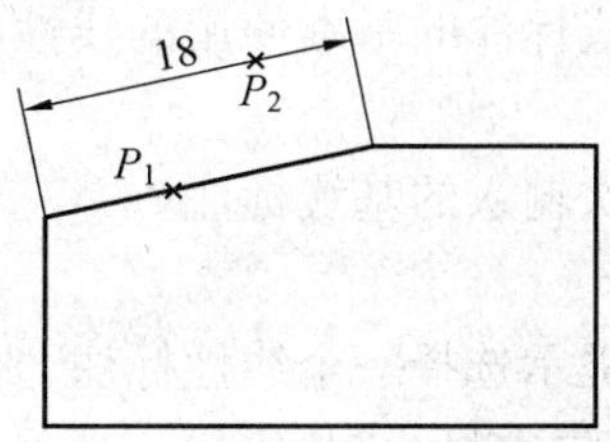

图 10.34　对齐尺寸直接标注

10.4.3　基线标注

1. 功能

其功能是从上一个或选定标注的基线作连续的线性、角度或坐标标注。

2. 命令格式

(1)工具栏

“标注”→按钮。

(2)下拉菜单

“标注”→“基线”。

(3)键入命令

DIMBASELINE↙(或 DBA 或 DIMBASE)。

3. 选项说明

进行基线标注时,图中应具有可作为标注基准的尺寸标注。

如果当前任务中未创建任何标注,在执行该命令后,系统将提示用户选择线性标注、坐标标注或角度标注,以用作基线标注的基准,即命令行提示:

选择基准标注:(选择线性标注、坐标标注或角度标注)

如果当前任务中已创建了尺寸标注,在执行该命令后,系统将使用上次在当前任务中创建的标注对象,作为基线标注的基准。如果基准标注是线性标注或角度标注,命令行提示:

指定第二条尺寸界线原点或[放弃(U)/选择(S)]<选择>:(指定点、输入选项或按Enter键选择基准标注)

如果基准标注是坐标标注,命令行提示:

指定点坐标或[放弃(U)/选择(S)]<选择>:

要结束此命令,请按 Enter 键两次,或按 Esc 键。当前标注样式决定文字的外观。

(1)指定第二条尺寸界线原点

默认情况下,使用基准标注的第一条尺寸界线作为基线标注的尺寸界线原点。选择第二点之后,将绘制基线标注并再次显示“指定第二条尺寸界线原点”提示。要结束此命令,请按 Esc 键。要选择其他作为基线标注的基准使用的线性标注、坐标标注或角度标注,请按 Enter 键。

(2)点坐标

将基准标注的端点用作基线标注的端点,系统将提示指定下一个点坐标。选择点坐标之后,将绘制基线标注并再次显示“指定点坐标”提示。要结束此命令,请按 Esc 键。要选择其他作为基线标注的基准使用的线性标注、坐标标注或角度标注,请按 Enter 键。

(3)放弃

放弃上一次输入的基线标注。

(4)选择

AutoCAD 提示选择一个线性标注、坐标标注或角度标注作为基线标注的基准。选择基准标注之后,将再次显示“指定第二条尺寸界线原点”或“指定点坐标”提示。

例 10.1　标注图 10.35 所示的尺寸。

分析　图 10.35 中的尺寸属线性基线标注尺寸。可先注出一个线性尺寸,然后用基线标注的方法标注出其他尺寸。本例中首先标出尺寸10。

操作过程如下：

命令：DIMLINEAR(线性标注)↙

指定第一条尺寸界线原点或<选择对象>：(拾取 P_1 点)

指定第二条尺寸界线原点：(拾取 P_2 点)

指定尺寸线位置或[多行文字(M)/文字(T)/角度(A)/水平(H)/垂直(V)/旋转(R)]：(指定尺寸线的位置后，便注出尺寸10，见图10.35)

命令：DIMBASELINE(基线标注)↙

指定第二条尺寸界线原点或[放弃(U)/选择(S)] <选择>：(拾取 P_3 点，命令行提示)

标注文字= 20

指定第二条尺寸界线原点或[放弃(U)/选择(S)] <选择>：(拾取心点，命令行提示)

标注文字=30

指定第二条尺寸界线原点或[放弃(U)/选择(S)] <选择>：(拾取 P_5 点，命令行提示)

标注文字=40

指定第二条尺寸界线原点或[放弃(U)/选择(S)] <选择>：(拾取 P_6 点，命令行提示)

标注文字=48

指定第二条尺寸界线原点或[放弃(U)/选择(S)] <选择>：

选择基准标注：↙

结果如图10.35所示。图10.36为角度基线标注示例。

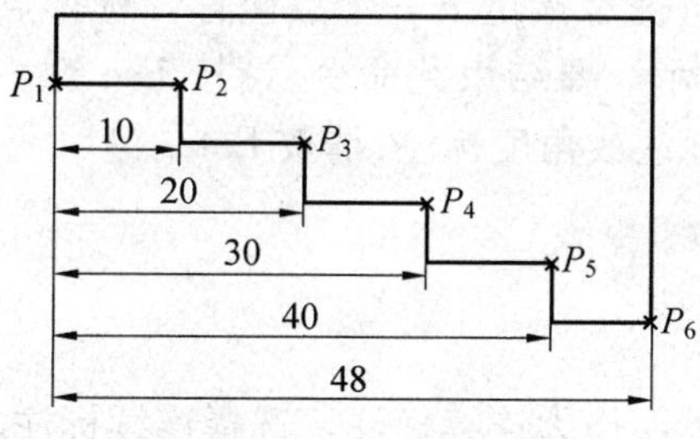

图10.35 线性基线标注

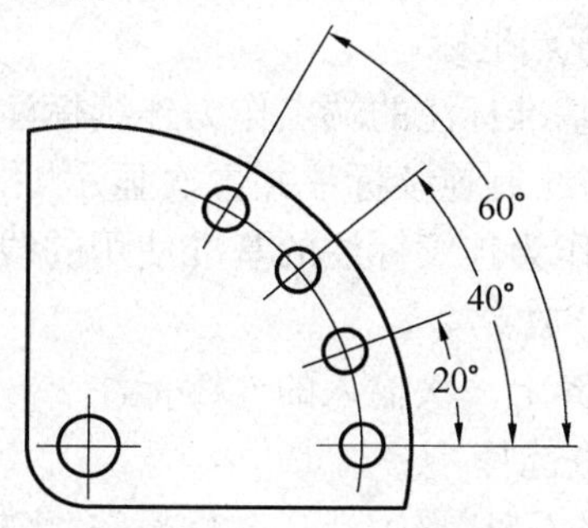

图10.36 角度基线标注

10.4.4 连续标注

1.功能

从上一个标注或选定标注的第二条延伸线处开始，创建线性标注、角度标注或坐标标注。

2. 命令格式

(1)工具栏

标注→按钮。

(2)下拉菜单

"标注"→"连续"。

(3)键入命令

DIMCONTINUE↙(或 DCO 或 DIMCONT)。

3. 选项说明

进行连续标注时,图中应具有可作为标注基准的尺寸标注。

如果当前任务中未创建任何标注,在执行该命令后,系统将提示用户选择线性标注、坐标标注或角度标注用作连续标注的基准,即命令行提示:

选择连续标注:(选择线性标注、坐标标注或角度标注)

如果当前任务中已创建了尺寸标注,在执行该命令后,系统将使用上次在当前任务中创建的标注对象,作为连续标注的基准。如果基准标注是线性标注或角度标注,命令行提示:

指定第二条尺寸界线原点或[放弃(U)/选择(S)]<选择>:(指定点、输入选项或按 Enter 键选择基准标注)

如果基准标注是坐标标注,命令行提示:

指定点坐标或[放弃(U)/选择(S)]<选择>:

要结束此命令,请按 Enter 键两次或按 Esc 键。当前标注样式决定文字的外观。

(1)指定第二条尺寸界线原点

使用连续标注的第二条尺寸界线原点作为下一个标注的第一条尺寸界线原点。选择连续标注后,将再次显示"指定第二条尺寸界线原点"提示。要结束此命令,请按 Esc 键。要选择其他作为连续标注的基准使用的线性标注、坐标标注或角度标注,请按 Enter 键。

(2)点坐标

将基准标注的端点作为连续标注的端点,系统将提示指定下一个点坐标。选择点坐标之后,将绘制连续标注并再次显示"指定点坐标"提示。要结束此命令,请按 Esc 键。要选择其他作为连续标注的基准使用的线性标注、坐标标注或角度标注,请按 Enter 键。

(3)放弃

放弃上一次输入的连续标注。

(4)选择

AutoCAD 提示选择线性标注、坐标标注或角度标注作为连续标注。选择连续标注之后,将再次显示"指定第二条尺寸界线原点"或"指定点坐标"提示。要结束此命令,请按"Esc"键。

例 10.2 标注图 10.37 所示的尺寸。

分析 图 10.37 中的尺寸属于连续标注尺寸。根据要求可先注出一个线性尺寸,然后用连续标注的方法标注出其他尺寸。本例中首先标出尺寸 8。

操作过程如下:

命令:DIMLINEAR(线性尺寸)↙

指定第一条尺寸界线原点或<选择对象>:(拾取 P_1 点)

指定第二条尺寸界线原点:(拾取 P_2 点)

指定尺寸线位置或[多行文字 (M)/文字 (T)/角度 (A)/水平 (H)/垂直 (V)/旋转(R)]:(指定尺寸线的位置后,便注出尺寸 8,如图 10.37 所示)

命令:DIMCONTINUE(连续标注)↙

指定第二条尺寸界线原点或[放弃 (U)/选择 (S)]<选择>:(拾取 P_3 点,命令行提示)

标注文字=10

指定第二条尺寸界线原点或[放弃 (U)/选择 (S)]<选择>:(拾取 P_4 点,命令行提示)

标注文字=10

指定第二条尺寸界线原点或[放弃 (U)/选择 (S)]<选择>:(拾取 P_5 点作为标注第四个尺寸的第二条尺寸界线原点,命令行提示)

标注文字=10

指定第二条尺寸界线原点或[放弃 (U)/选择 (S)]<选择>:(拾取 P_6 点,命令行提示)

标注文字=10

指定第二条尺寸界线原点或[放弃 (U)/选择 (S)]<选择>:↙

选择连续标注:↙

结果如图 10.37 所示。

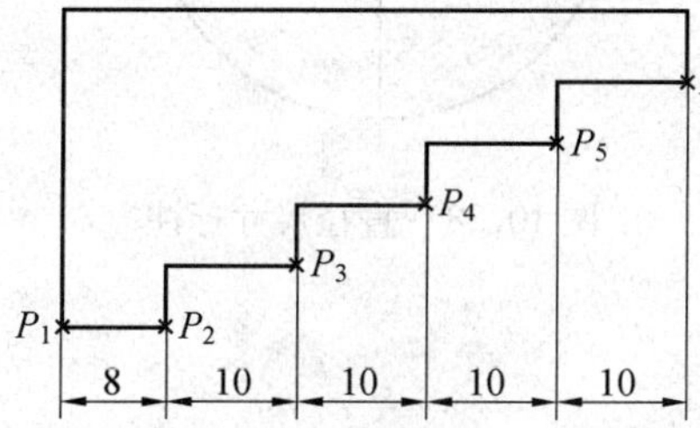

图 10.37　连续尺寸标注

10.4.5　直径与半径标注

1. 直径标注

(1)功能

用于标注圆或圆弧的直径尺寸。

(2)命令格式

1)工具栏

“标注”→按钮。

2)下拉菜单

“标注”→“直径”。

3)键入命令

DIMDIAMETER↙(或 DDI 或 DIMDIA)。

执行上述命令后,命令行提示:

选择圆弧或圆:(拾取要标注尺寸的圆弧或圆)

标注文字=(测量值)

指定尺寸线位置或[多行文字（M）/文字（T）/角度（A）]:(指定点或输入选项)

(3)说明

当确定尺寸线的角度和标注文字的位置后,即完成圆弧或圆直径尺寸的标注。提示中其他选项含义与前面所述基本相同,当重新输入尺寸值时,应输入前缀“ϕ”。

例 10.3 标注图 10.38 所示的直径尺寸。

操作过程如下:

命令:DIMDIAMETER

选择圆弧或圆:(拾取圆周上 P_1 点,命令行提示)

标注文字=30

指定尺寸线位置或[多行文字(M)/文字(T)/角度(A)]:(拾取 P_2 点)

结果如图 10.38 所示。

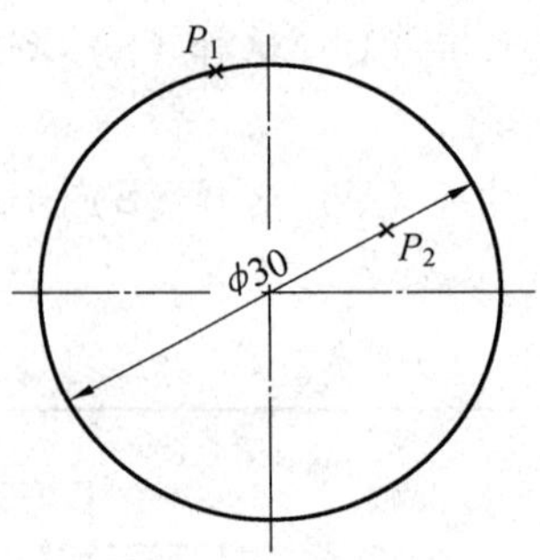

图 10.38 直径尺寸标注

2. 半径标注

(1)功能

用来标注圆或圆弧的半径尺寸。

(2)命令格式

1)工具栏

“标注”→按钮。

2)下拉菜单

“标注”→“半径”。

3)键入命令

DIMRADIUS↙(或 DRA 或 DIMRAD)。

执行上述命令后,命令行提示:

选择圆弧或圆:(拾取要标注尺寸的圆弧或圆)

标注文字 =(测量值)

指定尺寸线位置或[多行文字（M）/文字（T）/角度（A）]:(指定点或输入选项)

(3)说明

当确定尺寸线的角度和标注文字的位置后,即完成圆弧或圆半径尺寸的标注。提示中其他选项含义与前面所述基本相同,当重新输入尺寸值时,应输入前缀“R”。

例 10.4 标注图 10.39 所示的半径尺寸。

操作过程如下:

命令:DIMRADIUS

选择圆弧或圆:(拾取圆弧上 P_1 点,命令行提示)

标注文字 = 16

指定尺寸线位置或[多行文字(M)/文字(T)/角度(A)]:(拾取 P_2 点)

结果如图10.39所示。

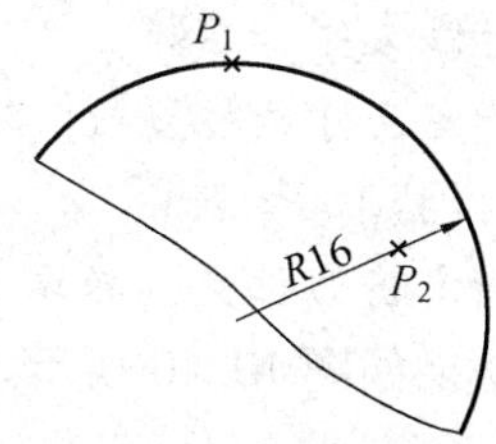

图10.39　半径尺寸标注

3. 折弯半径标注

(1)功能

用于圆弧或圆的折弯半径标注。该方法一般适用于圆弧或圆的半径尺寸较大,在图形上不便确定圆心的场合。

(2)命令格式

1)工具栏

"标注"→按钮。

2)下拉菜单

"标注"→"折弯"。

3)键入命令

DIMJOGGED↙。

执行上述命令后,命令行提示:

选择圆弧或圆:(选择一个圆弧、圆或多段线弧线段)

指定图示中心位置:(确定一点,作为折弯半径标注的新中心点,替代圆或圆弧的实际中心点)

标注文字 =(测量值)

指定尺寸线位置或[多行文字(M)/文字(T)/角度(A)]:

(3)选项说明

1)指定尺寸线位置

指定一点,确定尺寸线的角度和标注文字的位置,之后命令行提示:

指定折弯位置:(指定一点,即指定折弯的中点,这时系统按测量值标注出半径及半径符号。折弯角度由"标注样式管理器"对话框中"符号和箭头"选项卡确定)

2)多行文字(M)

利用在位文字编辑器编辑标注文字。

3)文字(T)

在命令行自定义标注文字。

4)角度(A)

修改标注文字的角度。

例10.5　用折弯半径标注图10.40所示圆弧的半径尺寸。

操作过程如下:

命令:DIMJOGGED

选择圆弧或圆:(选择圆弧,拾取 P_1 点)

指定图示中心位置:(拾取 P_2 点)

标注文字 = 44

指定尺寸线位置或[多行文字(M)/文字(T)/角度(A)]:(拾取 P_3 点)

指定折弯位置:(拾取 P_4 点)

结果如图 10.40 所示。

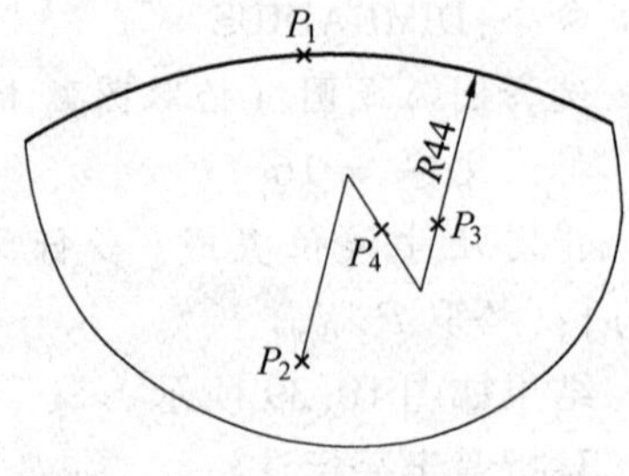

图 10.40 折弯标注圆弧半径

10.4.6 弧长标注

1. 功能

用于标注圆弧长度尺寸。

2. 命令格式

(1)工具栏

“标注”→ 按钮。

(2)下拉菜单

“标注”→“弧长”。

(3)键入命令

DIMARC↙。

执行上述命令后,命令行提示:

选择弧线段或多段线弧线段:(选择圆弧)

指定弧长标注位置或[多行文字(M)/文字(T)/角度(A)/部分(P)/引线(L)]:

3. 选项说明

(1)指定弧长标注位置

指定尺寸线的位置并确定尺寸界线的方向。命令行提示:

标注文字 =(测量值)

这时系统按测量值标注出弧长尺寸,如图 10.41(a)所示。

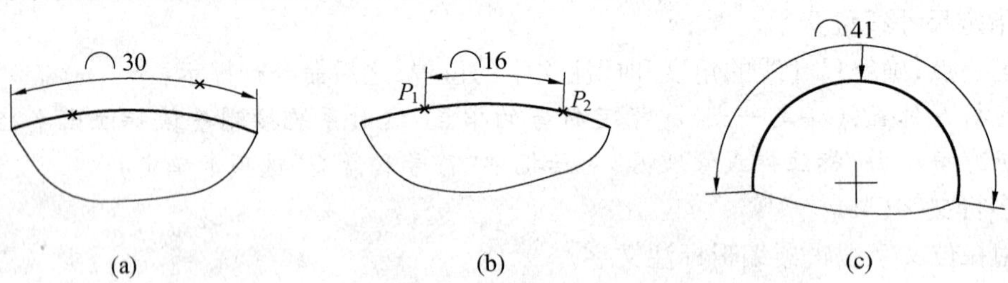

图 10.41 弧长尺寸标注

(2)多行文字(M)

利用在位文字编辑器编辑标注文字。

(3)文字(T)

在命令行自定义标注文字。

(4)角度(A)

指定标注文字的角度。执行该选项后,命令行提示:

指定标注文字的角度:(指定角度)

指定尺寸线位置或[多行文字(M)/文字(T)/角度(A)/部分(P)/引线(L)]:(确定尺寸线的位置,可直接标注出弧长尺寸,也可用其他选项进行标注)

(5)部分(P)

用于标注部分圆弧长度尺寸。选择此选项后,命令行提示:

指定圆弧长度标注的第一个点:(指定圆弧上弧长标注的起点,如图 10.41(b)中拾取 P_1 点)

指定圆弧长度标注的第二个点:(指定圆弧上弧长标注的终点,如图 10.41(b)中拾取 P_2 点)

指定弧长标注位置或[多行文字(M)/文字(T)/角度(A)/部分(P)/引线(L)]:

若指定弧长标注位置,系统按测量值标注出弧长尺寸,如图 10.41(b)所示。

在该选项中,指定圆弧长度标注的点可不位于圆弧上。

(6)引线(L)

为弧长标注添加引线。当圆弧(或弧线段)的圆心角大于 90°时才会显示此选项。引线是按径向绘制的,指向所标注圆弧的圆心。选择此选项后,命令行提示:

指定弧长标注位置或[多行文字(M)/文字(T)/角度(A)/部分(P)/无引线(N)]:

指定点或输入选项,引线将自动创建,如图 10.41(c)所示。

10.4.7　坐标标注

1. 功能

用于直接标注点的坐标。

2. 命令格式

(1)工具栏

“标注”→按钮。

(2)下拉菜单

“标注”→“坐标”。

(3)键入命令

DIMORDINATE↙。

执行上述命令后,命令行提示:

指定点坐标:(指定点)

指定引线端点或[X 基准 (X)/Y 基准 (Y)/多行文字 (M)/文字 (T)/角度 (A)]:

3. 选项说明

(1)指定引线端点

选择该选项后,系统将根据点坐标和引线端点的坐标差确定它是 X 坐标或者 Y 坐标标注。如果 X 坐标差大,标注就测量 Y 坐标;否则就测量 X 坐标。

(2)X 基准(X)

测量 X 坐标并确定指引线和标注文字的方向。

(3)Y 基准(Y)

测量 Y 坐标并确定指引线和标注文字的方向。

例 10.6　标注图 10.42 所示的直径尺寸。

操作过程如下：

命令：DIMORDINATE

指定点坐标：

指定引线端点或[X 基准（X）/Y 基准（Y）/多行文字（M）/文字（T）/角度（A）]：

标注文字=50

结果如图 10.42 所示。

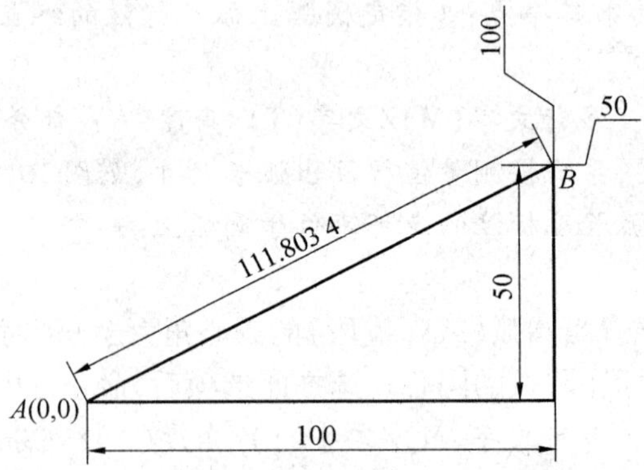

图 10.42　坐标标注

10.4.8　角度标注

1. 功能

用于标注圆弧的圆心角、两条非平行直线之间的夹角以及不共线三点决定的两直线之间的夹角。

2. 命令格式

(1)工具栏

“标注”→按钮。

(2)下拉菜单

“标注”→“角度”。

(3)键入命令

DIMANGULAR↙(或 DAN 或 DIMANG)。

执行上述命令后，命令行提示：

选择圆弧、圆、直线或<指定顶点>：

3. 选项说明

(1)选择圆弧

在圆弧上拾取一点，系统将以圆弧的圆心为角度的顶点，圆弧端点为尺寸界线的原点，在尺寸界线之间绘制一条圆弧作为尺寸线，并以拖动方式显示尺寸标注。命令行提示：

指定标注弧线位置或[多行文字（M）/文字（T）/角度（A）/象限点（Q）]：(确定弧线位置，系统将标注出圆弧的角度，如图 10.43(a)所示，也可选用其他选项)

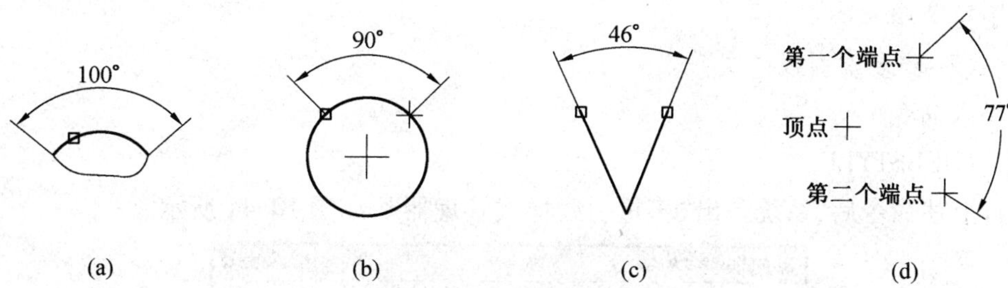

图10.43 角度尺寸标注

(2)选择圆

在圆上拾取一点,系统将以该拾取点作为第一条尺寸界线的原点,圆的圆心为顶点。命令行提示:

指定角的第二个端点:(指定一点,该点是第二条尺寸界线的原点,且无需位于圆上。命令行提示)

指定标注弧线位置或[多行文字(M)/文字(T)/角度(A)/象限点(Q)]:(确定弧线位置,系统将标注出圆弧的角度,如图10.43(b)所示,也可选用其他选项)

(3)选择直线

用两条相交直线定义角度。当选择一条直线后,命令行提示:

选择第二条直线:(选择第二条直线,系统通过将每条直线作为角度的矢量,将直线的交点作为角度顶点来确定角度。命令行提示:)

指定标注弧线位置或[多行文字(M)/文字(T)/角度(A)/象限点(Q)]:(确定弧线位置,系统将标注出两直线间的角度,如图10.43(c)所示,也可选用其他选项)

(4)按Enter键

即选定默认的"指定顶点"项,系统会自动按三点方式标注角度尺寸(图10.43(d)),命令行提示:

指定角的顶点:(指定一点作为角的顶点,命令行提示)

指定角的第一个端点:(指定一点作为角的第一个端点,命令行提示)

指定角的第二个端点:(指定一点作为角的条二个端点,命令行提示)

指定标注弧线位置或[多行文字(M)/文字(T)/角度(A)/象限点(Q)]:(确定弧线位置,系统将标注出圆弧的角度,如图10.43(d)所示,也可选用其他选项)

(5)多行文字(M)、文字(T)、角度(A)

这些选项的功能同前所述。

(6)象限(Q)

指定标注应锁定到的象限。打开象限行为后,将标注文字放置在角度标注外时,尺寸线会延伸超过尺寸界线。

10.4.9 引线标注

1. 多重引线样式

(1)功能

定义新多重引线样式。

(2)命令格式

1)工具栏

"样式"→按钮。

2)下拉菜单

“格式”→“多重引线样式”。

3)键入命令

MLEADERSTYLE↙。

执行上述命令后,系统弹出“多重引线样式管理器”,如图 10.44 所示。

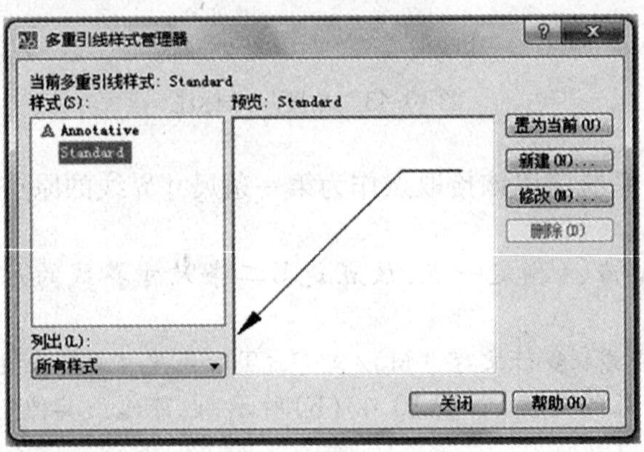

图 10.44 “多重引线样式管理器”对话框

(3)对话框说明

1)当前多重引线样式

显示应用于所创建的多重引线样式名称。默认的多重引线样式为 STANDARD。

2)样式

显示多重引线列表。当前样式被亮显。

3)列出

控制“样式”列表的内容。单击“所有样式”,可显示图形中可用的所有多重引线样式。单击“正在使用的样式”,仅显示被当前图形中的多重引线参照的多重引线样式。

4)预览

显示“样式”列表格中选定样式的预览图像。

5)置为当前

将“样式”列表中选定的多重引线样式设置为当前样式。

6)新建

显示“创建新多重引线样式”对话框,如图 10.45 所示,以指定新多重引线样式的名称,及新多重引线将基于的现有多重引线样式等。

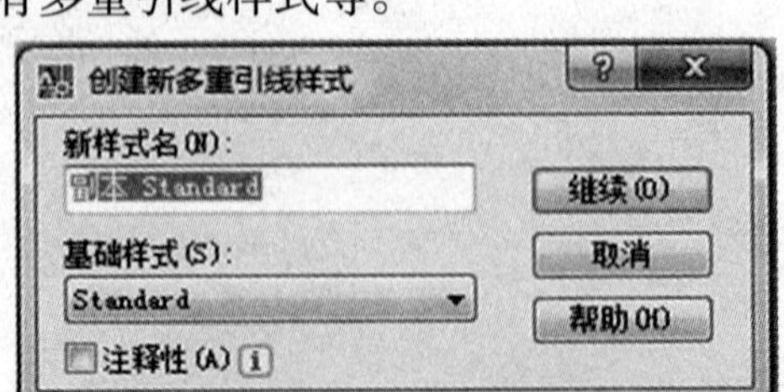

图 10.45 “创建新多重引线样式”对话框

“创建新多重引线样式”对话框说明：

①新样式名。命名新多重引线样式。

②基础样式。选取创建新样式所基于的标注样式。新的样式是在这个样式的基础上修改一些特性得到的。

③注释性。指定多重引线对象为注释性。

④继续。显示“修改多重引线样式”对话框，如图 10.46 所示，从中可以设置和修改多重引线样式。

7) 修改

显示“修改多重引线样式”对话框。

8) 删除

删除“样式”列表中选定的多重引线样式，但不能删除图形中正在使用的样式。

9)“修改多重引线样式”对话框

①“修改多重引线样式”对话框的“引线格式”选项卡，如图 10.46 所示。

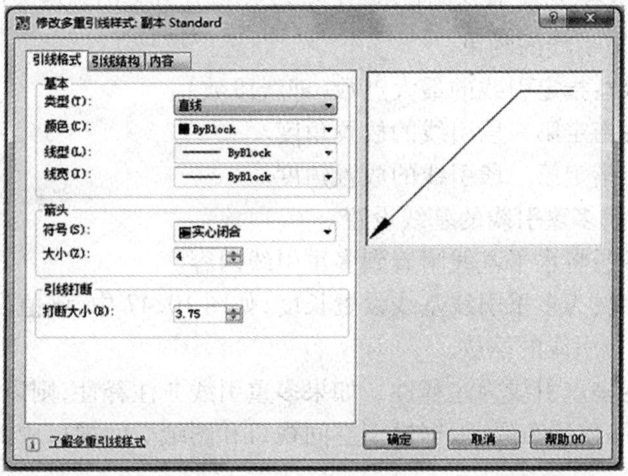

图 10.46　“修改多重引线样式”对话框的“引线格式”选项卡

a. 基本：控制多重引线的基本外观。

◆ 类型：确定引线类型。可以选择直引线、样条曲线或无引线。

◆ 颜色：确定引线的颜色。

◆ 线型：确定引线的线型。

◆ 线宽：确定引线的线宽。

b. 箭头：控制多重引线箭头的外观。

◆ 符号：设置多重引线的箭头符号。

◆ 大小：显示和设置箭头的大小。

c. 引线打断：控制将折断标注添加到多重引线时使用的设置。

◆ 打断大小：显示和设置选择多重引线后用于 DIMBREAK 命令的折断大小。

d. 预览：显示已修改样式的预览图像。

e. 了解多行样式：单击该链接或信息图标可了解有关多重引线和多重引线样式的详细信息。

②“修改多重引线样式”对话框的“引线结构”选项卡,如图 10.47 所示。

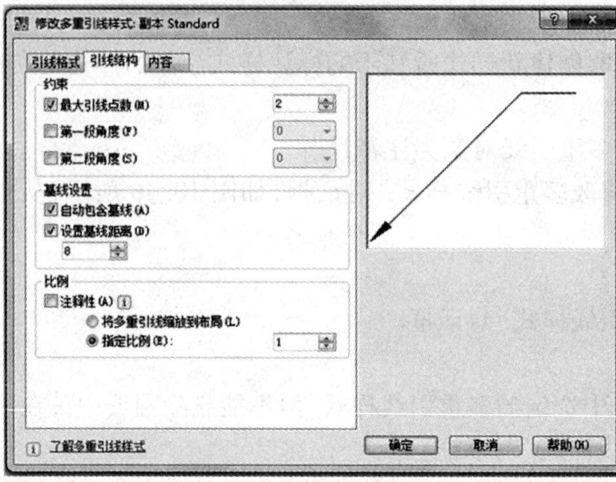

图 10.47 “修改多重引线样式”对话框的“引线结构”选项卡

a. 约束:控制多重引线的约束。

◆ 最大引线点数:指定引线的最大点数(即线段数)。

◆ 第一段角度:指定第一段引线的放置角度。

◆ 第二段角度:指定第二段引线的放置角度。

b. 基线设置:控制多重引线的基线设置。

◆ 自动包含基线:将水平基线附着到多重引线内容。

◆ 设置基线距离:为多重引线基线设置长度,如图 10.47 中,该值设为 8。

c. 比例:控制多重引线的缩放。

◆ 注释性:指定多重引线为注释性。如果多重引线非注释性,则以下选项可用。

◆ 将多重引线缩放到布局:根据模型空间视口和图纸空间视口中的缩放比例确定多重引线的比例因子。

◆ 指定比例:指定多重引线的缩放比例。

d. 预览:显示已修改样式的预览图像。

e. 了解多重引线样式。单击该链接或信息图标可了解有关多重引线和多重引线样式的详细信息。

③“修改多重引线样式”对话框的“内容”选项卡,如图 10.48 所示。

a. 多重引线类型:确定多重引线是包含文字还是包含块。

b. 文字选项:控制多重引线文字的外观。

◆ 默认文字:为多重引线内容设置默认文字。单击“...”按钮将启动多行文字在位编辑器。

◆ 文字样式:指定属性文字的预定义样式。显示当前加载的文字样式。

◆ 文字角度:指定多重引线文字的旋转角度。

◆ 文字颜色:指定多重引线文字的颜色。

◆ 文字高度:指定多重引线文字的高度。

◆ 始终左对正:指定多重引线文字始终左对齐,如图 10.49 所示。

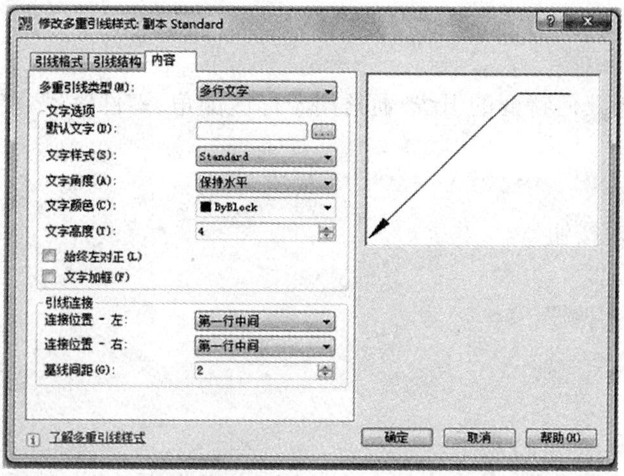

图 10.48　“修改多重引线样式”对话框的“内容”选项卡

◆“文字加框”复选框:使用文本框对多重引线文字内容加框。

c. 引线连接:控制多重引线的引线连接设置。

◆ 连接位置—左:控制文字位于引线右侧时基线连接到多重引线文字的方式,如图 10.49所示。

◆ 连接位置—右:控制文字位于引线左侧时基线连接到多重引线文字的方式,如图 10.49所示。

◆ 基线间距:指定基线和多重引线文字之间的距离。

如果多重引线包含块,则还有“块选项”可用。

d. 预览:显示已修改样式的预览图像。

e. 了解多重引线样式:单击该链接或信息图标可了解有关多重引线和多重引线样式的详细信息。

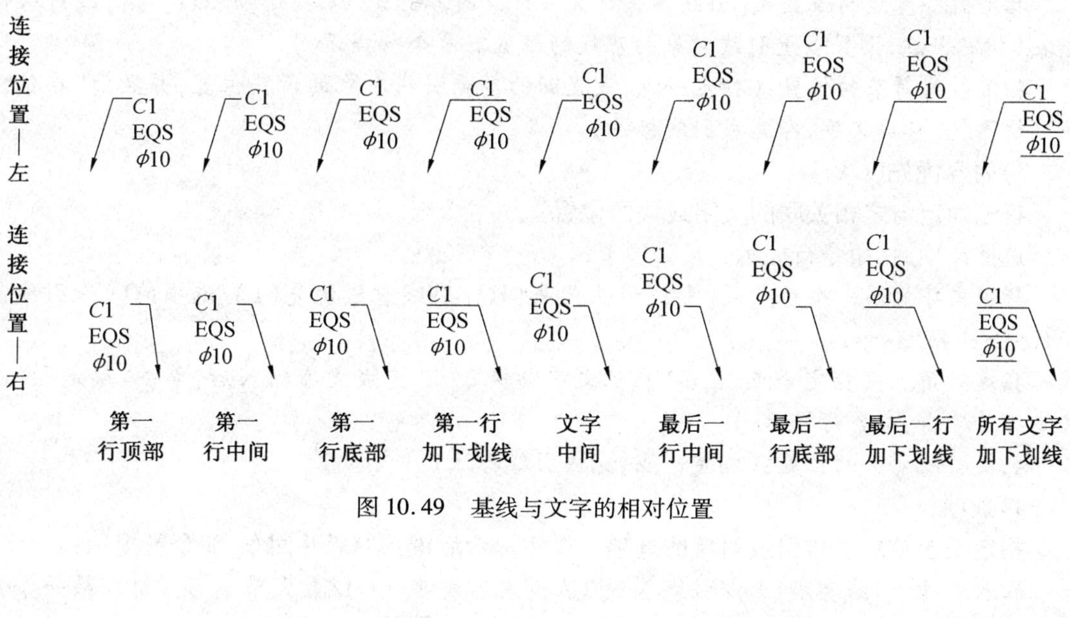

图 10.49　基线与文字的相对位置

2. 多重引线

(1)功能

创建连接注释与几何特征的引线,通常用于标注倒角、零件序号、多行文字及块等。

(2)命令格式

1)工具栏

“多重引线”→ 按钮。

2)下拉菜单

“标注”→“多重引线”。

3)键入命令

MLEADER↙。

执行上述命令后,命令行提示:

指定引线箭头的位置或[引线基线优先(L)/内容优先(C)/选项(O)]<引线箭头优先>:(如果已使用多重引线样式,则可以从该指定样式创建多重引线)

(3)说明

多重引线可创建为“箭头优先”、“引线基线优先”或“内容优先”。

1)引线箭头优先(H)

首先确定箭头位置。选择该项后,命令行提示:

指定引线箭头的位置或[引线基线优先(L)/内容优先(C)/选项(O)] <内容优先>:(指定一点,设置多重引线对象箭头的位置。命令行提示:)

指定引线基线的位置:(指定一点,设置新的多重引线对象的引线基线位置,并显示“在位文字编辑器”。标注文字,即完成引线标注)

2)引线基线优先(L)

首先确定基线位置。选择该项后,命令行提示:

指定引线基线的位置或[引线箭头优先(H)/内容优先(C)/选项(O)] <引线箭头优先>:(指定一点,设置多重引线对象的基线的位置。命令行提示:)

指定引线箭头的位置:(指定一点,设置新的多重引线对象的箭头位置,并显示“在位文字编辑器”。标注文字,即完成引线标注)

3)内容优先(C)

首先确定与之相关联的文字或块的位置。

选择该项后,命令行提示:

指定文字的第一个角点或[引线箭头优先(H)/引线基线优先(L)/选项(O)]<引线箭头优先>:(指定一点)

指定对角点:(指定一点,显示“在位文字编辑器”。完成文字输入后,单击“确定”或在文本框外单击,命令行提示:)

指定引线箭头的位置:(指定一点,完成引线标注)

4)选项

指定用于放置多重引线对象的选项。在主提示后键入“O”并回车,命令行提示:

输入选项[引线类型(L)/引线基线(A)/内容类型(C)/最大节点数(M)/第一个角度(F)/第二个角度(S)/退出选项(X)]<引线类型>:

①引线类型(L)。指定要使用的引线类型。选择该项后，命令行提示：

选择引线类型[直线(S)/样条曲线(P)/无(N)]<当前值>:(指定直线、样条曲线或无引线)

②引线基线(A)。设置水平基线的长度。选择该项后，命令行提示：

使用基线[是(Y)/否(N)]<当前值>:(如果此时选择“否”，则不会有与多重引线对象相关联的基线)

③内容类型(C)。指定要使用的内容类型。选择该项后，命令行提示：

[块(B)/多行文字(M)/无(N)]<块>:

块(B):指定图形中的块，以与新的多重引线相关联。

多行文字(M):在“在位文字编辑器”中输入文字。

无(N):指定“无”内容类型。

④最大节点数(M)。表示在绘制引线时限制输入点数(即线段数)的最大值。

⑤第一个角度(F)。用于控制第一段引线的放置角度。

⑥第二个角度(S)。用于控制第二段引线的放置角度。

⑦退出选项(X)。返回到第一个 MLEADER 命令提示。

例如完成图 10.50 的引线标注。

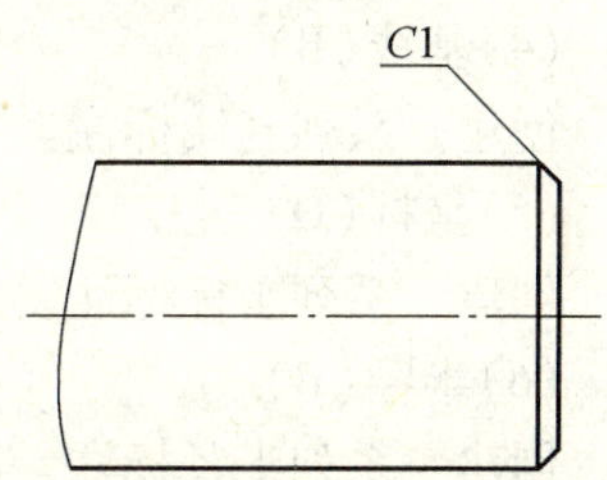

图 10.50　引线标注

①设置引线样式。单击“格式”→“多重引线样式”→“多重引线样式管理器”→“修改多重引线样式”。在该对话框中，设置“箭头符号”为无、“连接位置——右”项为第一行加下划线、“约束”项中最大引线点数为2、第一段角度为45°、第二段角度为90°、基线距离为0.5和“文字样式”等项，并设置为当前。

②引线标注。调用“多重引线”命令，并选用“引线箭头优先”项，在弹出的“在位文字编辑器”中输入“C1”，单击“确定”即可。

10.4.10　快速标注

1. 功能

可快速创建一系列尺寸标注，特别适合完成一系列基线或连续标注，或完成一系列圆、圆弧的标注。

2. 命令格式

(1)工具栏

“标注”→按钮。

(2)下拉菜单

“标注”→“快速标注”。

(3)键入命令

QDIM↙。

执行上述命令后，命令行提示：

关联标注优先级 = 端点

选择要标注的几何图形:(选择要标注的实体)

……

选择要标注的几何图形:(结束要标注的实体选择)

指定尺寸线位置或[连续(C)/并列(S)/基线(B)/坐标(O)/半径(R)/直径(D)/基准点(P)/编辑(E)/设置(T)]<当前>:(输入选项或按 Enter 键)

3. 选项说明

(1)指定尺寸线位置

确定尺寸线位置。直接确定尺寸线位置时,则系统按测量值对所选择的实体进行快速标注。

(2)连续(C)

创建一系列连续标注。

(3)并列(S)

创建一系列并列标注。

(4)基线(B)

创建一系列基线标注。

(5)坐标(O)

创建一系列坐标标注。

(6)半径(R)

创建一系列半径标注。

(7)直径(D)

创建一系列直径标注。

(8)基准点(P)

为基线和坐标标注设置新的基点。

(9)编辑(E)

用来增减尺寸标注点。

(10)设置(T)

为指定尺寸界线原点设置默认对象捕捉。命令行提示:

关联标注优先级[端点(E)/交点(I)]<端点>:

程序将返回到上一个提示。

10.5 尺寸标注编辑

当需要更改已标出的尺寸标注时,不必删除它们并重新标注,可使用由 AutoCAD 所提供的编辑标注的有关命令,来实现对尺寸标注的修改。本节主要介绍编辑标注文字和尺寸界线、编辑标注文字的位置、利用“特性”选项板编辑尺寸标注等。

10.5.1 编辑标注文字和尺寸界线

1. 功能

旋转、修改或恢复标注文字,更改尺寸界线的倾斜角。

2. 命令格式

(1)工具栏

“标注”→按钮。

(2)键入命令

DIMEDIT↙。

执行上述命令后,命令行提示:

输入标注编辑类型[默认(H)/新建(N)/旋转(R)/倾斜(O)]<默认>:

3. 选项说明

(1)默认(H)

将旋转标注文字移回默认位置。

(2)新建(N)

使用“在位文字编辑器”更改标注文字。

(3)旋转(R)

对已标注的文字按指定的角度进行旋转。

(4)倾斜(O)

调整线性标注尺寸界线的倾斜角度。

例 10.7　调整图 10.51(a)中尺寸界线的倾斜角度,使之成 15°。

操作过程如下:

命令:DIMEDIT

输入标注编辑类型[默认(H)/新建(N)/旋转(R)/倾斜(O)] <默认>:O

选择对象:(选取“ϕ40”)

选择对象:

输入倾斜角度(按 Enter 键表示“无”):15

结果如图 10.51b 所示。

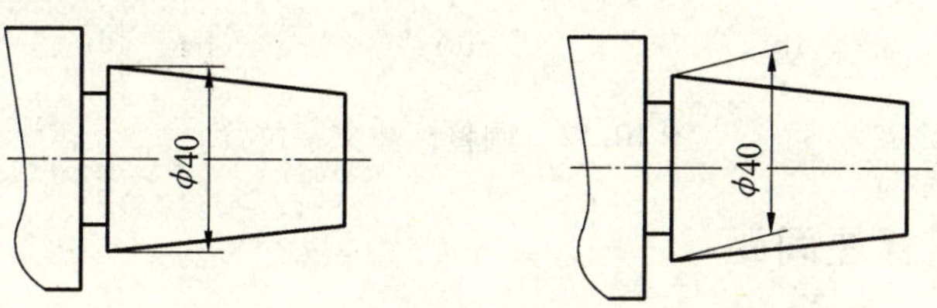

(a) 编辑前　　(b) 编辑后

图 10.51　尺寸界线的编辑

10.5.2　编辑标注文字的位置

1. 功能

移动和旋转标注文字,重新定位尺寸线。

2. 命令格式

(1)工具栏

“标注”→按钮。

(2)下拉菜单

“标注”→“对齐文字”→子菜单选项。

(3)键入命令

DIMTEDIT↙。

执行上述命令后,命令行提示:

选择标注:(选择一标注对象)

指定标注文字的新位置或[左(L)/右(R)/中心(C)/默认(H)/角度(A)]:

3. 选项说明

(1)指定标注文字的新位置

可将选取的文字拖动到一个新位置。

(2)左(L)

将标注文字沿尺寸线移至靠近左尺寸界线的位置,如图 10.52(a)所示。本选项只适用于线性、直径和半径标注。

(3)右(R)

将标注文字沿尺寸线移至靠近右尺寸界线的位置,如图 10.52(b)所示。本选项只适用于线性、直径和半径标注。

(4)中心(C)

将标注文字放在尺寸线的中间(在尺寸界线内有足够空间的情况下),如图 10.52(c)所示。

(5)默认(H)

将标注文字恢复到原来的默认位置,如图 10.52(d)所示。

(6)角度(A)

修改标注文字的角度,图 10.52(e)中指定标注文字为 45°。

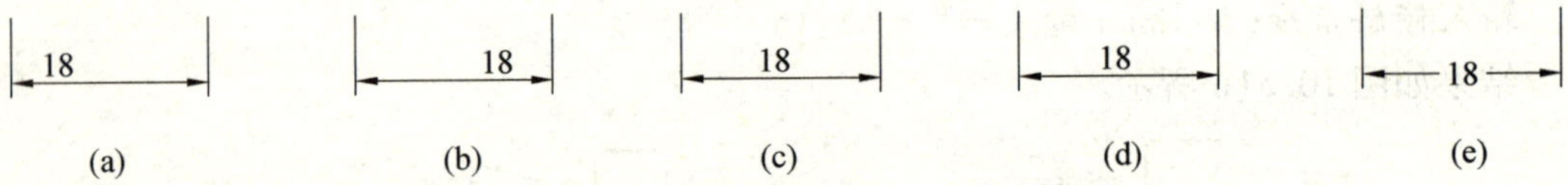

图 10.52 调整标注文字位置

10.5.3 调整标注间距

1. 功能

其功能是对平行的线性标注之间的间距或共享一个公共顶点的角度标注之间的间距做等距调整。还可以通过使用间距值“0”来对齐线性标注或角度标注。

2. 命令格式

(1)工具栏

“标注”→按钮。

(2)下拉菜单

“标注”→“标注间距”。

(3)键入命令

DIMSPACE↙。

执行上述命令后,命令行提示:

选择基准标注:(选择平行线性标注或角度标注)

选择要产生间距的标注:(选择平行线性标注或角度标注以从基准标注均匀隔开,并按 Enter 键)

输入值或[自动(A)]<自动>:(指定间距或按 Enter 键)

3. 说明

(1)输入值

指定从基准标注均匀隔开选定标注的间距值。例如,如果输入值 5.5,则所有选定标注将以 5.5 的距离隔开。

(2)自动

基于在选定基准标注的标注样式中指定的文字高度自动计算间距。所得的间距值是标注文字高度的两倍。

例 10.8　将图 10.53(a)的所注尺寸调整为以尺寸 8 为基准,相邻尺寸线间距为 4.5,如图 10.53(b)所示。

操作过程如下:

命令:DIMSPACE↙

选择基准标注:(选择尺寸标注 8)

选择要产生间距的标注:(选择尺寸标注 16)

找到 1 个

选择要产生间距的标注:(选择尺寸标注 30)

找到 1 个,总计 2 个

选择要产生间距的标注:↙

输入值或[自动(A)]<自动>:4.5↙

结果如图 10.53(b)所示。

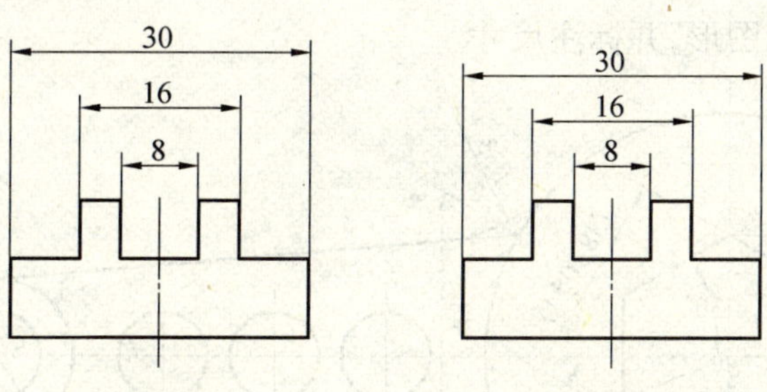

(a) 调整前　　(a) 调整后

图 10.53　调整平行线性标注的间距

10.5.4　利用"特性"选项板编辑尺寸标注

"特性"选项板是非常有用的工具,它可以对任何 AutoCAD 对象进行编辑。对于尺寸标注也不例外,任意在一个完成的标注上双击鼠标左键,将会弹出"特性"选项板,如图 10.54 所示,可以看到,在这里可以对标注样式到标注文字几乎全部设置进行编辑。

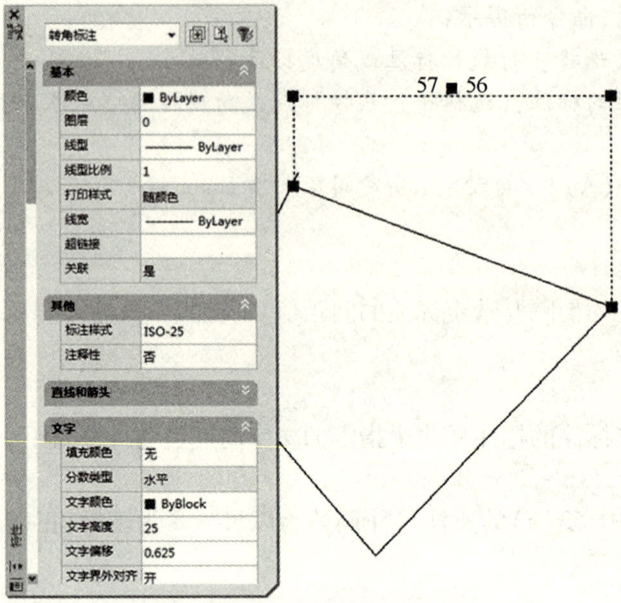

图 10.54　利用"特性"选项板编辑尺寸标注

10.5.5　利用特性匹配命令编辑尺寸标注

可通过单击标准工具栏上的 按钮等方法启用"特性匹配"功能。利用"特性匹配"功能,可以将选定的尺寸标注的特性,复制到要修改的尺寸标注上,达到修改尺寸标注特性的目的。

习题十

1. 画图 10.55 所示图形,并标注尺寸。

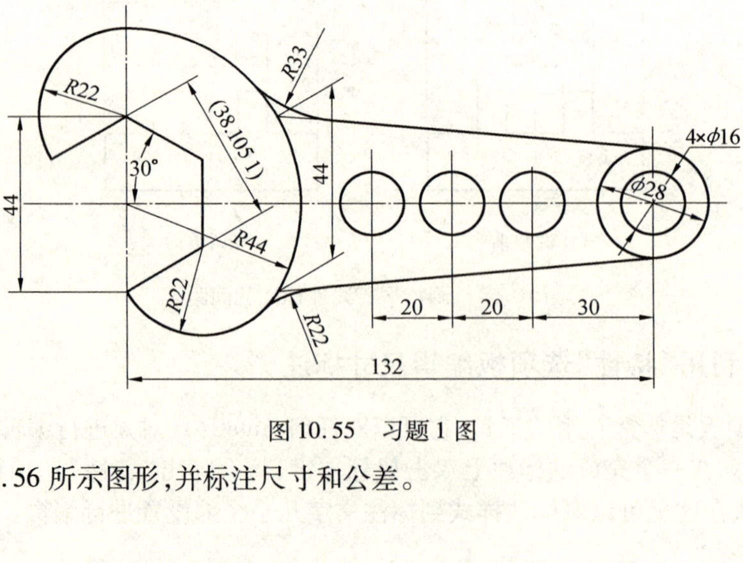

图 10.55　习题 1 图

2. 画图 10.56 所示图形,并标注尺寸和公差。

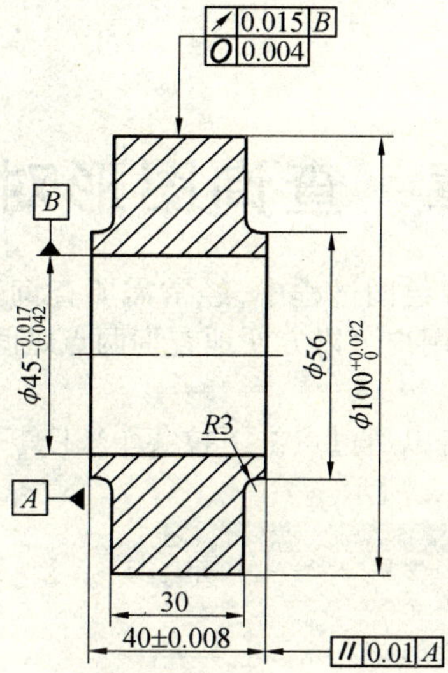

图 10.56　习题 2 图

第 11 章　查询图形对象信息

用户在使用 AutoCAD 2008 绘图过程中，经常需要查询图形的某些数据信息，AutoCAD 提供了查询功能，利用该功能，用户可以方便地查询两点之间的距离、图形的面积、点的坐标以及时间等数据。

执行与查询有关的命令，可以通过点击下拉菜单“工具”→“查询”，如图 11.1 所示，或者调出“查询”工具栏，如图 11.2 所示。

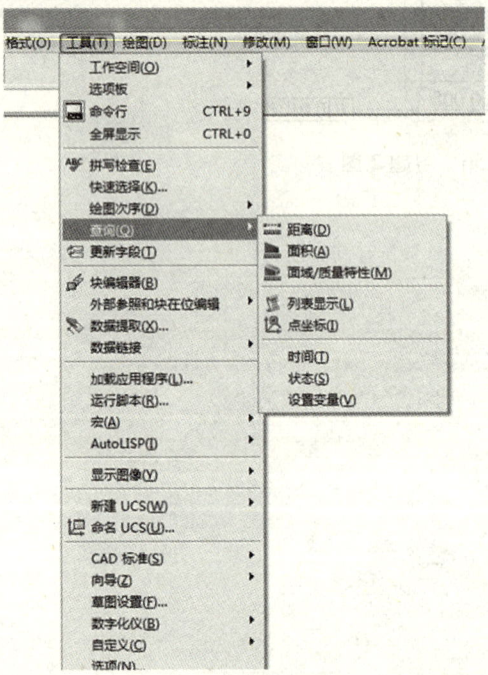

图 11.1　“查询”子菜单

图 11.2　“查询”工具栏

11.1　查询距离

DIST 命令用于查询指定两点之间的距离、角度和沿各个坐标轴的增量，此命令是透明命令。用户可以通过命令行输入 DIST 命令，也可以通过下拉菜单项“工具”→“查询”→“距离”和“查询”工具栏上的（距离）按钮执行该命令。

例 11.1　查询点 A(0,0) 与点 B(300,400) 之间的距离。

执行查询距离命令后，AutoCAD 提示：

指定第一点：（输入“0,0”后按 Enter 键）

指定第二点：（输入“300,400”后按 Enter 键）

此时，AutoCAD 显示：

距离 = 500.0000，XY 平面中的倾角 = 53，　与 XY 平面的夹角 = 0

X 增量 = 300.0000，　Y 增量 = 400.0000，　Z 增量 = 0.0000

11.2　查询面积

AREA 命令用于计算以若干点为顶点所围成的多边形区域或者由指定对象所围成的区域的周长或者面积，也可以进行多个区域的周长或者面积的求和及求差运算。用户可以通过命令行输入 AREA 命令，也可以通过下拉菜单项“工具”→“查询”→“面积”和“查询”工具栏上的（区域）按钮执行该命令。

执行查询面积命令后，AutoCAD 提示：

指定第一个角点或[对象(O)/加(A)/减(S)]：

1. 指定第一个角点

此模式为默认模式，用户指定第一个点后，AutoCAD 会提示：

指定下一个角点或按 Enter 键全选：

该提示会反复出现，用户根据提示指定下一个角点，直到选择完毕按 Enter 键结束。AutoCAD 会计算出由之前所选择的点依次相连所围成的封闭多边形区域的面积或者周长。

2. 对象(O)

求由指定对象所围成的区域的面积和周长。

需要注意的是：对于非封闭的对象，AutoCAD 会假设用一条直线将其首尾相连来计算所围成封闭区域的面积，但周长依旧是未封闭之前的对象的真实长度。对于二维多段线对象，AutoCAD 按多段线的中心线计算面积和周长。

3. 加(A)

切换到加模式，AutoCAD 会求出各个对象的面积和周长以及它们的面积之和。

4. 减(S)

切换到加模式，AutoCAD 会求出各个对象的面积和周长以及它们的面积之差。

例 11.2　求图 11.3 中剖面线区域的面积。

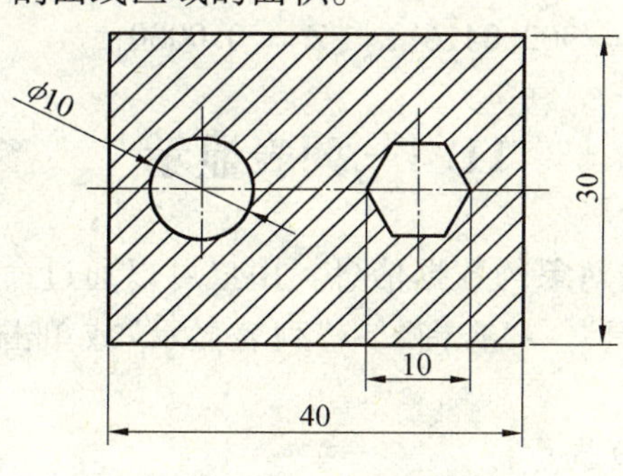

图 11.3　练习题

命令：AREA↙

指定第一个角点或［对象(O)/加(A)/减(S)］：A↙

指定第一个角点或［对象(O)/减(S)］：O↙

(“加”模式) 选择对象：(选择矩形)

面积 = 1200.0000，周长 = 140.0000

总面积 = 1200.0000

("加"模式) 选择对象:↙

指定第一个角点或[对象(O)/减(S)]: S↙

指定第一个角点或[对象(O)/加(A)]: O↙

("减"模式) 选择对象:(选择圆)

面积 = 78.5398,圆周长 = 31.4159

总面积 = 1121.4602

("减"模式) 选择对象:(选择正六边形)

面积 = 64.9519,周长 = 30.0000

总面积 = 1056.5083

("减"模式) 选择对象:↙

指定第一个角点或[对象(O)/加(A)]:↙

图 11.3 中剖面线区域的面积为 1 056.508 3。

11.3 查询点的坐标

ID 命令为查询点的坐标命令,此命令为透明命令。用户可以通过命令行输入 ID 命令,也可以通过下拉菜单项"工具"→"查询"→"点坐标"和"查询"工具栏上的(定位点)按钮执行该命令。

输入查询点的坐标命令后,AutoCAD 提示:

指定点:(在该提示下拾取某点)

AutoCAD 即可显示该点的坐标。

例 11.3 查询图 11.3 中左边小圆的圆心。

命令: ID↙

指定点: (拾取圆心之后)

X = 2059.8850　　Y = 902.0416　　Z = 0.0000

11.4 列表显示

LIST 命令用于显示所选对象的数据信息。用户可以通过命令行输入 LIST 命令,也可以通过选择下拉菜单项"工具"→"查询"→"列表显示"或单击"查询"工具栏上的(列表)按钮执行该命令。

执行该命令后,AutoCAD 提示:

选择对象:(用户选择对象)

选择对象:(用户可以选择对象,或者按 Enter 键结束对象选择)

此时,AutoCAD 会切换到文本窗口,显示所选对象的数据信息。例如:选择一个矩形,则列出其名称、所在的图层与空间、句柄、宽度、面积、周长以及四个角点的坐标等基本数据信息。

例 11.4 将图 11.2 中的矩形和圆的数据信息以列表的形式显示出来。

命令:LIST↙

选择对象:(选择矩形)

选择对象:(选择圆)

选择对象:↙

AutoCAD 切换到文本窗口,如图 11.4 所示,以列表的形式显示矩形和圆的数据信息。

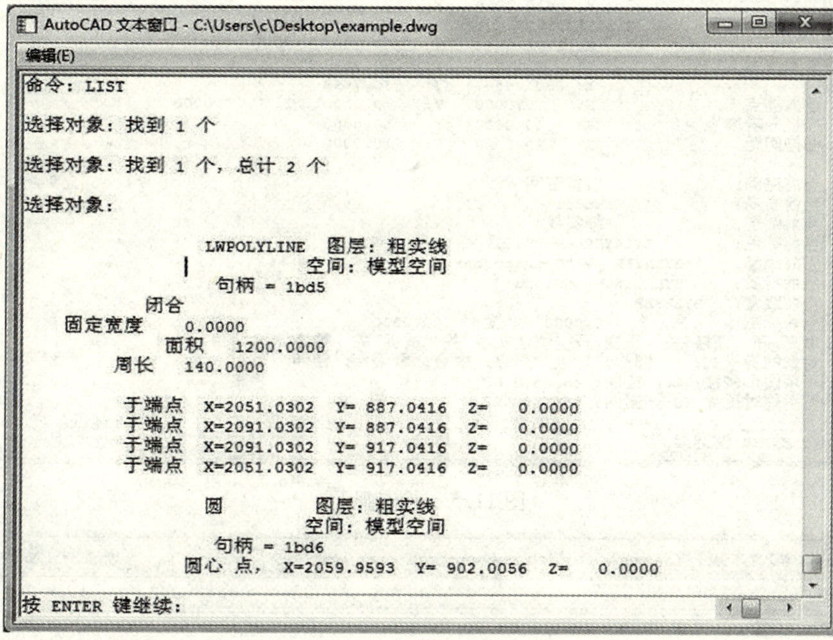

图 11.4　显示数据信息

11.5　状态显示

STATUS 命令用于显示当前图形的状态信息、统计信息、模式、范围、内存使用情况等。用户可以通过命令行输入 STATUS 命令或者通过选择下拉菜单“工具”→“查询”→“状态”执行该命令。

执行该命令后,AutoCAD 切换到文本窗口,如图 11.5 所示,并显示出当前图形的状态信息。

11.6　查询时间

TIME 命令用于显示与当前图形文件时间有关的信息,包括当前时间、图像创建时间、上次更新时间、累计编辑时间等时间信息。

执行该命令后,AutoCAD 切换到文本窗口,如图 11.6 所示,并显示出当前图形的时间信息。

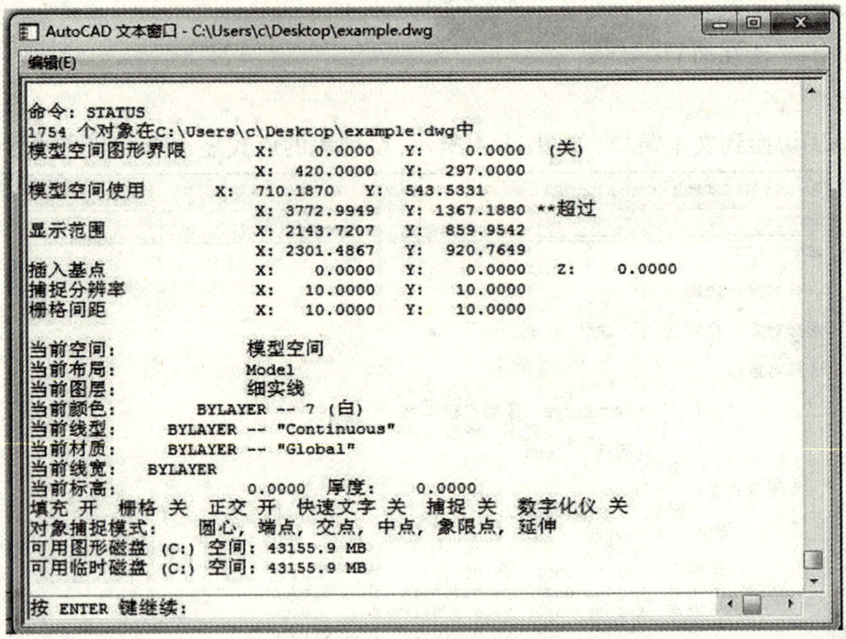

图 11.5　状态显示

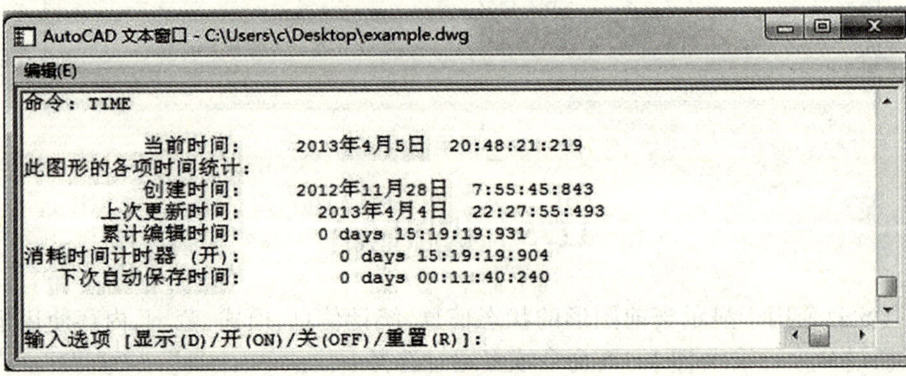

图 11.6　显示时间信息

11.6.1　各行时间信息含义

1. 当前时间

表示当前的时间。

2. 创建时间

表示创建当前图形文件的时间。

3. 上次更新时间

表示最近一次更新当前图形文件的时间。

4. 累计编辑时间

表示编辑当前图形文件所花费的总时间。

5. 消耗时间计算器

这是一种灵活的计时器,在用户进行图形编辑时,可以随时打开、关闭或者重置。

6. 下次自动保存时间

表示图形文件下一次自动保存时间。这与自动保存时间间隔有关系，用户可以通过设置下拉菜单“工具”→“选项”→“打开和保存”选项中“自动保存”的“保存间隔分钟数”进行修改。

11.6.2　输入选项说明

AutoCAD 还会给出提示：

输入选项[显示(D)/开(ON)/关(OFF)/重置(R)]：

1. 显示(D)

重复显示当前时间信息，并且更新时间内容。

2. 开(ON)

打开消耗时间计算器。

3. 关(OFF)

关闭消耗时间计算器。

4. 重置(R)

将消耗时间计算器复位清零。

习题十一

1. 按照尺寸绘制如图 11.7 所示的图形，并进行以下操作：

(1)查询中间大圆圆心的坐标；

(2)查询当前图形的数据信息；

(3)查询当前图形的状态信息；

(4)查询当前图形的时间信息；

(5)计算剖面线区域的面积。

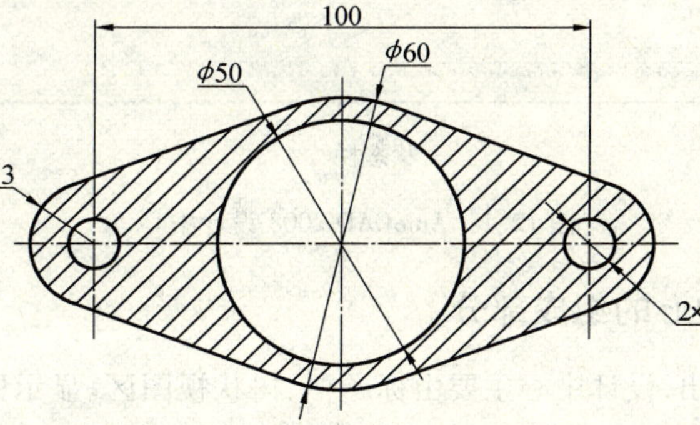

图 11.7　练习题

第 12 章　设计中心与绘图环境设置

设计中心和工具选项板是 AutoCAD 2008 为用户提供的用来提高绘图效率的工具。此外,用户还可以根据需要设置其绘图环境,以满足各种绘图需要。

12.1　设计中心

设计中心是 AutoCAD 2008 提供的一个直观、高效、与 Windows 资源管理器类似的工具。利用设计中心,用户可以方便地浏览、查找、管理 AutoCAD 图形等资源。设计中心具有覆盖面广、管理层次深、专业资源丰富、使用方便等特点,是进行设计的有力工具。

打开 AutoCAD 设计中心的命令是 ADCENTER。用户可以通过命令行输入 ADCENTER 命令,或者通过选择下拉菜单项“工具” →“选项板” →“设计中心”或点击“标准”工具栏上的圖(设计中心)按钮执行该命令。

执行该命令后,AutoCAD 打开设计中心,如图 12.1 所示。

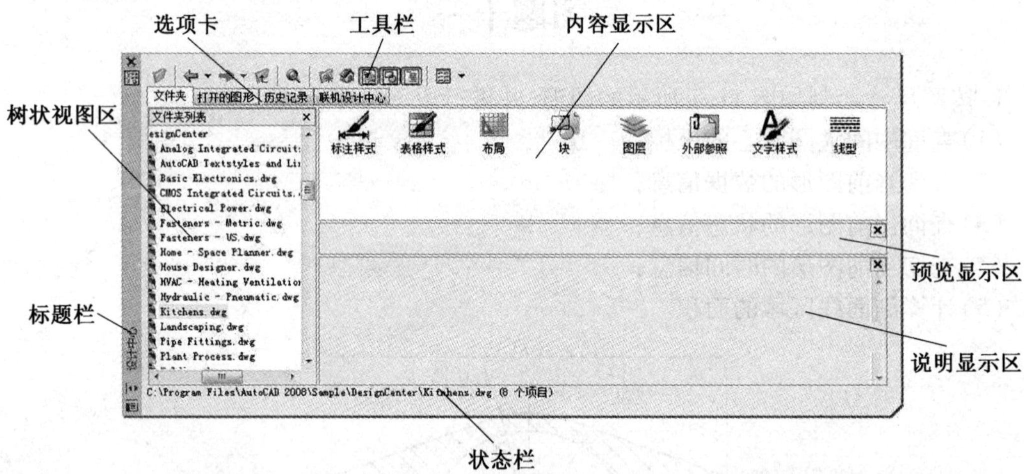

图 12.1　AutoCAD 2008 设计中心

12.1.1　设计中心的组成部分

从图 12.1 可以看出,设计中心主要由标题栏、树状视图区、显示区、选项卡、工具栏、状态栏等组成。

1. 标题栏

标题栏可以控制 AutoCAD 设计中心窗口的大小、位置、外观形状和开关状态等。在标题栏上单击鼠标右键,会弹出快捷菜单,如图 12.2 所示,用户可以根据需要进行设置。

2. 树状视图区

树状视图区用于显示用户计算机指定资源的层次结构,与 Windows 资源管理器对应区域的功能类似。可以在树状视图区浏览、选择源对象，而在显示区显示相关的内容。

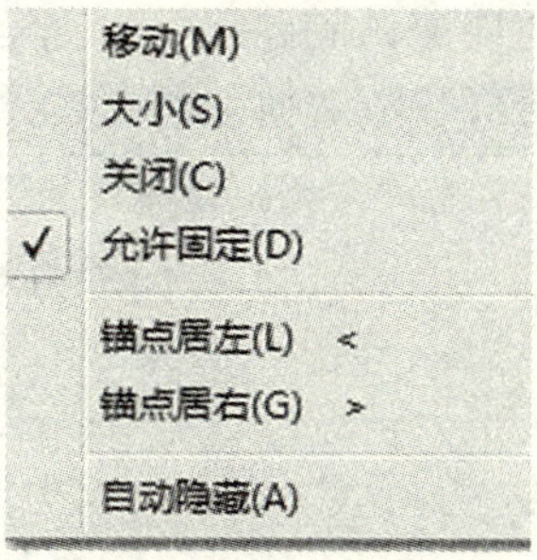

图 12.2　“标题栏”快捷菜单

3. 显示区

显示区分为内容显示区、预览显示区和说明显示区。选中树状视图区的某一源对象时，AutoCAD 会在内容显示区显示图形文件的内容，预览显示区显示图形文件的缩略图，说明显示区显示图形文件的文字描述信息。用户在树状视图区中选择的对象不同，在内容区中显示的内容也不同。

4. 选项卡

AutoCAD 设计中心有“文件夹”、“打开的图形”、“历史记录”和“联机设计中心”四个选项卡。

“文件夹”选项卡是设计中心最重要也是使用频率最多的，用于在设计中心中显示出文件夹和文件列表；“打开的图形”选项卡用于列出在当前 AutoCAD 环境中打开的所有图形及其相关内容；“历史记录”选项卡用于显示用户最近浏览过的 AutoCAD 图形；通过“联机设计中心”选项卡，用户可以访问 Internet 上数以千计的预先绘制符号、制造商信息以及相关站点。

5. 工具栏

工具栏是指设计中心顶部的一行按钮，下面介绍这些按钮的功能。

(1)“加载”按钮

单击该按钮，AutoCAD 弹出“加载”对话框，通过此对话框选择图形文件。

(2)“上一页”按钮、“下一页”按钮

“上一页”按钮用于返回到历史记录中最近一次的位置；“下一页”按钮则用于返回到历史记录列表中下一次的位置。

(3)“上一级”按钮

此按钮用于显示激活显示区中的上一级内容。

(4)“搜索”按钮

此按钮用于快速查找对象。单击该按钮，AutoCAD 弹出“搜索”对话框，如图 12.3 所示。对话框有“图形”、“修改日期”、“高级”三个选项卡，用户可以根据需要进行搜索。

(5)“收藏夹”按钮

用于在显示区中显示收藏夹中的内容。用户可以将要经常访问的内容放入收藏夹，方便快速访问。

向收藏夹添加快捷访问路径的方法是：在设计中心的树状视图区或内容显示区中选中

要添加到收藏夹的内容,单击鼠标右键,从快捷菜单中选择“添加到收藏夹”菜单项,AutoCAD会在收藏夹中建立对应的快捷访问路径。

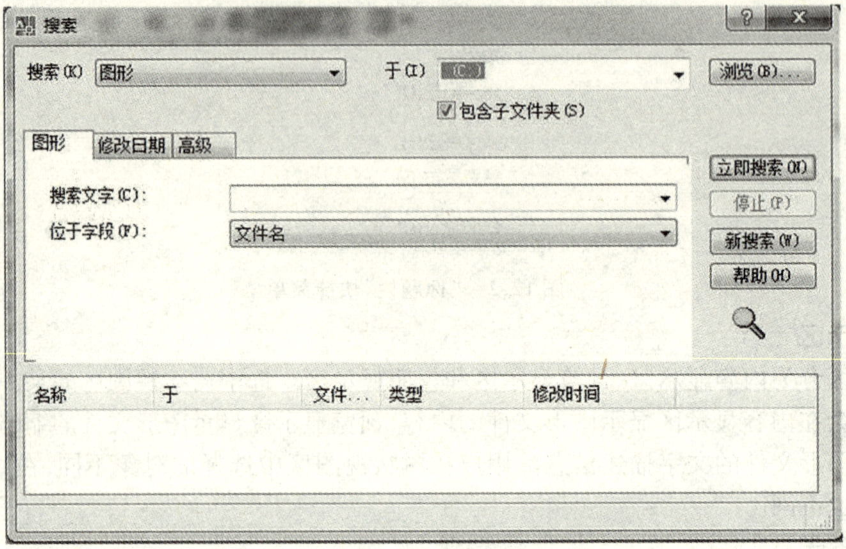

图 12.3 “搜索”对话框

(6)“主页”按钮

用于返回到固定的文件夹或文件,即在内容区中显示固定文件夹或文件中的内容。用户可以设置自己的文件夹或文件,选中树状视图区的某一源对象,单击鼠标右键,从弹出的快捷菜单中选择“设置为主页”选项,即可完成设置。

(7)“树状图切换”按钮

此按钮用于显示或隐藏树状视图区的切换。

(8)“预览”按钮

此按钮用于实现在内容区中打开或关闭预览显示区的切换。可以通过拖动鼠标来改变预览窗口的大小。

(9)“说明”按钮

此按钮用于在内容区中实现打开或关闭说明显示区的切换。

(10)“视图”按钮

控制在内容区中所显示内容的格式。单击位于按钮右侧的小箭头,AutoCAD 弹出一列表,列表中有“大图标”、“小图标”、“列表”和“详细信息”四项,可以分别使窗口中的内容以上述方式显示。

6. 状态栏

在设计中心窗口的底部,显示有关内容的源。

12.1.2 利用设计中心添加对象

重用和共享是简化绘图过程、提高绘图效率的基本方法,AutoCAD 2008 设计中心可以通过简单的操作,将位于本地计算机、局域网或 Internet 上的块、图层、文字样式、标注样式等命名对象添加到当前图形,从而能够使已有资源得到再利用和共享。

1. 在图形中复制图层、线型、文字样式、标注样式、表格样式等

利用设计中心，用户可以将其他图形中表格、图层、线型、文字样式、标注样式等命名对象复制到当前图形中。这样可以避免重复劳动，减小绘图工作量，提高效率。

复制方法非常简单，待内容显示区显示相应的内容后，选中对象，按住鼠标左键后移动鼠标，将对象拖至当前图形的绘图窗口内相应位置后松开鼠标即可；或者在内容显示区选中对象后，单击鼠标右键，从弹出的快捷菜单中选择“复制”菜单项，然后在绘图区域的相应位置，单击鼠标右键，从弹出的快捷菜单中选择“粘贴”菜单项，即可完成相应的复制工作。

例 12.1　新建一图形，命名为“例 12.1. dwg”，将已有的任意图形文件的图层复制到该图形文件中。

(1)新建图形，在设计中心找到已有图形 example. dwg。

(2)双击“图层”图标，AutoCAD 显示出对应的图层图标，如图 12.4 所示，选中所有的图标，将它们拖至当前图形文件的绘图窗口内，即可完成图层的复制。

(3)保存图形，输入文件名“例 12.1. dwg”以及相应的保存路径。

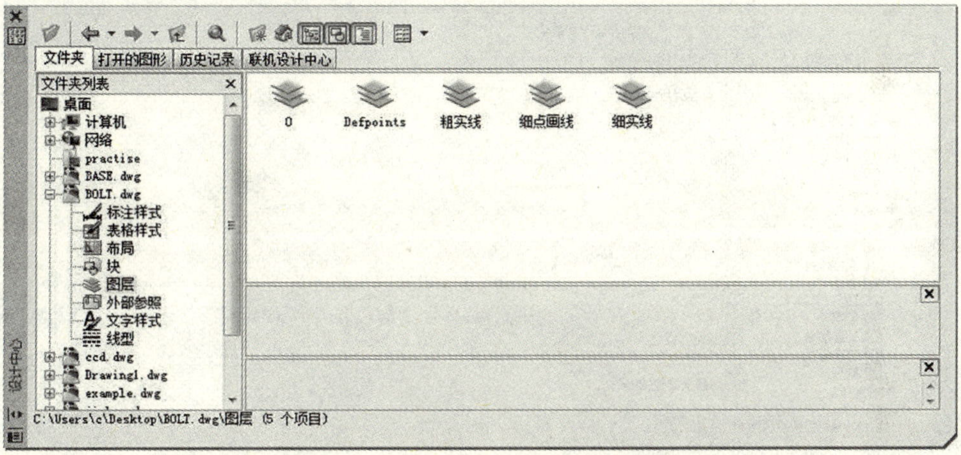

图 12.4　通过设计中心显示图层图标

2. 插入块

通过设计中心插入块时，通过树状视图区找到并选中包含所需要块的图形，在内容区双击“块”图标，然后找到要插入的块，可以像复制图层等对象那样将块复制到 AutoCAD 绘图窗口，但 AutoCAD 会按照在定义块时确定的拖放单位自动转换插入比例，且插入时的旋转角度为 0°。用户还可以从设计中心的内容显示区选中要插入的块，单击鼠标右键，从弹出的快菜单选择“插入块”菜单项，AutoCAD 打开“插入”对话框，如图 9.5 所示。用户可利用该对话框确定插入点、插入比例、旋转角度实现块的插入。

插入块后，块的属性也被复制到图形后，之后用户可以用 INSERT 命令在当前图形中插入对应的块。

例 12.2　新建一图形，命名为“例 12.2. dwg”，将例题 9.1 创建的六角头螺栓块插入到该图形中。要求：插入比例 2，旋转角度 45°。

操作步骤如下：

(1)新建图形，并利用设计中心找到与例 9.1 对应的图形 BOLT. dwg，如图 12.5 所示。

(2)双击图 12.5 内容显示区的“块”图标，AutoCAD 显示出对应的块图标，如图 12.6 所示，选中内容显示区的“六角头螺栓”图标，并单击鼠标右键，从弹出的“快捷菜单”中选择“插入块”菜单项，会弹出如图 12.7 所示的“插入”对话框。

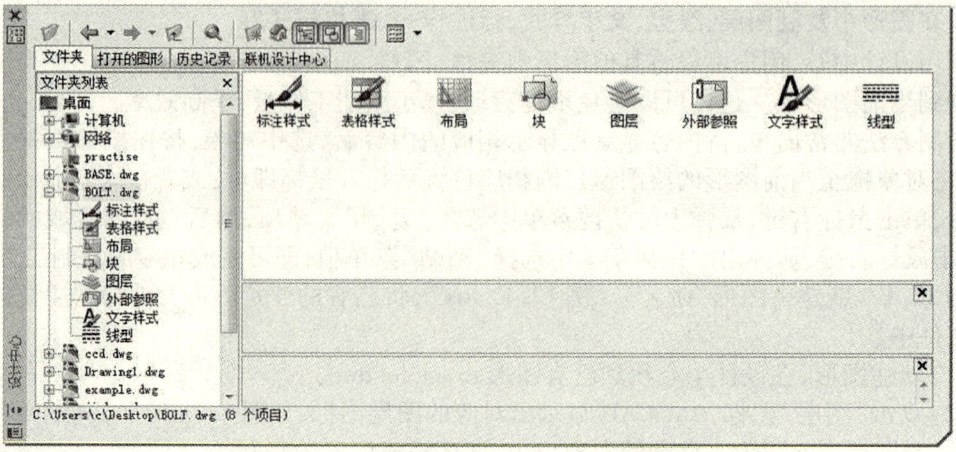

图 12.5　通过设计中心确定图形

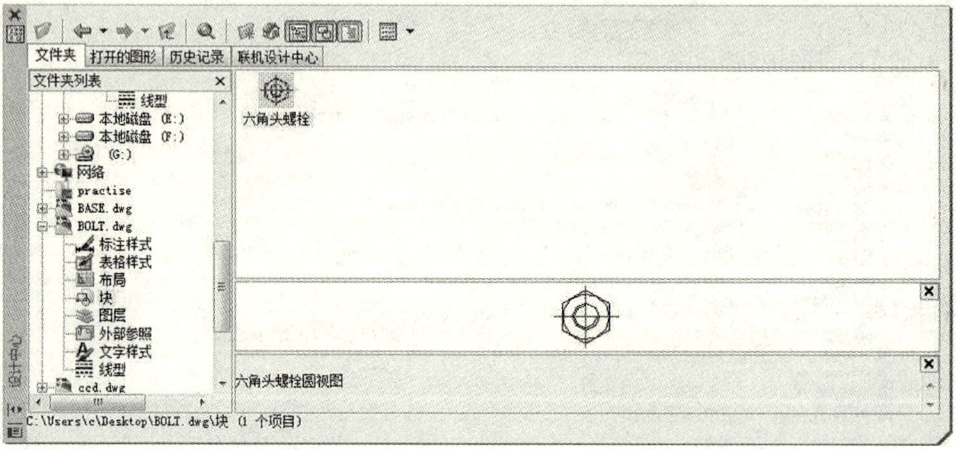

图 12.6　在内容显示区显示块图标

(3)根据题目要求,“插入”对话框的设置如图 12.7 所示。点击“确定”按钮,根据系统提示指定插入点。

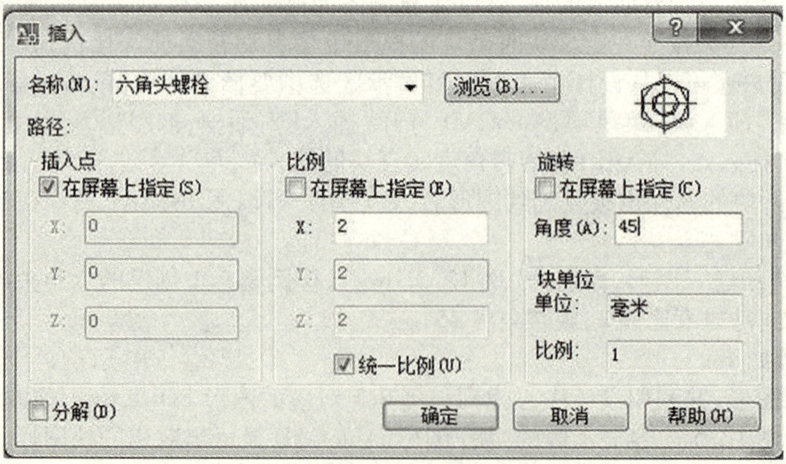

图 12.7　“插入”对话框设置

(4)保存图形。输入文件名“例 12.2.dwg”以及相应的保存路径。

12.2　工具选项板

工具选项板提供了组织、共享和放置块、填充图案以及 AutoCAD 命令的有效方法,用户可以通过工具选项板方便地执行相应的操作。

用于启动 AutoCAD 工具选项板的命令是 TOOLPALETTES。用户可以通过命令行输入 TOOLPALETTES 命令,也可以通过选择下拉菜单项“工具” →“选项板” →“工具选项板”或点击“标准”工具栏上的(工具选项板)按钮执行该命令。

执行该命令后,AutoCAD 弹出工具选项板,如图 12.8 所示。

可以看出,工具选项板上有若干个选项卡,每一选项卡内放有一些常用的工具,以便用户绘图。

1. 新建工具选项板

在用 AutoCAD 进行绘图的过程中,用户往往需要根据自己的情况新建工具选项板,以满足进行个性化绘图的要求。

新建工具选项板的方法是:打开工具选项板(图 12.8),在选项板上单击鼠标右键,从弹出的快捷菜单中选择“新建选项板”菜单项,用户可以为新建的选项卡指定名称,此时,工具选项板中就增加了一个新的选项卡。

2. 定制工具选项板

用户可以为新建的工具选项板添加工具,方法主要有四种:

(1)通过样例创建工具

将绘图窗口中的对象(例如直线、圆弧、块、标注的尺寸、文字、表格、图案填充等)直接用鼠标拖至工具选项板中,或者选中对象后,单击鼠标右键,从弹出的快捷菜单中选择“复制”,激活工具选项板,单击鼠标右键,从弹出的快捷菜单中选择“粘贴”。

(2)创建命令工具

在工具选项板的空白区域单击鼠标右键,从弹出的快捷菜单中选择“自定义命令”菜单项,弹出如图 12.9 所示的对话框,用户将“自定义用户界面”中的命令图标拖到工具选项板上即可。

(3)使用“剪切”、“复制”和“粘贴”功能,将工具选项板上某一选项卡中的工具移动或复制到另一个选项卡中。

(4)在设计中心的树状图中的文件夹、图形文件或块上单击鼠标右键,然后在快捷菜单选择“创建工具选项板”,即可创建出包含预定义内容的工具选项板选项卡。

此外,用户可以通过工具选项板上对应的快捷菜单删除选项卡、重命名选项卡,可以通过拖放的方式更改选项板上工具的排列顺序等。

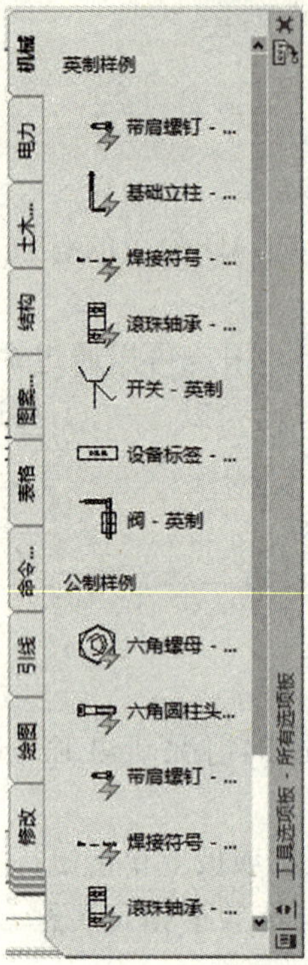

图 12.8　工具选项板

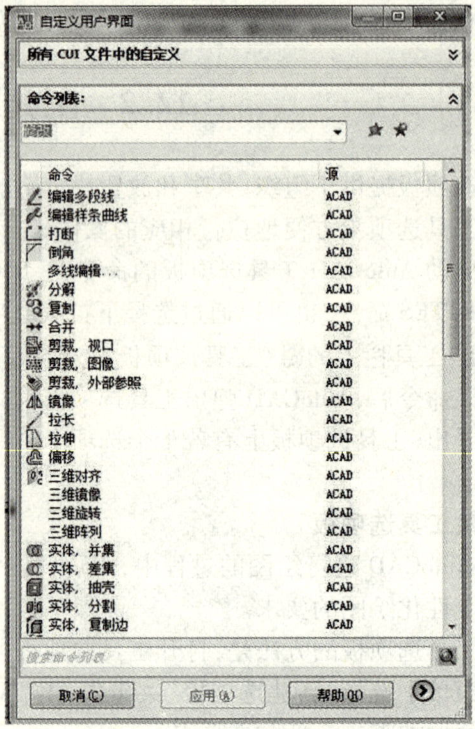

图 12.9　自定义用户界面

例 12.3　创建新工具选项卡，命名为“例题”，要求选项卡上有例 9.1 中创建的六角头螺栓块和直线命令。

操作步骤如下：

(1)创建工具选项板选项卡

点击“标准”工具栏上的(工具选项板)按钮，打开工具选项板，在工具选项板内单击鼠标右键，从快捷菜单中选择“新建工具选项板”菜单项，然后在选项卡的名称框中输入“例题”，完成创建，如图 12.10 所示。

(2)为新创建的选项卡添加工具

①添加六角头螺栓块。

通过设计中心找到 BOLT. dwg 图形文件，并在内容显示区显示出块图标，如图 12.6 所示，将块图标拖至“例题”工具选项板，即可为选项板添加创建六角头螺栓命令图标，如图 12.11 所示。

②添加直线命令。

在“例题”工具选项板的空白区域单击鼠标右键，从弹出的快捷菜单中选择“自定义命令”菜单项，弹出“自定义用户界面”对话框，将“绘图”命令列表中的“直线”图标拖入工具选项板，即可为选项板添加直线图标，如图 12.12 所示。

图 12.10　新建工具选项板

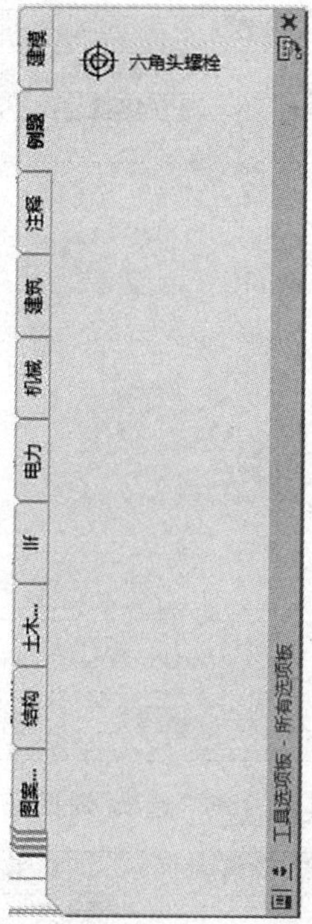

图 12.11　为选项板添加块图标

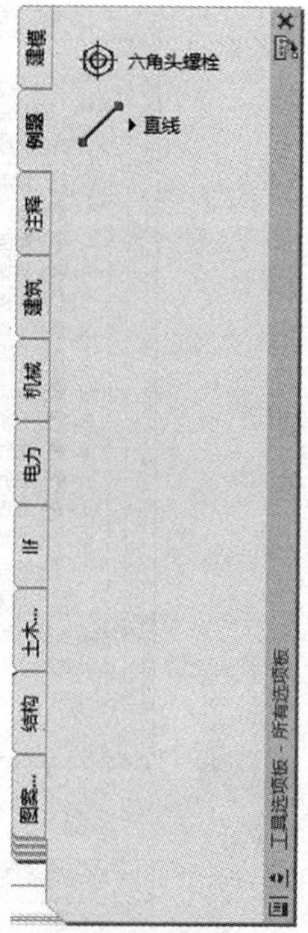

图 12.12　为选项板添加直线命令

12.3　设置绘图环境

AutoCAD 2008 是一个开放的绘图平台，用户可以通过命令行输入 OPTIONS 命令或者选择下拉菜单“工具” →“选项”，如图 12.13 所示，进行绘图环境的设置。

“选项”对话框中有“文件”、“显示”、“打开和保存”、“打印和发布”、“系统”、“用户系统配置”、“草图”、“三维建模”、“选择集”和“配置”十个选项卡。下面简要介绍这些选项卡的功能。

1.“文件”选项卡

“文件”选项卡如图 12.13 所示，用于设置 AutoCAD 支持文件、设备驱动程序等搜索路径、文件名和文件位置。

“文件”选项卡右侧六个按钮的功能如下：“浏览”按钮用于修改搜索路径、文件名和文件位置；“添加”和“删除”按钮分别用于添加或者删除搜索路径、文件名和文件位置；“上移”和“下移”按钮分别用于将选定的项目向上或者向下移动；“置为当前”按钮用于将选中项目置为当前项。

2.“显示”选项卡

“显示”选项卡用于 AutoCAD 绘图工作界面显示性能方面的设置，如图 12.14 所示。

(1)“窗口元素”选项组

用于 AutoCAD 绘图环境中基本元素的设置。其中，“图形窗口中显示滚动条”复选框用于设置是否显示滚动条；“显示图形状态栏”复选框用于设置是否显示状态栏；“显示屏幕菜

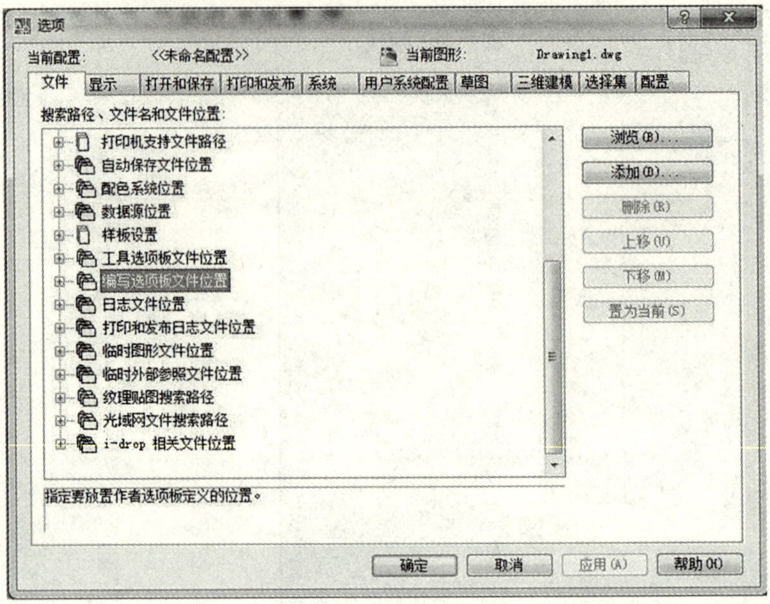

图 12.13 “选项”对话框

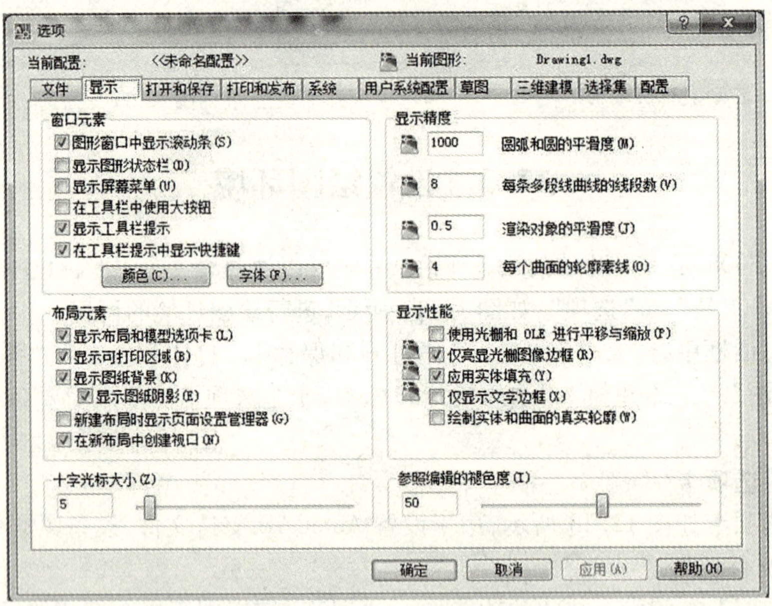

图 12.14 “显示”选项卡

单”复选框用于设置是否在绘图窗口显示屏幕菜单;“在工具栏中使用大按钮”复选框用于设置是否以32×30 像素的大格式来显示图标,默认显示尺寸为15×16 像素;“显示工具栏提示”和“在工具栏提示中显示快捷键”复选框分别用于设置当光标移动到工具栏的按钮上时,是否显示工具栏提示和快捷键;“颜色”按钮用设置定 AutoCAD 工作界面中各部分的背景颜色。第一次运行 AutoCAD 2008 时,模型空间的背景颜色为黑色,可以单击“颜色”按钮,AutoCAD 弹出“图形窗口颜色”对话框,如图 12.15 所示,用户可设置相关颜色。“字体”按钮用于设置 AutoCAD 命令行窗口内的字体样式,单击“字体”按钮,AutoCAD 弹出“命令行窗口字体”对话框，如图 12.16 所示，用户从中设置即可。

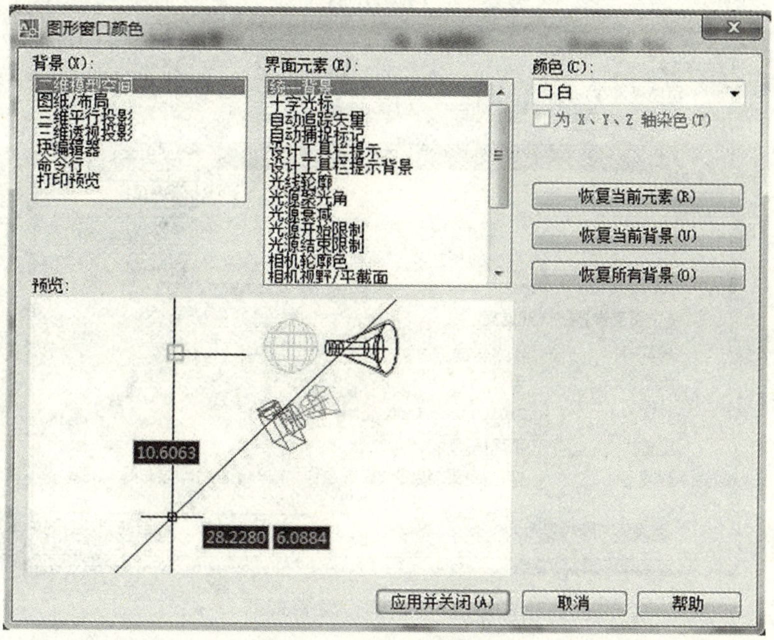

图 12.15　“图形窗口颜色”选项卡

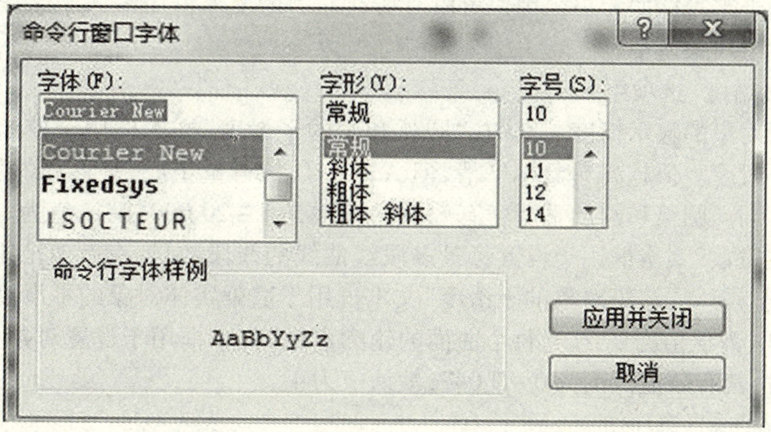

图 12.16 “命令行窗口字体”对话框

(2)“布局元素”选项组

用于设置布局各显示元素。布局是一个图纸空间环境，用户可以在其中设置图形进行打印。“布局元素”选项组中，“显示布局和模型选项卡”复选框用于设置是否在绘图区域的底部显示“布局”和“模型”选项卡。“显示可打印区域”复选框用于设置是否显示布局中的可打印区域。可打印区域指位于虚线内的区域，其大小由选择的输出设备决定。打印图形时，绘制在可打印区域外的对象将被剪裁掉或忽略掉。“显示图纸背景”复选框设置用于是否在布局中显示表示图纸的背景轮廓。“新建布局时显示页面设置管理器”复选框设置在新创建布局时，用于是否显示页面设置管理器，如图 12.17 所示。“在新布局中创建视口”复选框用于设置在创建新布局时是否自动创建单个视口。

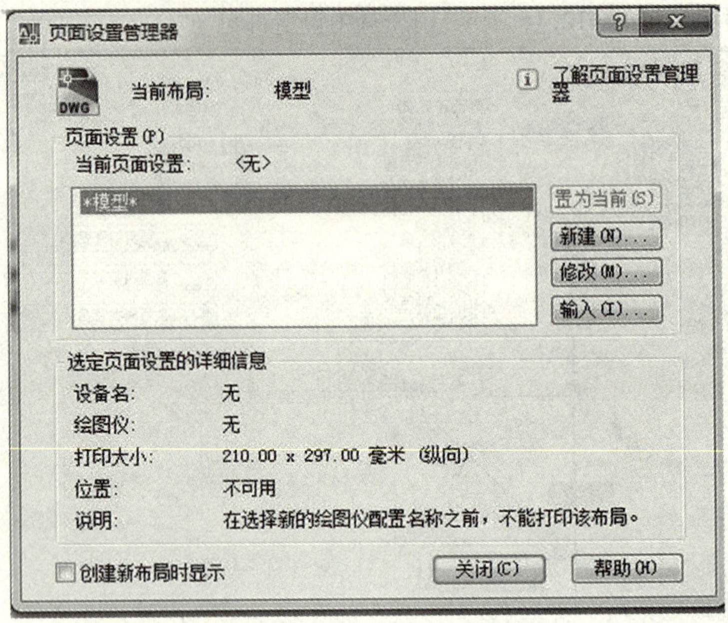

图 12.17　页面设置管理器

(3)“十字光标大小”选项组

用于控制十字光标的大小。用户可以直接在左边的文本框中输入十字线的长度,也可以拖动右边的滑块来调整。

(4)“显示精度”选项组

用于控制对象的显示精度。其中,“圆弧和圆的平滑度”文本框用于控制圆、圆弧椭圆和椭圆弧的平滑度。值越高对象越平滑,但 AutoCAD 执行重生成、平移和缩放对象等操作需要更长的时间。圆弧和圆的平滑度有效值的范围是 1 ~ 20 000,默认值为1 000。“每条多段线曲线的线段数”文本框用于设置每条多段线曲线的线段数目,有效值范围为-32 767 ~ 32 767,默认值为 8。“渲染对象的平滑度”文本框用于渲染实体对象的平滑度,其有效值范围为 0.01 ~ 10,默认值为 0.5。“每个曲面的轮廓素线”文本框用于设置对象上每个曲面的轮廓素线数目,其有效值范围为 0 ~ 2 047,默认值为 4。

(5)“显示性能”选项组

用于设置影响 AutoCAD 性能的显示。其中,“应用实体填充”复选框确定是否显示对象中的实体填充(与 FILL 命令的功能相同)。“仅显示文字边框”复选框确定是否只显示文字对象的边框而不显示文字对象。“绘制实体和曲面的真实轮廓”复选框用于控制是否将三维实体和曲面对象的轮廓曲线显示为线框。

3.“打开和保存”选项卡

用于设置 AutoCAD 中与打开和保存文件相关的选项,如图 12.18 所示。

(1)“文件保存”选项组

用于控制 AutoCAD 中与保存文件相关的设置。其中,“另存为”下拉列表设置当保存文件时采用的有效文件格式。

(2)“文件安全措施”选项组

可设置避免绘图数据的丢失并进行错误检测。例如,用户可以确定 AutoCAD 是否自动保存图形以及自动保存图形的时间间隔。

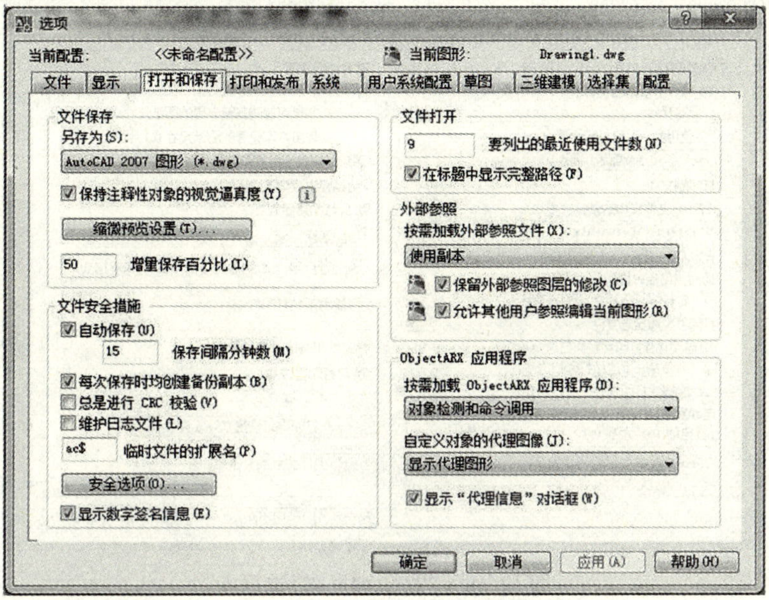

图 12.18　“打开和保存”选项卡

(3)“文件打开”选项组

用户可以通过此选项组设置在“文件”下拉菜单底部列出最近打开过的图形文件的数目，以及是否在图形的标题栏中或 AutoCAD 标题栏中显示当前图形文件的完整路径。

(4)“外部参照”选项组

可以控制与编辑、加载外部参照有关的设置。

4.“打印和发布”选项卡

用于设置与打印和发布相关的选项，如图 12.19 所示。

(1)“新图形的默认打印设置”选项组

用于设置新图形的默认打印设置，或者设置早期未保存为 AutoCAD 2000(或更高版本)格式的图形文件的默认打印设置。

(2)“打印到文件”选项组

用于设置默认文件打印位置。用户可以直接输入位置，或单击文本框右边的...按钮，通过弹出的对话框进行设置。

(3)“后台处理选项”选项组

用于设置与后台打印和发布相关的选项。用户可以在后台打印和发布图形的同时进行绘图工作。

(4)“打印并发布日志文件”选项组

用于将打印和发布日志文件保存为可以在电子表格程序中查看的文件式的相关选项的设置。

(5)“自动发布”选项组

指定是否进行自动发布并控制发布的设置。

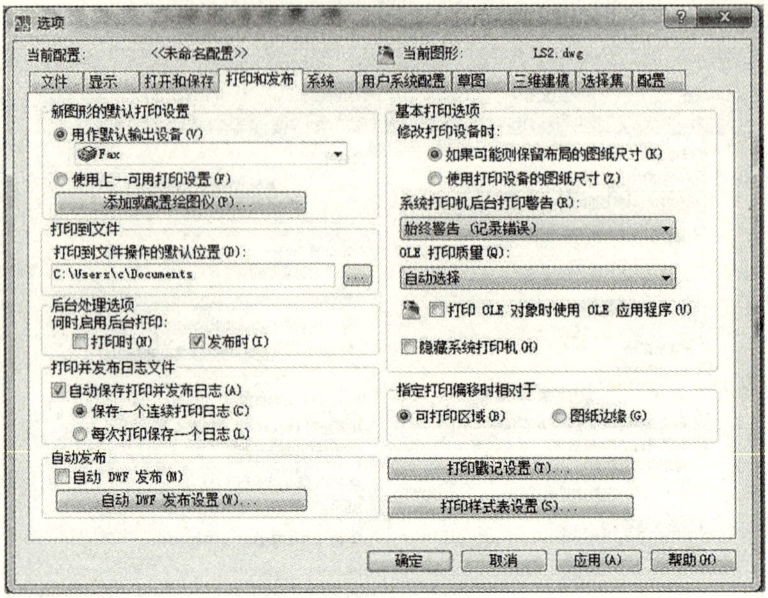

图 12.19 “打印和发布”选项卡

(6)“基本打印选项”选项组

设置基本打印环境,包括图纸尺寸设置、后台打印机警告方式和 AutoCAD 图形中的 OLE 对象相关内容。

(7)“指定打印偏移时相对于”选项组

指定打印偏移是相对于可打印区域还是图纸的边缘。

(8)“打印戳记设置”按钮

用户单击此按钮,会弹出“打印戳记”对话框,用户可以进行打印戳记的相关设置。

(9)“打印样式表设置”按钮

用户单击此按钮,会弹出“打印样式表设置”对话框,用户可以进行打印样式表的设置。

5.“系统”选项卡

用于设置 AutoCAD 的系统参数,如图 12.20 所示。

(1)“三维性能”选项

用户可以通过此选项设置与三维图形显示相关的系统特性和配置。单击“性能设置”按钮,从弹出的对话框中进行相关设置。

(2)“当前定点设备”选项组

用于设置与 AutoCAD 定点设备相关的选项。

(3)“布局重生成选项”选项组

用于指定“模型”和“布局”选项卡的显示列表如何更新。对于每个选项卡,更新显示列表的方法可以是切换到该选项卡时重生成图形,也可以是切换到该选项卡时将显示列表保存到内存并只重生成修改的对象。

(4)“数据库连接选项”选项组

用于设置与数据库连接相关的选项。

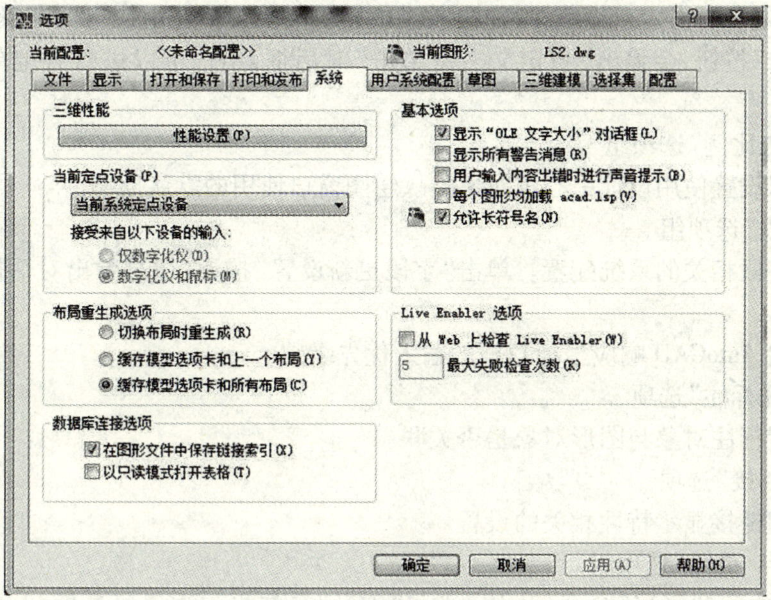

图 12.20　"系统"选项卡

(5)"基本选项"选项组

用于设置与系统相关的基本选项。

6."用户系统配置"选项卡

用于设置优化工作方式的选项,如图 12.21 所示。

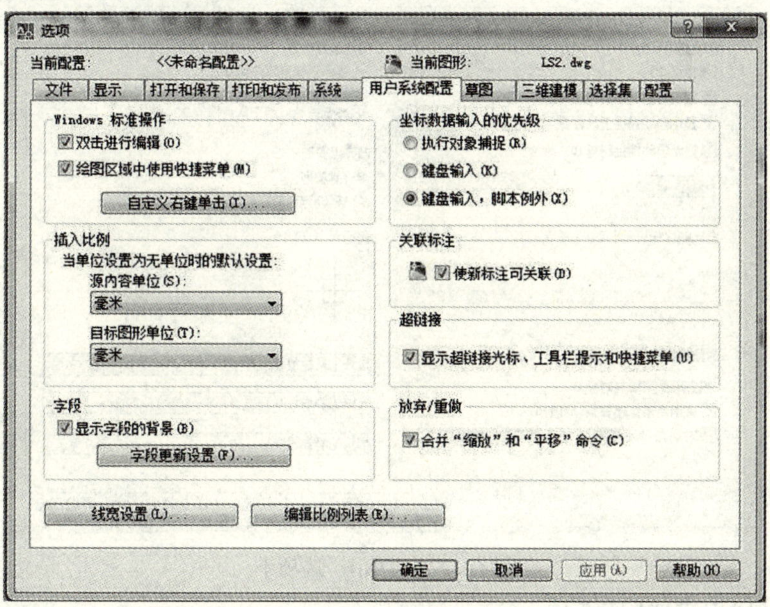

图 12.21　"用户系统配置"选项卡

(1)"Windows 标准操作"选项组

可以设置使用 AutoCAD 绘图时是否采用 Windows 标准操作。其中,"双击进行编辑"复选框确定当在绘图窗口中双击图形对象时,是否进入编辑模式。"绘图区域中使用快捷菜单"复选框确定当右击定点设备时,在绘图区域显示快捷菜单还是执行回车操作。单击"自定义右键单击"按钮,会弹出"自定义右键单击"对话框,用户可以进行右键单击的相关设置。

(2)"插入比例"选项组

用户可以设置使用设计中心将对象拖入绘图窗口使用的默认比例。

(3)"字段"选项组

设置与字段相关的系统配置。单击"字段更新设置"按钮,通过弹出对话框来进行对应的设置。

用于设置 AutoCAD 响应坐标数据的输入优先级别。

(5)"关联标注"选项

用于设置标注对象与图形对象是否关联。

(6)"超链接"选项

控制与超链接显示特性相关的设置。

(7)"放弃/重做"选项组

设置"缩放"和"平移"命令的"放弃"和"重做"。如果勾选该复选框,AutoCAD 将把多个连续的缩放和平移命令合并为单个动作来进行放弃和重做。

7."草图"选项卡

用于设置自动捕捉、自动追踪等功能选项,如图 12.22 所示。

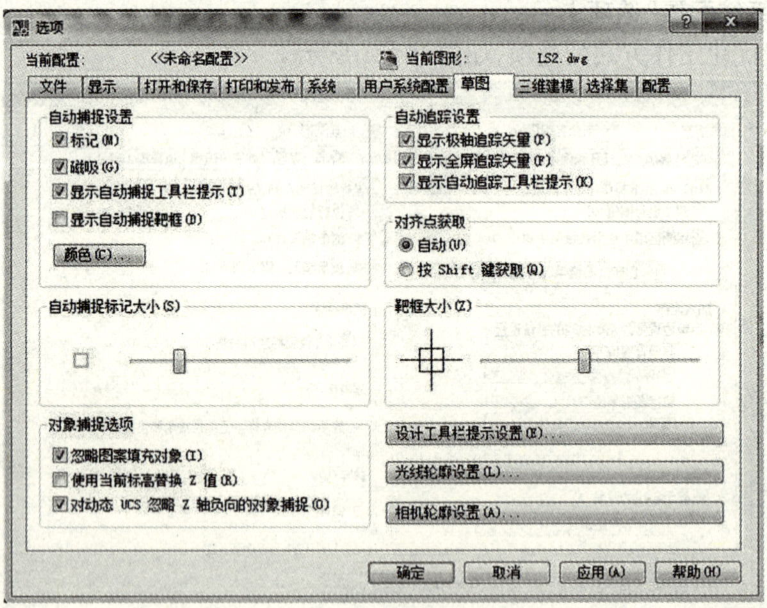

图 12.22 "草图"选项卡

(1)"自动捕捉设置"选项组

控制使用对象捕捉功能时显示的形象化辅助工具的相关设置。其中,"标记"复选框用于设置在自动捕捉到特征点时是否显示自动捕捉标记。"磁吸"复选框用于确定是否打开自动捕捉磁吸。磁吸是指十字光标自动移动并像磁铁一样锁定到最近的特征点上。"显示自动捕捉工具栏提示"复选框控制当 AutoCAD 捕捉到对应的点时,是否显示提示文字。"显示自动捕捉靶框"复选框用于控制是否显示自动捕捉靶框。"颜色"按钮用于设置自动捕捉标记的颜色。

(2)"自动捕捉标记大小"选项组和"靶框大小"选项组通过拖动水平滑块分别设置自动捕捉标记和靶框的大小。

(3)"对象捕捉选项"选项组

勾选"忽略图案填充对象"可以在使用对象捕捉功能时忽略对图案填充对象的捕捉。

(4)"自动追踪设置"选项组

控制极轴追踪和对象捕捉追踪时相关的设置。"显示极轴追踪矢量"复选框用于设置是否显示极轴追踪的矢量数据。"显示全屏追踪矢量"复选框用于设置全屏追踪矢量数据。"显示自动追踪工具栏提示"复选框控制是否显示自动追踪工具栏提示。工具栏提示是一个提示标签，可用其显示追踪坐标。

(5)"对齐点获取"选项组

设置在图形中显示对齐矢量的方法。

8."三维建模"选项卡

用于三维建模方面的设置，如图 12.23 所示。

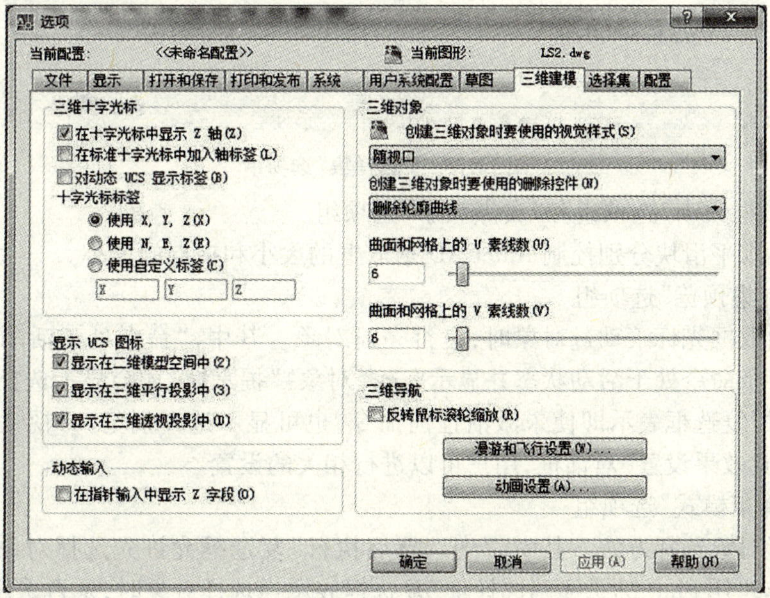

图 12.23　"三维建模"选项卡

(1)"三维十字光标"选项组

控制三维绘图中十字光标的显示样式。

(2)"显示 UCS 图标"选项组

控制是否显示 UCS 图标以及在何种绘图空间显示该图标。用户根据需要从中选择即可。

(3)"动态输入"选项

控制当采用动态输入时，在指针输入中是否显示 Z 字段。

(4)"三维对象"选项组

控制与三维实体和表面模型显示有关的设置。

(5)“三维导航”选项组

控制漫游和飞行、动画方面的设置。

9.“选择集”选项卡

用于设置选择对象时的选项,如图 12.24 所示。

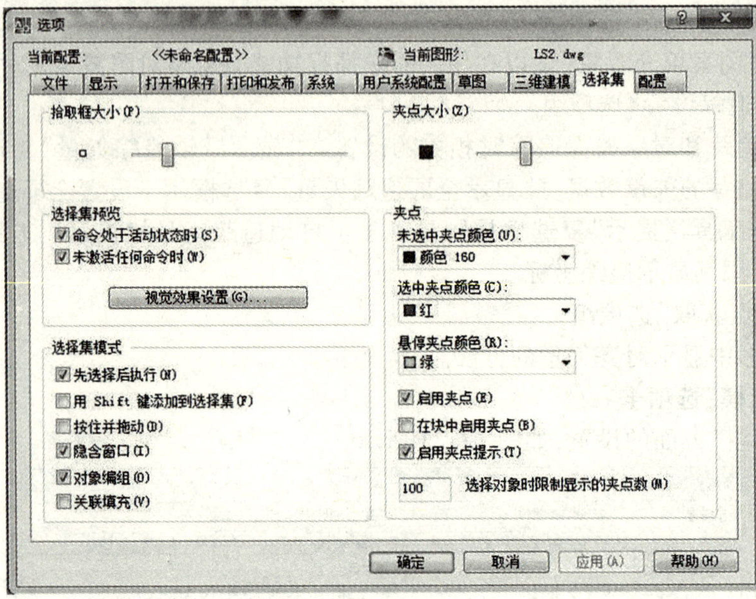

图 12.24 “选择集”选项卡

(1)“拾取框大小”选项组和“夹点大小”选项组

通过拖动水平滑块分别控制 AutoCAD 拾取框的大小和夹点的大小。

(2)“选择集预览”选项组

确定当拾取框光标滚动过对象时,是否亮显对象。其中,“命令处于活动状态时”复选框表示仅当某个命令处于活动状态并显示“选择对象:”提示时,才会显示选择预览。“未激活任何命令时”复选框表示即使未激活任何命令,也可显示选择预览。“视觉效果设置”按钮会引出“视觉效果设置”对话框,用户可以进行相关的设置。

(3)“选择集模式”选项组

用于设置对象选择方法。其中,“先选择后执行”复选框允许先选择对象,然后再启动命令进行操作;“用 Shift 键添加到选择集”复选框表示当选择对象时,是否采用按下 Shift 键再选择对象;“隐含窗口”复选框确定是否允许采用隐含窗口选择对象;“对象编组”复选框表示如果设置了对象编组,当选择编组中的一个对象时,是否要选择编组中的所有对象;“关联填充”复选框确定选择关联填充时将选定哪些对象。

(4)“夹点”选项组

用于设置与夹点操作相关的选项。

10.“配置”选项卡

用于控制配置的使用,如图 12.25 所示,配置由用户定义,“可用配置”列表框中显示可用的配置。

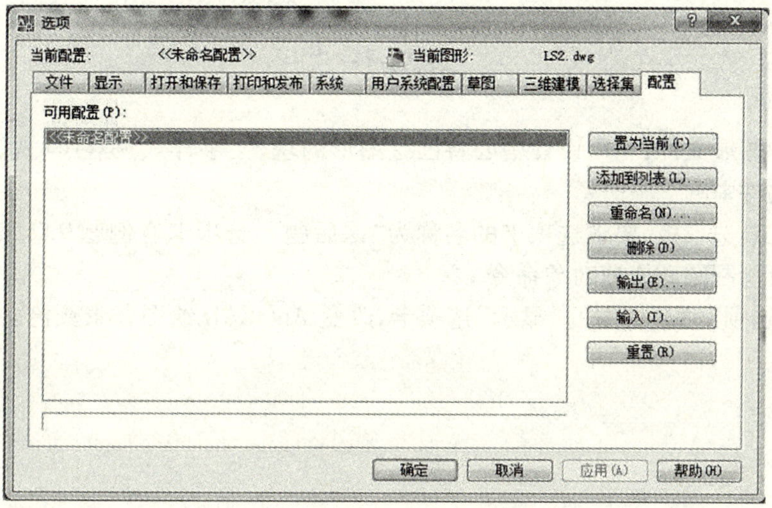

图 12.25　“配置”选项卡

(1)“置为当前”按钮

将在“可用配置”列表框选中的配置置为当前配置。

(2)“添加到列表”按钮

用于添加新的系统配置。点击该按钮,弹出的“添加配置”对话框,如图 12.26 所示,用户可以在“配置名称”文本框中输入新的配置名称。

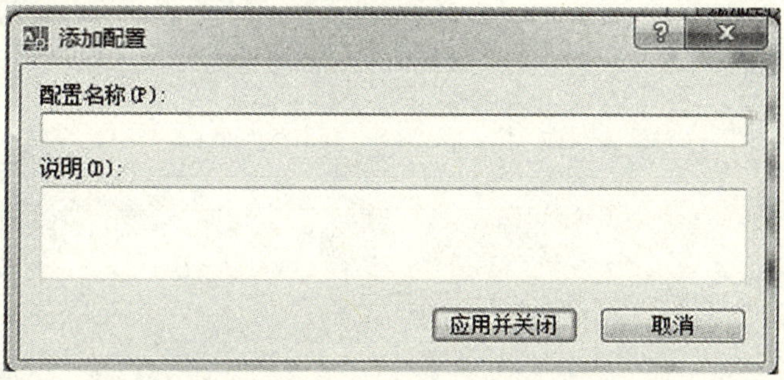

图 12.26　“添加配置”对话框

(3)“重命名”按钮

重命名在“可用配置”列表框选中的配置。

(4)“删除”按钮

删除在“可用配置”列表框中选中的配置。

(5)“输出”按钮

用于将指定的系统配置以文件的形式保存,扩展名为“.arg”,以便其他用户可以共享该文件。

(6)“输入”按钮

用于输入一个配置文件。

(7)“重置”按钮

用于将“可用配置”列表框内选中的配置重置为系统默认设置。

习题十二

1. 新建一图形文件,利用设计中心将已有图形的块、文字样式、标注样式、图层、线型复制到该图形文件中。

2. 新建工具选项板,要求选项卡的名称为“课后题”,选项卡有例题 9.2 表面粗糙度块、填充图案以及绘制圆和修剪对象命令。

3. 利用“选项”对话框中的“显示”选项卡,改变 AutoCAD 绘图背景颜色。

第 13 章　绘制三维图形

三维绘图有利于看到真实、直观的效果，也可以方便地通过投影转化为二维图，利用 AutoCAD 2008，用户可以绘制线框模型、表面模型和实体模型形式的三维图形。线框模型由直线和曲线构成模型的各条边，没有面和体的特征，因此线框模型不能遮挡住位于其后面的对象。表面模型具有面的特征，即在各边之间由计算机确定的非常薄的面。实体模型与曲面模型不同，是具有质量、体积、重心等体特征的三维对象。

这个章节将介绍如何利用 AutoCAD 2008 绘制基本三维模型及其相关操作。

13.1　三维绘图工作界面

第 1 章中介绍了 AutoCAD 2008 的经典工作界面。AutoCAD 2008 还提供了用于三维绘图的工作界面，即三维建模工作空间。进入三维工作界面有两种方法：

①通过文件“acadiso3d. dwg”为样板建立新图形，可以直接进入三维绘图工作界面。

②利用下拉菜单项“工具”→“工作空间”→“三维建模”，或在“工作空间”工具栏的对应下拉列表中选择“三维建模”项，也可以进入三维工作界面，如图 13.1 所示。

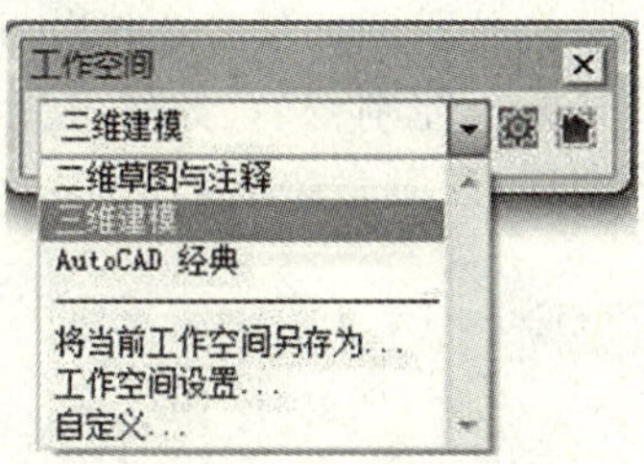

图 13.1　“工作空间”工具栏

图 13.2 是 AutoCAD 2008 三维绘图工作界面，其中已启用了栅格功能，并关闭了“工具”选项板。

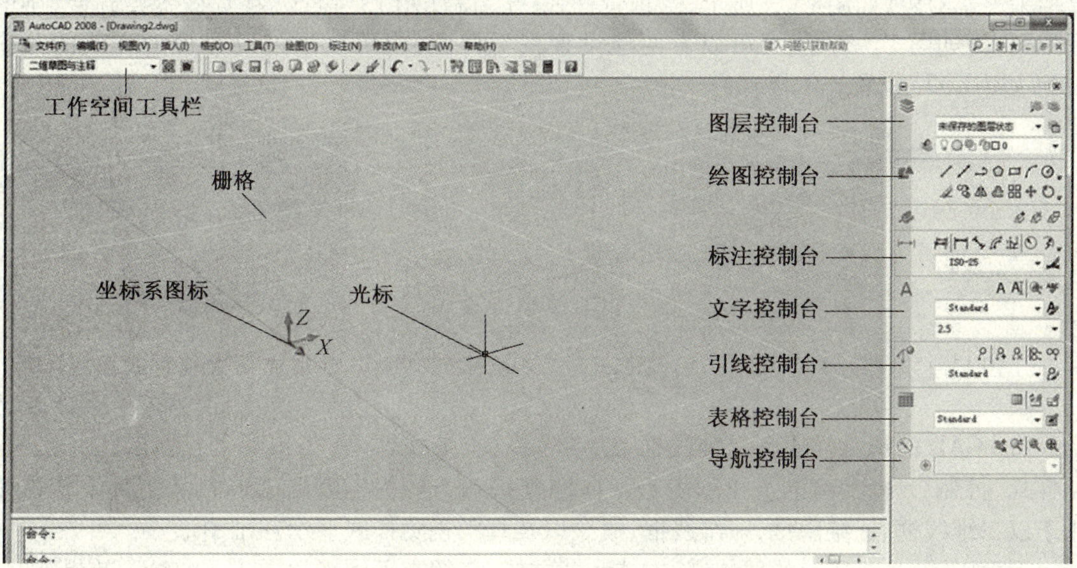

图 13.2　三维绘图工作界面

下面介绍 AutoCAD 2008 三维绘图工作界面中的主要组成部分。

(1)坐标系

坐标系显示成了三维图标,且默认显示在当前坐标系的坐标原点位置。

(2)光标

光标显示出了 Z 轴。可以通过“选项”对话框中的“三维建模”选项卡设置是否在十字光标中显示 Z 轴以及坐标轴的标签。

(3)栅格

在三维绘图工作界面中,用栅格线代替了二维工作界面的栅格点,而且栅格线位于当前坐标系的 XY 面上,同时在主栅格线之间又细分了栅格。用户可以通过“工具”→“选项”→“草图设置”对话框中的“捕捉和栅格”设置栅格数。

(4)控制台

控制台可执行 AutoCAD 2008 的常用三维操作,能够方便地执行大部分三维操作命令。此外用户也可以像二维绘图一样,通过工具栏或菜单执行三维操作命令。

控制台中包括图层控制台、三维制作控制台、视觉样式控制台、光源控制台、材质控制台、渲染控制台和三维导航控制台等七部分。控制台上有用于启动相应操作的按钮或下拉列表,后面将陆续介绍它们的功能。

控制台大多可以展开和叠起。如果将光标放在“三维制作控制台”图标上,光源控制台上会显示图标,单击此图标,三维制作控制台展开,显示出三维制作方面的详细信息。展开某一控制台后,如果将光标放在该控制台的图标上,控制台内又会显示出图标,单击该图标,控制台叠起。

13.2 视觉样式

在 AutoCAD 2008 中,可以使用“视图”→“视觉样式”菜单中的子命令或“视觉样式”工具栏来观察对象,如图 13.3 所示。“视觉样式”工具栏(图 13.4)或“视觉样式控制台”中的下拉列表(如图 13.5 所示)可以方便地设置视觉样式,也可以通过设置视觉样式的命令“VSCURRENT”设置视觉样式。

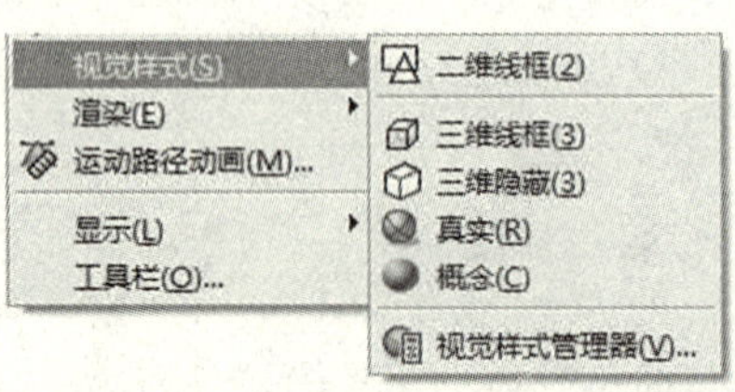

图 13.3 “视觉样式”菜单

图 13.4 “视觉样式”工具栏

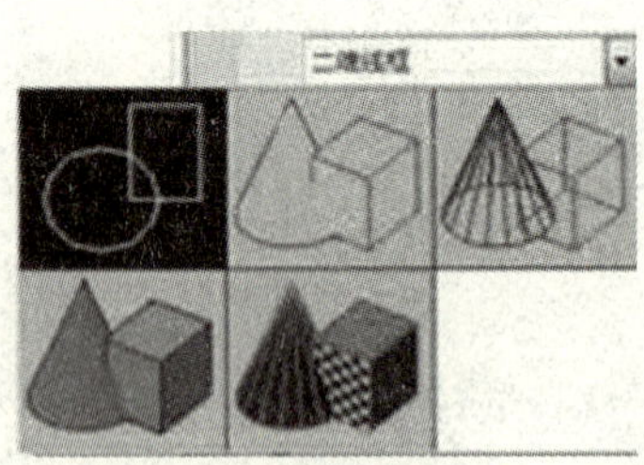

图 13.5 “视觉样式控制台”下拉列表

AutoCAD 的视觉样式有二维线框、三维隐藏、三维线框、真实和概念五种形式。在“视觉样式”控制台中,对应的下拉列表是一些图像按钮,这些按钮从左到右、从上到下依次是用于以二维线框、三维隐藏、三维线框、概念以及真实视觉样式显示三维图形。

下面以图 13.6 所示的球体、长方体和圆柱体,介绍在不同视觉样式下的显示效果。

(1)二维线框视觉样式

二维线框视觉样式指将三维模型通过表示模型边界的直线和曲线,以二维形式显示。

与图 13.6 对应的二维线框模型如图 13.7 所示。

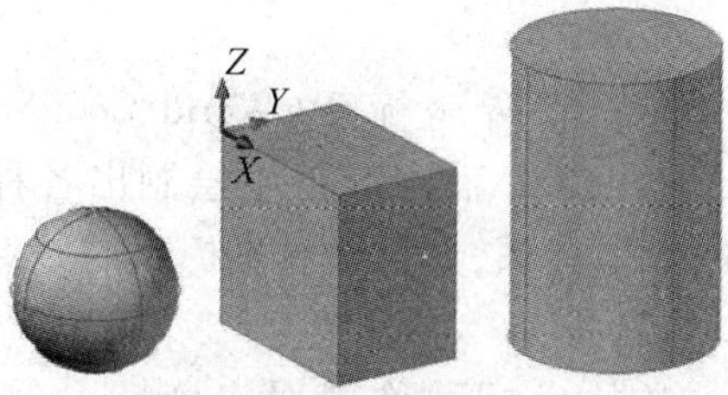

图 13.6　三维实体图

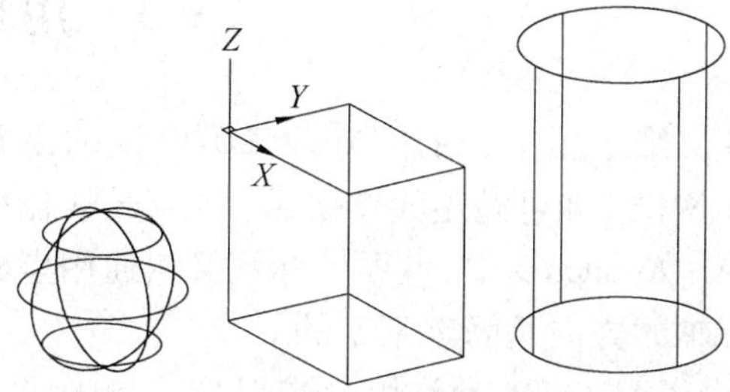

图 13.7　二维线框

(2)三维线框视觉样式

三维线框视觉样式与二维视觉样式基本类似,但是坐标系图标有所不同,如图 13.8 所示。

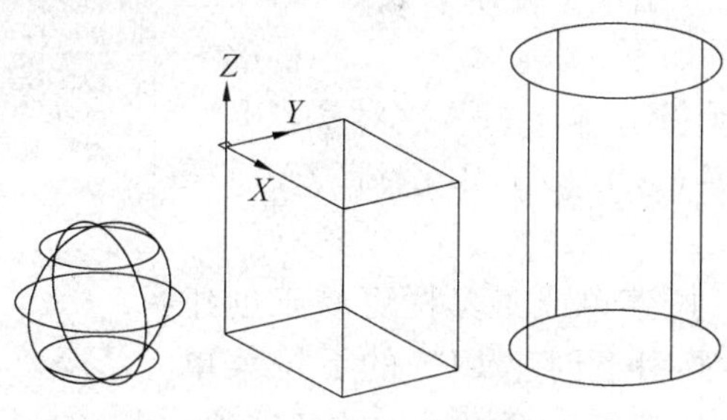

图 13.8　三维线框

(3)三维隐藏视觉样式

三维隐藏视觉样式是指将三维模型以三维线框模式显示,但不显示隐藏线。图 13.6 对应的三维隐藏视觉样式如图 13.9 所示,将图形遮挡线框隐藏。

(4)真实视觉样式

真实视觉样式是指将模型实现体着色,并显示出三维线框。图 13.6 所示为真实视觉样式。

(5)概念视觉样式

概念视觉样式指将三维模型以概念形式显示。图 13.10 所示就是以概念视觉样式显示的模型。

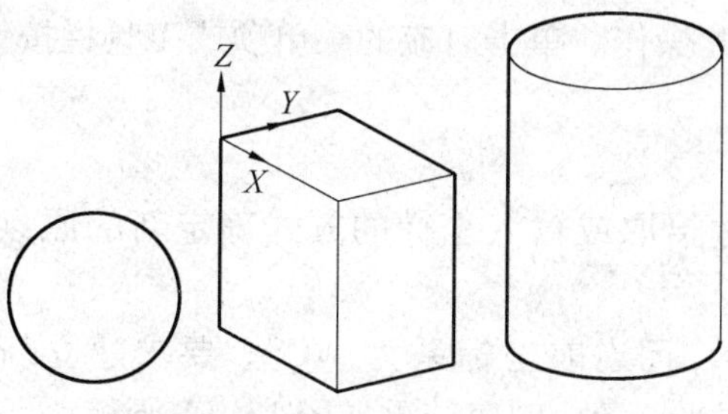

图 13.9　三维隐藏视觉样式

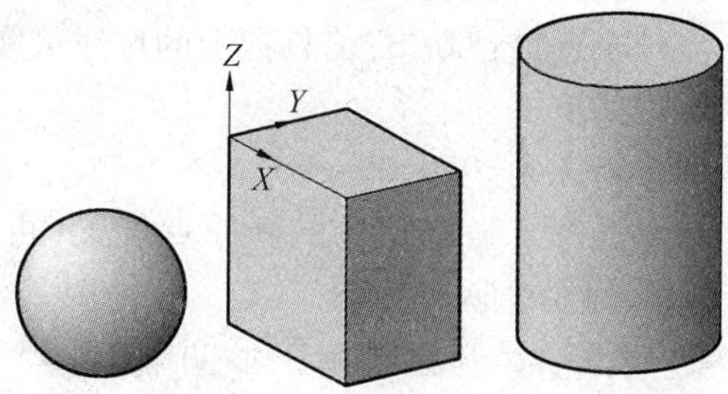

图 13.10　概念视觉样式

13.3 用户坐标系

在二维绘图中，利用 AutoCAD 提供的默认坐标系——世界坐标系（World Coordinate System，WCS）即可满足绘图要求，因为通常在世界坐标系的 XY 面内就可以绘制出各种二维图形。AutoCAD 中，世界坐标系又叫通用坐标系或绝对坐标系，并且世界坐标系的原点和各坐标轴的方向是固定不变的。

AutoCAD 2008 允许用户自己定义坐标系，并将这样的坐标系称为用户坐标系（User Coordinate System，UCS）。由于 AutoCAD 2008 的大部分三维绘图要在当前坐标系的 XY 面或与 XY 面平行的面上进行，因此，当在空间任意位置绘三维图形时，通常应先建立对应的 UCS。用户坐标系是 AutoCAD 2008 进行三维绘图的重要工具。

通过 UCS 命令可以进行用户坐标系的设置和管理。输入 UCS 命令后，系统提示如下：

指定 UCS 的原点或［面（F）/命名（NA）/对象（OB）/上一个（P）/视图（V）/世界（W）/X/Y/Z/Z 轴（ZA）］<世界>：

实际绘图过程中，用下拉菜单或工具栏更易于创建 UCS。AutoCAD 2008 提供了用于创建 UCS 的下拉菜单和工具栏，利用它们可以直接执行上面提示中的各选项。图 13.12 是设置 UCS 的两个工具栏。

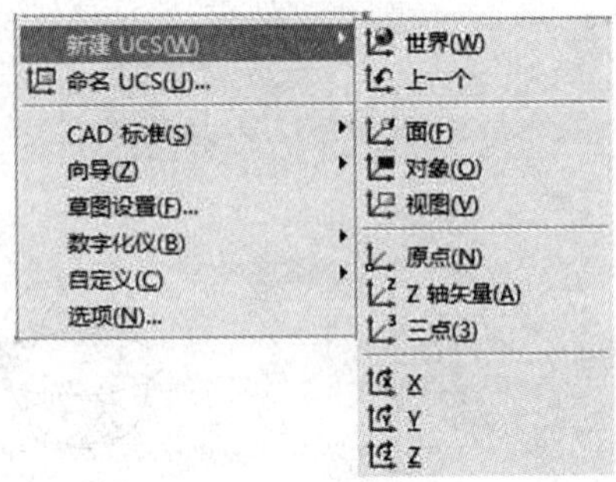

图 13.11 UCS 菜单

(a)“UCS”工具栏　(b)“UCSⅡ”工具栏

图 13.12 UCS 菜单

创建 UCS 的各选项功能如下：

（1）通过改变坐标系的原点位置创建新 UCS

在绘制三维图形时，有时需要创建的 UCS 与 WCS 的坐标轴方向不变，而原点位置不同，此时可以通过改变坐标系的原点位置创建新的 UCS。用下拉菜单项“工具”→“新建 UCS”→“原点”或“UCS”工具栏上的按钮可实现此操作。单击对应的菜单项或工具栏按钮，系统提示如下：

指定新原点<0,0,0>：

在此提示下确定 UCS 的新原点位置（可通过拾取或输入坐标的方式确定新的原点位置），即可创建对应的 UCS。

例 13.1 已知有三维图形如图 13.13 所示，且当前坐标系为 WCS。要求建立新的 UCS，该坐标系原点在 *B* 点，坐标轴方向与 WCS 方向一致，创建结果如图 13.14 所示。

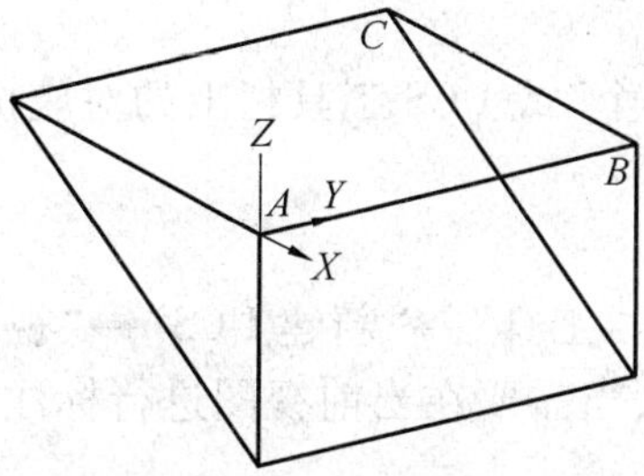

图 13.13　WCS

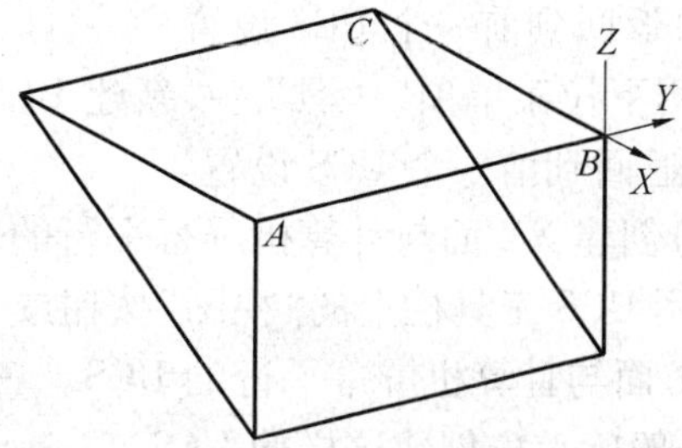

图 13.14　建立新的 UCS

(2)根据 3 点创建新 UCS

此方法是创建 UCS 的常用方法之一,用于根据新 UCS 的原点及其 X、Y 轴的正方向上的 3 点来创建新 UCS。利用下拉菜单项"工具"→"新建 UCS"→"三点"或 UCS 工具栏上的按钮可实现此操作。单击对应的菜单项或工具栏按钮,系统提示如下:

指定新原点:(新 UCS 的坐标原点位置,输入坐标值或用光标拾取)

在正 X 轴范围上指定点:(指定新 UCS 的 X 轴正方向上的任意一点)

在 UCS XY 平面的正 Y 轴范围上指定点:(指定新 UCS 的 Y 轴正方向上的任意一点)

创建结果:AutoCAD 创建出新的 UCS。

例 13.2　已知有三维图形如图 13.13 所示,且当前坐标系为 WCS。要求建立新 UCS,该 UCS 的原点位于 *B* 点;*X* 轴与 *BA* 边重合;*Y* 轴与 *CA* 边重合,创建结果如图 13.15 所示。

执行步骤如下:

单击下拉菜单项"工具"→"新建 UCS"→"三点"或 UCS 工具栏。系统提示:

指定新原点:(捕捉 B 点)

在正 X 轴范围上指定点:(捕捉 BA 直线上任意一点)

在 UCS 的 XY 平面的正 Y 轴范围上指定点:(捕捉 CB 反向延长线上任意一点)

执行结果如图 13.15 所示。

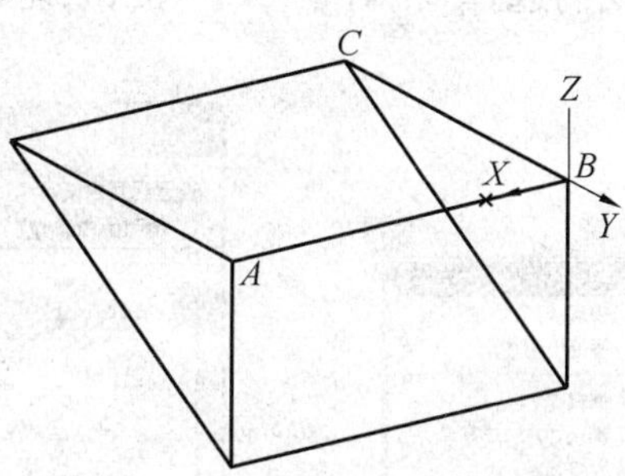

图 13.15　建立新 UCS

(3)将原坐标系统绕某一坐标轴旋转一定的角度来创建新 UCS

可以将原坐标系统绕其某一坐标轴旋转一定的角度来创建新 UCS。利用下拉菜单项"工具"→"新建 UCS"|"X"(成"Y"、"Z")或 UCS 工具栏上的按钮可以实现绕 X 轴(或绕 Y 轴、Z 轴)的旋转。

例如,执行"工具"→"新建 UCS"→"X"操作,系统提示:

指定绕 X 轴的旋转角度:(输入绕 X 轴旋转的角度)

即可创建对应的 UCS。

(4)返回到前一个 UCS 设置

利用下拉菜单项“工具”→“新建 UCS”→“上一个”或 UCS 工具栏上的对应按钮,可以将 UCS 返回到前一个 UCS 设置。

(5)创建 XY 面与计算机屏幕平行的 UCS

利用 UCS 工具栏上的“视图”按钮或下拉菜单项“工具”→“新建 UCS”→“视图”,可以创建 XY 面与计算机屏幕平行的 UCS。三维绘图时,当需要在当前视图进行标注文字等操作时,一般应首先创建这样的 UCS。

(6)恢复 WCS

利用下拉菜单项“工具”→“新建 UCS”→“世界”,或 UCS 工具栏上的对应按钮,可以将当前坐标系恢复到 WCS,即世界坐标系。

13.4 设置视点

绘制三维图形时,往往需要从不同的角度观看图形,以便了解图形的实际形状或进行绘图、编辑等操作。利用 AutoCAD 2008 提供的视点功能,用户可以方便地实现这一要求。视点用于确定观看图形的方向。

1. 使用“视点设置”对话框设置视点

单击菜单中的“视图”→“三维视图”→“视点预设”命令,如图 13.16 所示。打开“视点预设”对话框,为当前视口设置视点,如图 13.17 所示。

对话框中的左图用于设置原点和视点之间的连线在 XY 平面的投影与 X 轴正向的夹角;右面的半圆形图用于设置连线与投影之间的夹角,在图上直接拾取即可。也可以在“X 轴”、“XY 平面”两个文本框内输入相应的角度。

单击“设置为平面视图”按钮,可以将坐标系设置为平面视图。默认情况下,观察角度是相对于 WCS 坐标系的。当我们选择“相对于 UCS”按钮,可以对 UCS 坐标系重新定义角度。

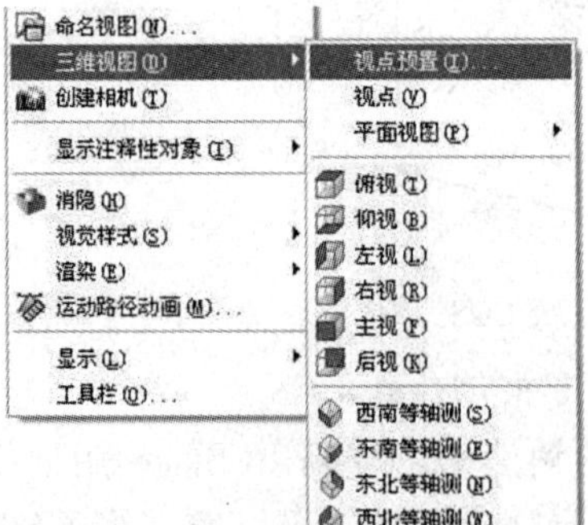

图 13.16 “视点预置”菜单

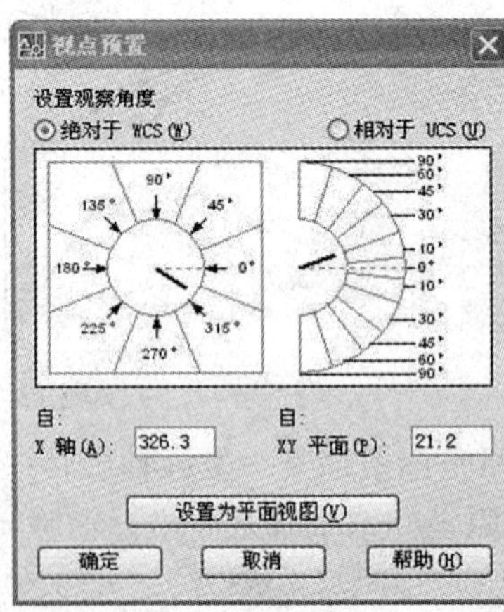

图 13.17 “视点预置”对话框

2. 使用罗盘确定视点

在菜单中选择“视图”→“三维视图”→“视点”命令(VPOINT),可以为当前视口设置视点,该视点均是相对于世界坐标系的。这时可通过屏幕上显示的罗盘定义视点,如图

13.18 所示。

在图 13.18 所示的坐标球和三轴架中，三轴架的三个轴分别代表 X、Y 和 Z 轴的正方向。当光标在坐标球范围内移动时，三维坐标系通过绕 Z 轴旋转可调整 X、Y 轴的方向。坐标球中心以及两个同心圆可定义视点和目标点连线与 X、Y、Z 平面的角度。

3. 使用“三维视图”菜单设置视点

在菜单中选择“视图”→“三维视图”子菜单中的“俯视”、“仰视”、“左视”、“右视”、“主视”、“后视”、“西南等轴测”、“东南等轴测”和“西北等轴测”命令，从多个方向来观察图形，如图 13.19 所示。

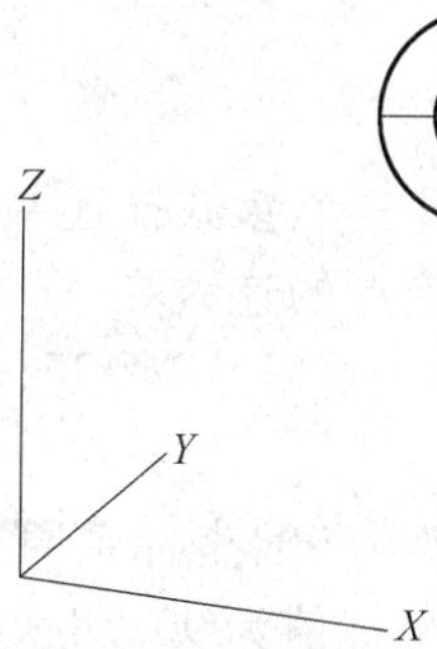

图 13.18　坐标球与三轴架

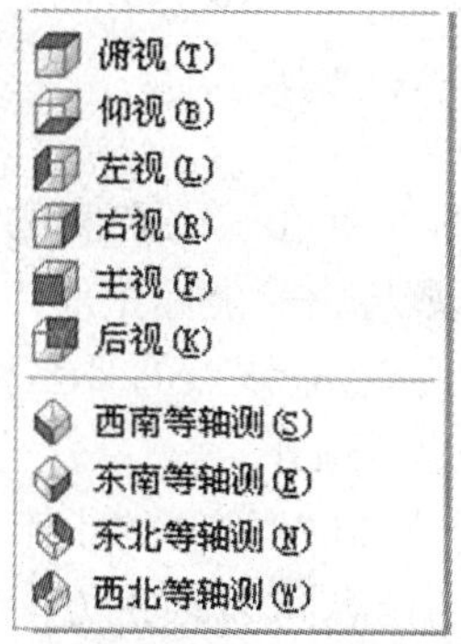

图 13.19　“三维视图”子菜单

13.5　确定三维空间的点

当绘制三维图形时，通常需要在三维空间确定点的位置。在三维空间确定点的位置与二维空间的方法类似，通常可以用如下两种方式确定点位置。

1. 对象捕捉方式捕捉特殊点

AutoCAD 提供了对象捕捉功能，可以通过对象捕捉准确地在三维空间确定特殊点，如圆心、端点等。

2. 键盘输入点的坐标

应用键盘输入点的坐标时，可以采用绝对坐标和相对坐标的方式输入，无论哪种坐标系，又有直角坐标、球坐标和柱坐标之分。

（1）直角坐标

直角坐标就是在指定点的提示下直接输入点的 X、Y、Z 坐标值，坐标间要用逗号隔开。

例如，输入一个点，其 X 坐标为 100，Y 坐标为 100，Z 坐标为 100，则可以在确定点位置的提示后输入：100，100，100。如图 13.20 所示为直角坐标的几何意义。

（2）球坐标

球坐标用三个参数描述空间某点的位置：即该点距当前坐标系原点的距离，坐标系原点与该点的连线在 XOY 面上的投影同 X 轴正方向的夹角，坐标系原点与该点的连线同 XOY 面的夹角。三者之间要用符号“<”隔开。

例如，某点与当前坐标系原点的距离为 90、坐标系原点与该点的连线在 XY 面上的投影同 X 轴正方向的夹角是 45°，坐标系原点与该点的连线同 XY 面的夹角为 45°，则该点的球坐标的表示形式为:90<45<45。如图 13.21 所示为此球坐标的几何意义。

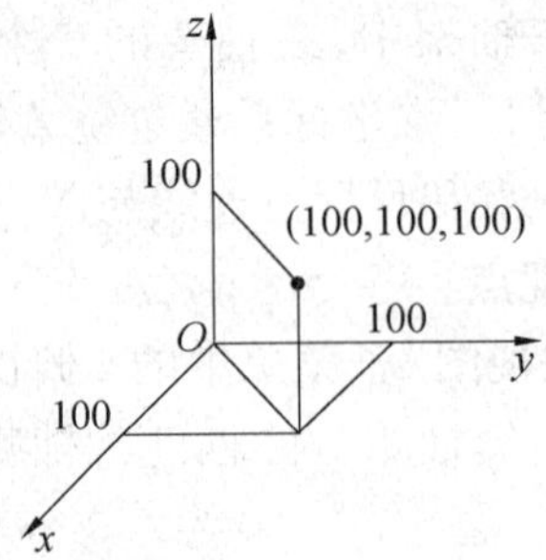

图 13.20　直角坐标的几何意义

(3)柱坐标

柱坐标是极坐标在三维空间的另一种表示形式,它通过三个参数描述某点:即该点在 XOY 面上的投影与当前坐标系原点的距离;坐标系原点与该点的连线在 XOY 面上的投影同 X 轴正方向的夹角;该点的 Z 坐标值。距离与角度之间要用符号"<"隔开,而角度与 Z 坐标值之间要用逗号隔开。

例如,某点在 XOY 面上的投影与当前坐标系原点的距离为 90,坐标系原点与该点的连线在 XY 面上的投影同 X 轴正方向的夹角为 45°,该点的 Z 坐标值为 90,那么此点的柱坐标的表示形式为:90<45,90。如图 13.22 所示说明了此柱坐标的几何意义。

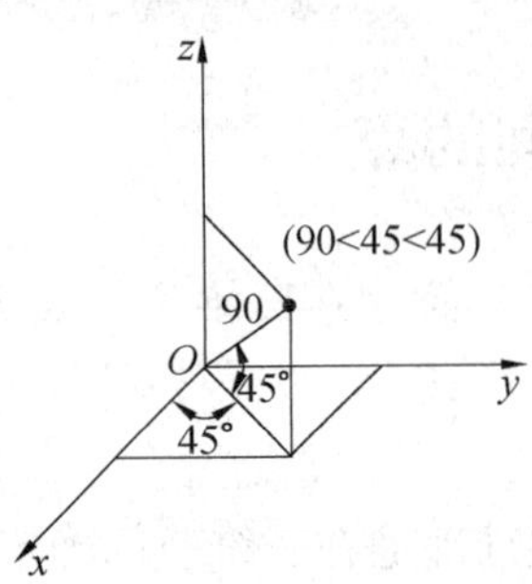

图 13.21　球坐标的几何意义

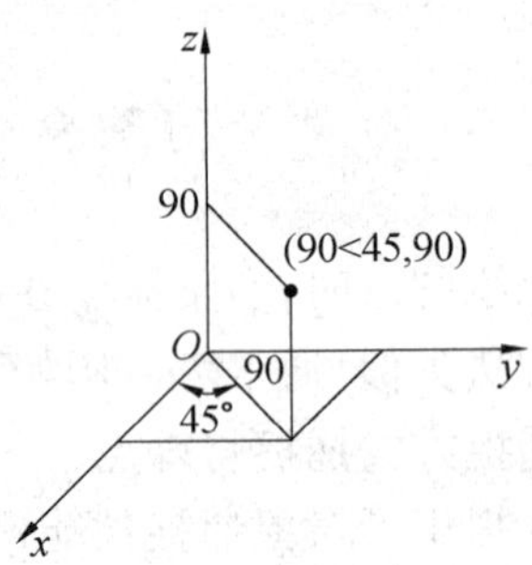

图 13.22　柱坐标的几何意义

由以上内容可以看出,极坐标是柱坐标的特殊形式,也就是 Z 坐标为 0 的柱坐标。

通过键盘输入点的坐标与二维绘图类似,在三维绘图中,如果直接输入坐标值,表示绝对坐标,如果在所输入的坐标前加符号"@",则表示相对坐标。

13.6　绘制三维线框模型

线框模型是使用直线和曲线真实地表现三维对象的边缘或骨架。利用 AutoCAD 2008,可以方便地在三维空间绘点、直线段、射线、构造线、多段线及样条曲线等基本对象以及由这些对象构成的线框模型。在三维空间绘制这些对象的过程与绘制二维对象类似,但一般要输入三维空间的点。

13.6.1　绘制三维点

启动三维点的方法和启动二维点的方法一样,只是执行点命令后,需要在命令中输入三维坐标。

例如,执行 POINT 命令,系统提示:

指定点:50,100,50 (按 Enter 键执行命令)

执行结果:在点(50,100,50)位置绘出一个点。

此外,当输入三维空间点的坐标时,可以采用直角坐标、柱坐标或球坐标来确定点。

13.6.2　绘制三维直线

使用二维直线命令同样可以绘制三维直线命令。当三维空间中指定两点后,这两点之间的连线即是一条三维直线,执行实例如下。

执行 LINE 命令,系统提示:

指定第一点:0,0,0 (输入三维直线第一点坐标)

指定下一点或[放弃(U)]:50,80,100 (输入三维直线第二点坐标)

13.6.3　绘制三维射线

三维射线是指过指定点且沿单方向无限延伸的直线,所用命令为创建二维射线的命令 RAY,具体执行方法如下:

执行 RAY 命令,系统提示:

指定起点:(指定射线的起始点,可以是空间任意一点)

指定通过点:(指定射线通过的任意一点,可以是空间任意点)

指定通过点:(也可以继续指定射线通过点绘制射线,创建下一射线)

执行结果:AutoCAD 绘出对应的射线。

13.6.4　绘制三维构造线

绘制三维构造线时仍采用二维构造线的命令 XLINE,但各选项有不同的含义,其执行格式如下:

执行 XLINE 命令,系统提示:

指定点或[水平(H)/垂直(V)/角度(A)/二等分(B)/偏移(O)]:

下面介绍各选项的含义。

(1)水平(H)

绘制过指定点,且与当前坐标系的 X 轴平行的构造线。执行该选项,AutoCAD 提示:

指定通过点:(指定构造线通过的点)

指定通过点:(也可以继续指定点绘制构造线)

执行结果:AutoCAD 绘制出对应的构造线。

(2)垂直(V)

绘制过指定点,且与当前坐标系的 Y 轴平行的构造线。该选项的执行过程与"水平(H)"选项的操作类似。

(3)角度(A)

在过指定点且与当前坐标系的 XY 面平行的平面上,绘制过指定点,且与当前坐标系的 X 轴正方向成给定角度的构造线。执行该选项,AutoCAD 提示:

输入构造线的角度(0)或[参照(R)]:

若在此提示下输入一角度值,该角度就是所绘构造线与 X 轴正方向的夹角,而后 AutoCAD继续提示:

指定通过点:(指定构造线通过的点)

指定通过点:(也可继续指定点绘制构造线)

此外,用户还可以通过"参照(R)"选项绘构造线。

(4)二等分(B)

用于绘制平分一角度且过该角顶点的构造线。很显然,新绘制的构造线位于由确定该角的三个点所确定的平面内。执行"二等分(B)"选项,AutoCAD 提示:

指定角的顶点:(指定角的顶点位置)

指定角的起点:(指定角的起始点)

指定角的端点:(指定角的终止点)

指定角的端点:(也可继续指定点绘制构造线)

执行结果:AutoCAD 绘出对应的构造线。

(5)偏移(O)

绘制与指定线平行,且偏移一定距离的构造线。执行该选项,AutoCAD 提示:

指定偏移距离或[通过(T)]:

如果在此提示下输入一数值,该值则表示所绘制的构造线与指定线的距离,AutoCAD 会继续提示:

选择直线对象:(选择被平行直线)

指定向哪侧偏移:(相对已知直线,在要绘制构造线一侧取任意一点)

执行结果:AutoCAD 绘出对应的构造线。

如果在"指定偏移距离或[通过(T)]:"提示下执行"通过(T)"选项,表示将过指定点绘制与指定直线平行的多段线。此时 AutoCAD 提示:

选择直线对象:(选择被平行的直线)

指定通过点:(指定所绘制构造线要通过的点)

选择直线对象:(也可以继续选择直线对象绘制与其平行的构造线)

执行结果:AutoCAD 绘出对应的构造线。

(6)指定点

该选项为默认项,用于绘制通过两点的构造线。如果用户指定一点,即执行该默认项,AutoCAD 提示:

指定通过点:(指定所绘制构造线通过的点)

指定通过点:(可继续指定点绘制构造线)

执行结果:AutoCAD 绘出对应的构造线。

13.6.5 绘制三维多段线

1. 绘制三维多段线

AutoCAD 2008 专门提供了绘制三维多段线的命令,即 3DPOLY。可通过下拉菜单项"绘图"→"三维多段线"执行该命令。

绘三维多段线步骤如下：

执行 3DPOLY 命令，系统提示：

指定多段线的起点：(单击一点或输入三维坐标值，作为多段线的起点)

指定直线的端点或[放弃(U)]：(单击一点或输入三维坐标值，作为多段线的终点，绘制一段三维多段线)

指定直线的端点或[放弃(U)]：(指定三维多段线的下一端点位置)

指定直线的端点或[闭合(C)/放弃(U)]：

此时用户可以继续确定多段线的下一端点位置，也可以通过“闭合(C)”选项封闭三维多段线；通过“放弃(U)”选项放弃上一次操作。如果在此提示下按 Enter 键，结束三维多段线的执行。

【注意】在绘制三维多段线时，只能绘直线段，不能绘圆弧段。只能使用实线线型，不能使用其他线型。而且对三维多段线也不能设置宽度。

2. 编辑三维多段线

编辑三维多段线的命令与编辑二维多段线一样，即 PEDIT 命令，可通过下拉菜单项“修改”→“对象”→“多段线”执行该命令。

编辑三维多段线的步骤如下：

执行 PEDIT 命令，系统提示：

选择多段线或[多条(M)]：(选择已有三维多段线)

输入选项[闭合(C)/编辑顶点(E)/样条曲线(S)/非曲线化(D)/放弃(U)]：

上面各选项的含义与对二维多段线执行 PEDIT 命令编辑时给出的同名选项的含义相同，即“闭合(C)”选项用于封闭三维多段线，如果多段线是封闭的，该选项变为“打开(O)”，即允许用户再打开封闭的多段线；“编辑顶点(E)”选项用于编辑三维多段线的各顶点：“样条曲线(S)”选项用于对三维多段线进行样条曲线拟合；“非曲线化(D)”选项用于反拟合；“放弃(U)”选项则用于放弃上次操作。

如果在“选择多段线或[多条(M)]：”提示下执行“多条(M)”选项，则可以同时编辑多条多段线。

13.6.6　绘制三维样条曲线

绘三维样条曲线的命令与绘二维样条曲线的命令一样，即 SPLINE。也可通过下拉菜单项“绘图”→“样条曲线”或在“绘图”面板中单击“样条曲线”按钮，都可以绘制复杂 3D 样条曲线，这时绘制样条曲线的点不是共面点。

执行样条曲线命令，系统提示：

指定第一个点或[对象(O)]：(拾取点或输入坐标值)

此时可以执行“对象(O)”选项，将由编辑三维多段线得到的拟合样条曲线转换成等价的样条曲线；也可以直接输入三维空间的点绘样条曲线，其操作步骤与绘二维样条曲线类似。

例如，经过点(0,0,0)，(10,10,10)，(0,0,20)，(−10,−10,30)，(0,0,40)，(10,10,50)和(0,0,60)绘制样条曲线，如图 13.23 所示。

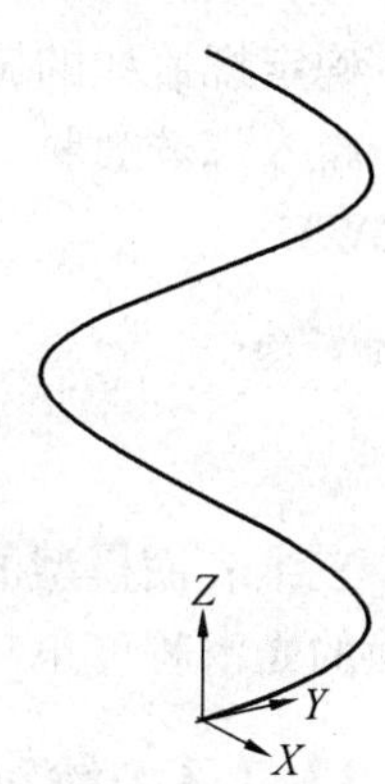

图 13.23　样条曲线

此外,用户还可以用下拉菜单项“修改”→“对象”→“样条曲线”编辑三维样条曲线。

13.6.7 绘制三维螺旋线

螺旋线是一种螺旋形状的曲线。可通过下拉菜单项“绘图”→“螺旋”和“建模”工具栏上的“螺旋”按钮执行该命令,也可通过绘制三维螺旋线的命令 HELIX 来执行。

执行螺旋线操作,系统提示:

指定底面的中心点:(指定螺旋线底面的中心点)

指定底面半径或[直径(D)](输入螺旋线的底面半径或通过“直径(D)”选项输入直径)

指定顶面半径或[直径(D)]:(输入螺旋线的顶面半径或通过“直径(D)”选项输入直径)

指定螺旋高度或[轴端点(A)/圈数(T)/圈高(H)/扭曲(W)]:

(1)指定螺旋高度

指定螺旋线的高度。执行该选项,输入高度值后按 Enter 键,即可绘制出对应的螺旋线。

(2)轴端点(A)

确定螺旋线轴的另一端点位置。执行该选项,系统提示:

指定轴端点:

在此提示下指定轴端点的位置即可。指定轴端点后,所绘螺旋线的轴线沿螺旋线底面中心点与轴端点的连线方向,即螺旋线底面不再与 UCS 的 XY 面平行。

(3)圈数(T)

设置螺旋线的圈数(默认值是 3,最大值为 500)。执行该选项,系统提示:

输入圈数:(输入圈数值)

(4)圈高(H)

指定螺旋线一圈的高度(即圈间距,又称为节距,指螺旋线旋转一圈后,沿轴线方向移动的距离)。执行该选项,系统提示:

指定圈间距:(输入圈间距)

(5)扭曲(W)

确定螺旋线的旋转方向(即旋向)。执行该选项,系统提示:

输入螺旋的扭曲方向[顺时针(CW)/逆时针(CCW)]<CCW>:(系统默认 CCW,也可输入 CW)

13.7 绘制表面模型

三维表面模型的曲面是由 $M \times N$ 的阵列网格表示的,M、N 值越大,越接近真实的曲面,曲面的光滑程度也越高,但是计算量也越大。下面介绍常用的三维曲面造型工具。

13.7.1 绘制基本曲面

AutoCAD 2008 提供了绘制基本曲面的函数,利用这些函数,可以绘长方体表面、棱锥面、楔体表面、球面、上半球面、下半球面、圆锥面、圆环面以及网格面等基本曲面。与上述各曲面函数分别是 AI_BOX、AI_PYRAMID、AI_WEDGE、AI_SPHERE、AI_DOME、Al_DISH、AI_CONE、AI_TORUS 和 AI_MESH。这些函数可以直接调用，即在命令提示窗口中，在“命令:”提示下输入对应的函数名后按 Enter 键来执行。

下面分别介绍每种基本曲面的绘制方法。

1. 绘制长方体表面

用于绘制长方体表面的函数是 AI_BOX。调用 AI_BOX 函数，系统提示：

指定角点给长方体:(指定长方体表面的一角点位置)

指定长度给长方体:(输入长方体表面的长度)

指定长方体表面的宽度或[立方体(C)]:(系统默认，输入长方体表面的宽度。输入 C 绘制立方体表面，操作过程类似，不作介绍)

指定高度给长方体:(指定长方体表面的高度值)

指定长方体表面绕 Z 轴旋转的角度或[参照(R)]:(输入长方体表面的旋转角度)

执行结果：AutoCAD 按给定的参数绘制出长方体表面。

【注意】提示中输入的长方体表面的长、宽、高分别沿当前坐标系的 X、Y、Z 轴正方向测量，并且不能为负值。指定的旋转角度可正可负，其转向符合右手规则。

例 13.3　绘制长方体表面，其长、宽和高分别分别为 100、50 和 70。

执行步骤如下：

调用 AI_BOX 函数，系统提示：

指定角点给长方体:(给定一点作为长方体表面的一角点位置)

指定长度给长方体:100

指定长方体表面的宽度或[立方体(C)]:50

指定高度给长方体:70

指定长方体表面绕 Z 轴旋转的角度或[参照(R)]:0

图 13.24　长方体表面

以真实视觉样式显示，结果如图 13.24 所示。

2. 绘制棱锥面

用于绘制棱锥面的函数是 AI_PYRAMID。调用 AI_PYRAMID 函数，系统提示：

指定棱锥面底面的第一角点:(棱锥面底面的第一角点位置)

指定棱锥面底面的第二角点:(棱锥面底面的第二角点位置)

指定棱锥面底面的第三角点:(棱锥面底面的第三角点位置)

指定棱锥面底面的第四角点或[四面体(T)]:

提示中两选项的含义如下：

(1)指定棱锥面底面的第四角点

此选项为默认项。执行该默认项，系统提示：

指定棱锥面的顶点或[棱(R)/顺面(T)]:

①指定棱锥面的顶点。

绘制如图 13.25(a)所示形式的棱锥面，为默认项。直接确定棱锥面顶点的位置。

②棱(R)。

绘制如图 13.25(b)所示的人字形棱锥面。执行该选项,系统提示:

指定棱锥面棱的第一端点:(棱锥面顶棱的第一端点)

指定棱锥面棱的第二端点:(棱锥面顶棱的第二端点)

③顶面(T)。

绘制如图 13.25(c)所示形式的棱锥面。执行该选项,系统将依次提示用户输入顶面上的四个角点位置。

(2)四面体(T)

绘制如图 13.25(d)、(e)所示形式的棱锥面。执行该选项,系统提示:

指定四面体表面的顶点或[顶面(T)]:

①指定四面体表面的顶点。

绘制如图 13.25(d)所示形式的棱锥面。执行该选项,系统要求用户指定顶点位置。

②顶面(T)。

绘制如图 13.25(e)所示形式的棱锥面。执行该选项,系统依次提示用户指定顶面三个角点的位置。

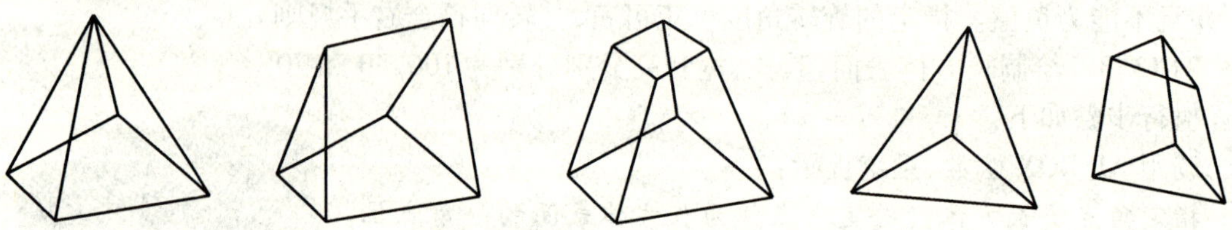

(a) (b) (c) (d) (e)

图 13.25 各种形式的棱锥面

3. 绘制楔体表面

用于绘制楔体表面的函数是 AI_WEDGE。

调用 AI_WEDGE 函数,系统提示:

指定角点给楔体表面:(指定楔体表面的一角点的位置)

指定长度给楔体表面:(输入楔体表面的长度)

指定楔体表面的宽度:(输入楔体表面的宽度)

指定高度给楔体表面:(输入楔体表面的高度)

指定楔体表面绕 Z 轴旋转的角度:(输入绕通过指定的角点,且通过该点的边旋转的旋转角度)

执行结果:AutoCAD 按给定的参数绘出楔体表面,如图 13.26 所示。

【注意】与绘制长方体表面一样,楔体表面的长、宽、高分别沿当前坐标系统的 X、Y、Z 轴的正方向测量,且不能为负值。旋转角度可正可负,其转向符合右手规则。

4. 绘制球面

用于绘制球面的函数是 AI_SPHERE。调用 AI_SPHERE 函数,系统提示:

指定中心点给球面:(指定球面的中心位置)

指定球面的半径或[直径(D)]:(输入球面的半径或直径)

图 13.26　楔体表面

输入曲面的经线数目给球面<16>:(输入球面的经线数)

输入曲面的纬线数目给球面<16>:(输入球面的纬线数)

执行结果,AutoCAD 绘出对应的球面。

【注意】绘制球面时,经线数、纬线数决定球面中多边形网格面的数量。值越大,多边形网格面越多,球面越光滑,但数据处理量也越大。图 13.27 给出了不同经线数、纬线数的球面。

(a) 经线数 =10, 纬线数 =10　　(b) 经线数 =20, 纬线数 =20

图 13.27　球面真实视觉样式

5. 绘制上半球面、下半球面

用于绘上半球面的函数是 AI_DOME。调用 AI_DOME 函数,系统提示:

指定中心点给上半球面:(指定上半球面的中心位置)

指定上半球面的半径或[直径(D)]:(输入上半球面的半径或直径)

输入曲面的经线数目给上半球面<16>:(输入上半球面的经线数,默认 16)

输入曲面的纬线数目给上半球面<8>:(输入上半球面的纬线数,默认 8)

执行结果,AutoCAD 绘出对应的上半球面,实例如图 13.28 所示。

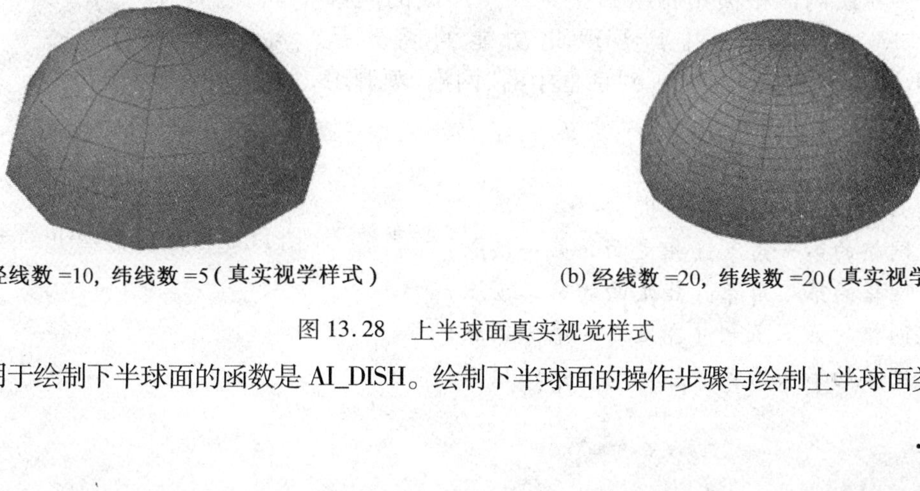

(a) 经线数 =10, 纬线数 =5(真实视学样式)　　(b) 经线数 =20, 纬线数 =20(真实视学样式)

图 13.28　上半球面真实视觉样式

用于绘制下半球面的函数是 AI_DISH。绘制下半球面的操作步骤与绘制上半球面类似。

6. 绘制圆锥面

用于绘制圆锥面的函数是 AI_CONE。调用 AI_CONE 函数,系统提示:

指定圆锥面底面的中心点:(确定圆锥面底面的中心点位置)

指定圆锥面底面的半径或[直径(D)]:(输入圆锥面底面的半径或直径)

指定圆锥面顶面的半径或[直径(D)]<0>:(直接按 Enter 键,输入圆锥体顶面的半径或直径)

指定圆锥面的高度:(输入圆锥面的高度)

输入圆锥面曲面的线段数目<16>:(输入圆锥面的线段数)

【注意】如果在“指定圆锥面顶面的半径或[直径(D)]<0>:”提示下直接按 Enter 键,可以绘制出圆锥面,如图 13. 29 (a)所示;如果输入半径或直径,则可以绘出圆锥面,如图 13.29(b)所示。

7. 绘制圆环面

用于绘制圆环面的函数是 AI_TORUS。调用 AI_TORUS 函数,系统提示:

指定圆环面的中心点:(指定圆环面的中心点位置)

指定圆环面的半径或[直径(D)]:(输入圆环面的半径或直径)

指定圆管的半径或[直径(D)]:(输入圆管的半径或直径)

输入环绕圆管圆周的线段数目<16>:(输入环绕圆管圆周的线段数,默认值 16)

输入环绕圆环面圆周的线段数目<16>:(输入环绕圆环面圆周的线段数,默认值 16)

【注意】环绕圆管圆周和环绕圆环圆周的线段数决定圆环面中多边形网格面的数量。值越大,曲面越光滑,同时计算量越大,环形面如图 13.30 所示。

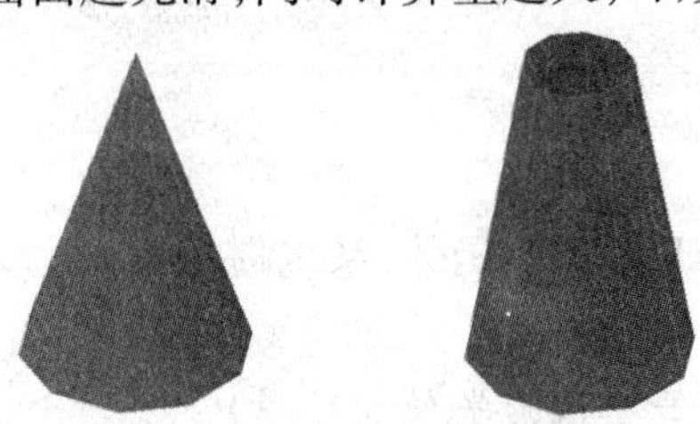

(a) (b)

图 13.29 圆锥面(真实视觉样式)

图 13.30 圆环面(真实视觉样式)

8. 根据四点绘制网格面

根据四点绘制网格面是指绘由指定四点形成的网格面,如图 13. 31 所示。用于实现此功能的函数是 AI_MESH,也可通过“三维对象”对话框中的“网格”项调用该函数。

图 13.31 根据四点绘出的网格面

根据四点绘网格面步骤如下:

调用 AI_MESH 函数,系统提示:

指定网格的第一角点:(指定面的第一顶点)

指定网格的第二角点:(指定面的第二顶点)

指定网格的第三角点:(指定面的第三顶点)

指定网格的第四角点:(指定面的第四顶点)

输入 M 方向上的网格数量:(输入面沿 M 方向上的网格数)

输入 N 方向上的网格数量:(输入面沿 N 方向上的网格数)

执行结果:AutoCAD 根据指定的四个顶点绘制出曲面。

【注意】AutoCAD 将第一顶点与第四顶点的连线方向作为 M 方向,将第一顶点与第二顶点的连线方向作为 N 方向。

13.7.2　用 3DFACE 命令绘制三维面

用 3DFACE 命令可通过指定面的顶点来绘制一系列三维空间的面,但构成各个面的顶点最多不能超过四个。利用下拉菜单项"绘图"→"建模"→"网格"→"三维面"可执行 3DFACE 命令。

用 3DFACE 命令绘三维面的步骤如下:

执行 3DFACE 命令,AutoCAD 依次提示:

指定第一点或[不可见(I)]:(指定第一点)

指定第二点或[不可见(I)]:(指定第二点)

指定第三点或[不可见(I)]<退出>:(指定第三点)

指定第四点或[不可见(I)]<创建三侧面>:(指定第四点或按 Enter 键绘由三边构成的面)

指定第三点或[不可见(I)]<退出>:(指定第三点)

指定第四点或[不可见(I)]<创建三侧面>:(指定第四点或按 Enter 键绘由三边构成的面)

指定第三点或[不可见(I)]<退出>:(指定第三点或按 Enter 键结束命令)

【注意】

①上面各提示中,"不可见(I)"选项用于控制是否显示面上的对应边。

②AutoCAD 总是将前一个面上的第三、第四点作为下一个面的第一、第二点,故当绘出一个面后,重复提示输入第三、第四点,以继续绘其他面。

③在"指定第四点或[不可见(I)]<创建三侧面>:"提示下直接按 Enter 键,AutoCAD 将第三、第四点合成一个点,此时可绘出由三条边构成的面。

13.7.3　绘制直纹曲面

直纹曲面要在两条曲线之间创建曲面。可通过下拉菜单项"绘图"→"建模"→"网格"→"直纹网格"执行该命令。或者用绘直纹曲面的命令 RULESURF 进行绘图。

绘制直纹曲面步骤如下:

执行直纹曲面操作,系统提示:

选择第一条定义曲线:(选择第一条曲线)

选择第二条定义曲线:(选择第二条曲线)

【注意】操作时应先绘出生成直纹曲面的两条曲线。曲线可以是直线段、点、圆弧、圆、样条曲线等对象。如果一条曲线是封闭曲线,另一条曲线必须是封闭曲线或一个点。网格数由系统变量 SURFTAB1 确定。

例如，通过对图 13.32(a)的两个圆使用“直纹网格”命令绘制直纹曲面，创建结果如图 13.32(b)所示。

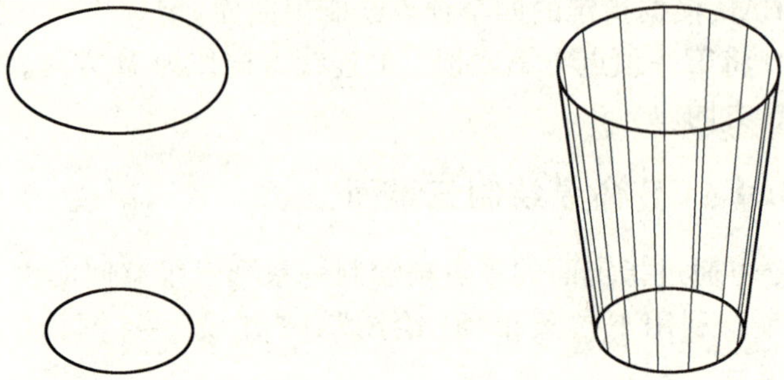

(a) (b)

图 13.32 创建直纹曲面(二维线框视觉样式)

13.7.4 绘制平移曲面

平移曲面是指将轮廓曲线沿方向矢量平移而形成的曲面，可通过下拉菜单项“绘图”→“建模”→“网格”→“平移网格”执行该命令，或用绘制平移曲面的命令 TABSURF 执行操作。

绘制平移曲面步骤如下：

执行平移曲面操作，系统提示：

选择用作轮廓曲线的对象：(选择轮廓曲线)

选择用作方向矢量的对象：(选择方向矢量)

【注意】必须事先绘出作为轮廓曲线和方向矢量的图形对象。作为轮廓曲线的对象可以是直线段、圆弧、圆、样条曲线、二维多段线、三维多段线等；作为方向矢量的对象可以是直线段或非闭合的二维多段线、三维多段线等。当选择多段线为方向矢量时，平移方向沿多段线两端点的连线方向。平移曲面的网格数由系统变量 SURFTAB1 确定。

例如，通过对图 13.33(a)的两个圆相交圆弧作为轮廓曲线、直线作为方向矢量进行平移曲面创建，创建结果如图 13.33(b)所示。

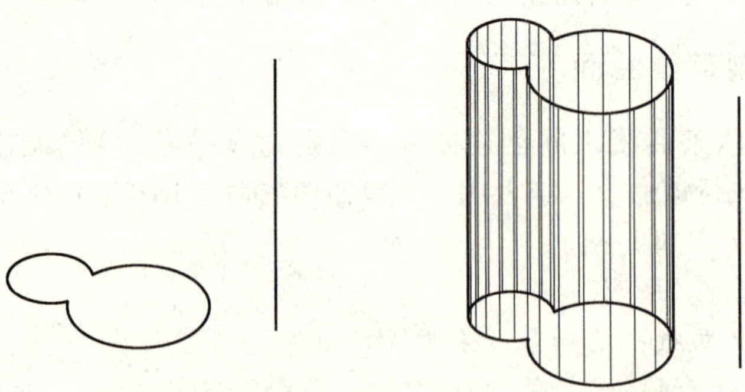

(a) (b)

图 13.33 创建平移曲面(二维线框视觉样式)

13.7.5　绘制边界曲面

边界曲面是以四条首尾连接的边为边界创建出三维多边形网格，可通过下拉菜单项“绘图”→“建模”→“网格”→“边界网格”执行该命令，或者用绘制边界曲面的命令 EDGESURF 来执行该操作。

绘制边界曲面步骤如下：

执行边界曲面操作，系统提示：

选择用作曲面边界的对象1：(选择第一条边)

选择用作曲面边界的对象2：(选择第二条边)

选择用作曲面边界的对象3：(选择第三条边)

选择用作曲面边界的对象4：(选择第四条边)

【注意】必须事先绘出用于绘边界曲面的四个对象，这些对象可以是直线段、圆弧、样条曲线、二维多段线、三维多段线等。系统变量 SURFTAB1 和 SURFTAB2 分别控制沿 M、N 方向的网格数。

例如，利用如图 13.34(a)所示的边界，创建边界曲面，创建结果如图 13.34(b)所示。

具体操作步骤如下：

(1)绘制三段直线

用直线命令绘制直线，然后应用偏移命令得到与已有直线平行的另一条直线，连接以创建的直线，创建第三条直线。再单击下拉菜单项“视图”→“三维视图”→“西南等轴测”，如图 13.35 所示。

(2)建立新 UCS

建立方法：将原坐标系绕 X 轴旋转 90°，再将 UCS 移动到直线的端点处，如图 13.36 所示。

(a)　　(b)

图 13.34　创建边界曲面

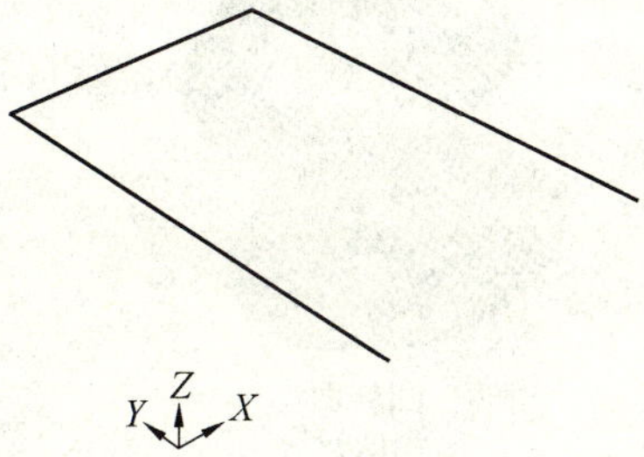

图 13.35　绘平行直线

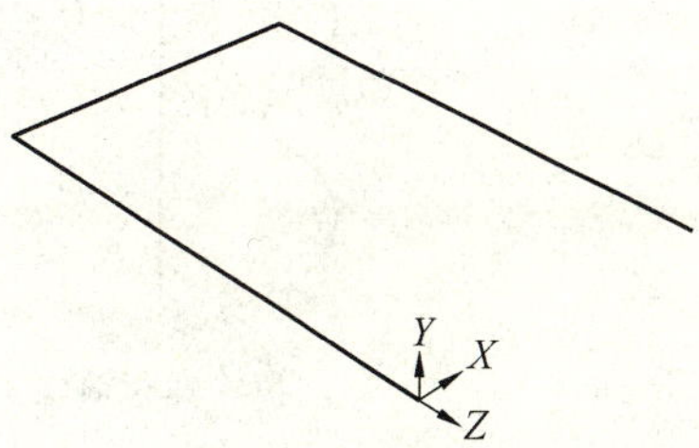

图 13.36　建立新 UCS

(3)绘制圆弧

执行圆弧命令绘制圆弧,结果如13.34(a)图所示(注意,此时可以在当前UCS的XY面上绘二维圆弧)。

(4)绘边界曲面

执行边界曲面命令,然后在对应提示下依次选择图13.34(a)中的四条曲线,即可得到如图13.34(b)所示的结果(可在执行边界曲面命令之前将系统变量SURFTAB1、SURFTAB2设成合适的值,本例SURFTAB1=10,SURFTAB2=20)。

13.7.6 绘制旋转曲面

旋转曲面是指将指定的旋转对象绕旋转轴旋转一定角度而形成的曲面。

用于绘制旋转曲面的操作,可通过下拉菜单项“绘图”→“建模”→“网格”→“旋转网格”执行,或者应用旋转曲面的命令REVSURF执行。

绘制旋转曲面步骤如下:

执行旋转曲面操作,系统提示:

选择要旋转的对象:(选择旋转对象)

选择定义旋转轴的对象:(选择作为旋转轴的对象)

指定起点角度<0>:(输入旋转起始角度,系统默认为0)

指定包含角(+=逆时针,-=顺时针)<360>:(输入旋转曲面的包含角。其中“+”将沿逆时针方向旋转,“-”沿顺时针方向旋转,默认包含角为360度)

【注意】

①操作时应先绘制出旋转对象和旋转轴。旋转对象可以是直线段、圆弧、圆、样条曲线、二维多段线、三维多段线等。旋转轴可以是直线段、二维多段线、三维多段线等。如果将多段线作为旋转轴,则首尾端点的连线为旋转轴。

②当提示“选择定义旋转轴的对象:”时,在旋转轴对象上的拾取位置影响对象的旋转方向,该方向由右手规则判断,方法是:将拇指沿旋转轴指向远离拾取点的旋转轴上的另一端点,弯曲四指,四指所指方向就是旋转方向。

③旋转曲面由多边形网格构成,沿旋转方向的网格数由系统变量SURFTAB1确定,沿旋转轴方向的网格数由系统变量SURFTAB2确定,应在执行REVSURF命令之前设置对应的系统变量。

例如,利用图13.37(a)中的旋转对象和旋转轴绘制回转面,创建结果如图13.37(b)所示。

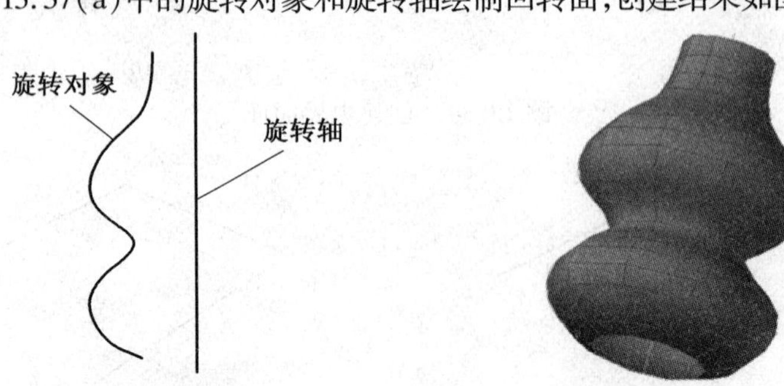

回转轮廓和轴线　　　　回转面

(a)　　　　(b)

图13.37　回转曲面

13.7.7　绘制平面曲面

绘制平面曲面可通过下拉菜单项“绘图”→“建模”→“平面曲面”,或者应用创建回转曲面命令 PLANESURF 来实现。

绘制平面曲面步骤如下:

执行平面曲面操作,系统提示:

指定第一个角点或[对象(O)]<对象>:

(1)指定第一个角点

通过指定两个角点来创建矩形形状的平面曲面,如图13.38所示。

(2)对象(O)

通过指定平面对象创建平面(平面封闭曲线),如图13.39所示。

图13.38　矩形形状的平面曲面

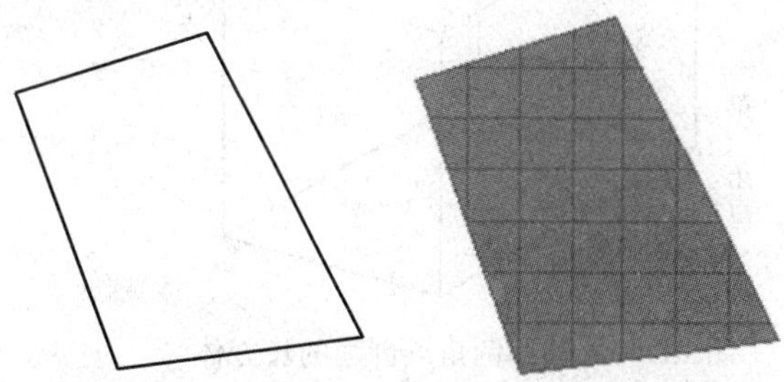

图13.39　指定平面对象创建的平面曲面

13.8　绘制实体模型

实体建模是 AutoCAD 2008 三维建模中比较重要的一部分。实体建模能够完整描述对象的三维模型,比线框模型、三维曲面更能表达实物。利用三维实体,可以分析实体的质量特性,如质量、体积、重心等。本节将介绍如何用 AutoCAD 2008 绘制各种实体模型。

13.8.1　绘制长方体

长方体命令主要用于创建长方体或正方体。可通过下拉菜单项“绘图”→“建模”→“长方体”、“建模”工具栏上的“长方体”按钮或三维制作控制台上的“长方体”按钮执行该命令。用于绘制长方体的命令是 BOX。

绘制长方体步骤如下:

执行绘制长方体操作,系统提示:

指定第一个角点或[中心(C)]:

(1)指定第一个角点

确定长方体的一个顶点位置,为默认项。执行该选项,系统继续提示:

指定其他角点或[立方体(C)/长度(L)]:(指定第二点或输入选项)

①定其他角点。

根据另一角点绘制长方体为默认值。确定另一角点后,如果该角点与第一角点的Z轴不同,系统以这两个角点作为长方体对角点绘制长方体,如果第二角点与第一角点的Z值

相同,则系统提示:

指定高度或[两点(2P)]:(输入长方体的高度或指定两点,以两点之间的高度作为高度值)

图 13.40 所示为利用两角点创建的长方体。

②立方体(C)。

绘制立方体。执行该选项,系统提示:

指定长度:(输入立方体的边长即可)

图 13.41 为使用指定长度命令创建的长方体。

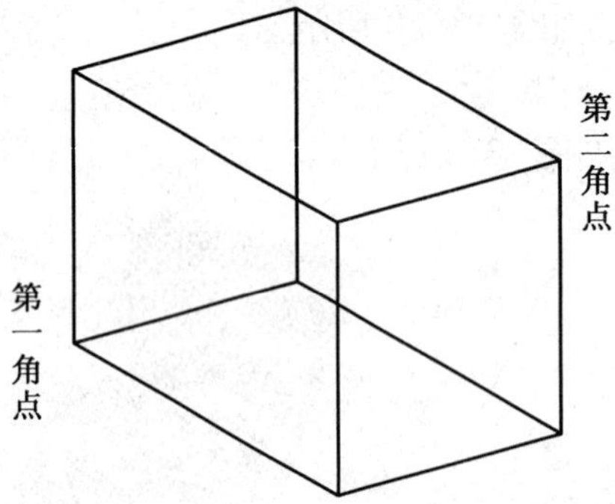

图 13.40　利用两角点创建的长方体

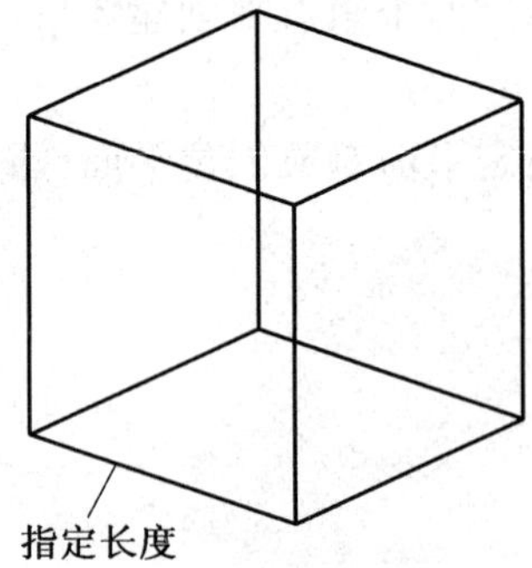

图 13.41　指定长度命令创建的长方体

③长度(L)。

根据长方体的长、宽和高绘制长方体。执行该选项,系统提示:

指定长度:(输入长度值)

指定宽度:(输入宽度值)

指定高度或[两点(2P)]:(确定高度值)

图 13.42 所示为使用长、宽和高创建的长方体。

(2)中心(C)

根据长方体的中心位置绘长方体。执行该选项,系统提示:

指定中心:(指定长方体的中心点位置)

指定角点或[立方体(C)/长度(L)]:(输入长方体的另一角点、立方体边长或长宽高)

图 13.43 所示为使用中心创建的长方体。

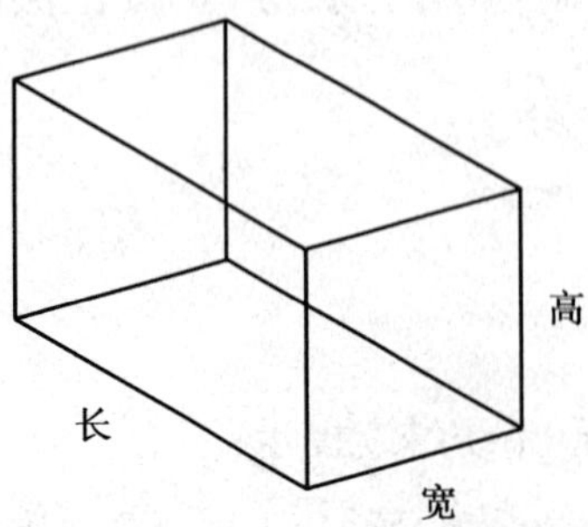

图 13.42　使用长、宽和高创建的长方体

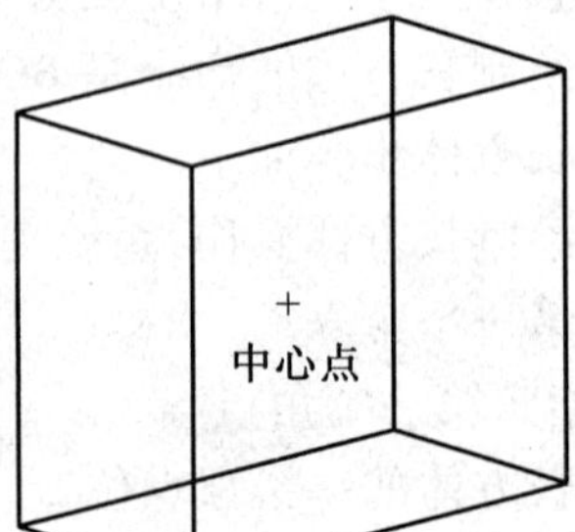

图 13.43　使用中心创建的长方体

13.8.2　绘制楔体

楔体主要用来创建实心楔形体,常用来绘制垫块、装饰品等。可通过下拉菜单项“绘图”→“建模”→“楔体”、“建模”工具栏上的“楔体”按钮或三维制作控制台上的“楔体”按钮执行该命令。用于绘制楔体的命令是 WEDGE。

绘制楔体步骤如下:

执行绘制楔形体操作,系统提示:

指定第一个角点或[中心(C)]:

(1)指定第一个角点

根据楔体上的角点位置绘制楔体,为默认项。用户响应后,即指定楔体的一角点位置后,系统提示:

指定其他角点或[立方体(C)/长度(L)]:

①指定其他角点。

根据另一角点位置绘楔体,为默认项。与绘长方体过程类似,用户响应后,即给出另一角点位置后,如果此角点与第一角点的 Z 坐标不一样,AutoCAD 根据这两个角点绘出楔体;如果第二角点与第一角点有相同的 Z 坐标,系统提示:

指定高度[两点(2P)]:(输入高度值)

②立方体(C)。

绘制两个直角边及宽均相等的楔体。执行该选项,系统提示:

指定长度:(输入长度值)

③长度(L)。

按指定的长、宽和高绘制楔体,如图 13.44 所示。执行该选项,系统提示:

指定长度:(输入长度值)

指定宽度:(输入宽度值)

指定高度或[两点(2P)]:(确定高度值)

(2)中心(C)

按指定的中心点位置绘楔体,此中心点指楔体斜面上的中心点。执行该选项,系统提示:

指定楔体的中心点:

此提示要求确定中心点的位置。用户响应后,系统提示:

指定对角点或[立方体(C)/长度(L)]:

①指定对角点。

根据另一角点位置绘楔体,为默认项。用户响应后,即给出另一角点位置后,如果新角点与中心点的 Z 坐标不一样,AutoCAD 根据这两个角点绘出楔体;如果第二个角点与中心点有相同的 Z 坐标,系统提示:

指定高度:(输入高度值)

②立方体(C)。

绘制两个直角边以及宽均相等的楔体。执行该选项,系统提示:

指定长度:(输入楔体直角边的长度值)

③长度(L)。

按指定的长、宽、高绘楔体。执行该选项,系统提示:

指定长度:(输入长度值)

指定宽度:(输入宽度值)

指定高度或[两点(2P)]:(确定高度值)

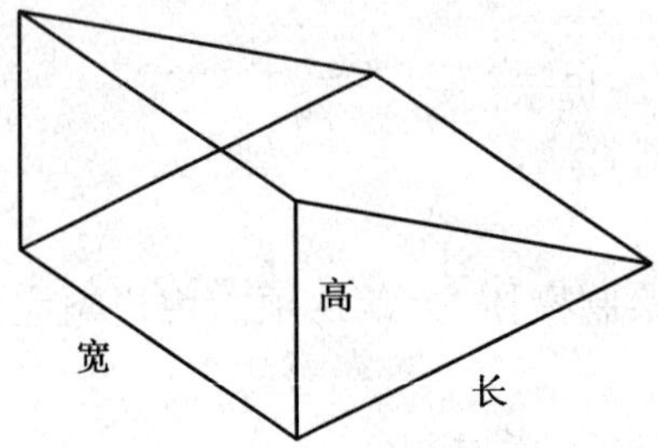

图 13.44　指定长、宽、高创建的楔体

13.8.3　绘制球体

球体命令主要用于创建实心球体,绘制球体可通过下拉菜单项"绘图"→"建模"→"球体"、"建模"工具栏上的"球体"按钮或三维制作控制台上的"球体"按钮执行该命令。用于绘制球体的命令是 SPHERE。

绘制球体步骤如下:

执行绘制球体操作,系统提示:

指定中心点或[三点(3P)/两点(2P)/相切、相切、半径(T)]:

(1)指定中心点

确定球心位置,为默认选项。执行该选项,即指定球心位置后,系统提示:

指定半径或[直径(D)]:(输入球体的半径或直径)

(2)三点(3P)

通过指定球体上某一圆周的三点绘制球体。执行该选项,系统提示:

指定第一点:(指定第一点)

指定第二点:(指定第二点)

指定第三点:(指定第三点)

用户依次指定三点后,AutoCAD 绘制出对应的球体。

(3)两点(2P)

通过指定球体上某一直径的两个端点来创建球体。执行该选项,系统提示:

指定直径的第一个端点:(指定第一点)

指定直径的第二个端点:(指定第二点)

用户依次指定两点后,AutoCAD 创建出对应的球体。

(4)相切、相切、半径(T)

创建与已有两对象相切(注意,应为二维对象),且半径为指定值的球体。执行该选项,系统提示:

指定对象的第一个切点:(指定第一个切点)

指定对象的第二个切点:(指定第二个切点)

指定圆的半径:(输入半径)

【注意】球体线框密度可以通过 ISOLINES 命令进行设置。

图 13.45 为应用以上命令绘制的球体。

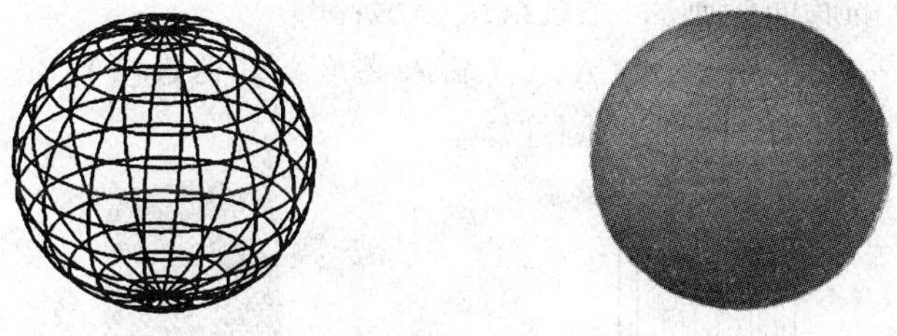

图 13.45　球体

13.8.4　绘制圆柱体

圆柱命令用于创建实心圆柱,可用下拉菜单项“绘图”→“建模”→“圆柱体”、建模工具栏上的“圆柱体”按钮或三维控制台上的“圆柱体”按钮执行命令。绘制圆柱体的命令是 CYLINDER。

绘制圆柱体步骤如下:

执行绘制圆柱操作,系统提示:

指定底面的中心点或[三点(3P)/两点(2P)/相切、相切、半径(T)/椭圆(E)]:

(1)指定底面的中心点

此选项要求确定圆柱体底面的中心点位置,为默认项。用户响应后,系统提示:

指定底面半径或[直径(D)]:(输入圆柱体底面的半径或输入直径)

指定高度或[两点(2P)/轴端点(A)]:

①指定高度。

用户指定圆柱体的高度,为默认项。用户响应后,即可绘制出圆柱体,且圆柱体的两个端面与当前 UCS 的 XY 面平行。

②两点(2P)。

指定两点,以这两点之间的距离为圆柱体的高度。执行该选项,系统依次提示:

指定第一点:(指定第一点)

指定第二点:(指定第二点)

③轴端点(A)。

根据圆柱体另一端面上的圆心位置创建圆柱体。执行该选项,系统提示:

指定轴端点:(指定另一端面上的圆心位置)

利用此方法,可以绘制沿任意方向放置的圆柱体。

(2)三点(3P);两点(2P);相切、相切、半径(T)

“三点(3P)”、“两点(2P)”、“相切、相切、半径(T)”三个选项分别以不同方式确定圆柱体的底面圆,其操作与用 CIRCLE 命令绘制圆类似。确定底面圆后,系统继续提示:

指定高度或[两点(2P)/轴端点(A)]:

(3)椭圆(E)

创建椭圆柱体,即横截面是椭圆的圆柱体。执行该选项,系统提示:

指定第一个轴的端点或[中心(C)]:

此提示要求用户确定椭圆柱体的底面椭圆,其操作过程与用 ELLIPSE 命令绘制椭圆相似。确定了椭圆柱体的底面椭圆后,系统继续提示:

指定高度或[两点(2P)/轴端点(A)]:(输入高度或其他选项)

图 13.46 为应用以上命令绘制的圆柱体。

图 13.46 圆柱体

13.8.5 绘制圆锥体

通过下拉菜单项“绘图”→“建模型”→“圆锥体”、“建模”工具栏上的“圆锥体”按钮或三维制作控制台上的“圆锥体”按钮执行该命令。用于绘制圆锥体的命令是 CONE。

绘制圆锥体步骤如下:

执行绘制圆锥体操作,系统提示:

指定底面的中心点或[三点(3P)/两点(2P)/相切、相切、半径(T)/椭圆(E)]:

(1)指定底面的中心点

此提示要求确定圆锥体底面的中心点位置,为默认项。用户响应后,系统提示:

指定底面半径或[直径(D)]:(输入圆锥底面的半径或执行“直径(D)”输入直径)

指定高度或[两点(2P)/轴端点(A)/顶面半径(T)]:

①指定高度。

输入高度值后,AutoCAD 按此高度绘出圆锥体,且圆锥体的中心线与当前 UCS 的 Z 轴平行。

②两点(2P)。

指定两点,以这两点之间的距离作为圆锥体的高度。执行该选项,系统依次提示:

指定第一点:(确定第一点)

指定第二点:(确定第二点)

③轴端点(A)。

用于确定圆锥体的锥顶点位置。执行该选项,系统提示:

指定轴端点:(确定顶点位置,即轴端点)

利用此方法,可以绘制沿任意方向放置的圆锥体。

④顶面半径(T)。

用于创建圆台。执行该选项,系统提示:

指定顶面半径:(指定顶面半径)

指定高度或[两点(2P)/轴端点(A)]>:(输入高度或其他选项)

(2)三点(3P);两点(2P);相切、相切、半径(T)

“三点(3P)”、“两点(2P)”和“相切、相切、半径(T)”这三个选项分别用于以不同方式确定圆锥体的底面圆,其操作与用 CIRCLE 命令绘制圆相同。确定了圆锥体的底面圆后,系统继续提示:

指定高度或[两点(2P)/端点(A)/顶面半径(T)]:

(3)椭圆(E)

绘制椭圆形锥体,即横截面是椭圆的锥体。执行该选项,系统提示:

指定第一个轴的端点或[中心(C)]:

此提示要求用户确定圆锥体底面椭圆,其操作过程与绘制椭圆相似。确定圆锥体的底面椭圆后,系统提示:

指定高度或[两点(2P)/轴端点(A)/顶面半径(T)]:(输入高度或其他选项)

【注意】圆锥体线框密度可以通过 ISOLINES 命令进行设置。

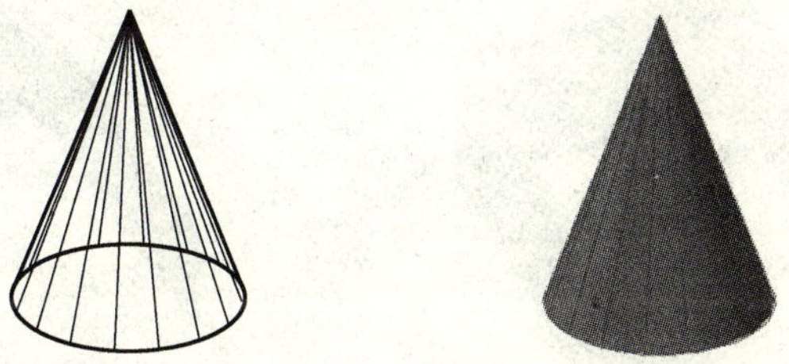

图 13.47　圆锥体

13.8.6　绘制圆环体

圆环体命令主要用于创建实心圆环形体,可通过下拉菜单项“绘图”→“建模”→“圆环体”、“建模”工具栏上的“圆环体”按钮或三维制作控制台上的“圆环体”按钮执行该命令。用于绘制圆环体的命令是 TORUS。

绘制圆环体步骤如下:

执行圆环体操作,系统提示:

指定中心点或[三点(3P)/两点(2P)/相切、相切、半径(T)]:

(1)指定中心点

指定圆环体的中心点位置,为默认选项。执行该选项,系统提示:

指定半径或[直径(D)]:(输入圆环体的半径或输入直径)

指定圆管半径或[两点(2P)/直径(D)]:(输入圆管的半径,或执行“两点(2P)”、“直径(D)”选项)

(2)三点(3P);两点(2P);相切、相切、半径(T)

“三点(3P)”、“两点(2P)”和“相切、相切、半径(T)”这三个选项分别用于以不同的方式确定圆环体的中心线圆,其操作方式与绘制圆相同。确定了圆环体的中心线圆后,系统继续提示:

指定圆管半径或[两点(2P)/直径(D)]:(输入半径或其他选项)

【注意】球体线框密度可以通过 ISOLINES 命令进行设置。

图 13.48 为应用以上命令绘制的圆环体。

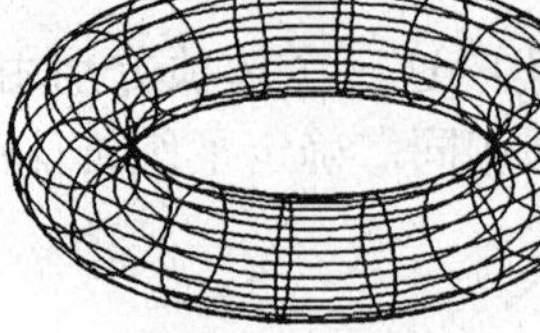

二维线框视觉样式　　　　真实视觉样式

图 13.48　圆环体

13.8.7　绘制多段体

多段体是具有矩形截面的实体，如图 13.49 所示，可以使用"直线模式"绘制多段体，也可使用"圆弧模式"绘制弧形多段体。

图 13.49　多段体

绘制多段体可通过下拉菜单项"绘图"→"建模"→"多段体"、"建模"工具栏上的多段体按钮或三维制作控制台上的多段体按钮执行该命令。用于绘制多段体的命令是 POLYSOLID。

执行 POLYSOLID 命令，系统提示：

指定起点或[对象(O)/高度(H)/宽度(W)/对正(J)]<对象>：

选项说明：

(1)指定起点

指定多段体的起点。系统提示：

指定下一个点或[圆弧(A)/放弃(U)]：

①指定下一个点。

继续指定多段体的端点，指定后系统提示：

指定下一个点或[圆弧(A)/放弃(U)]：(指定下一点、执行"圆弧(A)"选项切换到绘圆弧操作或执行"放弃(U)"选项放弃)

指定下一个点或[圆弧(A)/闭合(C)/放弃(U)]：(指定下一点、执行"圆弧(A)"选项切换到绘圆弧操作、执行"闭合(C)"选项封闭多段体或执行"放弃(U)"选项放弃)

指定下一个点或[圆弧(A)/闭合(C)/放弃(U)]：(按 Enter 键结束命令，也可以继续执行)

②圆弧(A)。

切换到绘圆弧模式。系统提示：

指定圆弧的端点或[方向(D)/直线(L)/第二点(S)/放弃(U)]：

其中，“指定圆弧的端点”选项用于指定圆弧的另一端点；“方向(D)”选项确定圆弧在起点处的切线方向；“直线(L)”选项用于切换到绘直线模式；“第二点(S)”选项用于确定圆弧的第二点；“放弃(U)”选项用于放弃前一次操作。用户根据提示响应即可。

③放弃(U)。

放弃前一次的操作。

(2)对象(O)

将二维对象转换成多段体。执行该选项，系统提示：

选择对象：

在此提示下选择对应的对象后，AutoCAD 按当前的宽度和高度设置将其转换成多段体。用户可以将用 LINE 命令绘制的直线、用 CIRCLE 命令绘制的圆、用 PLINE 命令绘制的多段线和用 ARC 命令绘制的圆弧转换成多段体。

(3)高度(H)、宽度(W)

设置多段体的高度和宽度，执行某一选项后，根据提示设置即可。

(4)对正(J)

设置创建多段体时多段体相对于光标的位置，即设置多段体上的哪条边(从上向下看)要随光标移动。执行该选项，系统提示：

输入对正方式[左对正(L)/居中(C)/右对正(R)]<居中>：

①左对正(L)。

表示当从左向右绘多段体时，多段体的上边随光标移动。

②居中(C)。

表示绘多段体时，多段体的中心线(但不显示该线)随光标移动。

③右对正(R)。

表示当从左向右绘多段体时，多段体的下边随光标移动。

13.8.8　拉伸对象创建实体

AutoCAD 2008 通过将二维封闭对象沿某一方向或某一路径拉伸可以创建三维实体，如图 13.50 所示。

拉伸对象创建实体可通过下拉菜单项“绘图”→“建模”→“拉伸”、“建模”工具栏上的“拉伸”按钮或三维制作控制台上的“拉伸”按钮执行该命令。实现此功能的命令是 EXTRUDE。

通过拉伸创建实体步骤如下：

执行拉伸操作，系统提示：

选择要拉伸的对象：(选择拉伸对象。用于拉伸的二维对象可以是圆、椭圆、封闭二维多段线和封闭样条曲线等)

选择要拉伸的对象：(按 Enter 键结束选择，也可以继续选择对象)

指定拉伸的高度或[方向(D)/路径(P)/倾斜角(T)]：

(a) 拉伸对象　　(b) 指定高度　　(c) 指定路径

图 13.50　拉伸对象创建实体

(1)指定拉伸的高度

指定拉伸高度为默认项。输入拉伸高度,即可创建出对应的拉伸实体。

(2)方向(D)

确定拉伸方向。执行该选项,系统提示:

指定方向的起点:(输入起点)

指定方向的端点:(输入端点)

系统以所指定两点之间的距离为拉伸高度,以两点之间的连接方向为拉伸方向创建出拉伸对象。

(3)路径(P)

按路径拉伸。执行该选项,系统提示:

选择拉伸路径或[倾斜角(T)]:

用于选择拉伸路径,为默认选项,用户直接选择即可。

(4)倾斜角(T)

输入拉伸倾斜角。执行该选项,系统提示:

指定拉伸的倾斜角度:(输入倾斜角度)

如果输入了角度值,正角度表示从基准对象逐渐变细地拉伸,而负角度则表示从基准对象逐渐变粗地拉伸。默认角度 0 表示在与二维对象所在平面垂直的方向上进行拉伸。

以倾斜角拉伸时,如果指定了较大的倾斜角或较长的拉伸高度,将导致对象或对象的一部分在到达拉伸高度之前就已经汇聚到一点。当圆弧是锥状拉伸的一部分时,圆弧的张角保持不变,而圆弧的半径则改变了。

13.8.9　旋转对象创建实体

AutoCAD 2008 将对象绕一条旋转轴旋转一定角度可以创建三维实体,如图 13.51 所示。

旋转操作可通过下拉菜单项“绘图”→“建模”→“旋转”、“建模”工具栏上的“旋转”按钮或三维制作控制台上的“旋转”按钮执行该命令。实现此功能的命令是 REVODVE。

通过旋转创建实体步骤如下:

执行旋转操作命令,系统提示:

选择要旋转的对象:(选择二维封闭对象。用于旋转的二维对象可以是圆、椭圆、圆弧、封闭二维多段线、封闭样条曲线等)

选择要旋转的对象:(按 Enter 键结束选择,也可以继续选择对象)

指定轴起点或根据以下选项之一定义轴[对象(O)/X/Y/Z]<对象>:

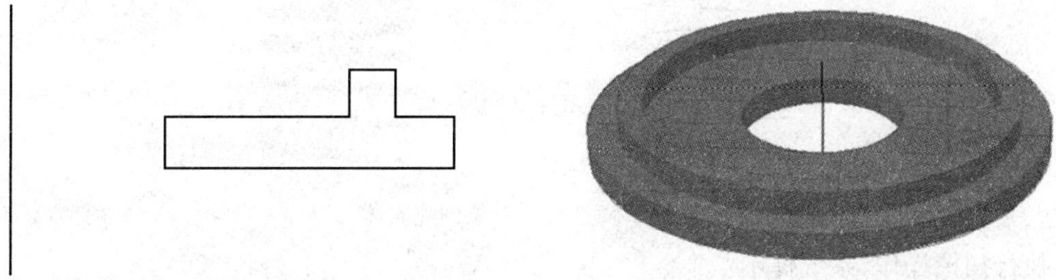

图 13.51　旋转对象创建实体

(1)指定轴起点

通过指定旋转轴的两端点位置确定旋转轴,为默认项。用户响应后,即指定旋转轴的起点后,系统提示:

指定轴端点:(确定旋转轴的另一端点位置)

指定旋转角度或[起点角度(ST)]:

①指定旋转角度。

确定旋转角度,该选项为默认选项。用户响应后,即输入角度值后按 Enter 键,AutoCAD 将选择的对象按指定的角度创建出对应的旋转实体。

②起点角度(ST)。

确定旋转的起始角度。执行该选项,系统提示:

指定起点角度:(输入旋转的起始角度)

指定旋转角度:(输入旋转角度)

(2)对象(O)

绕指定的对象旋转。执行该选项,系统提示:

选择对象:

此提示要求选择作为旋转轴的对象。此时用户只能选择用 LINE 命令绘制的直线或用 PLINE 命令绘制的多段线。选择多段线时,如果拾取的多段线是直线段,旋转对象将绕该线段旋转;如果拾取的是圆弧段,AutoCAD 以该圆弧两端点的连线作为旋转轴旋转。确定旋转轴对象后,系统提示:

指定旋转角度或[起点角度(ST)]:(确定旋转角度即可)

(3)X、Y、Z

分别绕 X、Y、Z 轴旋转成实体。执行某一选项,系统提示:

指定旋转角度或[起点角度(ST)]:(确定旋转角度即可)

13.8.10　通过扫掠创建实体

将二维封闭对象按指定的路径扫掠可以创建三维实体,如图 13.52 所示。

扫掠操作可通过下拉菜单项"绘图"→"建模"→"扫掠"、"建模"工具栏上的"扫掠"按钮或三维制作控制台上的"扫掠"按钮执行该命令。实现扫掠的命令是 SWEEP。

通过扫掠创建实体的步骤如下:

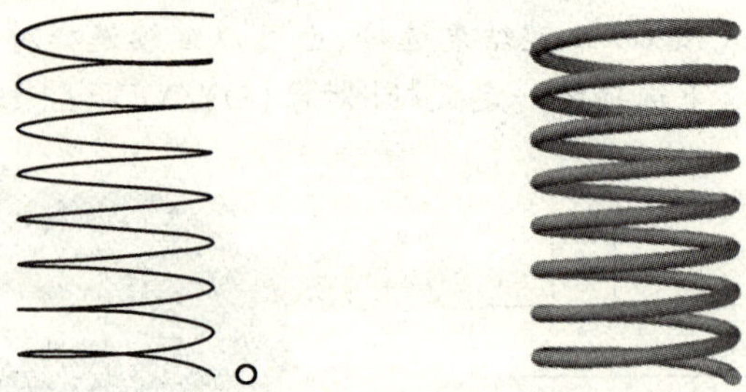

图 13.52　扫掠对象创建实体

执行扫掠操作,系统提示:

选择要扫掠的对象:(选择要扫掠的对象)

选择要扫掠的对象:(按 Enter 键结束选择,也可以继续选择对象)

选择扫掠路径或[对齐(A)/基点(B)/比例(S)/扭曲(T)]:

(1)选择扫掠路径

选择路径进行扫掠,为默认选项。执行此默认选项,即可创建出扫掠对象,如图 13.52 所示。

(2)对齐(A)

执行该选项,系统提示:

扫掠前对齐垂直于路径的扫掠对象[是(Y)/否(N)]<是>:

此提示询问扫掠前是否先将用于扫掠的对象垂直对齐于路径,然后再进行扫掠,系统默认为"是"。

(3)基点(B)

确定扫掠基点,即确定扫掠对象上的哪一点(或对象外的一点)将沿扫掠路径移动。执行该选项,系统提示:

指定基点:(指定基点)

选择扫掠路径或[对齐(A)/基点(B)/比例(S)/扭曲(T)]:(选择扫掠路径或进行其他操作)

(4)比例(S)

指定扫掠的比例因子,使得从起点到终点的扫掠按此比例均匀放大或缩小,如图 13.53 所示。执行"比例(S)"选项,系统提示:

输入比例因子或[参照(R)]:(输入比例因子或通过"参照(R)"选项设置比例)

选择扫掠路径或[对齐(A)/基点(B)/比例(S)/扭曲(T)]:(选择扫掠路径或进行其他操作)

(5)扭曲(T)

指定扭曲角度或倾斜角度,使得在扫掠同时,从起点到终点按给定的角度扭曲或倾斜,如图 13.54 所示。执行此选项,系统提示:

输入扭曲角度或允许非平面扫掠路径倾斜[倾斜(B)]:(输入扭曲角度,也可以通过"倾斜(B)"选项输入倾斜角度)

选择扫掠路径或[对齐(A)/基点(B)/比例(S)/扭曲(T)]:(选择扫掠路径或进行其他操作)

图 13.53　扫掠比例为 2

图 13.54　扭曲角度为 180°

13.8.11　放样创建实体

对两条或两条以上的平面封闭曲线进行放样可以创建三维实体，如图 13.55 所示。

图 13.55　放样对象创建实体

放样操作可通过下拉菜单项“绘图”→“建模”→“放样”、“建模”工具栏上的“放样”按钮或三维制作控制台上的“放样”按钮执行该命令。实现放样的命令是 LOFT。

通过放样创建实体的步骤如下：

执行放样操作，系统提示：

按放样次序选择横截面：（按顺序选择用于放样的曲线。应至少选择两条曲线）

按放样次序选择横截面：（按 Enter 键结束选择，也可继续选择）

输入选项[导向(G)/路径(P)/仅横截面(C)]<仅横截面>：

(1)导向(G)

指定用于创建放样对象的导向曲线。导向曲线是直线或曲线。利用导向曲线，可以通过添加线框信息的方式进一步定义放样对象的形状。导向曲线应满足的要求是：要与每一截面相交；起始于第一个截面并结束于最后一个截面。执行“导向(G)”选项，系统提示：

选择导向曲线：（选择导向曲线）

(2)路径(P)

指定用于创建放样对象的路径。执行“路径(P)” 选项,系统提示:

选择路径曲线:(选择路径曲线)

(3)仅横截面(C)

通过对话框进行放样设置。执行该选项,系统弹出“放样设置”对话框,如图 13.56 所示。

通过“放样设置”对话框进行放样设置后,单击“确定”按钮,即可创建出对应的放样对象。

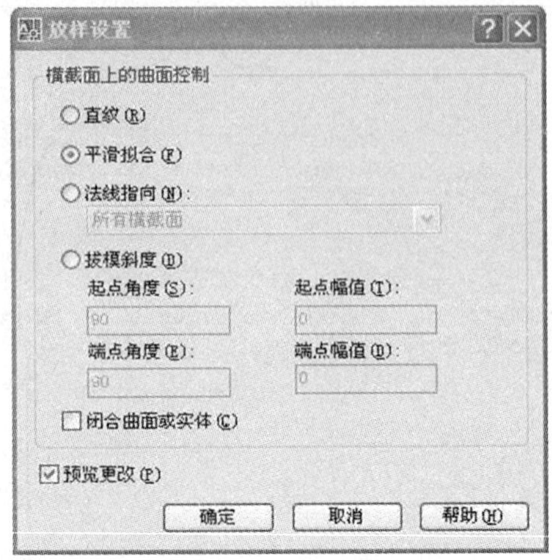

图 13.56 “放样设置”对话框

13.8.12 三维实体查询

用户可以应用 AutoCAD 2008 方便地查询实体的质量特性。

三维实体操作可通过下拉菜单项“工具”→“查询”→“面域/质量特性”执行该命令。用于实现此功能的命令是 MASSPROP。

查询质量特性步骤如下。

执行查询质量操作,系统提示:

选择对象:(选择三维实体)

选择对象:(按 Enter 键结束选择,也可以继续选择实体对象)

AutoCAD 切换到文本窗口,显示所选实体的数据信息,而后提示:

是否将分析结果写入文件[是(Y)/否(N)]<否>:

此提示询问是否将显示出的信息输出到文件(.mpr 文件)。如果执行“是(Y)" 选项,AutoCAD 会弹出一对话框,让用户确定文件的保存位置与文件名称。

例 13.4 查询如图 13.55 所示放样实体的质量特性信息。

从图 13.57 可以看出,利用实体查询操作,用户可以得到实体的质量、体积、质心、惯性矩等信息。

此外,利用“LIST”命令,可以用列表的形式得到指定实体的数据库信息,如图 13.58 所示。

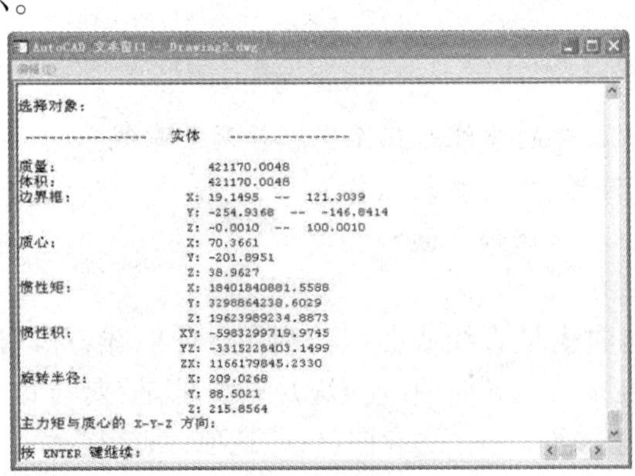

图 13.57 显示放样实体数据

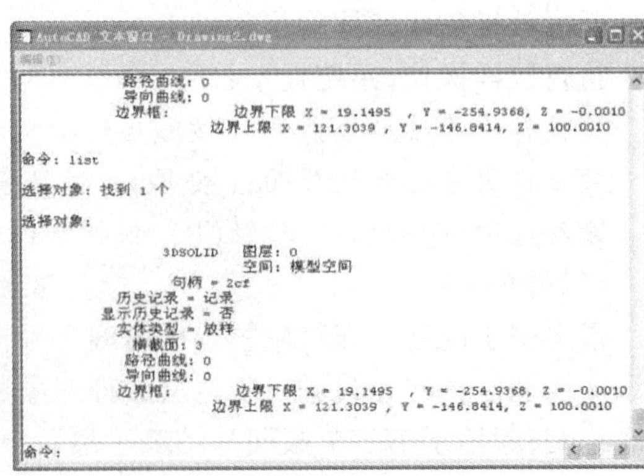

图 13.58 显示实体数据库信息

第 14 章　编辑三维图形

通过创建基本实体以及拉伸、旋转等操作，可以创建一些比较简单的三维图形。而在实际应用中，三维实体都比较复杂，仅使用上述命令很难绘制，甚至根本就不能绘制，这时可以对简单的三维实体进行适当的编辑，得到复杂的三维图形。

以前介绍的二维编辑命令也适用于编辑三维图形，如删除、移动、复制及缩放三维图形等，只不过执行其中的某些编辑操作时可能需要输入三维坐标的点。本节主要介绍专门适用于编辑三维图形的命令与操作。

14.1　三维阵列

应用 AutoCAD 2008 可以将指定的对象在三维空间实现矩形或环形阵列。三维阵列操作可通过下拉菜单项“修改”→“三维操作”→“三维阵列”执行该命令。用于实现此功能的命令是 3DAIRRAY。

三维阵列操作步骤如下：

执行三维阵列操作，系统提示：

选择对象：(选择阵列对象)

选择对象：(按 Enter 键结束选择，也可以继续阵列选择)

输入阵列类型[矩形(R)/环形(P)]<矩形>：

(1)矩形阵列

选择“矩形(R)”选项(系统默认选项)，系统提示：

输入行数(---)<1>：(输入阵列的行数)

输入列数(|||)<1>：(输入阵列的列数)

输入层数(…)<1>：(输入阵列的层数)

指定行间距(---)：(输入行间距)

指定列间距(|||)：(输入列间距)

指定层间距(…)：(输入层间距)

执行结果：所选择对象按指定设置实现阵列，如图 14.1 所示。

【注意】矩形阵列中，行、列和层分别沿当前坐标系的 X、Y 和 Z 轴方向；当系统提示输入某方向的距离值时，用户可以输入正值，也可以输入负值，正值将沿对应坐标轴的正方向阵列，反之沿负方向阵列。

(2)环形阵列

选择“环形(P)”选项。系统提示：

输入阵列中的项目数目：(输入阵列的项目个数，按 Enter 键结束选择)

指定要填充的角度(+=逆时针，-=顺时针)<360>：(输入环形阵列的角度，系统默认 360°)

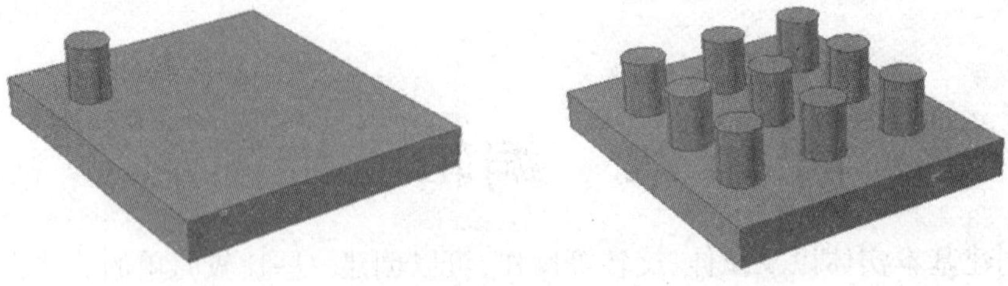

图 14.1　矩形阵列(3 行、3 列、1 层)

旋转阵列对象？[是(Y)/否(N)]<Y>:

说明:用于确定环形阵列时是否使阵列对象本身绕其轴线旋转。选择“是”或“否”,系统继续提示:

指定阵列的中心点:(单击或输入一点,作为旋转轴上的一点)

指定旋转轴上的第二点:(单击或输入一点,作为旋转轴上的第二点)

执行结果:所选对象按指定设置实现阵列,如图 14.2 所示。

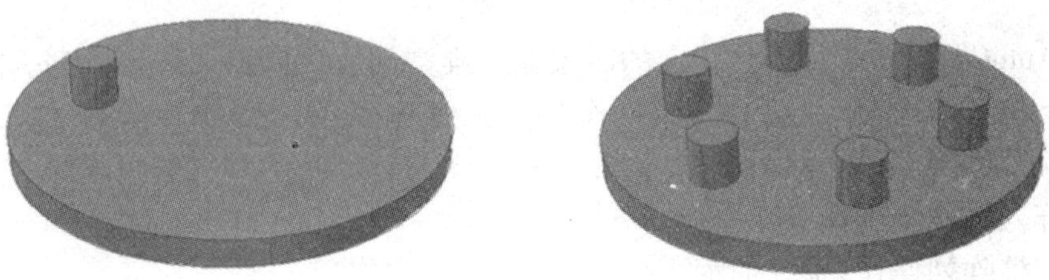

图 14.2　环形阵列

14.2　三维镜像

三维镜像是指将指定的对象在三维空间相对于某一平面镜像。

三维镜像操作可通过下拉菜单项“修改”→“三维操作”→“三维镜像”执行该命令。用于实现此功能的命令是 MIRROR3D。

三维镜像操作步骤如下:

执行三维镜像操作,系统提示:

选择对象:(选择镜像对象)

选择对象:(按 Enter 键结束选择,也可以继续选择镜像对象)

指定镜像平面(三点)的第一个点或[对象(O)/最近的(L)/Z 轴(Z)/视图(V)/XY 平面(XY)/YZ 平面(YZ)/ZX 平面(ZX)/三点(3)]<三点>:

(1)对象(O)

用指定对象所在的平面作为镜像面。执行该选项,系统提示:

选择圆、圆弧或二维多段线线段:

在此提示下选择圆、圆弧或二维多段线后,系统继续提示:

是否删除源对象？[是(Y)/否(N)]<否>:(确定镜像后是否删除源对象)

执行结果:AutoCAD 将对象相对于指定对象所在的面镜像。

(2)最近的(L)

用上次定义的镜像面作为当前镜像面。执行该选项,系统提示:

是否删除源对象? [是(Y)/否(N)]:(确定镜像后是否删除源对象)

执行结果:AutoCAD 将镜像对象相对于对应的镜像面镜像。

(3)Z 轴(Z)

通过平面上一点和该平面法线上的一点来定义镜像面。执行该选项,系统提示:

在镜像平面上指定点:(指定镜像面上的任一点)

在镜像平面的 Z 轴(法向)上指定点:(确定与镜像面垂直的任一直线上的任一点)

是否删除源对象? [是(Y)/否(N)]<否>:(确定镜像后是否删除源对象)

执行结果:AutoCAD 将镜像对象相对于对应的镜像面镜像。

(4)视图(V)

用与当前视图平面(即计算机屏幕)平行的面作为镜像面。执行该选项,系统提示:

在视图平面上指定点:(确定镜像面上的任一点)

是否删除源对象? [是(Y)/否(N)]<否>:(确定镜像后是否删除源对象)

执行结果:AutoCAD 将镜像对象相对于对应的镜像面镜像。

(5) XY 平面(XY) /YZ 平面(YZ) /ZX 平面(ZX)

上面三项分别表示用与当前坐标系的 XY、YZ、ZX 面平行的平面作为镜像面。执行某一选项(如执行 XY 选项),系统提示:

指定 XY 平面上的点:(确定对应镜像面上的任意一点)

是否删除源对象? [是(Y),否(N)]<否>:(确定镜像后是否删除源对象)

执行结果:AutoCAD 将镜像对象相对于对应的镜像面镜像。

(6)三点(3)

通过三点确定镜像面,为默认项。指定第一点后,系统继续提示:

在镜像平面上指定第二点:(指定镜像平面上的第二点)

在镜像平面上指定第三点:(指定镜像平面上的第三点)

是否删除源对象? [是(Y)/否(N)]<否>:(确定镜像后是否删除源对象)

执行结果:AutoCAD 将镜像对象相对于对应的镜像面镜像。

14.3　三维旋转

三维旋转是指将指定的对象绕空间轴旋转指定的角度。

三维旋转操作可通过下拉菜单项"修改"→"三维操作"→"三维旋转"执行该命令。用于实现此功能的命令是 3DROTATE。

三维旋转操作步骤如下:

执行三维旋转操作,系统提示:

选择对象:(选择旋转对象)

选择对象:(按 Enter 键结束选择,也可以继续选择对象)

指定基点:

AutoCAD 在给出"指定基点:"提示的同时,会显示出随光标一起移动的三维旋转图标,如图 14.3 所示：

在“指定基点：”提示下指定旋转基点后，AutoCAD 将图 14.3 所示图标固定于旋转基点位置（图标中心点与基点重合），并提示：

拾取旋转轴：

在此提示下，将光标放在图 14.3 所示图标的某一椭圆上，该椭圆会用黄颜色显示，并显示出与该椭圆所在平面垂直、且通过图标中心的一条线，此线就是对应的旋转轴，如图 14.4 所示。

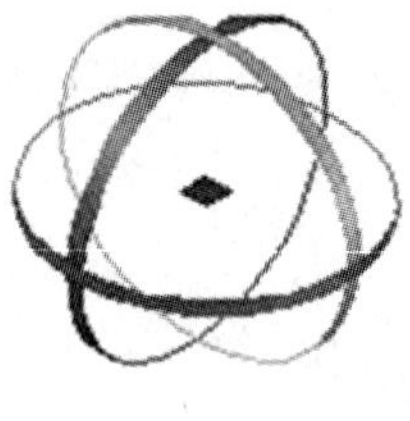

图 14.3　三维旋转图标

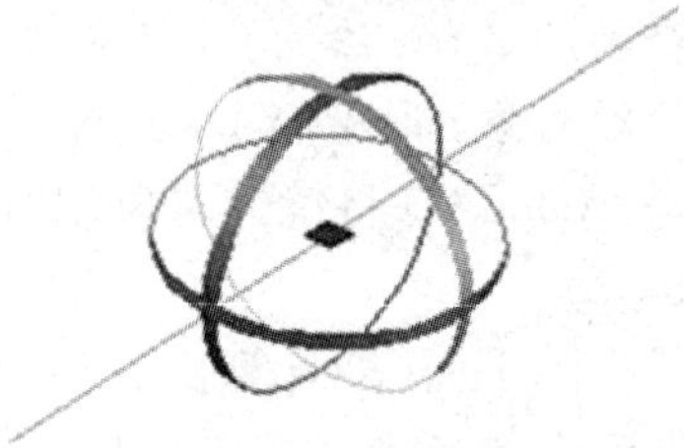

图 14.4　显示旋转轴

用此方法确定旋转轴后，单击鼠标左键，系统提示：

指定角的起点或输入角度：（指定一点作为角的起点，或直接输入角度）

指定角的端点：（指定一点作为角的终止点）

14.4　对　　齐

对齐是指移动、旋转或缩放一个对象使其与另一个对象的点、边或面重合。

对齐操作可通过下拉菜单项“修改”→“三维操作”→“对齐”执行该命令。使一个对象与另一对象对齐的命令是 ALIGN。对齐示意图如图 14.5 所示。

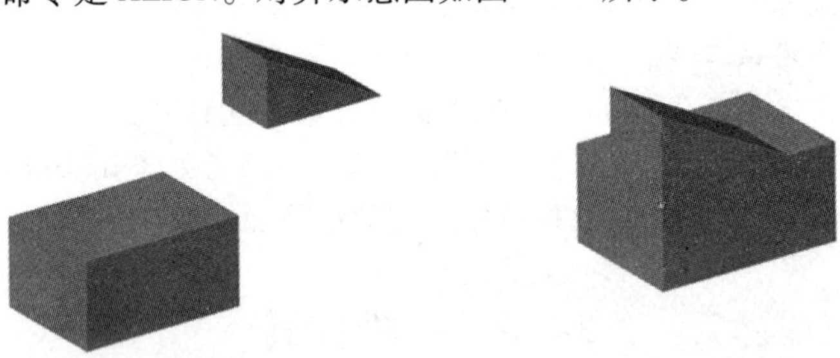

(a) 对齐前　　　　(b) 对齐后

图 14.5　创建对齐示例

对齐操作步骤如下：

执行对齐操作，系统提示：

选择对象：（选择要改变位置的对象，称其为操作对象）

选择对象：（按 Enter 键结束选择，也可以继续选择操作对象）

指定第一个源点：（指定操作对象上的某一点）

指定第一个目标点：（在被对齐对象上指定一点，即确定第一目标点）

指定第二个源点：

如果在此提示下直接按 Enter 键，操作对象平移位置，使其上的第一点与第一目标点重合，然后结束对齐操作。

如果在“指定第二个源点：”提示下指定操作对象上的另一点，系统提示：

指定第二个目标点：(指定被对齐对象上的第二目标点)

指定第三个源点或<继续>：

如果在此提示下直接按 Enter 键，系统提示：

是否基于对齐点缩放对象？[是(Y)/否(N)]<否>：

在该提示下如果用“否(N)”，AutoCAD 改变操作对象的位置，使第一源点与第一目标点重合，且两源点的连线与两目标点的连线重合。

如果在“是否基于对齐点缩放对象？[是(Y)/否(N)]<否>：”提示下用 Y 响应，AutoCAD除按上述方式改变操作对象的位置外，还要对操作对象进行缩放，使第二源点与第二目标点重合。

如果在“指定第三个源点或<继续>：”提示下指定操作对象上的第三点，系统将提示：

指定第三个目标点：

在该提示下确定第三目标点，AutoCAD 将改变操作对象的位置，使三个源点确定的平面与三个目标点确定的平面重合，且第一源点移动到第一目标点的位置。

14.5　倒　　角

倒角是指切去实体的外角或填充实体的内角，如图 14.6 所示。

(a) 倒角前　　(b) 倒角后

图 14.6　创建倒角示例

倒角操作可通过下拉菜单项“修改”→“倒角”或“修改”工具栏上的“倒角”按钮执行该命令。用于实现倒角的命令是 CHAMFER(与二维倒角使用的命令相同)。

倒角操作步骤如下：

执行倒角操作，系统提示：

选择第一条直线或[放弃(U)/多段线(P)/距离(D)/角度(A)/修剪(T)/方式(E)/多个(M)]：(选择实体上要倒角的边)

输入曲面选择选项[下一个(N)/当前(OK)]<当前(OK)>：(选择用于倒角的基面)

基面指构成所选择边的两个面中的某一个面。如果要选择当前以虚线形式显示的面为基面，按 Enter 键即可，即执行“当前(OK)”选项；如果执行“下一个(N)”选项，另一个面会以虚线形式显示，表示该面成为倒角基面。

确定基面后，系统继续提示：

指定基面的倒角距离:(输入基面上的倒角距离)

指定其他曲面的倒角距离:(输入与基面相邻的另一面上的倒角距离)

选择边或[环(L)]:

(1)选择边

对基面上的指定边倒角,为默认项。用户确定各边后,即可实现倒角。

(2)环(L)

对基面上的各边均倒角。执行该选项,系统提示:

选择边环或[边(E)]:

在该提示下选择基面上一条边,即可实现对该面上的各个边进行倒角。用户也可以通过提示中的"边(E)"选项切换到对基面上指定的边进行倒角。

14.6 圆　　角

创建圆角是指为三维实体的凸边或凹边添加圆角,示例如图 14.7 所示。

(a) 创建圆角前

(b) 创建圆角后

图 14.7　创建圆角示例

创建圆角操作可通过下拉菜单项"修改"→"圆角"或"修改"工具栏上的"圆角"按钮执行该命令。用于创建圆角的命令是 FILLET。

创建圆角操作步骤如下:

执行创建圆角操作,系统提示:

选择第一个对象或[放弃(U)/多段线(P)/半径(R)/修剪(T)/多个(M)]:(选择实体上要创建圆角的边)

输入圆角半径:(输入圆角半径)

选择边或[链(C)/半径(R)]:

(1)选择边

选择边来创建圆角。在此提示下选择多个边后按 Enter 键,AutoCAD 为这些边创建出圆角。

(2)链(C)

选择多个边来添加圆角。执行该选项,系统提示:

选择边链或[边(E)/半径(R)]:

如果要添加圆角的多条边彼此首尾相切,此时选择其中的一条边,其余边均被选中,即构成了边链。确定边后,AutoCAD 对它们进行添加圆角操作。

(3)半径(R)

重设圆角的半径。执行该选项,系统提示:

输入圆角半径:(输入新半径值)

选择边或[链(C)/半径(R)]:(确定创建圆角的边或重新输入圆角半径)

用户作出选择后,即可创建出圆角。

14.7　布尔运算

布尔运算是指对实体进行并集、差集和交集运算形成新的复合实体。为了便于编辑实体,可以打开"实体编辑"工具栏(在工具栏的任意位置右击,在快捷菜单中选择"实体编辑"),如图 14.8 所示。

图 14.8　"实体编辑"工具栏

14.7.1　并集

并集是指将若干个实体组合成一个实体。

并集操作可通过下拉菜单项"修改"→"实体编辑"→"并集"、"建模"工具栏上的"并集"按钮或三维制作控制台上的"并集"按钮执行该命令。用于实现并集操作的命令是 UNION。

并集操作步骤如下:

执行并集操作,系统提示:

选择对象:(选择要进行并集的实体)

选择对象:(继续选择实体)

选择对象:(按 Enter 键结束选择,也可继续选择实体)

执行结果:AutoCAD 将多个实体组合成一个新实体,如图 14.9 所示。

说明:如果参与并集的各实体之间不接触或不重叠,AutoCAD 仍对这些实体进行并集操作,将它们生成一个组合体。

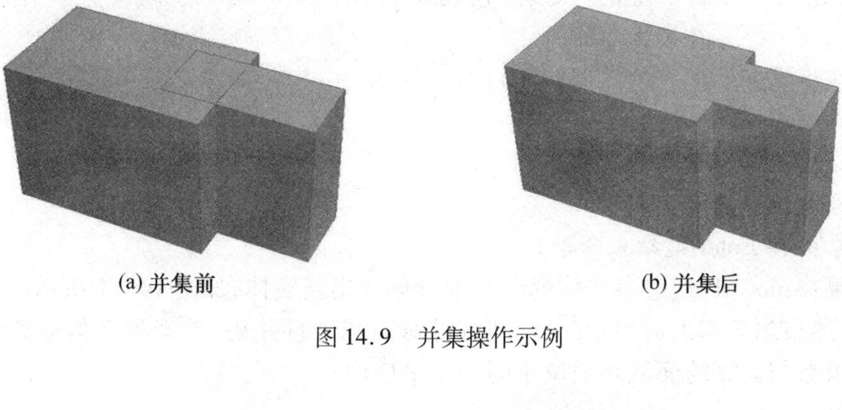

(a) 并集前　　(b) 并集后

图 14.9　并集操作示例

14.7.2 差集

差集是指从一些实体中去掉另外一些实体,从而得到一个新的实体。

差集操作可通过下拉菜单项“修改”→“实体编辑”→“差集”、“建模”工具栏上的“差集”按钮或三维制作控制台上的“差集”按钮执行该命令。用于实现差集操作的命令是SUBTRACT。

差集操作步骤如下:

执行差集操作,系统提示:

选择要从中减去的实体或面域…

选择对象:(选择要从中减去的实体)

选择对象:(按 Enter 键,也可以继续选择实体)

选择要减去的实体或面域…

选择对象:(选择要减去的实体)

选择对象:(按 Enter 键结束命令)

执行结果:AutoCAD 得到对应的新实体,如图 14.10 所示。

(a) 差集前　　(b) 差集后

图 14.10　差集操作示例

14.7.3 交集

交集是指由各实体的公共部分来创建一个新实体。

交集操作可通过下拉菜单项“修改”→“实体编辑”→“交集”、“建模”工具栏上的“交集”按钮或三维制作控制台上的“交集”按钮执行该命令。用于实现差集操作的命令是INTERSECT。

交集操作步骤如下:

执行交集操作,系统提示:

选择对象:(选择求交集的实体)

选择对象:(继续选择实体)

选择对象:(按 Enter 键结束命令)

执行结果:AutoCAD 通过各实体的公共部分创建出新实体,如图 14.11 所示。

提示:上述布尔运算也适用于面域,即可以对面域进行并集、差集和交集运算形成新的面域。但要求参与运算的面域必须位于同一个平面内。

(a) 交集前

(b) 变集后

图 14.11　交集操作示例

14.8　编辑实体的边、面和体

利用 AutoCAD 2008，用户可以编辑实体的边、面与体。用 SOLIDEDIT 命令即可实现这方面的操作。

为了便于操作，AutoCAD 2008 还提供了编辑实体的边、面和体的下拉菜单，各选项对应的下拉菜单(单位于“修改”下拉菜单)以及工具栏如图 14.12、图 14.13 所示。

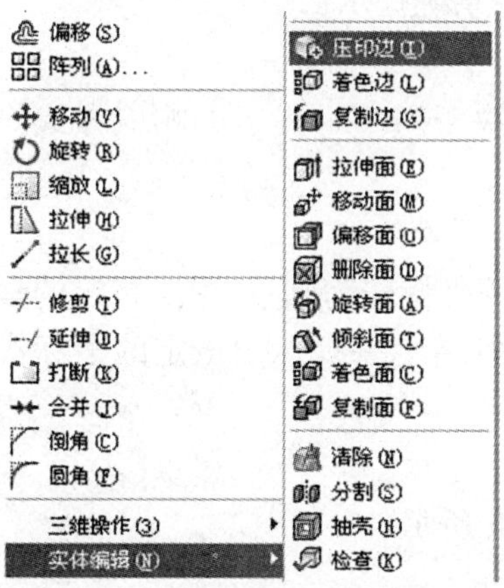

图 14.12　“实体编辑”下拉菜单

图 14.13　“实体编辑”工具栏

编辑实体的边、面与体的操作步骤如下：

执行编辑实体操作，系统提示：

实体编辑自动检查：SOLIDCHECK = 1

输入实体编辑选项[面(F)/边(E)/体(B)/放弃(U)/退出(X)]<退出>：

提示要求用户选择要编辑的内容，其中“面(F)”、“边(E)”和“体(B)”选项分别用于编辑实体的面、边和体。

14.8.1　编辑实体的边

1. 着色边

“着色边”是指改变实体对象边的颜色。在“实体编辑”工具栏中单击“着色边”按钮，或者在菜单中单击“修改”→“实体编辑”→“着色边”命令。系统提示：

选择边或[放弃(U)/删除(R)]：(单击实体的边)

选择边或[放弃(U)/删除(R)]：

可继续单击实体的边,直到按 Enter 键结束对象选择,同时打开“选择颜色”对话框,如图 14.14 所示。在对话框中选择种颜色,单击“确定”按钮,关闭对话框。按两次 Enter键,命令结束。

各选项的含义如下:

放弃:取消最近一次选中的边,返回上一提示。

删除:取消某条已经选择的边。

2. 复制边

复制边是指将实体对象的边复制为直线、圆、圆弧、椭圆、椭圆弧或样条曲线。

图 14.14 “选择颜色”对话框

在“实体编辑”工具栏中单击“复制边”按钮,或者在菜单中单击“修改”→“实体编辑”→“复制边”命令。系统提示:

选择边或[放弃(U)删除(R)]:(单击实体的边)

选择边或[放弃(U)/删除(R)]:

可继续单击实体的边,直到按 Enter 键结束对象选择。系统提示:

指定基点或位移:

单击或输入点的坐标,这一点是作为基点还是位移取决于对下一提示的响应方式。下一提示为:

指定位移的第二点:

如果再次单击或输入点的坐标,则将上一提示中指定的坐标作为基点,本次指定的坐标作为位移的第二点,复制选中的边。如果直接按 Enter 键,则将上一提示中指定的坐标作为位移,复制选中的边。按两次 Enter 键,命令结束。

3. 压印边

压印边是指用某些对象在实体上形成痕迹,如图 14.15 所示。

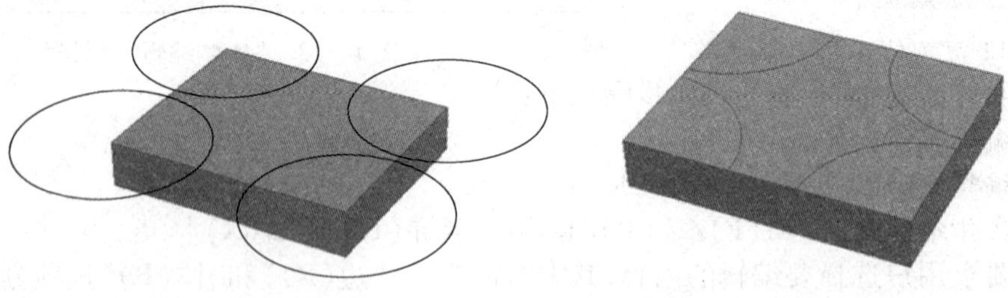

(a) 压印前　　(b) 压印后

图 14.15　压印边

在“实体编辑”工具栏中单击“压印”按钮,或者在菜单中单击“修改”→“实体编辑”→“压印边”命令。系统提示:

选择三维实体:(单击三维实体对象)

选择要压印的对象:(选择压印对象)

【说明】以下对象可以作为要压印的对象:直线、圆、圆弧、椭圆、椭圆弧、二维和三维多段线、样条曲线、面域、三维实体。要压印的对象必须与被压印对象的一个面共面或相交,否则,不能产生压印。

是否删除源对象[是(Y)/否(N)]<否>:

选择"是",压印后删除源对象。选择"否",压印后不删除源对象。系统重复最后两提示,可继续选择要压印的对象,直到按 Enter 键结束压印。再按两次 Enter 键,命令结束。

说明:要删除压印,可以按住 Ctrl 键单击压印对象,然后按 Del 键。

14.8.2　编辑实体的面

1. 拉伸面

拉伸面是指将实体对象的面以指定的高度和角度拉伸或沿某一路径拉伸。

在"实体编辑"工具栏中单击"拉伸面"按钮,或者在菜单中单击"修改"→"实体编辑"→"拉伸面"命令。系统提示:

选择面或[放弃(U)/删除(R)]:(单击要选择的面)

选择面或[放弃(U)/删除(R)/全部(ALL)]:

可继续单击要拉伸的面,直到按 Enter 键结束对象选择。系统提示:

指定拉伸高度或[路径(P)]:(输入拉伸高度)

正值沿面的法向拉伸,负值沿面的反法向拉伸,也可以在绘图区域单击两点,将两点间的距离作为拉伸高度。系统提示:

指定拉伸的倾斜角度<0>:(输入拉伸的倾斜角度)

输入拉伸的倾斜角度取值范围:-90 ~90。正角度往里倾斜,如图 14.16(c)所示。负角度往外倾斜,如图 14.16(d)所示。默认角度为 0,垂直于平面拉伸,不倾斜,如图 14.16(d)所示,也可以在绘图区域单击两点,将两点连线的角度作为倾斜高度。按两次 Enter 键,命令结束。

在"指定拉伸高度或[路径(P)]:"提示下,选择"路径"选项,可以沿指定的路径拉伸面。选择"路径"选项后系统提示:

选择拉伸路径:(选择拉伸路径,按 Enter 键结束命令)

操作结果如图 14.16 所示。

说明:以下对象可以作为拉伸路径:直线、圆、圆弧、椭圆、椭圆弧、多段线、样条曲线。拉伸路径不能与被拉伸的面处于同一个平面内,也不能有高曲率的部分。

在"选择面或[放弃(U)/删除(R)/全部(ALL)]:"提示下,各选项的含义如下:

①放弃:取消最近一次选中的面,返回上一提示。

②删除:取消某个已经选中的面。

③全部:选中所有的面。

2. 移动面

移动面是指移动实体对象的面。

在"实体编辑"工具栏中单击"移动面"按钮,或者在菜单中单击"修改"→"体编辑"→"移动面"命令。系统提示:

选择面或[放弃(U)/删除(R)]:(单击要移动的面)

选择面或[放弃(U)/删除(R)/全部(ALL)]:(可继续单击要移动的面,按 Enter 键结

束对象选择)

指定基点或位移:(单击或者输入点的坐标)

指定位移的第二点:

(a) 原实体

(b) 拉伸角度 0

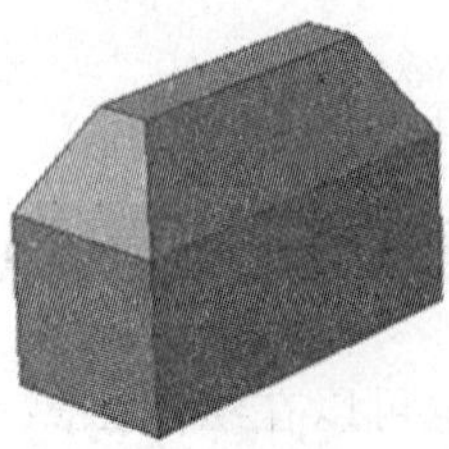

(c) 拉伸角度 30

(d) 拉伸角度-30

图 14.16 拉伸面

如果再次单击或输入点的坐标,则将上一提示中输入的坐标作为基点,本次输入的坐标作为第二点,移动选中的面。如果直接按 Enter 键,则将上一提示中输入的坐标作为位移,移动选中的面。按两次 Enter 键,命令结束。例如,如图 14.17 所示,将实体的孔从上部移到下部。

(a) 移动面前

(b) 移动面后

图 14.17 移动面

3. 旋转面

旋转面是指绕指定的轴旋转实体的一个或多个面。

在"实体编辑"工具栏中单击"旋转面"按钮,或者在菜单中单击"修改"→"实体编辑"→"旋转面"命令。系统提示:

选择面或[放弃(U)/删除(R)]:(单击要旋转的面)

选择面或[放弃(U)/删除(R)/全部(ALL)]:(可继续单击要旋转的面,直到按 Enter

键结束对象选择)

指定轴点或[经过对象的轴(A)/视图(V)/X 轴(X)/Y 轴(Y)/Z 轴(Z)]<两点>:(单击一点,作为旋转轴的第一点)

在旋转轴上指定第二个点:(单击一点,作为旋转轴的第二点)

指定旋转角度或[参照(R)]:

输入旋转角度(或者选择“参照”选项,然后指定起点角度和端点角度),将选择的面绕指定的轴旋转指定的角度。按两次 Enter 键,命令结束。例如,如图 14.18 所示,将实体的上面旋转了 15°。

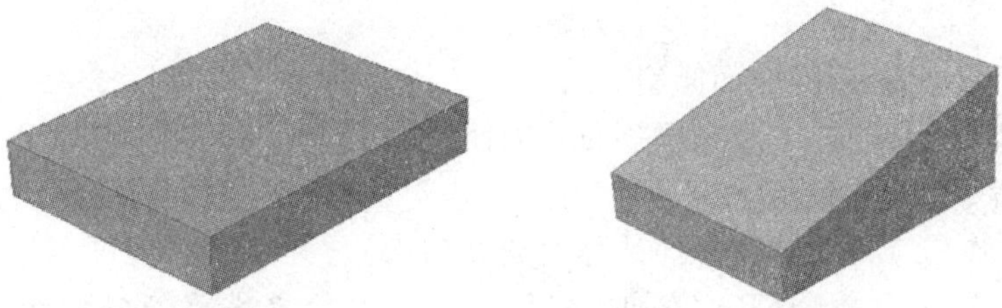

(a) 旋转面前　　(b) 旋转面后

图 14.18　旋转面

在“指定轴点或[经过对象的轴(A)/视图(V)/X 轴(X)/Y 轴(Y)/Z 轴(Z)]<两点>:”提示下,各选项的含义如下:

经过对象的轴:将指定的对象作为旋转轴。以下对象可以作为旋转轴。

直线:将直线作为旋转轴。

圆:将通过圆心并且垂直于圆所在平面的直线作为旋转轴。

圆弧:将通过圆心并且垂直于圆弧所在平面的直线作为旋转轴。

椭圆:将通过椭圆中心并且垂直于椭圆所在平面的直线作为旋转轴。

二维和三维多段线:将通过起点和终点的直线作为旋转轴。

样条曲线:将通过起点和终点的直线作为旋转轴。

视图:将垂直屏幕的方向并且通过指定点的直线作为旋转轴。

X 轴:将平行于 X 轴并且通过指定点的直线作为旋转轴。

Y 轴:将平行于 Y 轴并且通过指定点的直线作为旋转轴。

Z 轴:将平行于 Z 轴并且通过指定点的直线作为旋转轴。

两点:指定两点确定旋转轴(该选项是默认选项)。

4. 偏移面

偏移面是指以指定的距离将面均匀地偏移。

在“实体编辑”工具栏中单击“偏移面”按钮,或者在菜单中单击“修改”→“实体编辑”→“偏移面”命令。系统提示:

选择面或[放弃(U)/删除(R)]:(单击要偏移的面)

选择面或[放弃(U)/删除(R)/全部(ALL)]:(可继续单击要偏移的面,直到按 Enter 键结束对象选择)

指定偏移距离:

输入偏移距离(正值增大实体的体积,负值减小实体的体积)。按两次 Enter 键,命令结束,如图 14.19 所示,偏移内孔面。

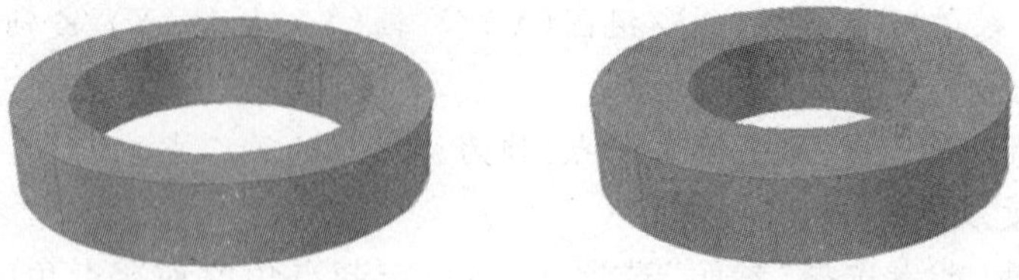

(a) 偏移面前　　(b) 偏移面后

图 14.19　偏移面

5. 倾斜面

倾斜面是指以指定的角度将面倾斜。

在“实体编辑”工具栏中单击“倾斜面”按钮,或者在菜单中单击“修改”→“实体编辑”→“倾斜面”命令。系统提示:

选择面或[放弃(U)/删除(R)]:(选择要旋转的面)

选择面或[放弃(U)/删除(R)/全部(ALL)]:(可继续单击要倾斜的面,直到按 Enter 键结束对象选择)

指定基点:(单击或输入点的坐标值,作为基点)

指定沿倾斜轴的另一个点:(单击或输入点的坐标值,作为倾斜轴的另一个点)

指定倾斜角度:(输入倾斜角度)

倾斜角度必须在-90 和 90 之间。倾斜角度的方向由基点到第二点的矢量方向决定,正角度往里倾斜,负角度往外倾。按两次 Enter 键,命令结束。如图 14.20 所示,外表面倾斜 30°。

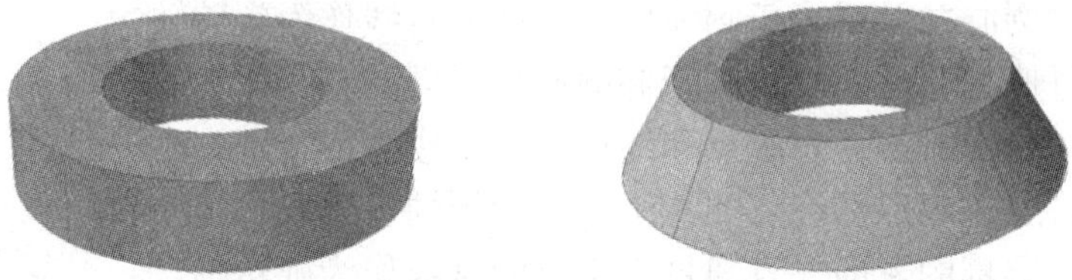

(a) 倾斜面前　　(b) 倾斜面后

图 14.20　倾斜面

6. 删除面

删除面是指删除实体的面。如果被删除的面包括圆角和倒角,则同时删除圆角和倒角,也可以只删除圆角和倒角。

在“实体编辑”工具栏中单击“删除面”按钮,或者在菜单中单击“修改”→“实体编辑”→“删除面”命令。系统提示:

选择面或[放弃(U)/删除(R)]:(单击要删除的面)

选择面或[放弃(U)/删除(R)/全部(ALL)]:(可继续单击要删除的面,直到按 Enter 键结束对象选择)

再按两次 Enter 键命令结束,如图 14.21 所示。

【注意】只有当删除面后产生的间距可以被实体填充时,才能删除面。

(a) 原图　　(b) 删除圆角

图 14.21　删除面

7. 复制面

复制面是指将实体的面复制为面域。

在“实体编辑”工具栏中单击“复制面”按钮，或者在菜单中单击“修改”→“实体编辑”→“复制面”命令。系统提示：

选择面或[放弃(U)/删除(R)]：(单击要复制的面)

选择面或[放弃(U)/删除(R)/全部(ALL)]：(可继续单击要复制的面，直到按 Enter 键结束对象选择)

指定基点或位移：(单击或者输入点的坐标)

指定位移的第二点：

如果再次单击或输入点的坐标，则将上一提示中输入的坐标作为基点，本次输入的坐标作为第二点，复制选中的面。如果直接按 Enter 键，则将上一提示中输入的坐标作为位移，复制选中的面。按两次 Enter 键，命令结束，如图 14.22 所示。

(a) 原图　　(b) 复制上表面

图 14.22　复制面

8. 着色面

着色面是指改变实体上指定面的颜色。

在“实体编辑”工具栏中单击“着色面”按钮，或在菜单中单击“修改”→“实体编辑”→“着色面”命令。系统提示：

选择面或[放弃(U)/删除(R)]：(选择要改变颜色的面)

选择面或[放弃(U)/删除(R)/全部(ALL)]：

可继续单击要着色的面，直接按 Enter 键结束对象选择，同时打开“选择颜色”对话框，如图 14.14 所示。在对话框中选择一个颜色，单击“确定”按钮，用指定的颜色给实体的面着色。按两次 Enter 键，命令结束。

14.8.3 编辑整个实体

用户可以编辑实体的体特征,包括压印、分割、抽壳、清除、检查等。执行 SOLIDEDIT 命令后,在“输入实体编辑选项[面(F)/边(E)/体(B)/放弃(U)/退出(X)]<退出>:”提示下执行“体(B)”选项,系统提示:

[压印(I)/分割实体(P)/抽壳(S)/清除(L)/检查(C)/放弃(U)/退出(X)]<退出>:

(1)压印(I)

压印是指将几何图形压印到实体对象的面上,如图 14.23 所示。

执行“压印(I)”选项,系统提示:

选择三维实体:(选择实体,如选择图 14.23(a)中的长方体)

选择要压印的对象:(选择要压印的对象,如选择图 14.23(a)中的圆)

是否删除源对象[是(Y)/否(N)]<N>:(确定压印后是否删除源对象)

选择要压印的对象:Enter

说明:要压印的对象必须与实体相交,且用于压印的二维对象可以是圆弧、圆、椭圆、直线、二维多段线、三维多段线等。此外,利用下拉菜单项“修改”→“实体编辑”→“压印”或“实体编辑”工具栏上的“压印”按钮,也可以执行压印操作。

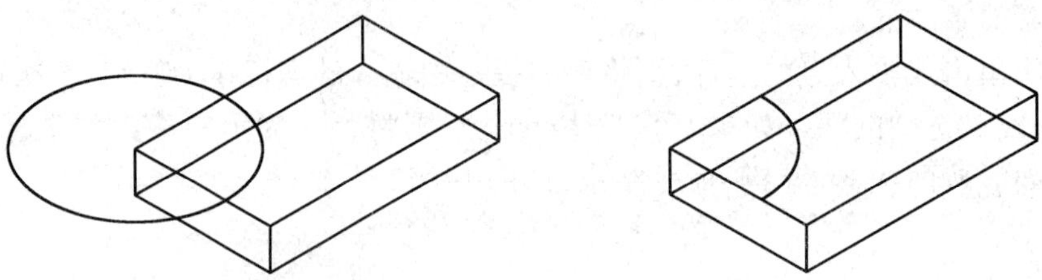

(a) 实体与圆　　(b) 压印结果

图 14.23　压印示例

(2)分割实体(P)

分割实体是指将不相连的三维实体对象分割成各自独立的对象。执行“分割实体(P)”选项,系统提示:

选择三维实体:(选择要分割的实体)

在此提示下选择要分割的实体后,即可实现分割。

说明:利用下拉菜单项“修改”→“实体编辑”→“分割”或“实体编辑”工具栏上的“分割”按钮,可执行分割操作。

(3)抽壳(S)

抽壳指将实体对象按指定的壁厚创建成中空的薄壁实体,如图 14.24 所示。

执行“抽壳(S)”选项,系统提示:

选择三维实体:(选择实体)

删除面或[放弃(U)/添加(A)/全部(ALL)]:(继续确定要抽壳的面等操作)

删除面或[放弃(U)/添加(A)/全部(ALL)]:(按 Enter 结束,或继续选择)

输入抽壳偏移距离:(输入壁厚)

说明:抽壳偏移距离可正可负。当偏移距离为正值时,AutoCAD 沿实体对象的内部抽

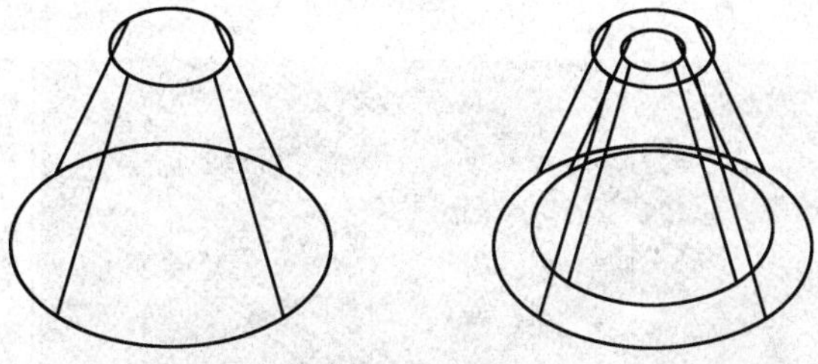

(a) 抽壳前　　(b) 抽壳后

图 14.24　抽壳示例

壳,反之沿实体对象的外部抽壳。此外,利用下拉菜单项“修改”→“实体编辑”→“抽壳”或“实体编辑”工具栏上的“抽壳”按钮,可执行抽壳操作。

(4)清除(L)

清除指删除实体对象上的所有冗余边和顶点,其中包括由压印操作得到的边和点。执行“清除(L)”选项,系统提示:

选择三维实体:(指定实体)

在该提示下选择对应的实体即可。

说明:利用下拉菜单项“修改”→“实体编辑”→“清除”或“实体编辑”工具栏上的“清除”按钮,可执行清除操作。

(5)检查(C)

用于检查三维实体是否为有效的 ShapeManager 实体。执行“检查(C)”选项,系统提示:

选择三维实体:(指定实体)

在此提示下选择实体后,AutoCAD 给出该对象是否为有效 ShapeManager 实体的提示信息。

说明:利用下拉菜单项“修改”→“实体编辑”→“检查”或“实体编辑”工具栏上的“检查”按钮,可执行检查操作。

(6)放弃(U)、退出(X)

这两个选项分别用于放弃上一次的操作、退出“体(B)"选项的操作。

14.9　渲　　染

利用渲染功能,可以创建表面或实体模型的照片及真实感着色图像。

实现渲染操作,可通过下拉菜单项“视图”→“渲染”→“渲染”,“渲染”工具栏上的渲染按钮或渲染控制台上的“渲染”按钮执行该命令。渲染操作的命令是 RENDER。

执行渲染操作,系统弹出如图 14.25 所示的“渲染”窗口。

从图 14.25 可以看出,“渲染”窗口主要由三部分组成:图像窗格、统计信息窗格和历史窗格。位于左上方的图像窗格用于显示渲染图像;位于右侧的统计信息窗格显示渲染的当前设置;位于下方的历史窗格可使用户浏览对当前模型进行渲染的历史。

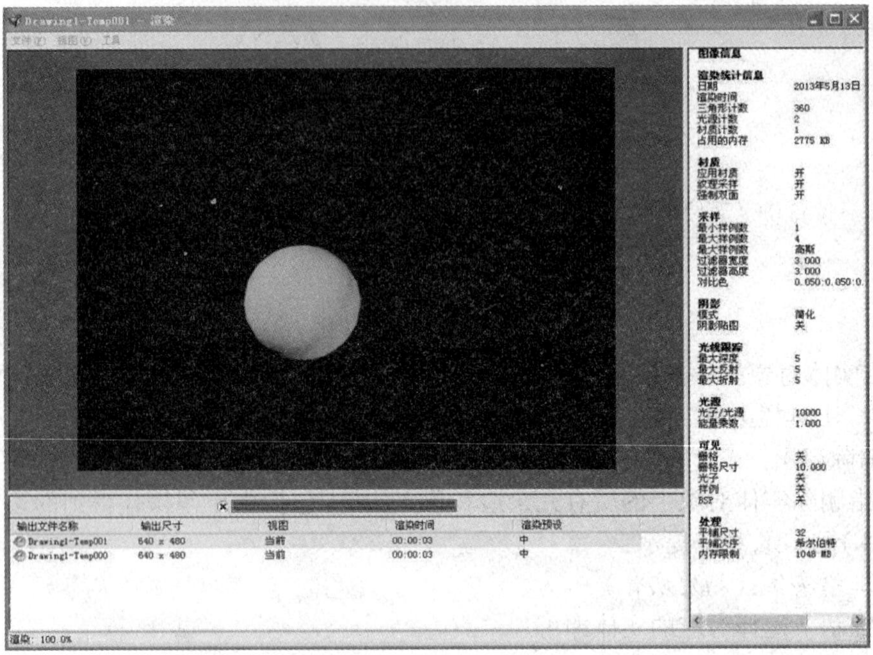

图 14.25 “渲染”窗口

14.9.1 渲染光源设置

光源的设置直接影响渲染效果，一般要在渲染操作之前设置光源。AutoCAD 可以提供点光源、平行光、聚光灯等光源。点光源是从光源处向外发射的放射性光源，其效果与一般灯泡类似。平行光相当于太阳光，其光源位于无限远的地方，向某一方向发射。聚光灯是从一点沿锥形向一个方向发射的光，与舞台上用到的聚光灯的效果相同。

用户可以通过“视图”→“渲染”→“光源”的子菜单来创建各种光源。

14.9.2 渲染材质设置

用户可以将指定的材质附着到三维对象上，使渲染的图像具有材质效果。用于设置材质的命令是 MATERIALS。利用“渲染”工具栏上的“材质”按钮或“视图”→“渲染”→“材质”命令可以启动该命令。

执行 MATERIALS 命令，AutoCAD 弹出“材质”窗口，如图 14.26所示。用户可通过此窗口为模型设置材质。

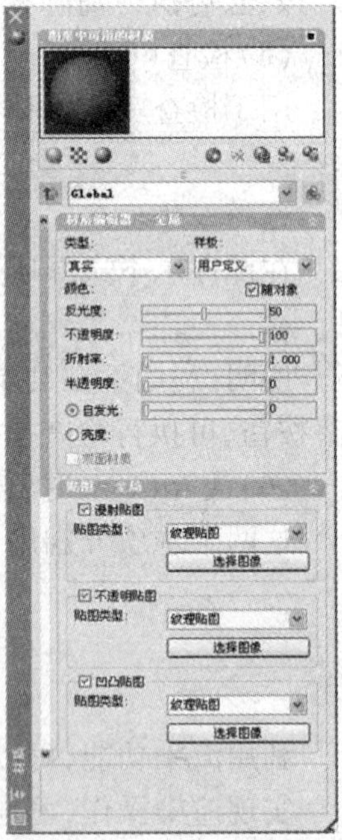

图 14.26 “材质”窗口

第 15 章　图形的输入、输出及 Internet 连接

AutoCAD 2008 提供了良好的图形导入和导出接口，使用户能够将 AutoCAD 图形以其他常用格式导出，或将其他格式的图形导入或插入到 AutoCAD 图形中；可以将在 AutoCAD 中绘制的图形通过打印机或绘图仪输出到图纸。此外，AutoCAD 2008 在 Internet 功能方面也有所提高，使其与互联网相关的操作更加方便、高效。

15.1　打开与导出 DXF 图形文件

利用 AutoCAD 2008，可以将其他格式的图形导入到 AutoCAD，或将 AutoCAD 图形以其他格式导出。

15.1.1　打开与导出 DXF 图形文件

DXF(Drawinge Xchange File，图形交换文件)是 Autodesk 公司开发并首先应用于 AutoCAD的图形数据交换的图形文件格式，主要用于外部程序与图形系统或在不同图形系统之间交换图形信息。DXF 文件结构简单、可读性好，易于其他程序处理。由于 AutoCAD 在二维绘图领域的广泛应用和巨大的影响，故大多数 CAD 系统均支持 DXF 文件格式，用以完成与 AutoCAD 软件的图形信息交换，或与其他系统以该文件格式进行图形信息交换。因此，DXF 已成为事实上的工业标准。

1. 以 DXF 格式导出图形

利用下拉菜单项“文件”→“另存为”可实现将当前 AutoCAD 图形以 DXF 格式的导出，命令为 SAEAS。执行 SAVEAS 命令，AutoCAD 弹出“图形另存为”对话框，通过对话框中的“文件类型”下拉列表选择对应的 DXF 格式，在“文件名”文本框中输入文件名，单击“保存”按钮，即可将当前 AutoCAD 图形以 DXF 格式保存。

此外，在保存图形前，还可以对 DXF 文件的保存进行相关设置。在“图形另存为”对话框中，单击位于右上角位置的“工具”→“选项”项，弹出“另存为选项”对话框，如图 15.1 所示。

用户可通过此对话框设置是否将指定的对象以 DXF 格式保存，由“选择对象”复选框设置，DXF 文件的保存格式(ASCⅡ格式或二进制格式)以及保存精度。ASCⅡ格式的 DXF 文件可以用普通的文字编辑器阅读，并且与大量应用程序兼容。二进制格式的 DXF 文件包含 ASCⅡDXF 文件中的所有信息。由于二进制 DXF 文件经过了压缩，所以读写速度要比 ASCⅡ格式的文件快。

2. 打开 DXF 图形

在 AutoCAD 中，用 OPEN 命令可打开 DXF 文件，也可通过下拉菜单项“文件”→“打开”或“标准”工具栏上的按钮执行 OPEN 命令。执行 OPEN 命令，系统弹出“选择文件”对话框。在对话框中的“文件类型”下拉列表中选择 DXF，然后通过对话框找到对应的文件，单

击“打开”按钮,即可打开 DXF 图形。

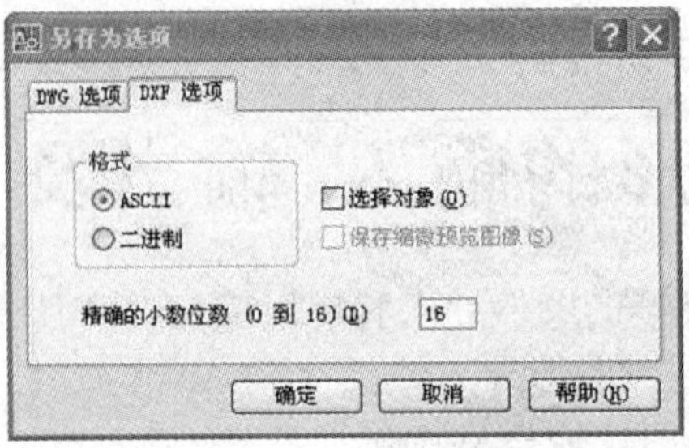

图 15.1 “另存为选项”对话框

15.1.2 插入与导出其他文件

1. 插入其他格式的图形

在 AutoCAD 2008 中,可以将 Windows 图元文件、ACIS 文件以及 3D Studio 文件等插入到当前图形。用于实现这三种操作的命令分别为 WMFIN、ACISIN 和 3DSIN。可通过“插入”下拉菜单中的对应子菜单执行这些命令。执行某一命令,AutoCAD 弹出对应的对话框,利用其选择对应的文件后,即可将其插入到当前图形,且插入时还可以设置插入比例等参数。

2. 导出图形

在 AutoCAD 2008 中,可以将当前图形以多种格式导出。可通过下拉菜单项“文件”→“输出”执行此命令,用于实现这些导出的命令是 EXPORT。执行命令后,AutoCAD 弹出“输出文件”对话框,通过该对话框的“文件类型”下拉列表确定导出类型,并通过对话框确定保存位置和文件名后,即可实现图形的导出。利用此方法,可以将当前图形以图元文件(*. wmf)、ACIS(*. sat)、平版印刷(*. stl)、封装 PS(*. eps)、DXX 提取(*. dxx)、位图(*. bmp)以及块(*. dwg)等多种格式导出。

3. 插入 OLE 对象

用于在 AutoCAD 图形中插入 OLE 对象的命令是 INSERTOBJ。也可通过下拉菜单项“插入”→“OLE 对象”或“插入点”工具栏上的“OLE 对象”按钮实现此操作。

插入 OLE 对象操作如下:

执行 INSERTOBJ 命令,AutoCAD 弹出“插入对象”对话框,如图 15.2 所示。

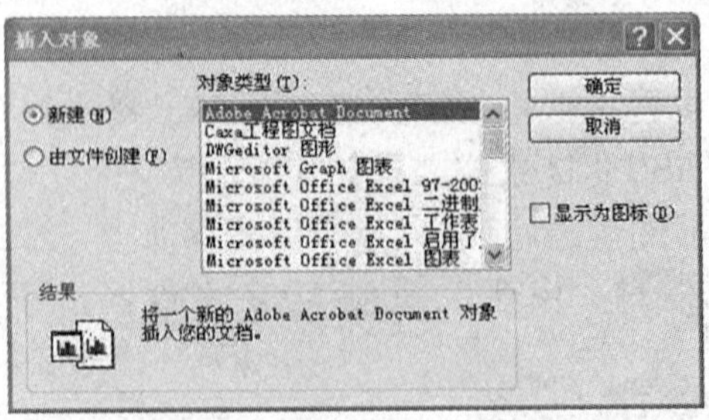

图 15.2 “插入对象”对话框

用户可通过此对话框确定要插入的对象并进行插入。

例 15.1 已知在 Microsolfit Excel 中已创建了如图 15.3 所示的 Excel 表,将其插入到当

前 AutoCAD 图形。

操作步骤如下：

设如图 15.3 所示的 Excel 表已以文件形式保存在磁盘。执行 INSERTOBJ 命令，在弹出的“插入对象”对话框中（参见图 15.2），选中“由文件创建”单选按钮，并通过“浏览”按钮选择对应的 Excel 文件，如图 15.4 所示。

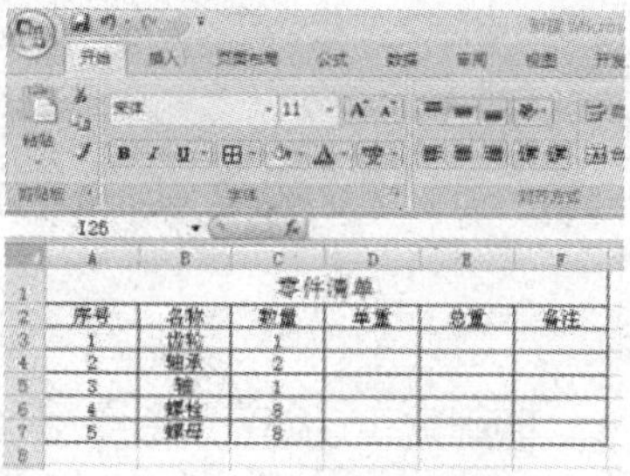

图 15.3　Excel 表

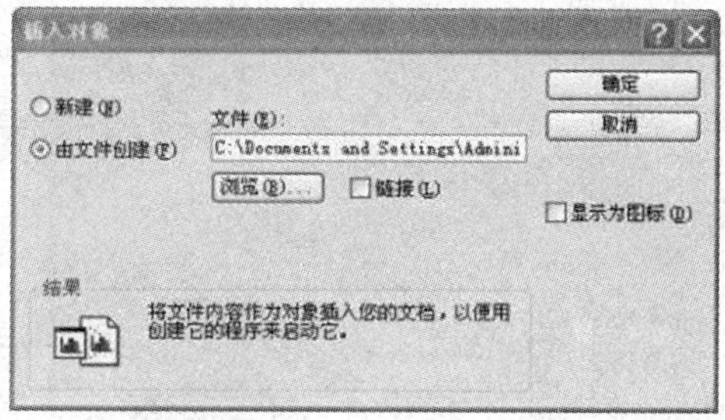

图 15.4　“插入对象”对话框

单击“确定”按钮，即可得图 15.5 所示的图形。然后可以用 MOVE 命令改变表的位置，用 SCALE 命令改变表的比例。

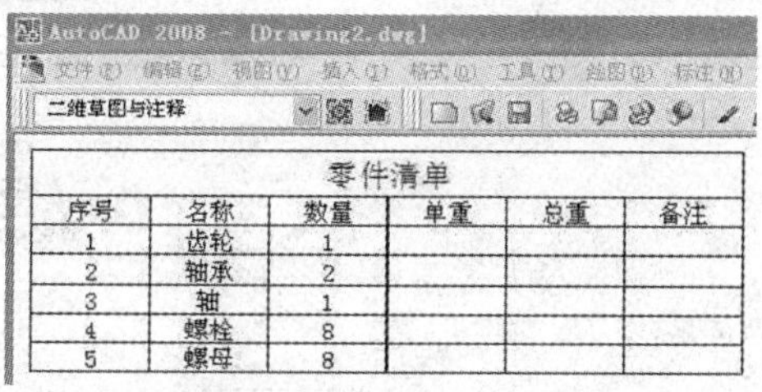

图 15.5　插入 Excel 表

15.2　打印图形

15.2.1　打印设置

打印设置，又称页面设置。是指设置打印 AutoCAD 图形时使用的图纸尺寸、打印设备等。

可通过下拉菜单项“文件”→“页面设置管理器”执行该操作，用于实现此功能的命令是 PAGESETUP。

打印设置操作如下：

执行 PAGESETUP 命令，AutoCAD 弹出“页面设置管理器”对话框，如图 15.6 所示。

对话框中的大列表框内显示出当前图形已有的页面设置，并在“选定页面设置的详细信息”框中显示出指定页面设置的相关信息。对话框的右侧有“置为当前”、“新建”、“修改”和“输入”四个按钮，分别用于将在列表框中选中的页面设置为当前设置、新建页面设置、修改在列表框中选中的页面设置以及从已有图形中导入页面设置。

下面介绍如何新建页面设置。在“页面设置管理器”对话框中单击“新建”按钮，AutoCAD弹出如图 15.7 所示的“新建页面设置”对话框，在该对话框中选择基础样式，并输入新页面设置的名称后，单击“确定”按钮，AutoCAD 弹出“页面设置”对话框，如图 15.8 所示。

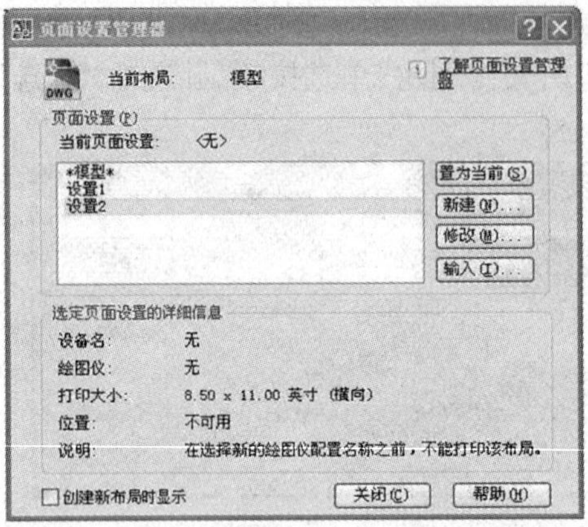

图 15.6 “页面设置管理器”对话框

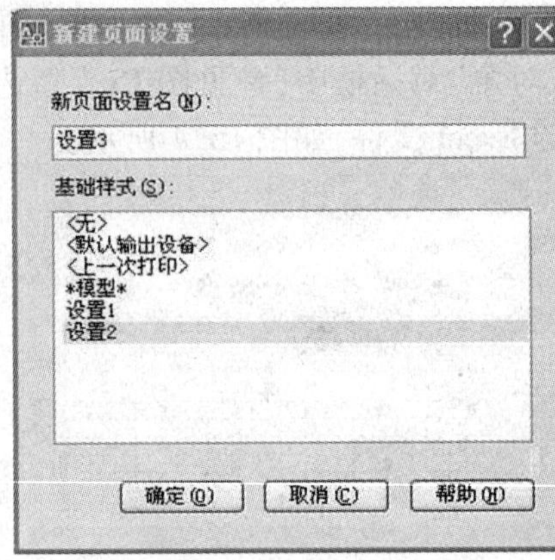

图 15.7 “新建页面设置”对话框

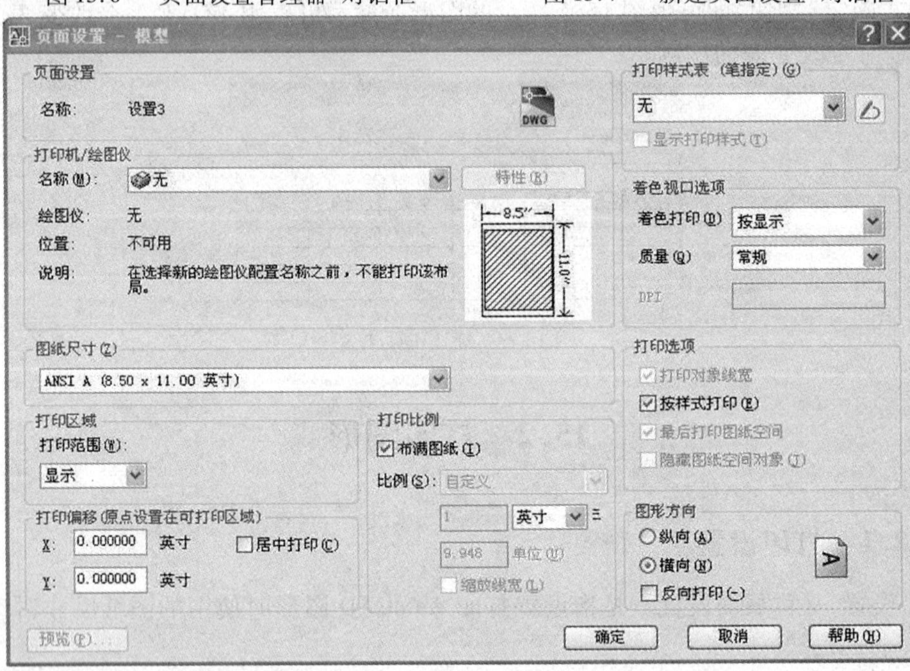

图 15.8 “页面设置”对话框

页面设置对话框主要项的功能如下：

(1)“页面设置”框

AutoCAD 在此框中显示出当前所设置的页面设置的名称。

(2)“图纸尺寸”选项组

通过下拉列表确定输出图纸的大小。

(3)“打印机/绘图仪”选项组

用户可通过选项组中的“名称”下拉列表选择打印设备。选择打印设备后，AutoCAD 会显示出与该设备对应的信息。

(4)“打印区域”选项组

确定图形的打印范围。用户可通过下拉列表在“窗口”、“图形界限”和“显示”等之间选择。其中,“窗口”表示打印位于指定矩形窗口中的图形;“图形界限”表示打印位于由 LIMITS 命令设置的绘图范围内的全部图形;“显示”则表示打印当前显示的图形。

(6)“打印比例”选项组

设置图形的打印比例。

(5)“打印偏移”选项组

确定打印区域相对于图纸左下角点的偏移量。

(7)“打印样式表”选项组

选择、新建打印样式表。用户可通过下拉列表选择已有的样式表。如果通过此下拉列表选择“新建”项,则允许用户新建打印样式表。如果单击选项组右侧的按钮,AutoCAD 弹出“添加颜色相关打印样式表 - 开始”对话框,如图 15.9 所示。

在对话框中选中“创建新打印样式表”单选按钮,单击“下一步”按钮,弹出“添加颜色关打印样式表-文件名”对话框,如图 15.10 所示。

在对话框中输入打印样式表的名称,单击“下一步”按钮,AutoCAD 弹出“添加颜色相关打印样式表-完成”对话框,如图 15.11 所示。

单击对话框中的“打印样式表编辑器”按钮,AutoCAD 弹出“打印样式表编辑器”对话框,在该对话框的“格式视图”选项卡中进行对应的设置,如图 15.12 所示。

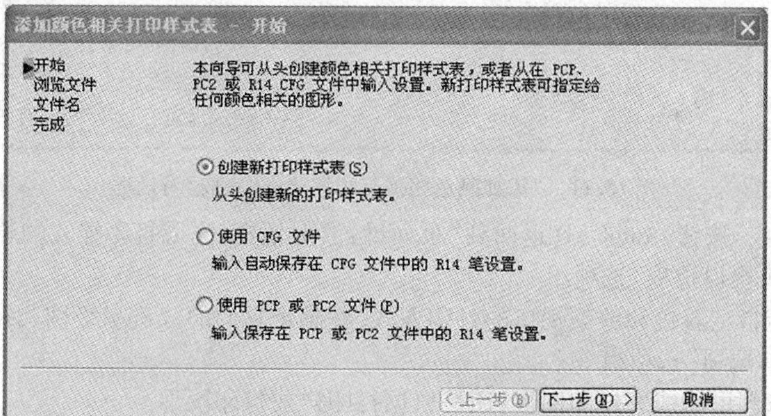

图 15.9　“添加颜色相关打印样式表-开始”对话框

此对话框用于设置打印样式表。如果用户绘图时为各图层设置了颜色,而要求用黑颜色打印图形,则应通过“打印样式表编辑器”对话框将打印颜色设置为黑色。设置方法为,在“打印样式”列表框中选择各对应颜色项,然后在“特性”选项组的“颜色”下拉列表中选择黑色,而不是采用“使用对象颜色”。此外,如果在绘图时没有设置线宽,还可以通过此对话框设置不同颜色线条的打印线宽。

设置方法是:在“打印样式”列表框中选择各对应颜色项,在“特性”选项组的“线宽”下拉列表中选择对应的线宽。

单击“保存并关闭”按钮,关闭“打印样式表编辑器”对话框,返回到“添加颜色相关打印样式表-完成”对话框,如图 15.13 所示。

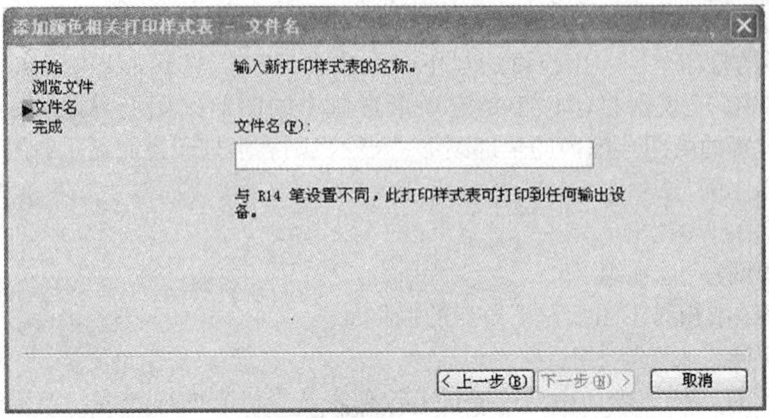

图 15.10　“添加颜色相关打印样式表 - 文件名”对话框

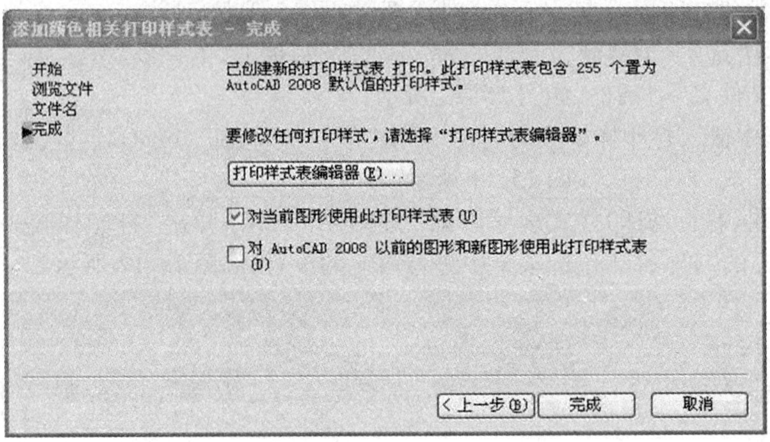

图 15.11　“添加颜色相关打印样式表-完成”对话框

单击“完成”按钮,AutoCAD 返回到“页面设置”对话框,完成打印样式的建立。

(8)“着色视口选项”选项组

用于确定指定着色和渲染视口的打印方式,并确定它们的分辨率级别和每英寸点数。

(9)“打印选项”选项组

确定是按图形的线宽打印图形,还是根据打印样式打印图形。

(10)“图形方向”选项组

确定图形的打印方向,从中选择即可。

完成上述设置后,可单击“预览”按钮预览打印效果。单击“确定”按钮,AutoCAD 返回到“页面设置管理器”对话框如图 15.6 所示,并将新建立的设置显示在列表框中。此时用户可将新样式设为当前样式,然后关闭对话框。到此完成页面的设置。

15.2.2　打印图形

通过下拉菜单项“文件”→“打印”或“标准”工具栏上“打印”按钮执行打印图形操作,用于打印图形的命令是 PLOT。

打印操作如下:

执行打印操作,AutoCAD 弹出打印对话框,如图 15.14 所示。

图 15.12　“打印样式表编辑器”对话框

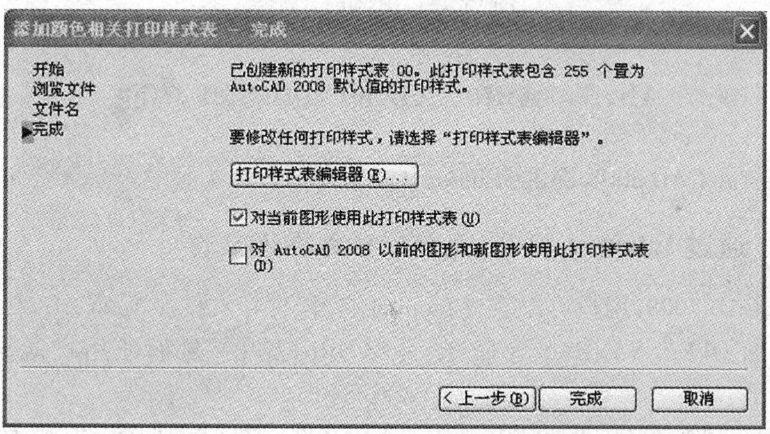

图 15.13　“添加颜色相关打印样式表-完成”对话框

如果用户已进行了页面设置，那么可在“页面设置”选项组中的“名称”下拉列表指定对应的页面设置，在“打印”对话框中就会显示出与其对应的打印设置。此外，用户也可以通过打印对话框中的各项进行单独设置打印操作。

对话框中的“预览”按钮用于预览打印效果。如果通过预览满足打印要求，单击“确定”按钮，即可将图形打印输出到图纸。

图 15.14 “打印”对话框

15.3 AutoCAD 的 Internet 功能

本节介绍 AutoCAD 2008 提供的 Internet 功能。

15.3.1 通过 Internet 打开、保存或插入图形文件

利用 AutoCAD 2008，用户可以通过 Internet 打开、保存文件。AutoCAD 2008 的文件输入和输出命令（如 OPEN、SAVEAS 等命令）承认 URL 路径，从而使用户能够访问和存储 Internet上的图形文件。

例如，执行 OPEN 命令，AutoCAD 弹出“选择文件”对话框，如图 15.15 所示，单击对话框中的按钮，可打开“浏览 Web-打开”对话框，如图 15.16 所示，利用其可以访问Internet上的图形文件。

15.3.2 创建电子传递集

创建电子传递集是指为 AutoCAD 图形及其相关文件、外部参照创建传递集，即打包，以便在 Internet 上传送。可通过下拉菜单项“文件”→“电子传递”执行该操作，用于实现此功能的命令是 ETRANSMIT。

创建电子传递集步骤如下：

执行 ETRANSMIT 命令，AutoCAD 弹出“创建传递”对话框，如图 15.17 所示。

在“创建传递”对话框中，用户可通过“添加文件”按钮为传递集添加文件；通过“传递设置”按钮进行相关的传递设置；还可以通过“查看报告”按钮查看传递集中的报告信息。完成各种设置后，单击“确定”按钮，会提示用户输入打包文件的名称，响应后即可创建对应的

传递集。

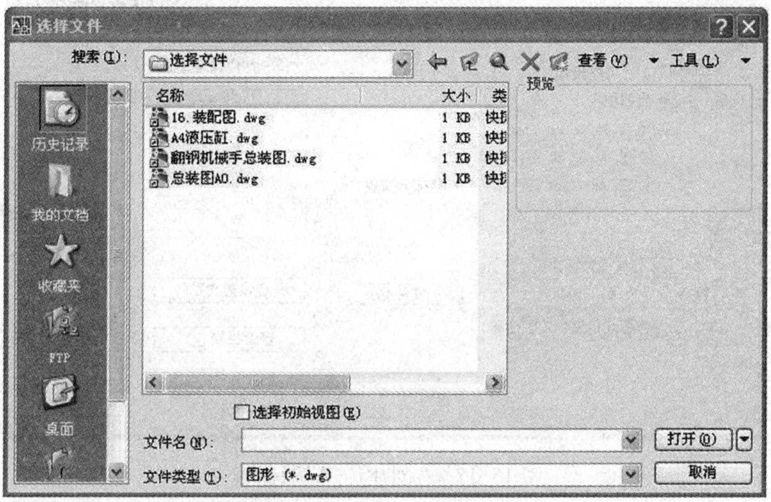

图 15.15“选择文件”对话框

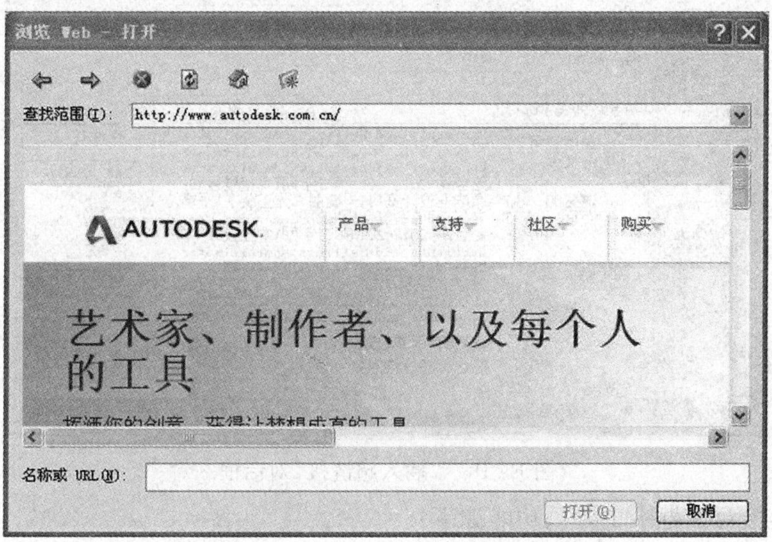

图 15.16　“浏览 Web-打开”对话框

15.3.3　超链接

超链接是指将 AutoCAD 图形对象与其他对象(如文字、数据表格、动画、声音等)建立链接关系(称为附着超链接)。可通过下拉菜单项“插入”→“超链接”执行该操作,用于实现此功能的命令是 HYPERLINK。

实现超链接的步骤如下:

执行 HYPERLINK 命令,系统提示:

选择对象:

在此提示下选择要附着超链接的对象后按 Enter 键,AutoCAD 弹出“插入超链接”对话框,如图 15.18 所示。

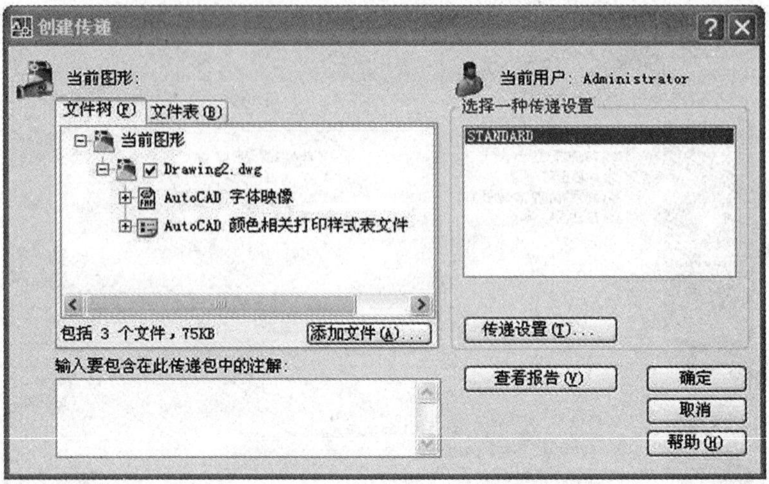

图 15.17 “创建传递”对话框

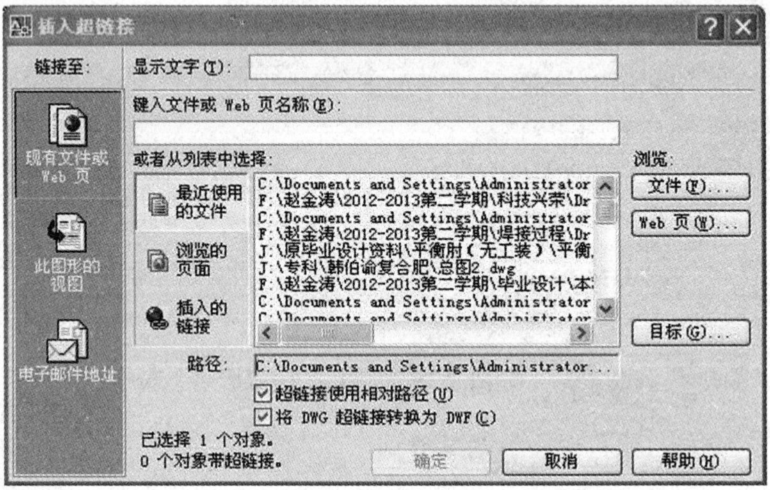

图 15.18 “插入超链接”对话框

插入超链接对话框中主要项功能如下:

(1)“显示文字”文本框

设置超链接的帮助说明。将来当光标移动到附着有超链接的对象上时,除光标变为链接图标外,还在光标底部显示出该帮助说明。

(2)“链接至”按钮框

确定要链接到的位置。框中有“现有文件或 Web 页”、“此图形的视图”和“电子邮件地址”三个按钮。“现有文件或 Web 页”表示将对现有文件或 Web 页创建链接;“此图形的视图”表示链接当前图形中的命名视图;“电子邮件地址”将确定要链接到的电子邮件地址。用户通过不同的选择链接不同的对象后,单击“确定”按钮,完成超链接操作。

【注意】说明在 AutoCAD 绘图区域,当光标位于带有超链接的对象上时,AutoCAD 自动显示出超链接光标和对应的说明文字,从而可使用户在图形中快速查找超链接。

15.3.4　创建 Web 页

利用 AutoCAD 2008 提供的网上发布向导，即使用户不熟悉 HTIVIL 编码，也可以方便、迅速地创建格式化的 Web 页，该 Web 页包含有 AutoCAD 图形的 DWF、PNG 或 JPG 图像。一旦创建了 Web 页，就可以将其发布到 Internet。

利用网上发布向导创建 Web 页，可通过下拉菜单项“文件”→“网上发布”或“工具”→“向导”→“网上发布”执行该操作，创建 Web 页的命令是 PUBLISHTOWEB。

用网上发布向导创建 Web 页步骤如下：

执行 PUBLISHTOWEB 命令，AutoCAD 弹出“网上发布-开始”对话框，如图 15.19 所示。

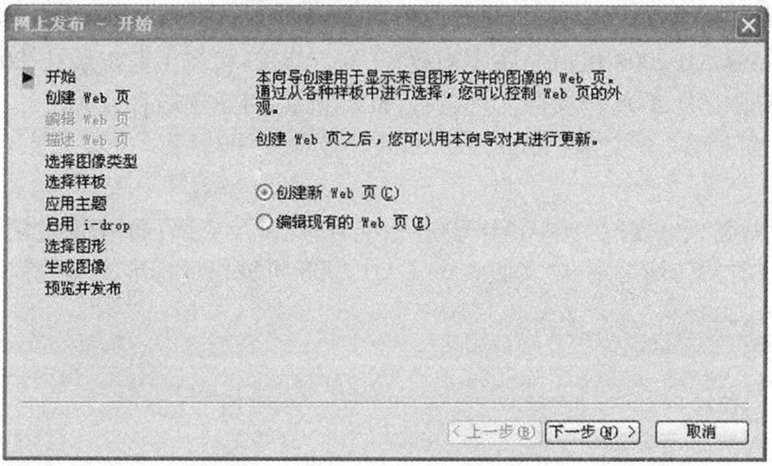

图 15.19　“网上发布-开始”对话框

利用此对话框及后续弹出的对话框操作后，即可创建出格式化的 Web 页，可将其发布到 Internet。

参考文献

[1] 崔洪斌,陈曹维,于冬梅. AutoCAD 实践教程[M]. 北京:高等教育出版社,2008.
[2] 孙海波,姚新港. AutoCAD 2008 使用教程[M]. 北京:机械工业出版社,2011.
[3] 徐建平,盛和太. AutoCAD 2005 中文版[M]. 北京:清华大学出版社,2004.
[4] 杨月英,张琳. AutoCAD 2006 绘制机械图[M]. 北京:中国建材工业出版社,2006.
[5] 张惠茹,王淑君,冯宝全. AutoCAD 2008 实用教程[M]. 北京:机械工业出版社,2012.
[6] 刘魁敏. 计算机绘图——AutoCAD 2008 中文版[M]. 北京:机械工业出版社,2009.
[7] 余桂英,郭纪林. AutoCAD 2008 基础教程[M]. 大连:大连理工大学出版社,2008.
[8] 王灵珠. AutoCAD 2008 机械制图实用教程[M]. 北京:机械工业出版社,2012.
[9] 邵振国. AutoCAD 2008 中文版实用教程[M]. 北京:科学出版社,2007.
[10] 倪祥明,胡仁喜,夏文秀. AutoCAD 2008 中文版标准教程[M]. 北京:科学出版社,2007.
[11] 贺蜀山,冯霞,余昌海. 中望 CAD 2008 标准教程[M]. 成都:四川出版集团,2008.
[12] 杨晓琦,胡仁喜,刘昌丽. 中文版 Auto CAD 2008 机械设计标准实例教程[M]. 北京:科学出版社,2008.